电子科技大学“十四五”规划研究生教育精品教材

现代电路网络理论与应用

陈　会　主编

電子工業出版社
Publishing House of Electronics Industry
北京 · BEIJING

内 容 简 介

本书是电子科技大学研究生教改项目“现代网络理论与综合”精品课程建设项目的配套教材。该项目致力于建设适合普通高等学校工科研究生学习“现代网络理论与综合”的教材及相关的配套资源，帮助学生将所学知识学以致用，提高工程应用和实践能力。

本书主要涉及现代电路的网络分析与综合方法，重点介绍集总元器件的分析与综合理论，并适当引入和讨论了射频微波电路的网络分析与综合。全书共3篇，并分为8章，主要内容涉及集总参数、分布参数及多频段电路的网络理论及其应用。第 1～3 章主要内容为低频网络分析，包括绪论、网络图论与电路方程、网络函数与分析；第4～6章主要内容为低频网络综合，包括滤波器逼近方法及无源网络综合和有源网络综合；第7章和第8章主要讨论分布参数元件（简称分布元件）构造的射频微波网络的分析与综合，其中，第7章主要讨论射频微波网络基础，第8章主要介绍多频段网络的理论与综合。

本书可作为电类，特别是弱电类（电子科学与技术、信息与通信工程、电子信息、自动化与自动控制和计算机科学等）专业的高年级本科生及研究生的教材，也可以作为广大电子技术相关领域科研人员和爱好者的参考书。

图书在版编目（CIP）数据

现代电路网络理论与应用 / 陈会主编. -- 北京 : 电子工业出版社, 2024. 8. -- ISBN 978-7-121-48725-5

Ⅰ. TM13

中国国家版本馆 CIP 数据核字第 2024SE1939 号

责任编辑：张天运
印　　刷：河北虎彩印刷有限公司
装　　订：河北虎彩印刷有限公司
出版发行：电子工业出版社
　　　　　北京市海淀区万寿路 173 信箱　邮编 100036
开　　本：787×1092　1/16　印张：13.5　字数：346 千字
版　　次：2024 年 8 月第 1 版
印　　次：2025 年 5 月第 2 次印刷
定　　价：49.00 元

凡所购买电子工业出版社图书有缺损问题，请向购买书店调换。若书店售缺，请与本社发行部联系，联系及邮购电话：（010）88254888，88258888。

质量投诉请发邮件至 zlts@phei.com.cn，盗版侵权举报请发邮件至 dbqq@phei.com.cn。

本书咨询联系方式：zhangty@phei.com.cn。

前　言

本书主要涉及现代电路的网络理论及其应用，主要包括网络分析与网络综合两大部分。全书共3篇，包括低频网络分析、低频网络综合及射频微波网络。

现代电路网络理论可视为本科低年级阶段电路分析课程的“升级版”，是主要面向电子科学与技术、电子信息工程等相关专业高年级本科生和研究生而开设的基础课程。通过本课程的学习，学生可熟练掌握现代电路的分析与综合方法，同时增强独立分析及进行电路设计与调试的能力。

从频域来看，本书不仅讲述了传统的低频模拟电路网络理论与综合，还对高频特别是射频微波电路网络进行理论阐述。但是，随着电子技术的进步，传统的集总参数元件（简称集总元件）能够工作在很高的频段，甚至能够工作在微波频段，也就是说，射频微波电路也可以通过集总元件来实现，所以，如果仍然采用低频网络和高频网络来界定，可能会引起混淆。因此，为了更加准确，本书并不打算将电路简单地划分为低频和高频两大类，而是按照电路中采用的器件类型来划分，即划分为集总参数网络（简称集总网络）和分布参数网络（简称分布网络），这样划分电路网络更加准确、科学和贴近实际。

当前电子技术快速发展，相关电路理论与技术也相应发展和进步，一些新的电路理论和概念及电路结构被相继提出。同时，学科交叉使得古老的电路理论与技术焕发青春。比如，现代无线电技术正在由单模单频段向多模多频段方向发展，因此，本书也对多频段电路网络的理论与综合进行了介绍。

近年来，编者一直在课堂上推行我校研究生院倡导的“特别培养计划”，积极践行高级人才培养的理念，每学期都开设了这个计划中的课程，教学效果良好。因此，在本书第1、2、3、5、6章和第8章中增设了部分具有挑战性的课程设计题目，供学生选做。

本书共8章，第1章为绪论，对现代电路的基本情况进行了介绍，还介绍了几种常见的电路EDA软件，以及其在电路分析与综合中的应用。第2章和第3章的主要内容为无源网络分析，第4～6章的主要内容为低频网络综合。第7章和第8章的主要内容是射频微波网络的理论及应用。网络分析部分在大学本科电路原理课程的基础上，进一步深入研究电路的基本规律和分析计算方法。其中，第2章和第3章（网络图论与电路方程、网络函数与分析）介绍现代电路网络理论中的几类分析电路的方法。同时，对网络灵敏度的分析也进行了简单介绍。在网络综合部分，除介绍网络综合的基础知识、无源网络综合和有源网络综合的基本步骤外，侧重研究得到广泛应用的无源滤波器和有源滤波器的综合方法。其中，第4章和第5章的内容是无源网络综合所必须具备的基础知识。此外，对无源LC梯形滤波器的综合方法也做了详细介绍。这种滤波器不仅性能优良，而且在有源RC滤波器等现代滤波器设计中，常以其作为原型滤波器。第6章是有源网络综合，主要介绍几类常用的二阶和高阶有源滤波器综合方法。第7章和第8章的主要内容是以分布参数元件（简称分布元件）构造的射频微波网络分析与综合。其中，第7章主要讨论射频微波网络基础，第8章主要介绍多频段网络的理论与综合。

本书由电子科技大学陈会主编。同时，本书的编写还得到了电子科技大学钟洪声教授的大力支持，在此表示感谢。此外，本书作为电子科技大学研究生院首批精品课程建设教材，得到了学院领导和相关老师的大力支持，在此一并致谢。

限于编者的水平及成书时间比较仓促，书中难免存在疏漏、不妥之处，恳请广大读者批评指正。

编　者

2023年10月

目　　录

第一篇　低频网络分析

第二篇 低频网络综合

第三篇 射频微波网络

第一篇 低频网络分析

第1章 绪论

常用的基本电路元件主要包括：电阻 R、电容 C、电感 L、变压器、二极管、有源器件（比如，BJT 和 FET 三极管）及传输线等。其中，电阻、电容和电感是常见的集总元件，主要用于描述低频电路的器件特性。通常，传输线是用于传输信号的，这在低频电路与系统中是很常见的。但是，在高频频段（比如射频微波频段），传输线还有另外一个重要的功能，即构造各种射频微波元件。对于传输线的分析和理解，需要借助麦克斯韦（Maxwell）方程组。对此时的传输线进行分析，需要利用分布参数来建立模型，也就是说，工作在射频微波频段的传输线被视为分布参数结构，需要用传输线理论（长线理论）进行分析和设计。由于在射频微波电路或电磁场理论中已经对传输线的相关性能和参数进行了详细阐述，因此，本书仅做简单介绍，需要深入研究的读者可以参考书末所附参考文献。

根据上述基本元件的频率特性，可以将 R、L 和 C 等集总参数元件模型应用于本书的低频模拟电路，而将分布式传输线应用于本书的射频微波电路。至于二极管和三极管等器件，则需要根据其频率特性将其分别应用于低频或高频电路中。

除电阻、电容和电感等集总元件外，还有一些不太常用却又非常重要的电路模型，比如，理想变压器、回转器及受控源等，我们将结合应用背景，将其放到相应的章节中进行介绍。对于电路元件及其网络的特性，比如线性与非线性、时变与时不变、有源与无源、有损与无损、互易与非互易等，考虑到这些内容在很多教材中都有介绍，故不再赘述。

由于传统电路理论教材很少甚至根本没有强调电路网络的频率特性，尤其是对高频电路及其网络没有涉及，因此在本章绪论中进行了阐述。此外，由于计算机辅助设计（CAD）技术已经广泛应用于现代电路的分析和设计中，因此，本章作为全书绪论，有必要对电路 CAD 技术进行介绍。

1.1 电路网络的频谱特性

从频域来看，电路网络中的元件可以分为集总参数元件（简称集总元件）和分布参数元件（简称分布元件）两种类型。其中，集总元件针对低频段应用，在此频段内的电磁波波长相对于元器件尺寸而言很长，所以，元器件尺寸可以忽略不计。而到了高频段，由于此频段内电磁波波长与元器件尺寸相当，因此，元器件尺寸不能被忽略。集总参数的元件可以采用在本科阶段已经学习的电路基本理论进行分析，而分布参数的元件则需要用分布参数电磁理论（传输线理论或长线理论）进行分析。

为了更好地理解和应用电磁频谱，电磁频谱通常分为许多频段。世界各地建立了各种不同的分类和命名标准，这些标准目前都还在使用。表 1.1.1 给出了一种常用的频率划分方法：将 3kHz～300GHz 范围内的频率一共分成 8 个十倍频的频段，这是根据国际电信联盟（ITU）推荐的方法进行频率划分的。除此之外，频谱的分类方法还有很多，比如，图 1.1.1 给出了根据 IEEE 标准划分的频段名称及大致的频率范围。

在现代电子电路中，如果信号发生了辐射，其实质是信号已变成了能够在空间传播的电磁波。电磁波不仅包括无线电信号，还包括红外光、可见光、紫外光、X 射线、γ射线等。对这类无线电信号而言，其电磁频谱可按图 1.1.2 所示的方法进行划分。极低频（ELF）的频率范围为 25～100Hz，美国海军用于潜水艇通信。甚低频（VLF）的频率范围为 10～100kHz，低频（LF）的频率范围为 100kHz～1MHz，中波（MW）或中频（MF）的频率范围为 1～3MHz，调幅（AM）广播频段的频率范围为 540～1630kHz，跨越了 LF 和 MF 频段。

表 1.1.1　根据 ITU 推荐的方法进行频率划分

频率范围	频段名称
3～30kHz	VLF（甚低频）
30～300kHz	LF（低频）
300kHz～3MHz	MF（中频）
3～30MHz	HF（高频）
30～300MHz	VHF（甚高频）
300MHz～3GHz	UHF（特高频）
3～30GHz	SHF（超高频）
30～300GHz	EHF（极高频）

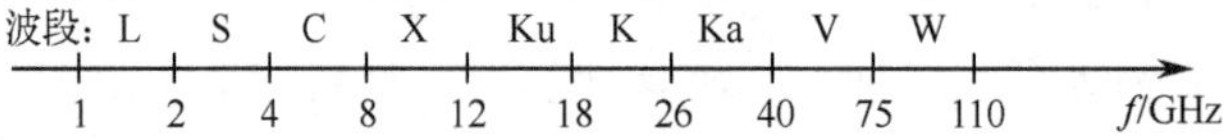

图 1.1.1　根据 IEEE 标准划分的频段名称及大致的频率范围

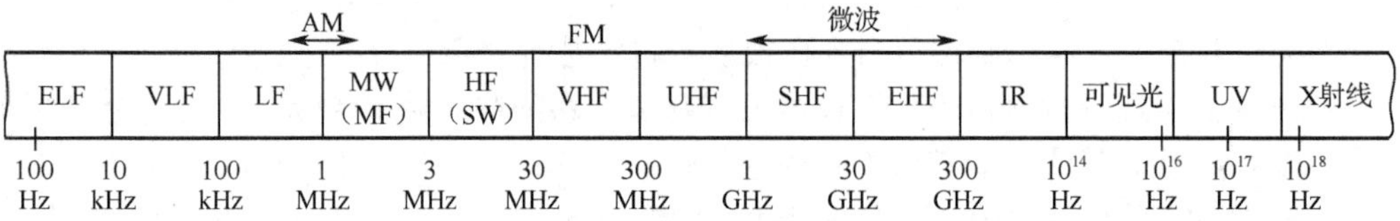

图 1.1.2　电磁频谱的划分

1.2　集总元件及电路理论

本书讨论的低频模拟电路包括直流电路和交流电路。在本科阶段的电路分析课程中，我们已经学习并掌握了线性时不变（LTI）电路的基本工作原理及分析方法，包括基尔霍夫电流定律（KCL）和基尔霍夫电压定律（KVL）及欧姆定律等基本理论。但是，严格来讲，所有电路都是非线性且时变的，这是它们的共性。只不过，为了便于分析和设计，工程上常常在一定条件下对电路进行简化处理。比如，我们在本科低年级学到的基本电路理论和方法。因此，之前的这些电路和元件都具有一定的特殊性。到了本科高年级或研究生阶段，我们应该从更广泛的角度审视这些电路，将相关理论和方法推广到更一般的问题上。比如，将原来的时不变电路推广到时变电路网络，并研究它们的一些基本特性及方程。

20 世纪 70 年代初，有人从理论上提出了忆阻元件，但也仅局限于理论上的一些讨论，实际应用中很少涉及，因此不再赘述。此外，由于零器和泛器与有源器件构成的网络有一定的关联，因此，我们把这部分内容放到有源网络综合中进行介绍。

1.2.1 电短传输线（电短线）

我们知道，集总电路理论是基于元器件尺寸及传输线长度相对于它们的工作波长短得多，因此可以忽略这些元器件尺寸和传输线长度的假设而得到的。比如，大家非常熟悉的基尔霍夫电流定律和基尔霍夫电压定律。本节首先从场的角度简单分析上述假设的合理性。

下面考虑一个带正弦（单频）电压源（内部电阻为 R_I）的简单电路［见图 1.2.1（a)］。该电路通过电短传输线连接到一个负载电阻为 R_A 的终端，且满足 $R_\mathrm{A}=R_\mathrm{I}$。电短传输线意味着传输线长度 l 比波长短得多，即 $l\ll\lambda$。在真空或近似真空的空气中，电磁波的传播速度近似为 c_0：

$$c_0 = 299792458\mathrm{m/s} \approx 3\times10^8\,\mathrm{m/s} \tag{1.2.1}$$

因此，工作频率 f 对应的自由空间波长 λ_0 为

$$\lambda_0 = \frac{c_0}{f} \gg \ell \tag{1.2.2}$$

在不是真空的其他介质中，光速 c 较低且为

$$c = \frac{c_0}{\sqrt{\varepsilon_\mathrm{r}\mu_\mathrm{r}}} \tag{1.2.3}$$

式中，ε_r 是介质中的相对介电常数；μ_r 是介质中的相对磁导率。实际同轴线的典型值应该是 $\varepsilon_\mathrm{r}=2$ 和 $\mu_\mathrm{r}=1$，结果导致在该传输线上的光速 $c=2.12\times10^8\mathrm{m/s}$。举个例子，假设工作频率 $f=1\mathrm{MHz}$，我们计算得到在自由空间的波长和先前讨论的传输线上的波长分别是 $\lambda_0=300\mathrm{m}$ 和 $\lambda=212\mathrm{m}$。如果传输线长度 $l=1\mathrm{m}$，则该传输线应该归类为电短传输线（$l\ll\lambda$）。为了简单起见，我们进一步假设负载电阻 R_A 等于源内阻 R_I，即 $R_\mathrm{A}=R_\mathrm{I}$。

同样，电短传输线可以由传播时间 τ 来表达，即一个信号需要通过整个传输线所需的时间。假定电磁波以光速 c 传播，则信号从传输线的起始点传播到终点所需时间为

$$\tau = \frac{\text{距离}}{\text{速度}} = \frac{\ell}{c} \ll T = \frac{1}{f} \quad \leftrightarrow \quad \lambda = \frac{c}{f} \gg \ell \tag{1.2.4}$$

如果一个信号通过整个传输线所需时间 τ 本质上比它的正弦信号周期 T 小得多，则似乎可以视为其在整个传输线上各点是同时出现的。因此，信号延时肯定可以忽略。

由此可以得到如下结论：如果一个传输线的长度 l 本质上比它的信号工作频率对应的波长短得多，或者如果信号在整个传输线上的传播时间本质上比它的信号周期 T 短得多，则该传输线可以定义为电短传输线。

如图 1.2.1（b）所示，左图中的正弦电压加到电短传输线的输入端后，其输出的电压变化不大，可以用“慢”来形容，如图中右边所示曲线。这里的“慢”，是指信号周期 T 比沿传输线传播时间 τ 大得多。正弦波在 $t=0$ 时刻电压为 0，在四分之一周期（$t=T/4$）时达到最大值。在半个周期（$t=T/2$）时，信号电压又达到 0。并在 $t=3T/4$ 时刻，信号电压达到负的最大值。这样一个变化序列将周期性重复。由于信号延时相对于周期 T 来讲可以忽略不计，因此，沿线信号的幅度在长度方向是一个与空间位置无关的“常数”。根据沿线电压分配规则，传输线上的电压为电压源电压 $u_0(t)$的一半。输入电压 $u_\mathrm{in}(t)$和输出（负载）电压 $u_\mathrm{A}(t)$至少近似相等，即

$$u_{in}(t) \approx u_A(t) \tag{1.2.5}$$

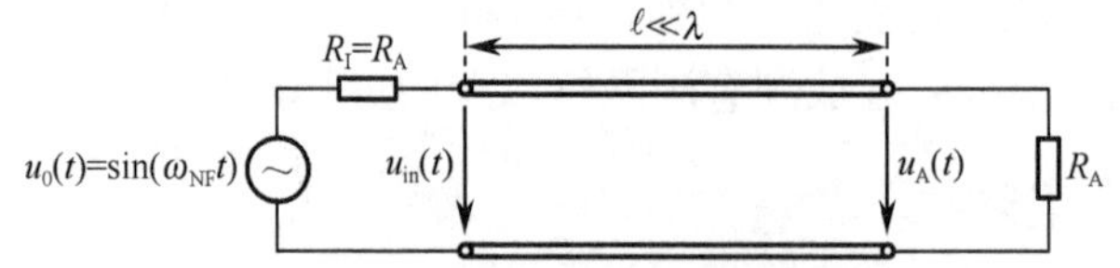

（a）含单频正弦电压源的简单电路

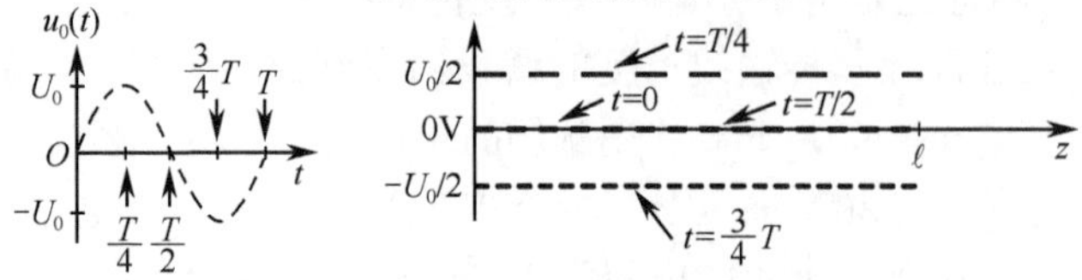

（b）电短传输线的输出电压（z表示传输线长度）

图 1.2.1　带电压源、传输线及负载电阻的电短传输线集总电路

1.2.2　集总网络的简单分析

根据 1.2.1 节的分析，工作在直流或低频电路中的元器件由于可以忽略其尺寸及连接传输线的长度，因此，由这些元器件构成的电路统称为集总网络。通常，无源集总网络中的主要元件指的是 R、L 和 C 三种理想的电路元件，其相关电路理论已经在电路分析或电路基础中介绍。为了便于说明问题，这里以一个传统的三阶集总 LC 低通滤波器电路为例，进行简单回顾。

例 1.2.1　下面以一个三阶巴特沃斯（Butterworth）低通原型滤波器电路为例，阐明这种常见电路（网络）拓扑结构的分析方法。

三阶集总 LC 低通滤波器电路通常有两种常见的拓扑结构，分别如图 1.2.2（a）、（b）所示。图 1.2.2（a）所示低通网络是假设首个元件为并联电容的结构，因而构成三阶Π形巴特沃斯低通原型滤波器。而图 1.2.2（b）所示低通网络是假设首个元件为串联电感的结构，因而构成三阶 T 形巴特沃斯低通原型滤波器。假设两种原型滤波器拓扑结构的源阻抗和负载阻抗均为 1Ω，其余元件参数分别为$L_1 = L_3 = 1\text{H}$，$L_2 = 2\text{H}$，$C_1 = C_3 = 1\text{F}$，$C_2 = 2\text{F}$，−3dB 低通截止频率为 1rad/s，试推导出上述两种拓扑结构电路的电压传输函数$h(s) = \dfrac{u_2}{u_1}$。

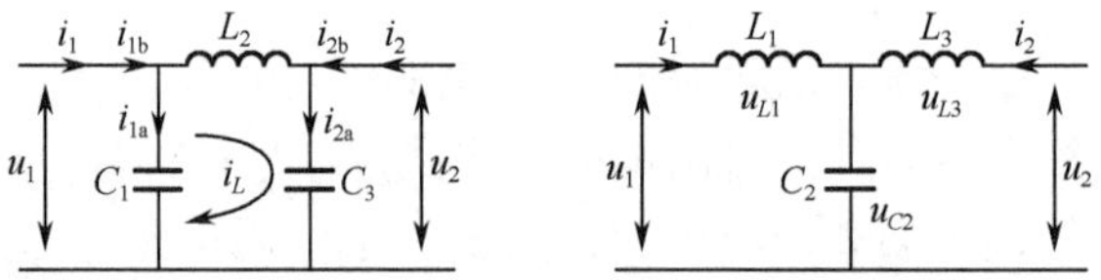

（a）Π型　　　　（b）T型

图 1.2.2　三阶巴特沃斯低通原型滤波器电路

思路：一题多解法。根据电路分析的基本知识，该电路网络的分析可以采用如下三种方法：一是利用传统的电路分析方法，即利用电路理论的知识，推导出该低通拓扑结构的传输函数，详细过程和步骤见下文；二是利用网络理论进行电路分析，即利用本书第 3 章介绍的电网络拓扑公式法来计算电压传输函数；三是利用软件 Filter Solutions 进行分析。

解：方法 1：传统的电路分析法，即利用电路理论知识进行传输函数的推导。分析步骤如下：

（1）利用基尔霍夫电流定律（KCL），列写节点方程。

（2）利用基尔霍夫电压定律（KVL），列写回路方程。

联立方程组，即可得到上述独立的输入电压 u_1 和输出电压 u_2，从而获得传输函数的表达式。

推导结果表明，上述两种电路拓扑结构的传输函数是相同的，且有如下表达式：

$$h(s)=\frac{u_2}{u_1}=\frac{1}{s^3+2s^2+2s+1} \tag{1.2.6}$$

下面分析图 1.2.2 所示两种电路拓扑结构的频率响应，如图 1.2.3 所示。由此可知，图 1.2.2（a）、（b）所示低通原型滤波器传输函数的频率响应是相同的。

由例 1.2.1 推导传输函数的过程可以看出，整个过程是比较烦琐的。当电路拓扑结构比较复杂时，比如一般的集成电路，如果仍然采用传统的电路分析方法进行推导和计算，则非常不便，而且效率很低。这时需要借助计算机辅助工具进行分析，见 1.4 节。

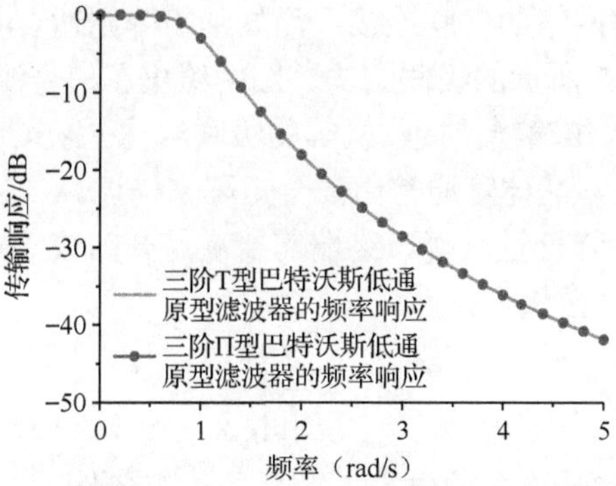

图 1.2.3　两种三阶巴特沃斯低通原型滤波器的频率响应

1.2.3　集总元件的网络参数

线性多端口网络的电气特性一般是由矩阵方程来描述的。常用的矩阵有阻抗矩阵 $\boldsymbol{Z}$ 或导纳矩阵 $\boldsymbol{Y}$。不同网络终端的电压和电流则由线性系统方程来联系。

在电路理论中，我们使用矩阵方程来描述 n 端口网络的电气输入-输出特性（黑匣子描述法），其中，n 是端口数。端口处电压 U_i 和电流 I_i 的相量通过一个系统的线性方程关联。为了让一开始讨论的问题变得简单，这里限定到二端口网络，其结果仍然可以推广到多端口网络中。

图 1.2.4 给出了典型二端口网络的电压和电流定义。在每个端口，电流之和为零，即 $I_i=I_i'$。在基本电路理论中，通常使用 Z 参数（阻抗）矩阵 $\boldsymbol{Z}$、Y 参数（导纳）矩阵 $\boldsymbol{Y}$、ABCD 矩阵 $\boldsymbol{A}$ 及混合矩阵 $\boldsymbol{H}$。

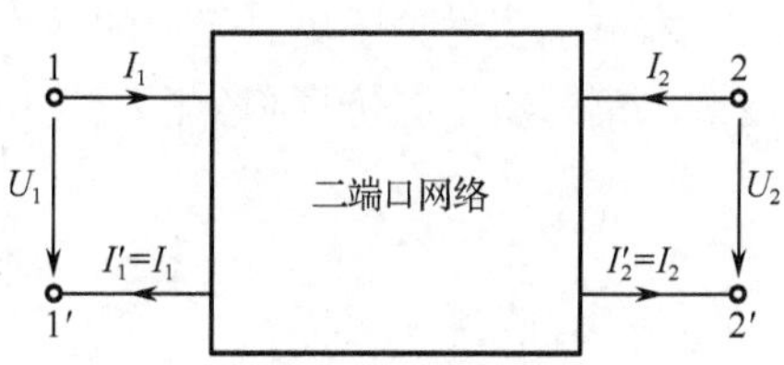

图 1.2.4　二端口网络的电压和电流定义

阻抗矩阵 $\boldsymbol{Z}$ 由下式给出：

$$\underbrace{\begin{pmatrix}U_1\\U_2\end{pmatrix}}_{\boldsymbol{U}}=\underbrace{\begin{pmatrix}Z_{11}Z_{12}\\Z_{21}Z_{22}\end{pmatrix}}_{\boldsymbol{Z}}\underbrace{\begin{pmatrix}I_1\\I_2\end{pmatrix}}_{\boldsymbol{I}} \tag{1.2.7}$$

导纳矩阵 $\boldsymbol{Y}$ 由下式给出：

$$\underbrace{\begin{pmatrix} I_1 \\ I_2 \end{pmatrix}}_{\boldsymbol{I}} = \underbrace{\begin{pmatrix} Y_{11} Y_{12} \\ Y_{21} Y_{22} \end{pmatrix}}_{\boldsymbol{Y}} \underbrace{\begin{pmatrix} U_1 \\ U_2 \end{pmatrix}}_{\boldsymbol{U}} \tag{1.2.8}$$

ABCD 矩阵 $\boldsymbol{A}$ 由下式定义：

$$\begin{pmatrix} U_1 \\ I_1 \end{pmatrix} = \underbrace{\begin{pmatrix} A & B \\ C & D \end{pmatrix}}_{\boldsymbol{A}} \begin{pmatrix} U_2 \\ -I_2 \end{pmatrix} \tag{1.2.9}$$

混合矩阵由下式定义：

$$\begin{pmatrix} U_1 \\ I_2 \end{pmatrix} = \underbrace{\begin{pmatrix} h_{11} h_{12} \\ h_{21} h_{22} \end{pmatrix}}_{\boldsymbol{H}} \begin{pmatrix} I_1 \\ U_2 \end{pmatrix} \tag{1.2.10}$$

阻抗矩阵最适合二端口网络的串联连接，而导纳矩阵则适合并联连接。在射频微波应用中，我们通常看到如图 1.2.5 所示的级联结构。图中给出了信号源（信号发生器）、混频器、放大器、天线（无线链路）、传输线及接收机等的级联结构。ABCD 矩阵对这样一个级联的二端口网络是有优势的。此外，晶体管通常由混合矩阵来描述。

为了计算或测量单个矩阵分量，端口终端需要满足开路或短路条件。下面我们来讨论阻抗分量 Z_{11}。由式（1.2.7）可得如下关系：

$$Z_{11} = \left.\frac{U_1}{I_1}\right|_{I_2=0} \tag{1.2.11}$$

由式（1.2.11）可知：在端口 2 的电流 I_2 为零的约束条件下，阻抗参数 Z_{11} 等于端口 1 的输入阻抗。在低频条件下，使端口 2 的终端不连接任何负载（开路），则电路很容易满足条件 $I_2=0$。

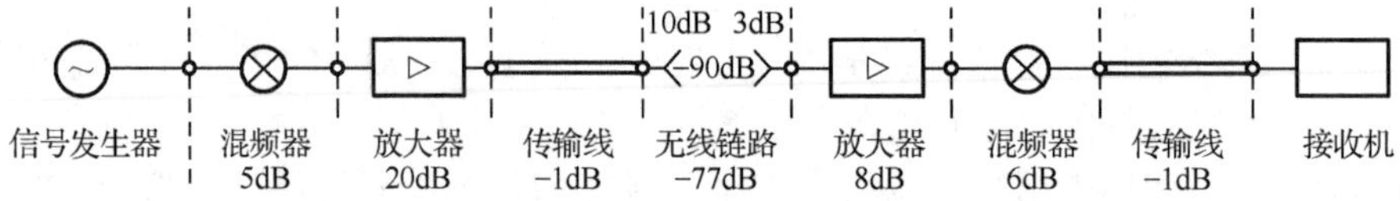

图 1.2.5　典型的无线链路

本节主要讨论了集总元件的网络参数及特性，包括 $\boldsymbol{Z}$、$\boldsymbol{Y}$、$\boldsymbol{H}$ 及 ABCD 矩阵 $\boldsymbol{A}$ 的定义。通常，集总网络的仿真和分析工具是 PSpice、Multisim 和 MATLAB 等软件。

1.3　分布元件及传输线理论

1.3.1　电长传输线（电长线）

工作频率 f 的增加，使得电路中的工作波长减小。当工作波长接近电路尺寸时，传输线不能再视为电短传输线。通常，当电路尺寸或者传输线长度大于工作波长的 1/10 时，可视为电长传输线，简称电长线。我们选择合适的频率值使传输线长度为 $l=5/4\cdot\lambda=1.25\lambda$［见图 1.3.1（a）］。现在，信号延时 τ 相对于周期 T 需要加以考虑。在图 1.3.1（b）中，我们可以看到电波（信号）在 $t=T/4$、$t=T/2$ 等时刻其传播的距离有多远。由图可见，电压分布不再是空间常数。在经过 $t=5T/4$ 时刻之后，信号传播到传输线的终端。

如果传输线不是电短传输线，则沿线电压将不再表现为恒定常数。相反，正弦波形阐述了该类电磁现象的波动本质。

我们也发现，在传输线终端的电压 $u_A(t)$不再等于输入端的电压 $u_{in}(t)$，而且这两点之间存在相位差。

为了完全表征传输线效应，一段传输线应该由沿线的两个附加参数来描述：①特征阻抗 Z_0；②传播常数γ。当我们设计射频电路时两个参数都应该考虑。

上文我们假设传输线特征阻抗 Z_0 等于负载电阻和源内阻（$Z_0=R_A=R_I$）。这是一种最简单的情况，并在使用传输线的时候经常遇到。但是，如果特征阻抗 Z_0 与终端电阻 R_A 不再相等，则在传输线终端会引起波的反射。

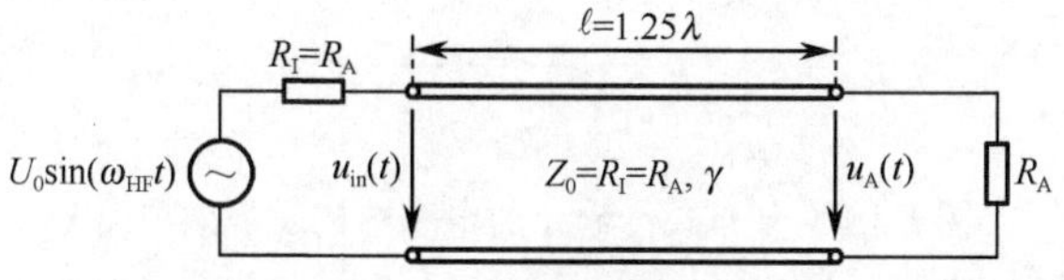

（a）电长传输线

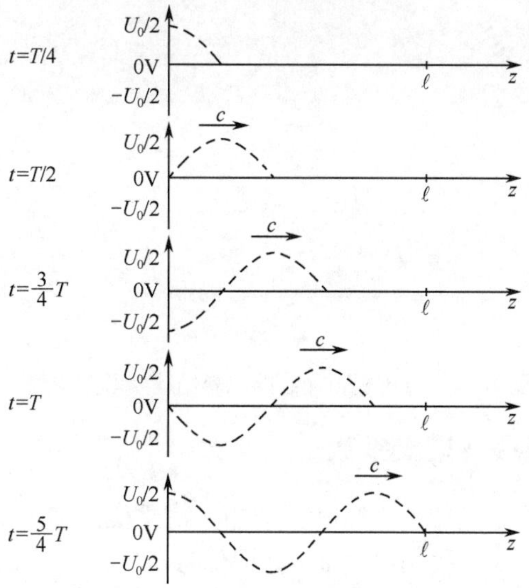

（b）输出电压随传输线长度z变化的曲线

图 1.3.1　带电压源、传输线及负载电阻的电长传输线集总电路

1.3.2　典型的微带传输线元件

图 1.3.2 给出了微带传输线的结构。其中，绝缘层为介质基片，位于微带线的中部，而附着在基片上面的金属导体为信号层，附着在基片下面的金属导体为接地层。

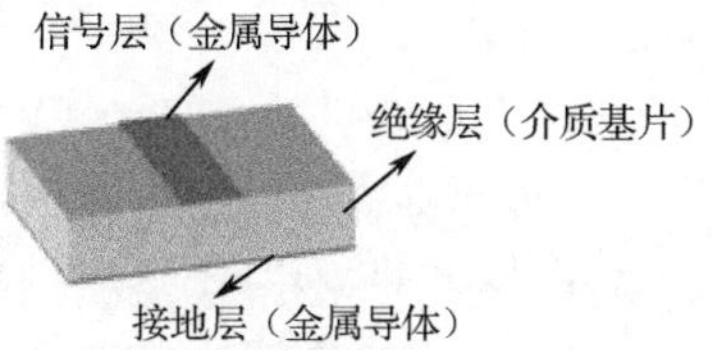

图 1.3.2　微带传输线的结构

图 1.3.2 所示的微带传输线是常用的平面传输线，在射频微波平面电路中的微带传输线广泛采用这种结构。微带 PCB 电路的显著优点是设计和制作简单，加工成本低，容易与其他电路元件在同一个 PCB 上集成、安装与调试。图 1.3.3 和图 1.3.4 分别给出了分布式传输线的电感和电容结构及其等效电路。

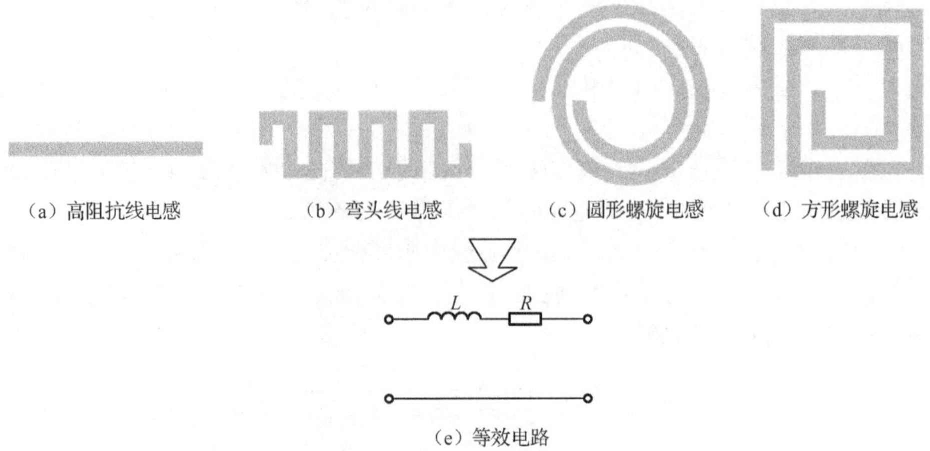

图 1.3.3　分布式传输线的电感结构及等效电路

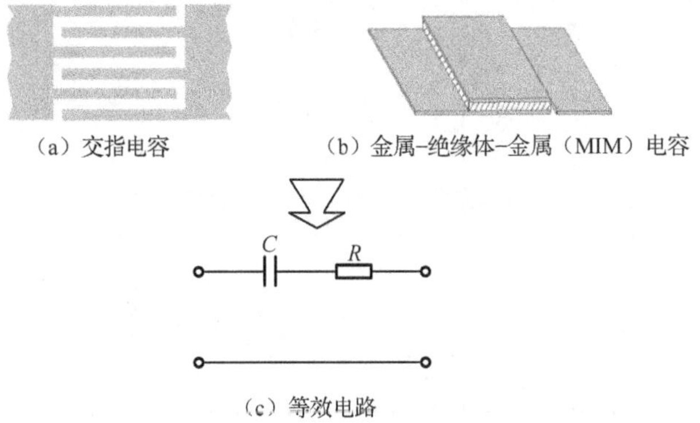

图 1.3.4　分布式传输线的电容结构及等效电路

1.3.3　传输线等效电路及其重要参数

传输线上电流和电压的定义如图 1.3.5 所示，传输线两边都是终端。左边通常连接的是信号源，以馈送信号进入传输线，我们以“in”标记信号源；而传输线右边则端接负载（例如，天线），我们使用字母“A”标记负载或天线。而且，将传输线上任何点 z 的电压和电流分别记为 $u(z,t)$和 $i(z,t)$。

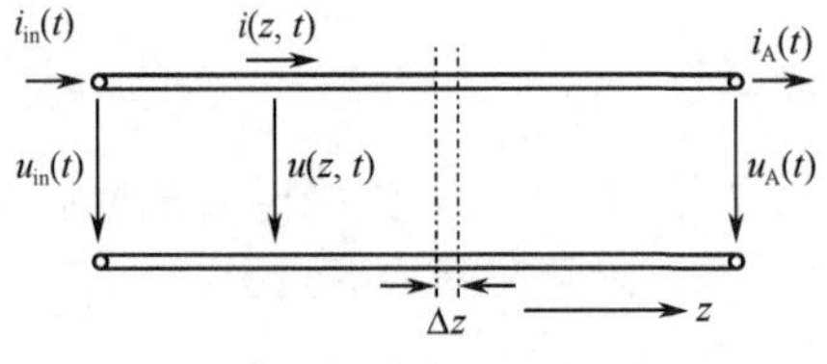

图 1.3.5　传输线上电流和电压的定义

下面将进一步把与任意时间相关的信号（$u(z,t)$和 $i(z,t)$）变为正弦信号，并使用电压和电流（$U(z)$和 $I(z)$）的相量来描述。我们还考虑了一截长度为Δz 的短截传输线，如图 1.3.6 所示。该短截传输线的等效电路模型包括了所有储能和功率损耗的影响，它基本上由有耗线圈（串联电感和电阻）及有耗电容（并联电容和电导）组成。很显然，所有电路元件（L、C、R、G）与短截传输线长度Δz 成正比。因此，我们引入单位长度的电路元件，并使用单引号标示新的量（初始量）。

$$L' = \frac{L}{\Delta z} \text{（单位长度的电感}\leftrightarrow\text{磁场能）} \tag{1.3.1}$$

$$C' = \frac{C}{\Delta z} \text{（单位长度的电容}\leftrightarrow\text{电场能）} \tag{1.3.2}$$

$$R' = \frac{R}{\Delta z} \text{（单位长度的电阻}\leftrightarrow\text{导体中的电阻损耗）} \tag{1.3.3}$$

$$G' = \frac{G}{\Delta z} \text{（单位长度的电导}\leftrightarrow\text{绝缘体的介质损耗）} \tag{1.3.4}$$

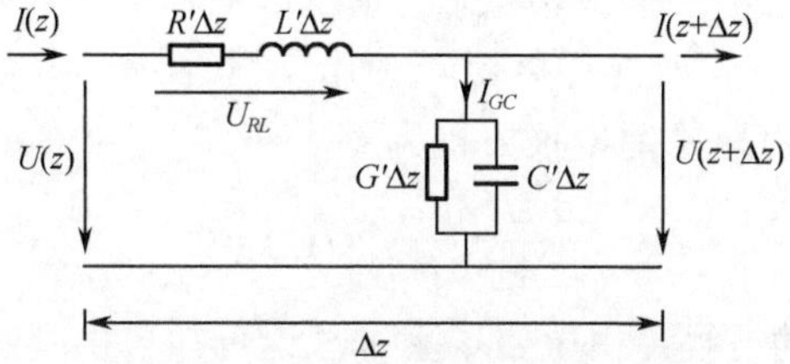

图 1.3.6　短截传输线的等效电路

现在，我们将对图 1.3.6 所示的等效电路模型利用基尔霍夫电压定律进行分析。根据回路电压定律，整个闭合回路的电压为零，故有下式：

$$U(z) = \underbrace{U_{RL}(z)}_{I(z)(R'+\mathrm{j}\omega L')\Delta z} + U(z+\Delta z) \tag{1.3.5}$$

将式（1.3.5）重新整理为

$$\frac{U(z)-U(z+\Delta z)}{\Delta z} = I(z)(R'+\mathrm{j}\omega L') \tag{1.3.6}$$

因此，当$\Delta z \to 0$时，可以得到如下的微分方程：

$$-\frac{\mathrm{d}U(z)}{\mathrm{d}z} = I(z)(R'+\mathrm{j}\omega L') \tag{1.3.7}$$

由基尔霍夫电流定律或节点规则可知，任何节点的电流之和等于零，故有下式：

$$I(z) = \underbrace{I_{GC}(z)}_{U(z+\Delta z)(G'+\mathrm{j}\omega C')\Delta z} + I(z+\Delta z) \tag{1.3.8}$$

将上述节点方程重新整理如下：

$$\frac{I(z)-I(z+\Delta z)}{\Delta z} = \underbrace{U(z+\Delta z)}_{\to U(z)\text{当}\Delta z\to 0}\cdot(G'+\mathrm{j}\omega C') \tag{1.3.9}$$

再令短截传输线长度趋于零（$\Delta z \to 0$），又可以得到一个微分方程：

$$-\frac{\mathrm{d}I(z)}{\mathrm{d}z} = U(z)(G'+\mathrm{j}\omega C') \tag{1.3.10}$$

至此，由基尔霍夫定律我们得到了两个对应的一阶微分方程，即式（1.3.7）和式（1.3.10）给出的电压、电流方程。由式（1.3.7）可得：

$$I(z) = -\frac{\mathrm{d}U(z)}{\mathrm{d}z}\frac{1}{(R'+\mathrm{j}\omega L')} \tag{1.3.11}$$

并将$I(z)$代入式（1.3.10），最终得到传输线上电压$U(z)$的波动方程，即式（1.3.12），该方程也就是众所周知的电报方程。

$$\frac{d^2U(z)}{dz^2}=U(z)(R'+j\omega L')(G'+j\omega C')\text{（电报方程）}\tag{1.3.12}$$

右边的括号中包括等效网络的四个电路元件 L'、C'、R'和 G'，引入新的变量：

$$\gamma^2=(R'+j\omega L')(G'+j\omega C')\tag{1.3.13}$$

式中，γ是传播常数。传播常数是复数值且是传输线的一个很重要的参数。

$$\gamma=\alpha+j\beta=\sqrt{(R'+j\omega L')(G'+j\omega C')}\text{（传播常数）}\tag{1.3.14}$$

下面我们来简单地看一下传播常数的实部α和虚部β的物理含义。

$$\alpha=\text{Re}\{\gamma\}\text{（衰减常数）}\tag{1.3.15}$$

$$\beta=\text{Im}\{\gamma\}\text{（相位常数）}\tag{1.3.16}$$

利用上述传播常数γ，可以重写电报方程为

$$\frac{d^2U(z)}{dz^2}-\gamma^2U(z)=0\tag{1.3.17}$$

电报方程是一维的波动方程。由电磁场基本理论可知自由空间平面波的波动方程。电报方程的解是沿传输线正向或负向行进的电压波，可由如下方程给出：

$$U(z)=U_f e^{-\gamma z}+U_r e^{\gamma z}\tag{1.3.18}$$

式中，$U_f=|U_f|e^{j\varphi_f}$ 表示前向波电压，而$U_r=|U_r|e^{j\varphi_r}$ 表示反向波（或反射波）电压。而且，电波的幅度 U_f和 U_r是复数值电压，即

$$U_f=|\ U_f|\ e^{j\varphi_f},\ U_r=|\ U_r|\ e^{j\varphi_r}\tag{1.3.19}$$

第一项 $U_f\,e^{-\gamma z}$表明波沿 z 轴正方向传播且幅度按指数规律衰减，第一项电报方程的解［见式（1.3.18）］有两项，其中第一项、第二项是 $U_r e^{\gamma z}$，该项的指数为正，它描述了波沿 z 轴负方向传播的规律。

式（1.3.18）中的电报方程的解描述了两个反向传播且按指数规律衰减的电压波的叠加。传播常数$\gamma=\alpha+j\beta$控制衰减和波长，因此，它是传输线的特征参数。

下面定义传输线的特征阻抗 Z_0的表达式：

$$Z_0=\sqrt{\frac{R'+j\omega L'}{G'+j\omega C'}}\text{（特征阻抗）}\tag{1.3.20}$$

利用特征阻抗 Z_0，可以得到传输线上电压和电流的方程：

$$U(z)=U_f e^{-\gamma z}+U_r e^{\gamma z}\tag{1.3.21}$$

$$I(z)Z_0=U_f e^{-\gamma z}-U_r e^{\gamma^2}\tag{1.3.22}$$

特别重要的是，传输线特征阻抗不再是一个电路元件，比如一个电阻，而是由四个等效电路元件 L'、C'、R'和 G'定义的。但是，式（1.3.21）和式（1.3.22）对特征阻抗给出了一个有趣的解释：考虑反向波幅度等于零的特殊情况（U_r=0），此时，式（1.3.21）和式（1.3.22）中等号右边的项相等。因此，两个方程中等号左边的项也应该相等。

$$Z_0=\frac{U(z)}{I(z)}\text{（当}U_r=0\text{时）}\tag{1.3.23}$$

特征阻抗 Z_0是电磁波仅在一个方向上传输的电压与电流之比，它是传输线的一个重要参数。

因此，有三个参数用于描述传输线的特性：①传播常数$\gamma=\alpha+j\beta$；②特征阻抗 Z_0；③传输线（总）长度 l_t。

1.3.4 传输线网络参数

与 1.2 节讨论的阻抗或导纳等网络参量稍微有些不同，本节涉及的电路工作在射频微波频率范围，因此，更常用的是散射矩阵 $\boldsymbol{S}$。在更高的频率，网络端口通常连接到传输线，以架起多端口网络与其他电路之间的桥梁。由高频电路的知识可知，前、反向传播的电压波与电流波能够存在于这些传输线上。通过合适的归一化电压波，我们最终能够得到功率波。现在散射参数与端口的入射波和反射波相关联。

散射参数能够带来实际的优点：为了确定散射矩阵 $\boldsymbol{S}$ 的分量，我们连接网络端口到传输线并测量输入功率波和反射功率波。矢量网络分析仪能够在很高的频率下完成这个任务。随着频率的增加，在网络终端直接测量电压和电流变得越来越困难。而且，电压对于非 TEM 而言并不是唯一的定义。通过连接多端口网络到传输线，网络能够在实际的工作条件下对相关参数进行测量。Z 或 Y 参数的测量需要开路或短路端口，这对于有源电路来讲，可能是一个问题。

为了打破基于上述阻抗或导纳等网络矩阵描述的电压和电流的限制，可以采用基于散射参数的功率波进行描述。

在射频微波网络中，通常利用散射矩阵 $\boldsymbol{S}$ 进行讨论。散射参数广泛应用于射频微波频段的器件建模、器件指标及电路设计。散射矩阵 $\boldsymbol{S}$ 能够通过网络分析仪进行测量，并直接与用于电路分析的 ABCD 矩阵 $\boldsymbol{A}$、阻抗矩阵 $\boldsymbol{Z}$ 及导纳矩阵 $\boldsymbol{Y}$ 相关联。关于散射矩阵 $\boldsymbol{S}$ 的进一步介绍和讨论，请参见 7.1.3 节的内容。

1.4 电路与网络的 CAD 技术

众所周知，现代电路设计是离不开软件的，特别是射频微波电路的设计。因此，本章需要讨论射频微波电路的计算机辅助设计（CAD）问题。常用的 CAD 软件包括：易学易用的免费小软件，如 RFSim99 和 AppCAD 等；精确设计的大型商业仿真软件，如 ADS、Genesys、Microwave Office、HFSS 等。限于篇幅，不可能面面俱到地介绍上述各种软件的使用。因此，本章主要通过具体实例来介绍 RFSim99 的低通滤波器（LPF）自动化设计及带通滤波器（BPF）的自动化匹配与仿真设计、MATLAB 对带通滤波器的仿真分析及 Filter Solution 软件对低通原型滤波器的分析与综合。

1.4.1 Filter Solutions 软件

在无源电路的综合工具中，Filter Solutions 软件功能较强，应用较为广泛。下面通过两个滤波器综合的实例进行说明。

例 1.4.1 三阶巴特沃斯低通原型滤波器的分析。

为了便于对比两种计算方法的优劣，这里仍然以图 1.2.2 所示两种（Π形和 T 形）三阶低通原型滤波器电路为例。首先，利用 PSpice 或者 Multisim 等电路软件分析图 1.2.2 所示的电路。这两种拓扑结构滤波器的频率响应如图 1.2.3 所示。

很显然，常用电路仿真软件，只能对已知拓扑结构和电路元件值的网络进行分析，得到其幅度和相位的频率响应或者时域的波形，但不能设计（综合）出满足相应技术指标的电路，这也是常规电路软件的“软肋”。但是，有些软件则具有网络综合能力，如 Nuhertz 公司的 Filter

Solutions 软件。本书将使用该软件进行滤波电路的综合与设计。

例 1.4.2 三阶巴特沃斯低通原型滤波器的综合。

滤波器的技术指标如下：通带截止频率=1.0rad/s，通带衰减幅度=3.01dB（标准值）；滤波器类型为巴特沃斯低通原型滤波器；归一化电阻为 1Ω。

解：假定第一种拓扑结构的首个元件为并联电容，即三阶Π形网络。

根据设计要求在 Filter Solutions 软件中进行相关参数的设置，其设置界面如图 1.4.1 所示。

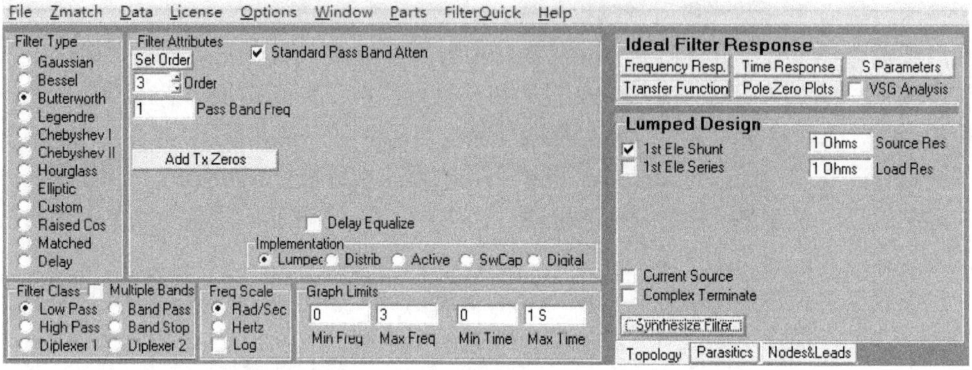

图 1.4.1　三阶Π形低通原型滤波器电路的软件设置界面

软件综合得到的电路如图 1.4.2 所示。

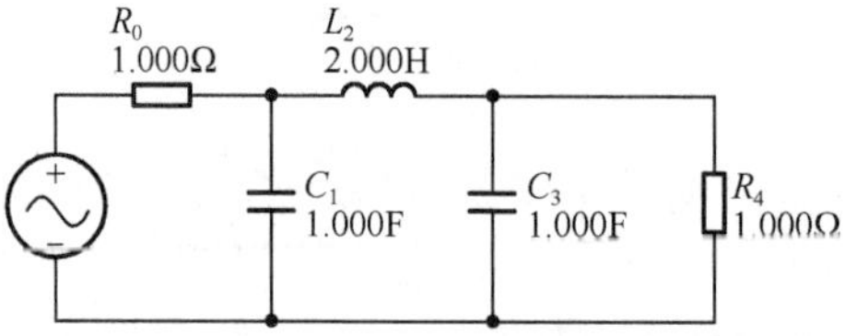

图 1.4.2　三阶Π形低通原型滤波器电路

软件综合得到的传输函数 $H(s)$如下：

$$H(s)=\frac{1}{s^3+2s^2+2s+1} \tag{1.4.1}$$

第二种拓扑结构假定首个元件为串联电感，即三阶 T 形网络。

根据设计要求在 Filter Solutions 软件中进行相关参数的设置，其设置界面如图 1.4.3 所示。

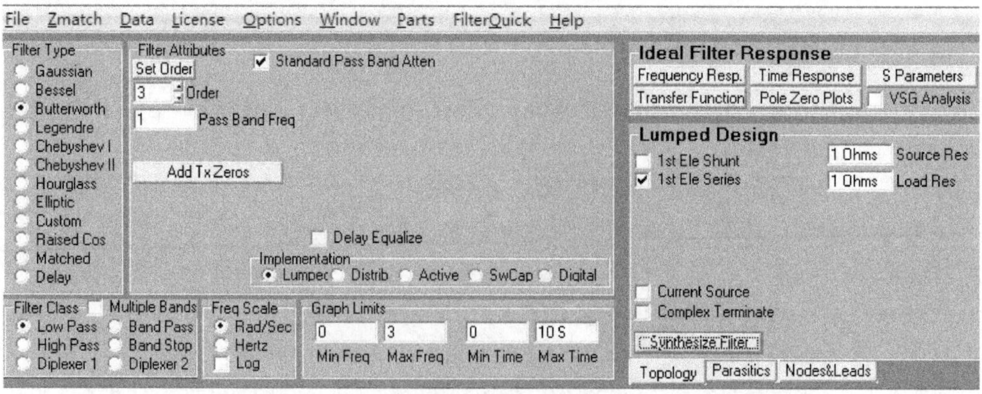

图 1.4.3　三阶 T 形低通原型滤波器电路的软件设置界面

软件综合得到的电路如图 1.4.4 所示。

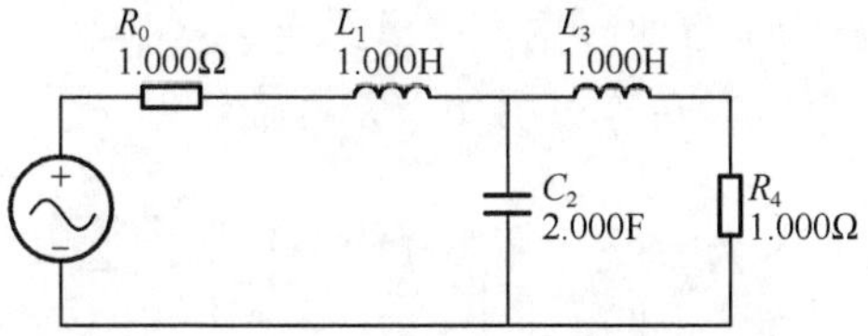

图 1.4.4 三阶 T 形低通原型滤波器电路

软件综合得到的传输函数 $H(s)$如下：

$$H(s)=\frac{1}{s^3+2s^2+2s+1} \tag{1.4.2}$$

最后，将两种拓扑结构的低通原型滤波器电路的频率响应进行比较，如图 1.4.5 所示。

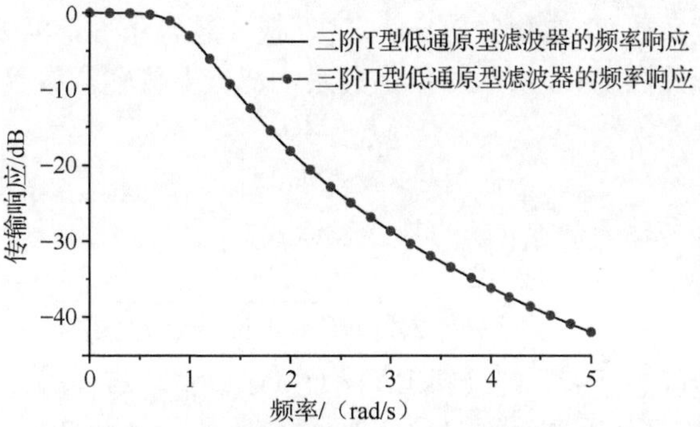

图 1.4.5 两种拓扑结构的三阶巴特沃斯低通原型滤波器电路的频率响应

很显然，两种拓扑结构的低通原型滤波器的频率响应是相同的。同时，与例 1.2.1 所用的传统电路分析法相比，两者的频率响应也是一致的。

从上面的 Filter Solutions 软件使用情况来看，该软件综合设计的功能非常强大：根据电路的设计指标，即可以自动综合出满足要求的网络拓扑和各个元件值。而且，该软件还能得到电路网络的传输函数、零极点图及频率响应等。但是，该软件的不足在于不能对已知网络进行分析。当然，分析电路或网络的软件有很多，而且其分析功能强大，可以将该软件的综合功能与其他软件强大的分析功能结合使用，则电网络的很多问题就可以迎刃而解。这是使用计算机辅助工具的好处。

1.4.2 MATLAB 软件

MATLAB 软件在电子电路的分析与设计中得到广泛应用，本节通过一个具体电路的分析实例来介绍其使用方法。

例 1.4.3 在图 1.4.6 所示的串联 RLC 谐振电路中，已知电气参数如下：$Z_G=Z_L=Z_0=50\Omega$，$R=20\Omega$，$L=5\text{nH}$，$C=2\text{pF}$。试利用 MATLAB 语言编程分析其频率响应。

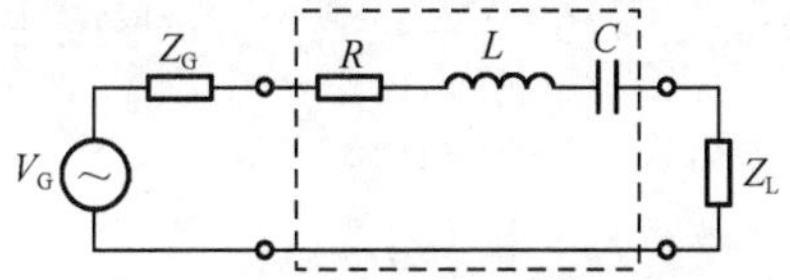

图 1.4.6 串联 RLC 谐振电路

利用图 1.4.6 所示的串联 RLC 谐振电路构造带通滤波器，图中包含了源阻抗为 Z_G 的信号源和负载阻抗为 Z_L 的配置。为了方便起见，这里约定 $Z_G=Z_L=Z_0=50\Omega$。利用级联 ABCD 矩阵的相关知识，上述滤波器的总级联矩阵可用如下方程描述：

$$\begin{bmatrix} A & B \\ C & D \end{bmatrix} = \begin{bmatrix} 1 & Z_G \\ 0 & 1 \end{bmatrix} \begin{bmatrix} 1 & Z \\ 0 & 1 \end{bmatrix} \begin{bmatrix} 1 & 0 \\ 1/Z_L & 1 \end{bmatrix} = \begin{bmatrix} 2+\dfrac{Z}{Z_0} & Z_0+Z \\ \dfrac{1}{Z_0} & 1 \end{bmatrix} \tag{1.4.3}$$

式中，Z 表示串联 RLC 网络的阻抗。利用基本的电路理论，可得如下公式：

$$Z = R + \mathrm{j}\left(\omega L - \frac{1}{\omega C}\right) \tag{1.4.4}$$

为了表征滤波器响应，需要确定电路网络的传输函数 $S_{21}(\omega)$，该参数描述了信号从源到负载的传输情况。假设负载 Z_L 端口的电压为 U_2，根据题设条件，滤波网络的输入/输出端口都是匹配的。因此，按照图 1.4.6 所示的拓扑关系，滤波器传输函数 $S_{21}(\omega)$的表达式如下：

$$S_{21}(\omega) = \frac{2U_2}{V_G} \tag{1.4.5}$$

进一步，可以得到传输函数 $S_{21}(\omega)$的具体表达式：

$$S_{21}(\omega) = \frac{2}{A} = \frac{2Z_0}{2Z_0 + R + \mathrm{j}[\omega L - 1/(\omega C)]} \tag{1.4.6}$$

根据上述传输函数的表达式，可以利用 MATLAB 语言编写代码计算其响应。最终的频率响应曲线如图 1.4.7 所示，图中还包含了滤波器的相位-频率响应曲线。

MATLAB 程序如下：

```
%   本程序用于分析集总 RLC 带通滤波器的频率响应
close all;          % 关闭所有打开的图形文件
clear all;          % 清空所有变量
figure;             % 打开新的图形文件

% 定义求解参数
C=2e-12;            % 滤波器电容值
L=5e-9;             % 滤波器电感值
R=20;               % 滤波器电阻值
Z0=50;              % 特征阻抗（=源阻抗和负载阻抗）

% 定义频率范围
f_min=10e6;         % 最低工作频率
f_max=100e9;        % 最高工作频率
N=100;              % 绘图点数
f=f_min*((f_max/f_min).^((0:N)/N));    %按对数标度计算频点
w=2*pi*f;

S21=2*Z0./(2*Z0+R+(1./(j*w*C)+j*w*L));

semilogx(f,-20*log10(abs(S21)));
```

```
title('Bandpass filter response');
xlabel('Frequency, Hz');
ylabel('IL, dB');

figure;    % 打开新图形窗口
phase=angle(S21);
semilogx(f,phase/pi*180);
title('Bandpass filter response');
xlabel('Frequency, Hz');
ylabel('Phase, deg.');
```

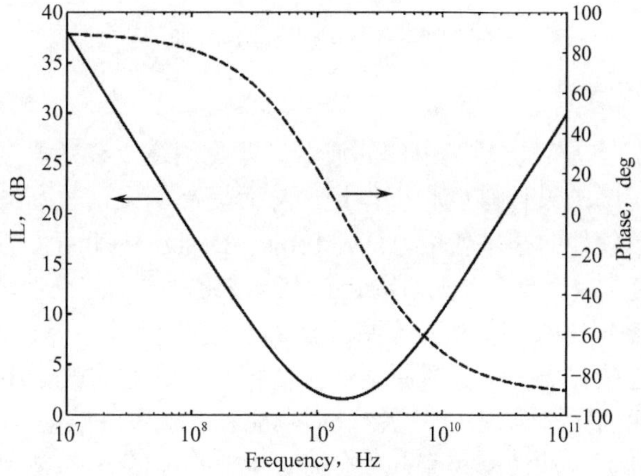

图 1.4.7　带通滤波器的频率响应曲线

1.4.3　RFSim99 软件

RFSim99 是一款免费软件，它可以用于电路分析与设计，特别是无源电路的仿真与分析。RFSim99 利用 S 参数来工作。这意味着它不仅能够仿真和分析由其内部库元件组成的电路，还可以仿真和分析任何已知的电路模块或单元。RFSim99 可用于电路匹配、滤波器、衰减器及运算放大器等的设计。RFSim99 是一款电路仿真器，它能够提供以下功能：①原理图捕获前端；②一键式模拟——画出你的电路，然后只需点击仿真按钮；③分析所有二端口 S 参数，并以史密斯圆图、极坐标、方形网格或表格形式来显示；④支持一端口和二端口 S 参数文件；⑤容差分析；⑥稳定性圆；⑦自动匹配、自动生成复杂的匹配网络；⑧对匹配网络、滤波器和衰减器进行辅助设计；⑨支持电路调谐模式；⑩计算器功能，可用于计算谐振/电抗、功率、驻波比及波长等参数。

1．设计界面

运行 RFSim99 后，系统自动打开一个空白的工作窗口，如图 1.4.8（a）所示。由此可以看到，其工作窗口类似于 Windows 系统界面：顶部是菜单栏，菜单栏下方是常用工具栏，而工作窗口左边是软件的基本元件库。该工作窗口继承了 Windows 系统界面友好的特点，因此，易学易用。图 1.4.8（b）给出了一个利用 RFSim99 工作窗口创建的 RC 低通滤波器的原理图，图中最左边和最右边分别是该电路的源端和负载端阻抗，且均设置为 50Ω。

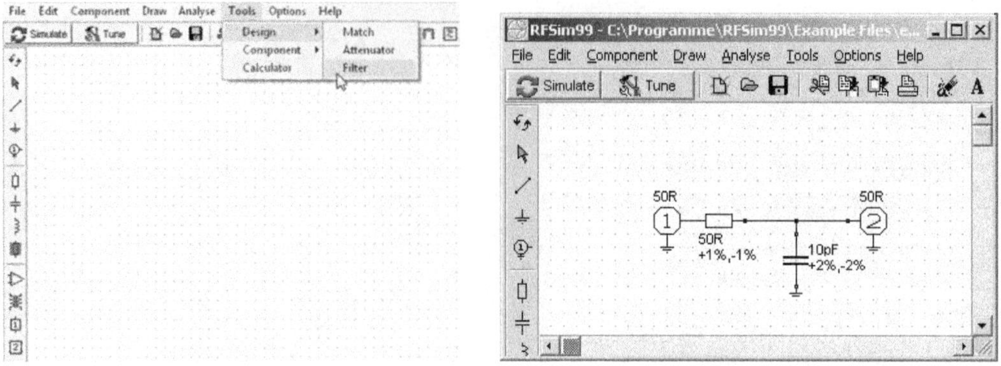

（a）运行软件后打开的工作窗口　　（b）RC 低通滤波器的原理图

图 1.4.8　RFSim99 工作界面

2．滤波器的自动化设计

RFSim99 的一个特点是可以对简单的滤波器、匹配网络及衰减器进行自动化设计，这样就大大减小了射频工程师的设计难度和工作量，从而提高了设计效率。本节将以滤波器的自动化设计为例，介绍该软件的基本使用方法。Tools→Design→Filter，即首先选择工作窗口顶部菜单栏的 Tools 下拉菜单，然后选择 Design 功能按钮，弹出三个选项：Match、Attenuator 及 Filter。接下来，点击 Filter 选项进行滤波器的自动化设计，弹出的自动化设计窗口如图 1.4.9（a）所示，这是一个三阶低通原型滤波器拓扑。通过修改该图中的各个功能选项设置，我们可以实现不同的频率响应（如巴特沃斯响应和切比雪夫响应）、滤波器阶数（如三阶和五阶［见图 1.4.9（b）］、滤波器类型（如低通、带通等）及工作带宽等。这些参数的选择或修改需要结合射频工程师的具体工程项目来进行，以便满足具体的设计指标。需要提醒读者的是，每次修改了基本参数后都要点击 Calculate 按钮，以便软件系统自动更新元件参数值。最后，点击 Simulate 按钮，完成对电路的仿真分析。

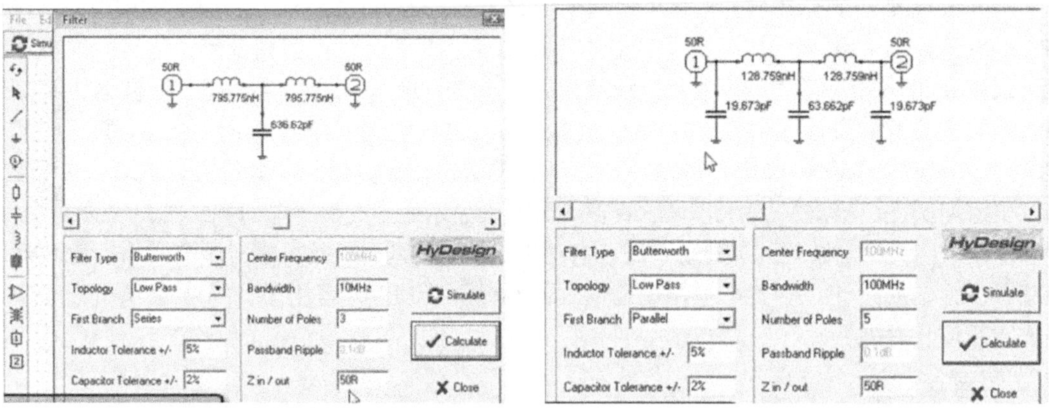

（a）三阶低通原型滤波器拓扑　　（b）五阶滤波器拓扑

图 1.4.9　滤波器的自动化设计窗口

1.5　习题

1．在例 1.2.1 中，试利用电路分析课程中介绍的方法对图 1.2.2 中的两种拓扑电路进行分析，并列出相应的电路方程。

（1）利用 KCL，列写节点方程；（2）利用 KVL，列写回路方程。

2．在例 1.4.3 中，通过 MATLAB 程序计算串联 RLC 网络的传输响应并绘制曲线。试根据给出的传输函数表达式和 MATLAB 代码，画出本例滤波器的计算分析流程图。

3．电路中，传输线是非常重要的，除微带传输线外，试列举一些其他类型的传输线。

4．利用 Multisim 或 PSPice 软件对例 1.2.1 中两种拓扑电路进行仿真分析，要求建立仿真模型，并给出仿真结果。

5．利用 MATLAB 软件分析 RLC 带阻滤波器。要求：画出流程图，并给出代码和仿真曲线。

6. RFSim99 等免费软件在 Windows 7 及以上版本的系统中无法运行和使用，请提出解决方案。

7. 除本书中介绍的几种电路分析软件外，你还能列举出哪些常用的电路分析软件？并以一个具体电路的分析与设计为例，介绍该软件的使用方法。

1.6 “特别培养计划”系列之课程设计

电路分析的 MATLAB 方法

基本要求：以一个五阶 LC 低通滤波器为例（电路参数自行设定），编写电路幅频和相频响应特性的 MATLAB 程序，并进行仿真与分析。

主要工作：

（1）推导电路的 $H(s)$函数表达式；

（2）编写电路响应的幅频和相频仿真程序；

（3）撰写分析、设计与仿真验证的相关报告。

第 2 章　网络图论与电路方程

图论作为数学领域的一个分支，属于快速发展并日益成熟的学科，它主要研究事物之间的客观规律。网络图论是图论知识在电路领域的延伸，在现代电路理论中得到广泛应用，并提供了选取独立完备变量的理论依据。网络方程可以通过矩阵代数来列写，并可实现系统化。网络方程用矩阵形式表示，不仅清晰、直观、整齐，而且易于用计算机建立和求解方程。因此，在计算机辅助网络分析与综合、通信网络与开关网络设计及大规模集成电路布线等方面都会用到图论的知识。

本章首先介绍图论的基本概念和图的矩阵描述，然后重点讨论节点方程、割集方程、回路方程及分析方法。

2.1　网络图论基础

网络的图是一些点的集合和一些线段的集合构成的二元组。任何一种包含某种二元关系的系统都可以用图的方法来分析，而且图具有形象直观的特点。当只考虑电网络中各元件之间的连接关系时，可将网络中的每个元件用一条边表示，元件的端点用顶点表示，这样便构成了网络的图。显然，网络的图仅反映网络的结构，而不反映元件的性质。

2.1.1　基本概念与术语

在如图 2.1.1（a）所示的电路网络原理图中，包含现代电路常用的电源、电阻、电感、电容及连接导线等电路元件。通过抽象和合理简化，可以得到便于进行数学处理和研究的网络拓扑图，如图 2.1.1（b）、（c）所示。这些抽象的线图就是本章要讨论的主题——网络图论。网络图论的基本概念及术语比较多，包括顶点（节点）、边（支路）、图（线图）、有向图、相关联和相邻接、顶点的次数（维数）、子图、通路、回路和自环、连通图、完备图（全通图）、可断图（可分图）、树和树余、林和林余、割集、基本割集及基本回路等。但限于篇幅和学时，本节仅介绍几种常用的术语。

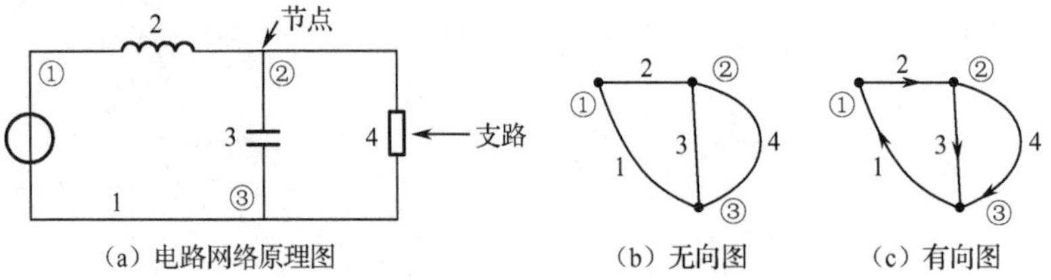

图 2.1.1　电路网络原理图与网络拓扑图

1. 图（线图）

边和顶点的集合称为图或线图。其中，所有边（支路）连接于顶点（节点）。若用 E 表示图中所有边的集合，V 表示图中所有顶点的集合，则这个图 G 可表示为 $G=(V, E)$。在图 2.1.1（b）中，$G=(V, E)=(3,4)$，即该图有 3 个顶点和 4 条边。

2. 有向图

将图中所有边都标上一定的方向，则称此图为有向图，如图 2.1.1（c）所示。反之，如果图中的边都没有标方向，则称为无向图，如图 2.1.1（b）所示。

有向图中的边均为有向边。有向边 a 用其顶点 υ_i 、υ_j 的有序偶 $a=(\upsilon_i,\upsilon_j)$ 来表示。若用 A 表示图中所有有向边的集合，V 表示图中所有顶点的集合，则有向图 G_d 可表示为 $G_d=(V,A)$ 。

3. 子图

如果图 $G_s=(V_s,E_s)$ 是图 $G=(V, E)$的一个部分，G_s 的每个顶点和边都是 G 中的顶点和边，即 $V_s \subset V$ ，$E_s \subset E$ ，则称图 G_s 为图 G 的一个子图。比如，图 2.1.2（a）所示的有向图 G，其包含了两个子图 G_1 和 G_2，分别如图 2.1.2（b）、（c）所示。如果把图 G 分成两个子图 G_1 和 G_2，且两者之间没有相同的边，但它们共同包含了图 G 的全部边和全部顶点，则称这两个子图互补，子图 G_1 是子图 G_2 的补图。很显然，图 2.1.2（b）、（c）中的两个子图是互补的。

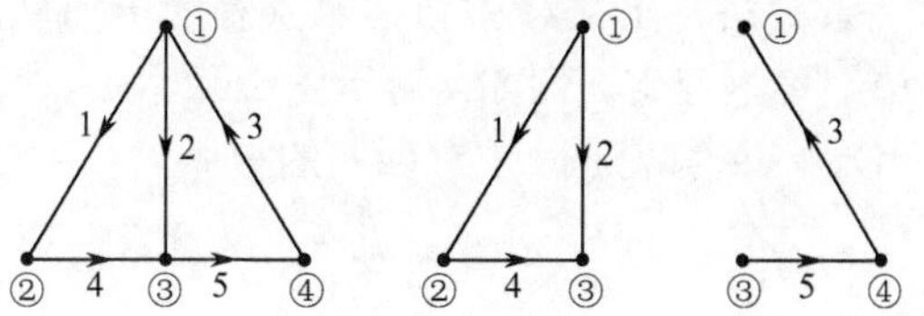

（a）图G　（b）子图G_1　（c）子图G_2

图 2.1.2　图与子图的关系

4. 通路

在由 m 条边和 $m+1$ 个顶点组成的子图中，若 $m+1$ 个顶点通过 m 条边依次连通，且 $m+1$ 个顶点中除始端顶点和终端顶点为一次的外，其余各顶点均为 2 次的，这样的子图称为通路。通路所包含的支路数 m 称为通路的长度。如图 2.1.3 所示，图（a）是一个有向连通图，图（b）则是它的一个通路。很显然，这里的 $m=3$，即该通路的长度是 3。

5. 回路和自环

若一条通路的始端顶点与终端顶点重合，即通路闭合，则这种闭合的通路称为回路，或称环。回路中的顶点均为 2 次的。一个回路所包含的支路数称为该回路的长度。任何回路的长度等于回路所包含的节点数。长度为 1 的回路称为自回路，即自环。换言之，自环由一条边与其两端共有的一个顶点构成。很显然，图 2.1.3（c）、（d）都是图（a）的一个回路，这两个回路的长度都为 4。

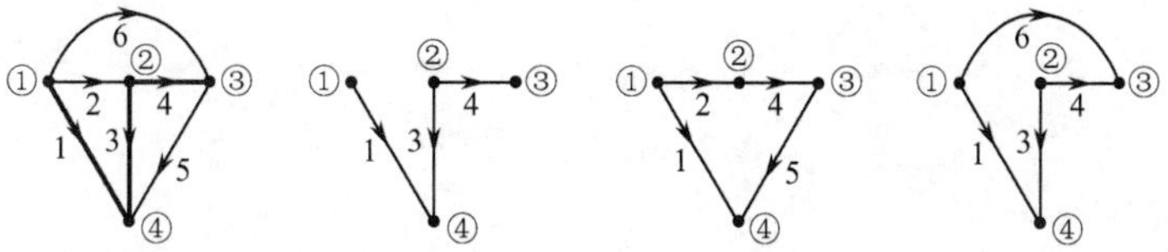

（a）有向连通图　（b）通路　（c）回路　（d）回路

图 2.1.3　通路与回路的示例

6. 连通图

如果图 G 中任意两个顶点之间至少有一条通路，则称图 G 为连通图，否则就是非连通图。如图 2.1.4 所示，图（a）、（b）都是连通图，而图（c）则是非连通图。一个非连通图至少含两个相互分离的连通子图。每个连通子图称为该图的一个分离部分。很明显，如果将图（b）中的虚线拿开，则图（b）退变为非连通图。一个孤立顶点也视为一个分离部分。

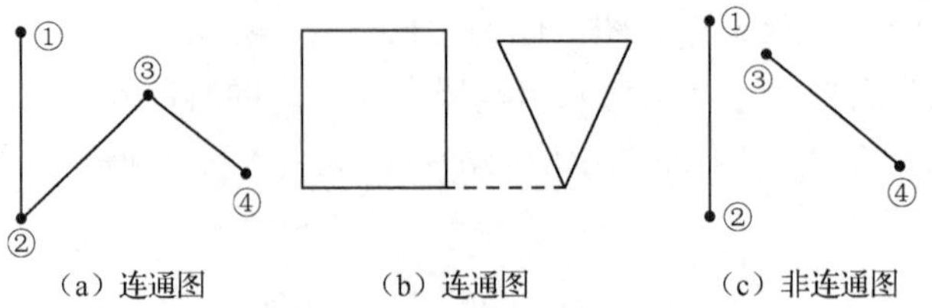

图 2.1.4　连通图的示例

7．树和树余

在图论中，树 T 是一个非常重要的基本概念，其基本定义如下：①它是连通图 G 的一个连通子图；②它包含了图 G 的全部顶点；③它不含任何回路。因此，根据树的定义，树中任意两个顶点之间有且仅有一条通路。在图 G 中与树 T 互补的子图称为树余。树中所含的边称为树支，而树余中所含的边则称为连支。例如，对于图 2.1.5（a）所示的连通图，可以找出其可能构成的树。图 2.1.5（b）、（c）都是图 2.1.5（a）的树。

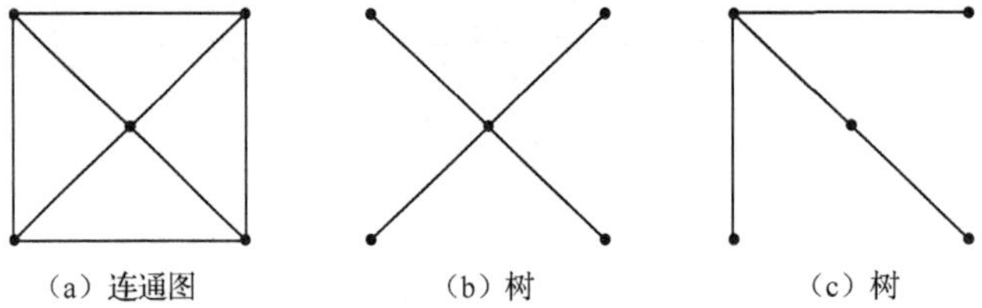

图 2.1.5　树的示例

8．割集

在图论中，满足连通图 G 下列条件的边的最小集合，称为图 G 的割集：①它是连通图的一个支路集合；②若移去此集合中的全部支路，则图变成两个分离的部分；③若少移去该集合中的任一支路，则剩下的图仍连通。割集的示例如图 2.1.6 所示。图 2.1.6（a）所示的连通图中，可以发现由支路 1、2 和 3 构成的边集满足上述三个基本条件，因此，边集（1,2,3）是一个割集，如图 2.1.6（c）所示。

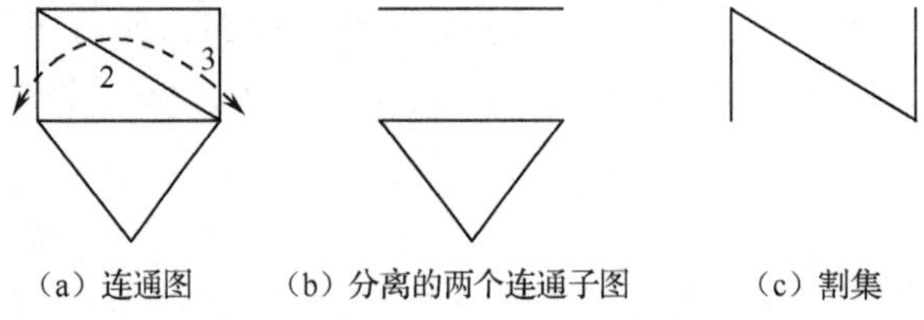

图 2.1.6　割集的示例

9．基本割集

在图 G 中任选一个树 T，由树 T 的一个树支与相应的唯一的一组连支所构成的割集，称为图 G 中关于树 T 的一个基本割集。

注意，由上述关于基本割集的定义可知，图 G 中的割集可能会有很多，但是，基本割集只有一组，即由所选树的各个树支构成的一组基本割集。比如，在图 2.1.7（a）所示的连通图中，首先确定一个由三个支路（1,3,4）组成的树，如图 2.1.7（b）所示。接下来利用该树的三个树支，分别构造三个基本割集：基本割集 1，即（1,2,6）；基本割集 2，即（2,3,5,6）；基本割集 3，即（4,5,6）。上述基本割集分别对应图 2.1.7（c）、（d）、（e）。

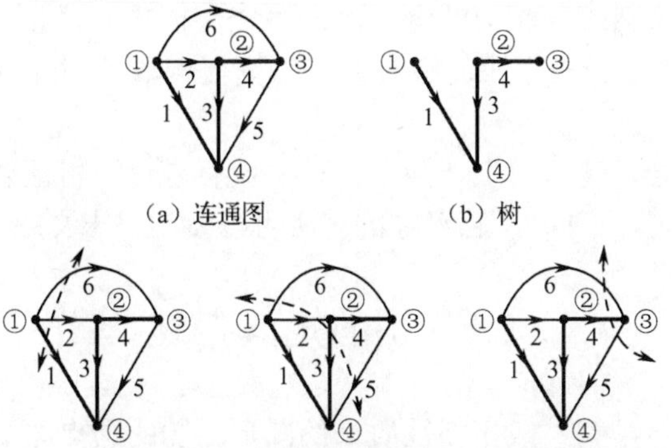

（a）连通图　（b）树

（c）基本割集1　（d）基本割集2　（e）基本割集3

图 2.1.7　图及其基本割集的示例

10．基本回路

在图 G 中任选一个树 T，由树 T 的一个树支与相应的唯一的一组连支所构成的回路，称为图 G 中关于树 T 的一个基本回路。

注意，由上述关于基本回路的定义可知，图 G 中的回路可能会有很多，但是，基本回路只有一组，即由所选树确定的各个连支构成的一组基本回路。比如，在图 2.1.7（a）所示的连通图中，首先确定一个由三个支路（1,3,4）组成的树，则该图的连支为（2,5,6）。接下来利用该图的三个连支，分别构造三个基本回路：基本回路 1，即（1,2,3）；基本回路 2，即（3,4,5）；基本回路 3，即（1,3,4,6）。在图 2.1.8 中，给出了这三个基本回路的拓扑结构。

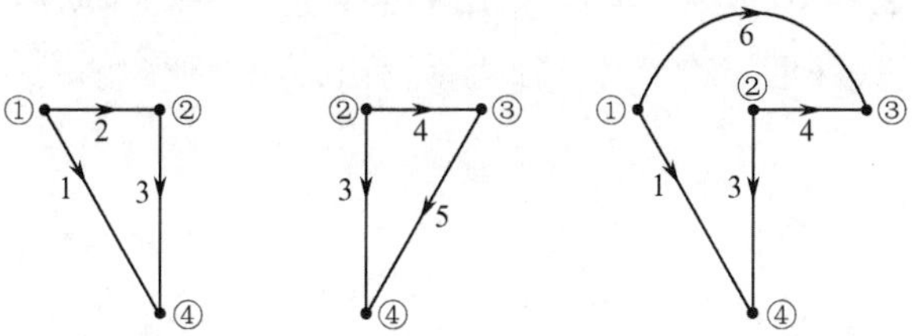

（a）基本回路1　（b）基本回路2　（c）基本回路3

图 2.1.8　基本回路的示例

2.1.2　基本定理

图论作为数学的一个分支，其中有很多定义和定理。为了方便后续对电路网络的分析和讨论，下面引出两个基本定理。

定理 2.1.1　在具有 N_t 个顶点、B 条边的连通图 G 中，任何一个树 T 的树支数 $N=N_t-1$，连支数为 $B-N$。

设想先移去图 G 的全部边，然后逐一接入图 G 的一部分边，使这些边把 N_t 个顶点连通且不形成回路。由于连通 N_t 个顶点并使其不含任何回路，仅需要 $N=N_t-1$ 条边，根据树的定义，这 N 条边和全部顶点构成连通图 G 的一个树。因此，树支数 $N=N_t-1$，连支数则为 $B-N$。

定理 2.1.2 对于一个具有 N_t 个顶点、B 条边的连通图 G，G 中关于任何一个树 T 的基本割集数为 N，基本回路数为 $B-N$。

一个基本割集由一个树支与相应的唯一的一组连支构成，因此，基本割集数等于树支数 N。一个基本回路由一个连支与相应的唯一的一组树支构成，因此，基本回路数等于连支数 $B-N$。

限于篇幅及应用场合，这里对上述两个定理并没有进行严格证明（本书对数学相关的定理大多采用这种方法处理，下同），感兴趣的读者可以参阅书末文献。

2.2 图的矩阵描述

网络的图是表示网络结构（或拓扑性质）的图形。图的顶点与边、回路与边、割集与边等的关联性质都可以用矩阵形式来表示。在网络分析中，利用图的矩阵表示，可方便地建立向量形式的网络方程，也有利于计算机辅助网络分析和设计。

2.2.1 关联矩阵

图的顶点（节点）和边（支路）的关联性质可以用增广关联矩阵 $\boldsymbol{A}_a$ 来表示。对于一个有 N_t 个节点、B 条支路且无自环的有向连通图 G，$\boldsymbol{A}_a=[a_{ij}]$ 是一个 $N_t \times B$ 的矩阵，它的每一行对应一个节点，每一列对应一条支路，其元素 a_{ij} 定义如下：

$$a_{ij}=\begin{cases} +1 & \text{第}j\text{条支路与第}i\text{个节点相关联，且支路方向为离开节点}i \\ -1 & \text{第}j\text{条支路与第}i\text{个节点相关联，且支路方向为指向节点}i \\ 0 & \text{第}j\text{条支路与第}i\text{个节点无关联} \end{cases}$$

例 2.2.1 对于图 2.2.1 所示的有向图，试写出其增广关联矩阵 $\boldsymbol{A}_a$。

解： 根据上述增广关联矩阵的定义，很容易写出其如下形式的增广关联矩阵 $\boldsymbol{A}_a$。

支路编号：1 2 3 4 5；节点编号：①②③④

$$\boldsymbol{A}_a=\begin{bmatrix} 1 & 1 & 0 & 0 & 0 \\ 0 & -1 & 1 & 1 & 0 \\ -1 & 0 & 0 & -1 & -1 \\ 0 & 0 & -1 & 0 & 1 \end{bmatrix}$$

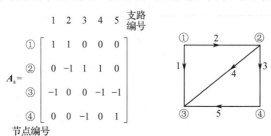

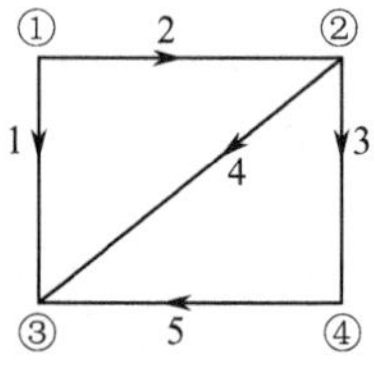

图 2.2.1 有向图

由于每条支路只能与两个节点相关联，且其方向必定离开其中一个节点，而指向另一个节点，因此，$\boldsymbol{A}_a$ 中的每一列只包含两个非零元素，其中一个是+1，另一个是−1。如果该矩阵中所有的行相加至最后一行，可得到一元素全为 0 的行，这表明 $\boldsymbol{A}_a$ 中的各行是线性相关的。如果从 $\boldsymbol{A}_a$ 中任意去掉一行，则 $\boldsymbol{A}_a$ 中的任意 N_t-1 行都包含了关于 $\boldsymbol{A}_a$ 的全部信息。

定理 2.2.1 一个节点数为 N_t 的连通图，其增广关联矩阵 $\boldsymbol{A}_a$ 的秩 $N=N_t-1$。

从 $\boldsymbol{A}_a$ 中去掉任一行所得到的矩阵称为关联矩阵，用 $\boldsymbol{A}$ 表示，它是一个 $N\times B$ 的矩阵。去掉的行所对应的节点称为参考节点。对于图 2.2.1 所示的例子，如果从 $\boldsymbol{A}_a$ 中去掉最后一行，得关联矩阵 $\boldsymbol{A}$：

$$
\boldsymbol{A}=\begin{array}{c}\\ ①\\ ②\\ ③\end{array}\begin{array}{c}\begin{array}{ccccc}1 & 2 & 3 & 4 & 5\end{array}\\ \left[\begin{array}{ccccc}1 & 1 & 0 & 0 & 0\\ 0 & -1 & 1 & 1 & 0\\ -1 & 0 & 0 & -1 & -1\end{array}\right]\end{array}
$$

定理 2.2.2 在增广关联矩阵 $\boldsymbol{A}_a$ 中，对应于图 G 的任一个回路的列是线性相关的。

定理 2.2.3 连通图 G 的关联矩阵 $\boldsymbol{A}$ 的一个 N 阶子矩阵是非奇异的必要和充分条件是，此子矩阵的列对应于图 G 的一个树的树支。

比如，在图 2.2.1 所示的有向图中，如果以支路 1、2、3 构成一个树，则得到的新关联矩阵 $\boldsymbol{A}$ 是非奇异的。即在下面的矩阵表示中，去掉虚线所在的行和列构成的新矩阵 $\boldsymbol{A}$ 必定是线性无关的。

$$
\boldsymbol{A}=\begin{array}{c}\\ ①\\ ②\\ ③\\ ④\end{array}\begin{array}{c}\begin{array}{ccccc}1 & 2 & 3 & 4 & 5\end{array}\ \text{支路编号}\\ \left[\begin{array}{ccccc}1 & 1 & 0 & 0 & 0\\ 0 & -1 & 1 & 1 & 0\\ -1 & 0 & 0 & -1 & 1\\ 0 & 0 & -1 & 0 & 1\end{array}\right]\end{array}
$$

节点编号

由此可知，由树支组成的列矩阵，一定是非奇异的，即独立、线性无关的。所以，其矩阵的行列式不为 0，而且可以证明其行列式= ±1。

2.2.2 回路矩阵

图的回路和支路的关联性质可以用增广回路矩阵 $\boldsymbol{B}_a$ 来表示。若支路 j 属于回路 i，称支路 j 与回路 i 相关联，否则称支路 j 与回路 i 无关联。对于一个具有 N_t 个节点、B 条支路、L 个回路的有向连通图 G，在标定各回路方向（顺时针或逆时针）后，$\boldsymbol{B}_a=[b_{ij}]$是一个 $L\times B$ 的矩阵。它的每一行对应一个回路，每一列对应一条支路。其元素 b_{ij} 定义如下：

$$
b_{ij}=\begin{cases}+1 & \text{第}j\text{条支路与第}i\text{个回路相关联，且支路方向与回路方向相同}\\ -1 & \text{第}j\text{条支路与第}i\text{个回路相关联，且支路方向与回路方向相反}\\ 0 & \text{第}j\text{条支路与第}i\text{个回路无关联}\end{cases}
$$

例 2.2.2 写出图 2.2.2 所示有向图 G 的增广回路矩阵 $\boldsymbol{B}_a$。

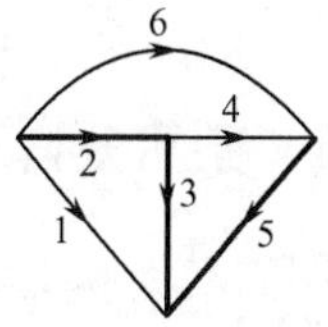

图 2.2.2 有向图 G

解：图 2.2.2 所示的有向图 G 共有 7 个回路，分别记为：B_1（1,2,3）、B_2（3,4,5）、B_3（2,4,6）、B_4（1,2,4,5）、B_5（1,6,4,3）、B_6（2,3,5,6）、B_7（1,6,5）。假设各回路的方向均为顺时针方向，则可写出其增广回路矩阵：

$$
\boldsymbol{B}_a=\begin{array}{c}\\ B_1\\ B_2\\ B_3\\ B_4\\ B_5\\ B_6\\ B_7\end{array}\begin{array}{c}\begin{array}{cccccc}1 & 2 & 3 & 4 & 5 & 6\end{array}\\ \left[\begin{array}{cccccc}-1 & 1 & 1 & 0 & 0 & 0\\ 0 & 0 & -1 & 1 & 1 & 0\\ 0 & 1 & 0 & 1 & 0 & -1\\ -1 & 1 & 0 & 1 & 1 & 0\\ -1 & 0 & 1 & -1 & 0 & 1\\ 0 & 1 & 1 & 0 & -1 & -1\\ -1 & 0 & 0 & 0 & 1 & 1\end{array}\right]\end{array}
$$

将矩阵 $\boldsymbol{B}_{\mathrm{a}}$ 中的第一行元素与第二行元素相加，所得的一行元素与第四行元素相同。将第三行元素与第五行元素相加，所得的一行元素与第一行元素相同。说明 $\boldsymbol{B}_{\mathrm{a}}$ 中的行是线性相关的，即 $\boldsymbol{B}_{\mathrm{a}}$ 的秩小于其行数。

定理 2.2.4 对于一个具有 $N_{\mathrm{t}}=N+1$ 个节点、B 条支路的连通图 G，其增广回路矩阵的秩为 $B-N$。

由于 $\boldsymbol{B}_{\mathrm{a}}$ 的秩是 $B-N$，因此没有必要把 $\boldsymbol{B}_{\mathrm{a}}$ 的全部行都列出来。而在 $\boldsymbol{B}_{\mathrm{a}}$ 中选出 $B-N$ 个独立的行来并非容易的事。为了保证获取足够的独立回路，采用基本回路是一种有效的方法。

对于一个具有 N_{t} 个节点、B 条支路的有向连通图 G，在选定一个树后，选取基本回路方向，使之与它所关联的连支方向一致。基本回路与支路的关联性质可用基本回路矩阵 $\boldsymbol{B}_{\mathrm{f}}$ 表示。$\boldsymbol{B}_{\mathrm{f}}=[b_{ij}]$是一个$(B-N)\times B$ 矩阵，它的每一行对应一个基本回路，每一列对应一条支路。其元素 b_{ij} 定义如下：

$$b_{ij}=\begin{cases}+1 & \text{第}j\text{条支路与第}i\text{个基本回路相关联，且支路方向与基本回路方向相同}\\ -1 & \text{第}j\text{条支路与第}i\text{个基本回路相关联，且支路方向与基本回路方向相反}\\ 0 & \text{第}j\text{条支路与第}i\text{个基本回路无关联}\end{cases}$$

若支路编号按先树支后连支的顺序，基本回路编号按相应连支编号的顺序，则基本回路矩阵 $\boldsymbol{B}_{\mathrm{f}}$ 可以分块成如下形式：

$$\boldsymbol{B}_{\mathrm{f}}=[\boldsymbol{B}_{\mathrm{t}}\quad \boldsymbol{E}_{\mathrm{l}}] \tag{2.2.1}$$

式中，$\boldsymbol{B}_{\mathrm{t}}$ 是一个$(B-N)\times N$ 矩阵，它反映了基本回路与树支的关联关系。$\boldsymbol{E}_{\mathrm{l}}$ 是一个 $B-N$ 阶单位矩阵，它反映了基本回路与连支的关联关系。由此看出，$\boldsymbol{B}_{\mathrm{f}}$ 的秩为 $B-N$，即 $\boldsymbol{B}_{\mathrm{f}}$ 中的各行是线性无关的。

例 2.2.3 写出图 2.2.2 所示有向图 G 的基本回路矩阵 $\boldsymbol{B}_{\mathrm{f}}$。

解：对于图 2.2.2 所示的有向图 G，如果选支路（2,3,5）构成一个树，则其基本回路有三个，分别记为：B_1（1,2,3）、B_2（3,4,5）、B_3（2,3,5,6），所以，得到该有向图的基本回路矩阵为

$$\begin{array}{r}\\ \boldsymbol{B}_{\mathrm{f}}=\begin{array}{c}B_1\\B_2\\B_3\end{array}\end{array}\begin{array}{c}\begin{array}{ccc:ccc}2&3&5&1&4&6\end{array}\\ \left[\begin{array}{ccc:ccc}-1&-1&0&1&0&0\\0&-1&1&0&1&0\\-1&-1&1&0&0&1\end{array}\right]\end{array}$$

2.2.3 割集矩阵

图的割集和支路的关联性质可以用增广割集矩阵 $\boldsymbol{Q}_{\mathrm{a}}$ 来表示。若割集 i 包含支路 j，称割集 i 与支路 j 相关联；否则称割集 i 与支路 j 无关联。为了定义割集矩阵，需要规定割集方向。因为一个割集将图的节点分成两个互不相交的节点集合 V_1 和 V_2，故割集的方向是以节点集合的有序偶（V_1,V_2）或（V_2,V_1）来确定的。如果一个割集是按（V_1,V_2）来定向的，割集中的一条支路 $e=(v_i,v_j)$，当 $v_i\in V_1$，$v_j\in V_2$ 时，则该支路的方向与割集方向一致，否则支路方向与割集方向相反。

对于一个具有 N_{t} 个节点、B 条支路、C 个割集的有向连通图 G，选定割集的方向，并标在表示割集的虚线上。增广割集矩阵 $\boldsymbol{Q}_{\mathrm{a}}=[q_{ij}]$是一个 $C\times B$ 矩阵，它的每一行对应一个割集，每一列对应一条支路，其元素 q_{ij} 定义如下：

$$q_{ij}=\begin{cases}+1 & 第j条支路与第i个割集相关联，且支路方向与割集方向相同\\ -1 & 第j条支路与第i个割集相关联，且支路方向与割集方向相反\\ 0 & 第j条支路与第i个割集无关联\end{cases}$$

研究表明，增广割集矩阵 $\boldsymbol{Q}_a$ 的行也是线性相关的。

对于不可断的连通图，与每个节点关联的支路集合都是一个割集。因此，$\boldsymbol{Q}_a$ 中应包含增广关联矩阵 $\boldsymbol{A}_a$，即 $\boldsymbol{A}_a$ 是 $\boldsymbol{Q}_a$ 的一个子阵。故 $\boldsymbol{Q}_a$ 的秩至少为 N。可以证明，$\boldsymbol{Q}_a$ 的秩等于 $\boldsymbol{A}_a$ 的秩 N。

定理 2.2.5 对于具有 N_t 个节点、B 条支路的连通图 G，其增广割集矩阵 $\boldsymbol{Q}_a$ 的秩为 $N=N_t-1$。

由于 $\boldsymbol{Q}_a$ 的秩是 N，没有必要把 $\boldsymbol{Q}_a$ 的全部行写出来。选定图 G 的一个树 T，T 的每个树支定义一个基本割集。N 个树支定义 N 个基本割集。选取基本割集的方向，使之与它所关联的树支方向一致。基本割集与支路的关联性质可以用基本割集矩阵 $\boldsymbol{Q}_f=[q_{ij}]$表示。$\boldsymbol{Q}_f$ 是一个 $N\times B$ 的矩阵，它的每一行对应一个基本割集，每一列对应一条支路。其元素 q_{ij} 定义如下：

$$q_{ij}=\begin{cases}+1 & 第j条支路与第i个基本割集相关联，且支路方向与基本割集方向相同\\ -1 & 第j条支路与第i个基本割集相关联，且支路方向与基本割集方向相反\\ 0 & 第j条支路与第i个基本割集无关联\end{cases}$$

如果图 G 中支路编号按先树支后连支的顺序，基本割集的编号按相应的树支编号的顺序，则基本割集矩阵 $\boldsymbol{Q}_f$ 可以分块成如下形式：

$$\boldsymbol{Q}_f=[\boldsymbol{E}_t \quad \boldsymbol{Q}_l] \tag{2.2.2}$$

式中，$\boldsymbol{E}_t$ 为 N 阶单位矩阵，它表示基本割集与树支的关联关系。$\boldsymbol{Q}_l$ 为 $N\times(B-N)$矩阵，它表示基本割集与连支的关联关系，称为基本子阵。显然，$\boldsymbol{Q}_f$ 的秩为 N，说明 $\boldsymbol{Q}_f$ 中的各行是线性无关的。

例 2.2.4 分析并讨论图 2.2.2 所示有向图的基本割集矩阵。

解： 在图 2.2.2 中，同样以支路（2, 3, 5）为树支，并按照割集基本概念给出基本割集的方向（如图 2.2.3 所示虚线部分）。

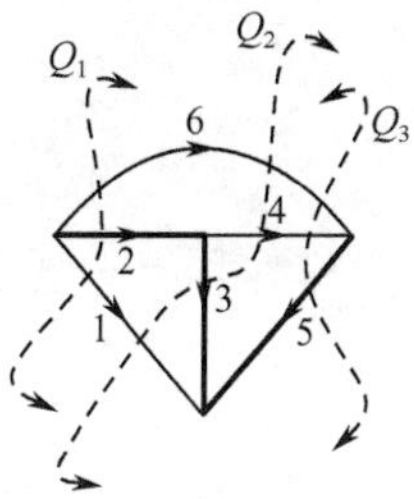

图 2.2.3 标注基本割集的有向图

利用前面介绍的相关知识，可以直接得到图 2.2.3 所示有向图的基本割集矩阵：

$$\boldsymbol{Q}_f=\begin{matrix} \\ Q_1\\ Q_2\\ Q_3\end{matrix}\begin{matrix}\begin{matrix}2&3&5&1&4&6\end{matrix}\\ \left[\begin{array}{ccc|ccc}1&0&0&1&0&1\\0&1&0&1&1&1\\0&0&1&0&-1&-1\end{array}\right]\end{matrix}$$

2.2.4 矩阵 $\boldsymbol{A}$、$\boldsymbol{B}_f$、$\boldsymbol{Q}_f$ 之间的关系

对于一个有向连通图 G，任意指定一个参考节点，写出关联矩阵 $\boldsymbol{A}$。任选一树 T，写出基本回路矩阵 $\boldsymbol{B}_f$ 和基本割集矩阵 $\boldsymbol{Q}_f$。$\boldsymbol{A}$、$\boldsymbol{B}_f$、$\boldsymbol{Q}_f$ 是从不同角度描述同一个有向图的关联性质的三个矩阵，它们之间必然存在着一定的关系。下面讨论这三者之间的关系。

1. 矩阵 A 与矩阵 B_f 之间的关系

如果同一有向连通图的矩阵 $\boldsymbol{A}$ 和矩阵 $\boldsymbol{B}_f$ 的列按相同支路顺序排列，则有

$$\boldsymbol{A}\boldsymbol{B}_f^T = 0 \tag{2.2.3a}$$

$$\boldsymbol{B}_f\boldsymbol{A}^T = 0 \tag{2.2.3b}$$

式中，上标 T 表示转置。

如果将 $\boldsymbol{A}$ 和 $\boldsymbol{B}_f$ 中的列均按先树支后连支的顺序排列，基本回路的顺序与对应连支的顺序一致，则

$$\boldsymbol{B}_f = [\boldsymbol{B}_t \quad \boldsymbol{E}_l], \ \boldsymbol{A} = [\boldsymbol{A}_t \quad \boldsymbol{A}_l]$$

$$\boldsymbol{A}\boldsymbol{B}_f^T = [\boldsymbol{A}_t \quad \boldsymbol{A}_l]\begin{bmatrix}\boldsymbol{B}_t^T \\ \boldsymbol{E}_l\end{bmatrix} = \boldsymbol{A}_t\boldsymbol{B}_t^T + \boldsymbol{A}_l = 0$$

因为 $\boldsymbol{A}_t$ 为非奇异的，则

$$\boldsymbol{B}_t^T = -\boldsymbol{A}_t^{-1}\boldsymbol{A}_l \tag{2.2.4}$$

对上式两端都取转置，可以得到 $\boldsymbol{B}_f$ 的矩阵表达式，因此，如果已知关联矩阵 $\boldsymbol{A}$，则可写出基本回路矩阵 $\boldsymbol{B}_f$。

同理，我们可以研究矩阵 $\boldsymbol{B}_f$ 与矩阵 $\boldsymbol{Q}_f$ 之间的关系，以及矩阵 $\boldsymbol{A}$ 与矩阵 $\boldsymbol{Q}_f$ 之间的关系。限于篇幅，下面仅讨论 $\boldsymbol{A}$ 与 $\boldsymbol{Q}_f$ 之间的关系。

2. 矩阵 A 与矩阵 Q_f 之间的关系

因为

$$\boldsymbol{B}_t^T = -(\boldsymbol{A}_t^{-1}\boldsymbol{A}_l)$$

$$\boldsymbol{Q}_l = -\boldsymbol{B}_t^T = \boldsymbol{A}_t^{-1}\boldsymbol{A}_l \tag{2.2.5}$$

所以

$$\boldsymbol{Q}_f = [\boldsymbol{E}_t \quad \boldsymbol{A}_t^{-1}\boldsymbol{A}_l] = \boldsymbol{A}_t^{-1}[\boldsymbol{A}_t \quad \boldsymbol{A}_l] = \boldsymbol{A}_t^{-1}\boldsymbol{A} \tag{2.2.6}$$

当已知关联矩阵 $\boldsymbol{A}$ 时，可根据式（2.2.6）写出基本割集矩阵 $\boldsymbol{Q}_f$。

2.3 网络方程及分析方法

2.2 节介绍了图的矩阵描述，本节将进一步讨论以图论为基础建立网络方程的方法，这是现代电路理论的重要组成部分，也是应用计算机进行电路分析和设计的重要依据。

在电网络中，每条支路都有一个电压变量和一个电流变量。与一个节点相关联的各支路电流要受基尔霍夫电流定律（KCL）的约束，与一个回路相关联的各支路电压要受基尔霍夫电压定律（KVL）的约束。虽然基尔霍夫定律与支路上的元件性质无关，但是一个特定支路的电压与电流的关系取决于该支路元件的阻抗或导纳特性。

电网络方程一般以常用网络变量电流、电压作为求解的变量，分析电网络的依据是 KCL、KVL 和支路电压电流关系（VCR）。网络方程用矩阵形式表达清晰直观、系统整齐，且易于用计算机计算。本节首先介绍 KCL、KVL 和 VCR 的矩阵形式。

2.3.1 KCL 的矩阵形式

若网络 N 具有 N_t 个节点、B 条支路，在任选一节点为参考节点，并标定各支路的参考方

向后，KCL 方程可用关联矩阵 $\boldsymbol{A}$ 表示为

$$\boldsymbol{A}\boldsymbol{i}_{\mathrm{b}}=\boldsymbol{0} \tag{2.3.1}$$

式中，$\boldsymbol{i}_{\mathrm{b}}$ 是以各支路电流为元素的列向量，称为支路电流向量。

如果在图中选定一个树，支路的编号按先树支后连支的顺序，则关联矩阵和支路电流向量可分块为

$$\boldsymbol{A}=[\boldsymbol{A}_{\mathrm{t}} \quad \boldsymbol{A}_{\mathrm{l}}] \tag{2.3.2}$$

$$\boldsymbol{i}_{\mathrm{b}}=\begin{bmatrix}\boldsymbol{i}_{\mathrm{t}}\\ \boldsymbol{i}_{\mathrm{l}}\end{bmatrix} \tag{2.3.3}$$

式中，$\boldsymbol{i}_{\mathrm{t}}$ 表示树支电流向量；$\boldsymbol{i}_{\mathrm{l}}$ 表示连支电流向量。于是

$$\boldsymbol{A}\boldsymbol{i}_{\mathrm{b}}=\begin{bmatrix}\boldsymbol{A}_{\mathrm{t}} & \boldsymbol{A}_{\mathrm{l}}\end{bmatrix}\begin{bmatrix}\boldsymbol{i}_{\mathrm{t}}\\ \boldsymbol{i}_{\mathrm{l}}\end{bmatrix}=\boldsymbol{A}_{\mathrm{t}}\boldsymbol{i}_{\mathrm{t}}+\boldsymbol{A}_{\mathrm{l}}\boldsymbol{i}_{\mathrm{l}}=\boldsymbol{0}$$

由于 $\boldsymbol{A}_{\mathrm{t}}$ 是一个非奇异矩阵，所以有

$$\boldsymbol{i}_{\mathrm{t}}=-\boldsymbol{A}_{\mathrm{t}}^{-1}\boldsymbol{A}_{\mathrm{l}}\boldsymbol{i}_{\mathrm{l}} \tag{2.3.4}$$

由此看出，B 个支路电流中，只有 $B-N$ 个连支电流是独立的，树支电流可由连支电流决定。因此，连支电流是全部支路电流集合的一个基底。

将式（2.3.4）代入式（2.3.3），并考虑到矩阵 $\boldsymbol{B}_{\mathrm{f}}$ 与 $\boldsymbol{A}$ 的关系，得

$$\boldsymbol{i}_{\mathrm{b}}=\begin{bmatrix}\boldsymbol{i}_{\mathrm{t}}\\ \boldsymbol{i}_{\mathrm{l}}\end{bmatrix}=\begin{bmatrix}-\boldsymbol{A}_{\mathrm{t}}^{-1}\boldsymbol{A}_{\mathrm{l}}\\ \boldsymbol{E}_{\mathrm{l}}\end{bmatrix}\boldsymbol{i}_{\mathrm{l}}=\boldsymbol{B}_{\mathrm{f}}^{\mathrm{T}}\boldsymbol{i}_{\mathrm{l}} \tag{2.3.5}$$

式（2.3.5）就是用基本回路矩阵 $\boldsymbol{B}_{\mathrm{f}}$ 表示的 KCL 方程的矩阵形式。

KCL 方程还可以用基本割集矩阵 $\boldsymbol{Q}_{\mathrm{f}}$ 表示为

$$\boldsymbol{Q}_{\mathrm{f}}\boldsymbol{i}_{\mathrm{b}}=\boldsymbol{0} \tag{2.3.6}$$

由于矩阵 $\boldsymbol{Q}_{\mathrm{f}}$ 中每一行的非零元素表示与该行对应的基本割集所关联的支路及关联形式，因此式（2.3.6）表明，每个基本割集所含各支路电流的代数和为零。

例 2.3.1　某电网络拓扑图如图 2.2.2 所示，选定树 T=(2,3,5)。试写出其支路电流 $\boldsymbol{i}_{\mathrm{b}}$ 的 KCL 方程。

解：由例 2.2.3 所述，该图的基本回路矩阵 $\boldsymbol{B}_{\mathrm{f}}$ 为

$$\boldsymbol{B}_{\mathrm{f}}=\begin{matrix}\\ B_1\\ B_2\\ B_3\end{matrix}\begin{matrix}\begin{matrix}2 & 3 & 5 & | & 1 & 4 & 6\end{matrix}\\ \left[\begin{array}{ccc:ccc}1 & 1 & 0 & -1 & 0 & 0\\ 0 & -1 & 1 & 0 & 1 & 0\\ 1 & 1 & -1 & 0 & 0 & -1\end{array}\right]\end{matrix}$$

所以，由式（2.3.5）可知，其支路电流的 KCL 方程的矩阵形式如下：

$$\begin{bmatrix}i_2\\ i_3\\ i_5\\ i_1\\ i_4\\ i_6\end{bmatrix}=\begin{bmatrix}1 & 0 & 1\\ 1 & -1 & 1\\ 0 & 1 & -1\\ -1 & 0 & 0\\ 0 & 1 & 0\\ 0 & 0 & -1\end{bmatrix}\begin{bmatrix}i_1\\ i_4\\ i_6\end{bmatrix}$$

在上述支路电流的矩阵形式中，连支电流作为矩阵（列向量）自变量，而所有支路电流（先树支、后连支的写法）作为矩阵（列向量）函数。

2.3.2 KVL 的矩阵形式

对于一个具有 N_t 个节点、B 条支路的连通网络 N，在选定一个树后，KVL 方程可用基本回路矩阵 $\boldsymbol{B}_f$ 表示为

$$\boldsymbol{B}_f\boldsymbol{u}_b = \boldsymbol{0} \tag{2.3.7}$$

式中，$\boldsymbol{u}_b$ 是以各支路电压为元素的列向量，称为支路电压向量。

若支路的编号和排列按先树支后连支的顺序，则 $\boldsymbol{B}_f$ 和 $\boldsymbol{u}_b$ 可分块为

$$\boldsymbol{B}_f = [\boldsymbol{B}_t \quad \boldsymbol{E}_l] \tag{2.3.8}$$

$$\boldsymbol{u}_b = \begin{bmatrix} \boldsymbol{u}_t \\ \boldsymbol{u}_l \end{bmatrix} \tag{2.3.9}$$

式中，$\boldsymbol{u}_t$ 表示树支电压向量；$\boldsymbol{u}_l$ 表示连支电压向量。于是

$$\boldsymbol{B}_f\boldsymbol{u}_b = [\boldsymbol{B}_t \quad \boldsymbol{E}_l]\begin{bmatrix} \boldsymbol{u}_t \\ \boldsymbol{u}_l \end{bmatrix} = \boldsymbol{B}_t\boldsymbol{u}_t + \boldsymbol{u}_l = \boldsymbol{0}$$

$$\boldsymbol{u}_l = -\boldsymbol{B}_t\boldsymbol{u}_t = \boldsymbol{Q}_l^{\mathrm{T}}\boldsymbol{u}_t \tag{2.3.10}$$

由此看出，B 个支路电压中，只有 N 个树支电压是独立的，连支电压由树支电压决定。因此，一个树的树支电压是全部支路电压集合的一个基底。

将式（2.3.10）代入式（2.3.9）得

$$\boldsymbol{u}_b = \begin{bmatrix} \boldsymbol{u}_t \\ \boldsymbol{u}_l \end{bmatrix} = \begin{bmatrix} \boldsymbol{u}_t \\ \boldsymbol{Q}_l^{\mathrm{T}}\boldsymbol{u}_t \end{bmatrix} = \begin{bmatrix} \boldsymbol{E}_t \\ \boldsymbol{Q}_l^{\mathrm{T}} \end{bmatrix}\boldsymbol{u}_t = \boldsymbol{Q}_f^{\mathrm{T}}\boldsymbol{u}_t \tag{2.3.11}$$

式（2.3.11）就是用基本割集矩阵表示的 KVL 方程的矩阵形式。

KVL 方程还可以用关联矩阵 $\boldsymbol{A}$ 表示为

$$\boldsymbol{u}_b = \boldsymbol{A}^{\mathrm{T}}\boldsymbol{u}_n \tag{2.3.12}$$

式中，$\boldsymbol{u}_n$ 是以各节点电压为元素的列向量，称为节点电压向量。由于每条支路都只与两个节点关联，支路电压可表示为其两端节点电压之差，因此用节点电压可表示全部支路电压。

2.3.3 VCR 的矩阵表示

列写网络方程除依据基尔霍夫定律外，还必须根据各支路的元件特性列出支路电流与电压的关系方程。电网络的支路划分，根据所采用的网络分析方法的需要而有不同的规定。其一是将网络中的每个元件作为一条支路，在本书第 3 章就采用这种规定。本章采用另一种支路划分，即将电压源和与之串联的无源二端元件作为一条支路。一般而言，如果一个无源二端元件与电压源相串联，再与电流源相并联，则将这种串并联组合电路部分规定为一个“一般支路”，如图 2.3.1 所示。

用一般支路可以避免支路阻抗和支路导纳变为无穷大。图 2.3.1（a）中，u_{bk}、i_{bk} 分别表示第 k 条支路的电压、电流，u_k、i_k 分别表示该支路中无源元件的电压、电流，u_{sk}、i_{sk} 分别表示该支路所含独立电压源的电压和独立电流源的电流。图 2.3.1（b）为将图 2.3.1（a）所示一般支路经过拉普拉斯变换后的复频域模型。其中，$U_{bk}(s)$、$I_{bk}(s)$ 分别为支路电压和支路电流，$Z_k(s)$ 为支路的复频域阻抗，$U_k(s)$、$I_k(s)$ 为无源元件的电压和电流，$U_{sk}(s)$、$I_{sk}(s)$ 则为独立电压源的电压和独立电流源的电流。对于动态元件 L 和 C，如果有初始储能，那么其初始储能的影响转化为与 L、C 串（或并）联的“初始条件电源”，一并考虑入一般支路的独立电源中。

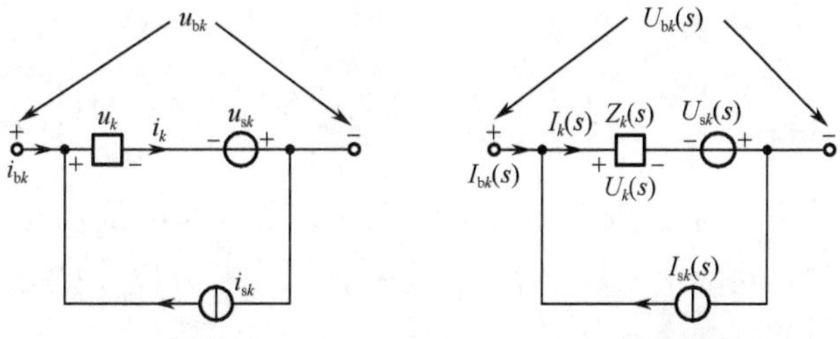

图 2.3.1　一般支路的时域、复频域模型

在图 2.3.1 所示参考方向下，对于图 2.3.1(a)、(b)所示的一般支路，其支路电流 $i_{bk} = i_k - i_{sk}$，支路电压 $u_{bk} = u_k - u_{sk}$，对整个网络而言，在时域和复频域分别有以下关系：

$$\boldsymbol{i}_{\mathrm{b}} = \boldsymbol{i} - \boldsymbol{i}_{\mathrm{s}},\ \boldsymbol{I}_{\mathrm{b}}(s) = \boldsymbol{I}(s) - \boldsymbol{I}_{\mathrm{s}}(s) \tag{2.3.13}$$

$$\boldsymbol{u}_{\mathrm{b}} = \boldsymbol{u} - \boldsymbol{u}_{\mathrm{s}},\ \boldsymbol{U}_{\mathrm{b}}(s) = \boldsymbol{U}(s) - \boldsymbol{U}_{\mathrm{s}}(s) \tag{2.3.14}$$

式中，$\boldsymbol{i}$ 和 $\boldsymbol{u}$ 分别表示无源元件的电流向量和电压向量；$\boldsymbol{i}_{\mathrm{s}}$ 和 $\boldsymbol{u}_{\mathrm{s}}$ 分别表示电流源电流向量和电压源电压向量；$\boldsymbol{i}_{\mathrm{b}}$ 和 $\boldsymbol{u}_{\mathrm{b}}$ 分别表示支路电流向量和支路电压向量。$\boldsymbol{I}(s)$、$\boldsymbol{U}(s)$、$\boldsymbol{I}_{\mathrm{s}}(s)$、$\boldsymbol{U}_{\mathrm{s}}(s)$ 和 $\boldsymbol{I}_{\mathrm{b}}(s)$、$\boldsymbol{U}_{\mathrm{b}}(s)$ 是上述向量的拉普拉斯变换。

对网络中每条支路写出 VCR 方程，并写成阻抗矩阵形式，可得

$$\boldsymbol{U}_{\mathrm{b}}(s) = \boldsymbol{Z}_{\mathrm{b}}(s)\boldsymbol{I}_{\mathrm{b}}(s) + \boldsymbol{Z}_{\mathrm{b}}(s)\boldsymbol{I}_{\mathrm{s}}(s) - \boldsymbol{U}_{\mathrm{s}}(s) \tag{2.3.15}$$

式中，$\boldsymbol{Z}_{\mathrm{b}}(s)$ 为无源元件的阻抗矩阵。

同理，对上述同一个网络中的每条支路写出 VCR 方程，并写成导纳矩阵形式，可得

$$\boldsymbol{I}_{\mathrm{b}}(s) = \boldsymbol{Y}_{\mathrm{b}}(s)\boldsymbol{U}_{\mathrm{b}}(s) + \boldsymbol{Y}_{\mathrm{b}}(s)\boldsymbol{U}_{\mathrm{s}}(s) - \boldsymbol{I}_{\mathrm{s}}(s) \tag{2.3.16}$$

式中，$\boldsymbol{Y}_{\mathrm{b}}(s)$ 为无源元件的导纳矩阵。

2.3.4　支路电流分析法

对于具有 N+1 个节点、B 条支路的网络，各支路电压和各支路电流均是未知的，因此共有 2B 个未知量。由 KCL 可列写出 N 个独立的方程，由 KVL 可列写出 B−N 个独立的方程，这些方程的向量形式为

$$\boldsymbol{A}\boldsymbol{i}_{\mathrm{b}}(s) = \boldsymbol{0} \tag{2.3.17}$$

$$\boldsymbol{B}_{\mathrm{f}}\boldsymbol{U}_{\mathrm{b}}(s) = \boldsymbol{0} \tag{2.3.18}$$

对 B 条支路，可建立 B 个 VCR 方程，其向量形式如式（2.3.15）或式（2.3.16）所示。这样便得到含 2B 个未知量的“2B 方程组”。从这 2B 个方程中消去支路电压或支路电流，由剩下的 B 个方程直接求解 B 个支路电流或 B 个支路电压的方法，称为直接分析法。

从本节开始，我们将简单讨论支路电流分析法和支路电压分析法这两种主要的直接分析法。为了方便起见，以下将某一网络的方程组中待求解的电压、电流变量称为该网络的“网络变量”。

对于一个不含受控源的网络，由式（2.3.15）写出其用支路阻抗矩阵表示的电压电流关系方程，并将其代入式（2.3.18），可得

$$\boldsymbol{B}_{\mathrm{f}}\boldsymbol{Z}_{\mathrm{b}}(s)\boldsymbol{I}_{\mathrm{b}}(s) = \boldsymbol{B}_{\mathrm{f}}\boldsymbol{U}_{\mathrm{s}}(s) - \boldsymbol{B}_{\mathrm{f}}\boldsymbol{Z}_{\mathrm{b}}(s)\boldsymbol{I}_{\mathrm{s}}(s) \tag{2.3.19}$$

式（2.3.19）代表含有 B 个支路电流的 B−N 个线性独立方程。将式（2.3.19）和式（2.3.17）合写为一个向量方程，得

$$\begin{bmatrix} \boldsymbol{B}_{\mathrm{f}}\boldsymbol{Z}_{\mathrm{b}}(s) \\ \boldsymbol{A} \end{bmatrix}\boldsymbol{I}_{\mathrm{b}}(s) = \begin{bmatrix} \boldsymbol{B}_{\mathrm{f}} \\ \boldsymbol{0} \end{bmatrix}\boldsymbol{U}_{\mathrm{s}}(s) - \begin{bmatrix} \boldsymbol{B}_{\mathrm{f}}\boldsymbol{Z}_{\mathrm{b}}(s) \\ \boldsymbol{0} \end{bmatrix}\boldsymbol{I}_{\mathrm{s}}(s) \tag{2.3.20}$$

若 $\boldsymbol{I}_b(s)$ 的系数矩阵为非奇异的，则

$$\boldsymbol{I}_b(s)=\begin{bmatrix}\boldsymbol{B}_f\boldsymbol{Z}_b(s)\\ \boldsymbol{A}\end{bmatrix}^{-1}\begin{bmatrix}\boldsymbol{B}_f\\ \boldsymbol{0}\end{bmatrix}\boldsymbol{U}_s(s)-\begin{bmatrix}\boldsymbol{B}_f\boldsymbol{Z}_b(s)\\ \boldsymbol{A}\end{bmatrix}^{-1}\begin{bmatrix}\boldsymbol{B}_f\boldsymbol{Z}_b(s)\\ \boldsymbol{0}\end{bmatrix}\boldsymbol{I}_s(s) \tag{2.3.21}$$

求出支路电流向量 $\boldsymbol{I}_b(s)$ 后，则可由式（2.3.15）求出支路电压向量 $\boldsymbol{U}_b(s)$。

这称为阻抗矩阵法，实际上就是支路电流分析法，向量方程（2.3.20）代表一组（B 个）以支路电流为网络变量的方程。

例 2.3.2 试求图 2.3.2（a）所示正弦电流电路的支路电流向量。

解：根据图 2.3.2（a）画出该电路的网络拓扑图，如图 2.3.2（b）所示。以节点⑤为参考节点，并以支路 b_1、b_2、b_3 和 b_4 为树支，构成一个树。然后，分别写出该网络拓扑图的关联矩阵 $\boldsymbol{A}$ 和基本回路矩阵 $\boldsymbol{B}_f$。

$$\boldsymbol{A}=\begin{bmatrix}0&0&0&1&1&0&1&0\\1&0&0&-1&0&1&0&0\\0&1&0&0&0&-1&0&1\\0&0&-1&0&0&0&0&-1\end{bmatrix}$$

$$\boldsymbol{B}_f=\begin{bmatrix}-1&0&0&-1&1&0&0&0\\-1&1&0&0&0&1&0&0\\-1&0&0&-1&0&0&1&0\\0&-1&-1&0&0&0&0&1\end{bmatrix}$$

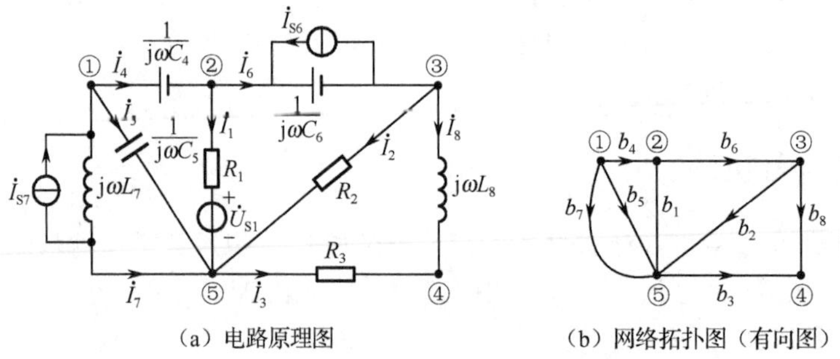

图 2.3.2 正弦电流电路原理图及其网络拓扑图

根据电路原理图写出支路阻抗矩阵 $\boldsymbol{Z}_b(j\omega)$：

$$\boldsymbol{Z}_b(j\omega)=\begin{bmatrix}R_1&0&0&0&0&0&0&0\\0&R_2&0&0&0&0&0&0\\0&0&R_3&0&0&0&0&0\\0&0&0&\dfrac{1}{j\omega C_4}&0&0&0&0\\0&0&0&0&\dfrac{1}{j\omega C_5}&0&0&0\\0&0&0&0&0&\dfrac{1}{j\omega C_6}&0&0\\0&0&0&0&0&0&j\omega L_7&0\\0&0&0&0&0&0&0&j\omega L_8\end{bmatrix}$$

思考：如何写出电压源向量$\dot{\boldsymbol{U}}_s$、电流源向量$\dot{\boldsymbol{I}}_s$？

由式（2.3.20）得

$$\begin{bmatrix} -R_1 & 0 & 0 & -\dfrac{1}{j\omega C_4} & \dfrac{1}{j\omega C_5} & 0 & 0 & 0 \\ -R_1 & R_2 & 0 & 0 & 0 & \dfrac{1}{j\omega C_6} & 0 & 0 \\ -R_1 & 0 & 0 & -\dfrac{1}{j\omega C_4} & 0 & 0 & j\omega L_7 & 0 \\ 0 & -R_2 & -R_3 & 0 & 0 & 0 & 0 & j\omega L_8 \\ 0 & 0 & 0 & 1 & 1 & 0 & 1 & 0 \\ 1 & 0 & 0 & -1 & 0 & 1 & 0 & 0 \\ 0 & 1 & 0 & 0 & 0 & -1 & 0 & 1 \\ 0 & 0 & -1 & 0 & 0 & 0 & 0 & -1 \end{bmatrix} \begin{bmatrix} \dot{I}_1 \\ \dot{I}_2 \\ \dot{I}_3 \\ \dot{I}_4 \\ \dot{I}_5 \\ \dot{I}_6 \\ \dot{I}_7 \\ \dot{I}_8 \end{bmatrix} = \begin{bmatrix} \dot{U}_{s1} \\ \dot{U}_{s1} - \dfrac{1}{j\omega C_6}\dot{I}_{s6} \\ \dot{U}_{s1} - j\omega L_7 \dot{I}_{s7} \\ 0 \\ 0 \\ 0 \\ 0 \\ 0 \end{bmatrix}$$

于是，支路电流向量为

$$\begin{bmatrix} \dot{I}_1 \\ \dot{I}_2 \\ \dot{I}_3 \\ \dot{I}_4 \\ \dot{I}_5 \\ \dot{I}_6 \\ \dot{I}_7 \\ \dot{I}_8 \end{bmatrix} = \begin{bmatrix} -R_1 & 0 & 0 & -\dfrac{1}{j\omega C_4} & \dfrac{1}{j\omega C_5} & 0 & 0 & 0 \\ -R_1 & R_2 & 0 & 0 & 0 & \dfrac{1}{j\omega C_6} & 0 & 0 \\ -R_1 & 0 & 0 & -\dfrac{1}{j\omega C_4} & 0 & 0 & j\omega L_7 & 0 \\ 0 & -R_2 & -R_3 & 0 & 0 & 0 & 0 & j\omega L_8 \\ 0 & 0 & 0 & 1 & 1 & 0 & 1 & 0 \\ 1 & 0 & 0 & -1 & 0 & 1 & 0 & 0 \\ 0 & 1 & 0 & 0 & 0 & -1 & 0 & 1 \\ 0 & 0 & -1 & 0 & 0 & 0 & 0 & -1 \end{bmatrix}^{-1} \begin{bmatrix} \dot{U}_{s1} \\ \dot{U}_{s1} - \dfrac{1}{j\omega C_6}\dot{I}_{s6} \\ \dot{U}_{s1} - j\omega L_7 \dot{I}_{s7} \\ 0 \\ 0 \\ 0 \\ 0 \\ 0 \end{bmatrix}$$

2.3.5 支路电压分析法

将用支路导纳矩阵表示的电压电流关系式（2.3.16）代入式（2.3.17），可得

$$\boldsymbol{AY}_b(s)\boldsymbol{U}_b(s) = \boldsymbol{AI}_s(s) - \boldsymbol{AY}_b(s)\boldsymbol{U}_s(s) \tag{2.3.22}$$

式（2.3.22）代表含有B个支路电压的N个线性独立方程。将式（2.3.22）和式（2.3.18）合写为一个向量方程，得

$$\begin{bmatrix} \boldsymbol{AY}_b(s) \\ \boldsymbol{B}_f \end{bmatrix} \boldsymbol{U}_b(s) = \begin{bmatrix} \boldsymbol{A} \\ \boldsymbol{0} \end{bmatrix} \boldsymbol{I}_s(s) - \begin{bmatrix} \boldsymbol{AY}_b(s) \\ \boldsymbol{0} \end{bmatrix} \boldsymbol{U}_s(s) \tag{2.3.23}$$

若$\boldsymbol{U}_b(s)$的系数矩阵为非奇异的，则

$$\boldsymbol{U}_b(s) = \begin{bmatrix} \boldsymbol{AY}_b(s) \\ \boldsymbol{B}_f \end{bmatrix}^{-1} \begin{bmatrix} \boldsymbol{A} \\ \boldsymbol{0} \end{bmatrix} \boldsymbol{I}_s(s) - \begin{bmatrix} \boldsymbol{AY}_b(s) \\ \boldsymbol{B}_f \end{bmatrix}^{-1} \begin{bmatrix} \boldsymbol{AY}_b(s) \\ \boldsymbol{0} \end{bmatrix} \boldsymbol{U}_s(s) \tag{2.3.24}$$

求出支路电压向量$\boldsymbol{U}_b(s)$后，代入式（2.3.22）即得出支路电流向量。

这称为导纳矩阵法，实际上就是支路电压分析法，向量方程（2.3.23）代表一组（B个）以支路电压为网络变量的方程。

例 2.3.3 试求图 2.3.3（a）所示电路的支路电压向量 $\boldsymbol{U}_{\mathrm{b}}(s)$。

解：根据电路画出它的网络拓扑图，如图 2.3.3（b）所示。以节点④为参考节点，并选择一个树，以支路 b_1、b_2 和 b_3 为树支，分别写出关联矩阵 $\boldsymbol{A}$ 和基本回路矩阵 $\boldsymbol{B}_{\mathrm{f}}$:

$$\boldsymbol{A}=\begin{bmatrix}1 & 0 & 0 & -1 & 0 & 0 & 1\\ 0 & 1 & 0 & 0 & 1 & 1 & 0\\ -1 & -1 & 1 & 0 & 0 & 0 & 0\end{bmatrix}$$

$$\begin{matrix}b_1 & b_2 & b_3 & b_4 & b_5 & b_6 & b_7\end{matrix}$$

$$\boldsymbol{B}_{\mathrm{f}}=\begin{bmatrix}1 & 0 & 1 & 1 & 0 & 0 & 0\\ 0 & -1 & -1 & 0 & 1 & 0 & 0\\ 0 & -1 & -1 & 0 & 0 & 1 & 0\\ -1 & 0 & -1 & 0 & 0 & 0 & 1\end{bmatrix}$$

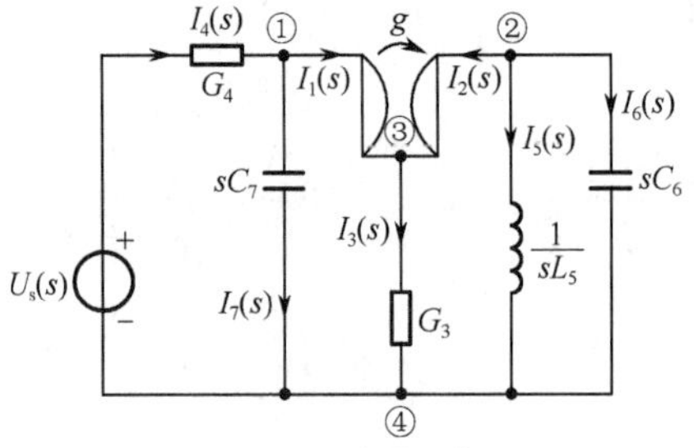

（a）电路原理图

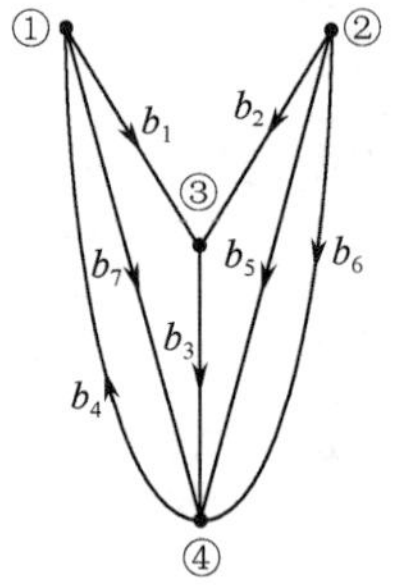

（b）网络拓扑图

图 2.3.3　电路及其网络拓扑图

根据电路原理图写出支路导纳矩阵 $\boldsymbol{Y}_{\mathrm{b}}(s)$：

$$\boldsymbol{Y}_{\mathrm{b}}(s)=\begin{bmatrix}0 & g & 0 & 0 & 0 & 0 & 0\\ -g & 0 & 0 & 0 & 0 & 0 & 0\\ 0 & 0 & G_3 & 0 & 0 & 0 & 0\\ 0 & 0 & 0 & G_4 & 0 & 0 & 0\\ 0 & 0 & 0 & 0 & \dfrac{1}{sL_5} & 0 & 0\\ 0 & 0 & 0 & 0 & 0 & sC_6 & 0\\ 0 & 0 & 0 & 0 & 0 & 0 & sC_7\end{bmatrix}$$

因为在电路中只含一个电压源，不含电流源，所以 $\boldsymbol{I}_{\mathrm{s}}(s)=\boldsymbol{0}$，$\boldsymbol{U}_{\mathrm{s}}(s)=[0\,0\,0\,U_{\mathrm{s}}(s)\,0\,0\,0]^{\mathrm{T}}$。

$$\boldsymbol{A}\boldsymbol{Y}_{\mathrm{b}}(s)=\begin{bmatrix}0 & g & 0 & -G_4 & 0 & 0 & sC_7\\ -g & 0 & 0 & 0 & \dfrac{1}{sL_5} & sC_6 & 0\\ g & -g & G_3 & 0 & 0 & 0 & 0\end{bmatrix}$$

$$\begin{bmatrix}\boldsymbol{A}\boldsymbol{Y}_{\mathrm{b}}(s)\\ \boldsymbol{0}\end{bmatrix}\boldsymbol{U}_{\mathrm{s}}(s)=\begin{bmatrix}-G_4U_{\mathrm{s}}(s)\\ 0\\ 0\end{bmatrix}$$

由式（2.3.23）得

$$\begin{bmatrix} 0 & g & 0 & -G_4 & 0 & 0 & sC_7 \\ -g & 0 & 0 & 0 & \dfrac{1}{sL_5} & sC_6 & 0 \\ g & -g & G_3 & 0 & 0 & 0 & 0 \\ 1 & 0 & 1 & 1 & 0 & 0 & 0 \\ 0 & -1 & -1 & 0 & 1 & 0 & 0 \\ 0 & -1 & -1 & 0 & 0 & 1 & 0 \\ -1 & 0 & -1 & 0 & 0 & 0 & 1 \end{bmatrix} \begin{bmatrix} U_1(s) \\ U_2(s) \\ U_3(s) \\ U_4(s) \\ U_5(s) \\ U_6(s) \\ U_7(s) \end{bmatrix} = \begin{bmatrix} G_4 U_s(s) \\ 0 \\ 0 \\ 0 \\ 0 \\ 0 \\ 0 \end{bmatrix}$$

于是，支路电压向量为

$$\begin{bmatrix} U_1(s) \\ U_2(s) \\ U_3(s) \\ U_4(s) \\ U_5(s) \\ U_6(s) \\ U_7(s) \end{bmatrix} = \begin{bmatrix} 0 & g & 0 & -G_4 & 0 & 0 & sC_7 \\ -g & 0 & 0 & 0 & \dfrac{1}{sL_5} & sC_5 & 0 \\ g & -g & G_3 & 0 & 0 & 0 & 0 \\ 1 & 0 & 1 & 1 & 0 & 0 & 0 \\ 0 & -1 & -1 & 0 & 1 & 0 & 0 \\ 0 & -1 & -1 & 0 & 0 & 1 & 0 \\ -1 & 0 & -1 & 0 & 0 & 0 & 1 \end{bmatrix}^{-1} \begin{bmatrix} G_4 U_s(s) \\ 0 \\ 0 \\ 0 \\ 0 \\ 0 \\ 0 \end{bmatrix}$$

2.3.6 节点方程

2.3.4 节和 2.3.5 节讨论的内容是以支路电流或支路电压作为网络变量的直接分析法，因而需要联立求解的方程数等于支路数。当电路的支路数较大时，计算工作量较大。为了减小联立求解方程的数目，必须选取另外的网络变量。因为一个树的连支电流集合是全部支路电流集合的基底，树支电压集合和节点电压集合都是支路电压集合的基底，所以，我们可以选取连支电流、树支电压或节点电压作为网络变量。根据网络变量的不同，网络方程可分为节点方程、割集方程和回路方程。

对于一个具有 $N+1$ 个节点、B 条支路的电网络，选定一个参考节点，绘出其连通图 G，写出关联矩阵 $\boldsymbol{A}$，以节点电压 $\boldsymbol{U}_{\mathrm{n}}(s)$ 作为网络变量，可以导出节点方程。在图 G 中选择一个树后，分别写出基本割集矩阵 $\boldsymbol{Q}_{\mathrm{f}}$ 和基本回路矩阵 $\boldsymbol{B}_{\mathrm{f}}$，若以树支电压 $\boldsymbol{U}_{\mathrm{t}}(s)$ 作为网络变量，可导出割集方程；若以连支电流 $\boldsymbol{I}_{\mathrm{l}}(s)$ 作为网络变量，则可导出回路方程。

限于篇幅，我们对节点方程不做进一步讨论。下面介绍割集方程和回路方程。

2.3.7 割集方程

用基本割集矩阵 $\boldsymbol{Q}_{\mathrm{f}}$ 表示的复频域形式的 KCL 方程和 KVL 方程为

$$\boldsymbol{Q}_{\mathrm{f}} \boldsymbol{I}_{\mathrm{b}}(s) = \boldsymbol{0} \tag{2.3.25}$$

$$\boldsymbol{U}_{\mathrm{b}}(s) = \boldsymbol{Q}_{\mathrm{f}}^{\mathrm{T}} \boldsymbol{U}_{\mathrm{t}}(s) \tag{2.3.26}$$

将式（2.3.16）代入式（2.3.25）得

$$\boldsymbol{Q}_{\mathrm{f}} \boldsymbol{Y}_{\mathrm{b}}(s)[\boldsymbol{U}_{\mathrm{b}}(s) + \boldsymbol{U}_{\mathrm{s}}(s)] - \boldsymbol{Q}_{\mathrm{f}} \boldsymbol{I}_{\mathrm{s}}(s) = \boldsymbol{0} \tag{2.3.27}$$

再将式（2.3.26）代入式（2.3.27），经整理得

$$\boldsymbol{Q}_{\mathrm{f}} \boldsymbol{Y}_{\mathrm{b}}(s) \boldsymbol{Q}_{\mathrm{f}}^{\mathrm{T}} \boldsymbol{U}_{\mathrm{t}}(s) = \boldsymbol{Q}_{\mathrm{f}}[\boldsymbol{I}_{\mathrm{s}}(s) - \boldsymbol{Y}_{\mathrm{b}}(s) \boldsymbol{U}_{\mathrm{s}}(s)] \tag{2.3.28}$$

令

$$\boldsymbol{Y}_{\mathrm{c}}(s)=\boldsymbol{Q}_{\mathrm{f}}\boldsymbol{Y}_{\mathrm{b}}(s)\boldsymbol{Q}_{\mathrm{f}}^{\mathrm{T}} \tag{2.3.29}$$

$$\boldsymbol{I}_{\mathrm{c}}(s)=\boldsymbol{Q}_{\mathrm{f}}[\boldsymbol{I}_{\mathrm{s}}(s)-\boldsymbol{Y}_{\mathrm{b}}(s)\boldsymbol{U}_{\mathrm{s}}(s)] \tag{2.3.30}$$

则式（2.3.28）可化简为

$$\boldsymbol{Y}_{\mathrm{c}}(s)\boldsymbol{U}_{\mathrm{t}}(s)=\boldsymbol{I}_{\mathrm{c}}(s) \tag{2.3.31}$$

式中，$\boldsymbol{Y}_{\mathrm{c}}(s)$ 是一个 N 阶方阵，称为割集导纳矩阵；$\boldsymbol{I}_{\mathrm{c}}(s)$ 是一个 N 维向量，称为割集电源电流向量。式（2.3.31）代表一组（N 个）以树支电压为网络变量的方程，称为割集方程。

对于给定网络，根据式（2.3.31）求出树支电压向量 $\boldsymbol{U}_{\mathrm{t}}(s)$ 后，可由式（2.3.26）和式（2.3.16）分别求得支路电压向量 $\boldsymbol{U}_{\mathrm{b}}(s)$ 和支路电流向量 $\boldsymbol{I}_{\mathrm{b}}(s)$。

2.3.8 回路方程

用基本回路矩阵 $\boldsymbol{B}_{\mathrm{f}}$ 表示的复频域形式的 KCL 方程和 KVL 方程分别为

$$\boldsymbol{I}_{\mathrm{b}}(s)=\boldsymbol{B}_{\mathrm{f}}^{\mathrm{T}}\boldsymbol{I}_{\mathrm{l}}(s) \tag{2.3.32}$$

$$\boldsymbol{B}_{\mathrm{f}}\boldsymbol{U}_{\mathrm{b}}(s)=\boldsymbol{0} \tag{2.3.33}$$

用支路阻抗矩阵 $\boldsymbol{Z}_{\mathrm{b}}(s)$ 表示的 VCR 方程为

$$\boldsymbol{U}_{\mathrm{b}}(s)=\boldsymbol{Z}_{\mathrm{b}}(s)\boldsymbol{I}_{\mathrm{b}}(s)+\boldsymbol{Z}_{\mathrm{b}}(s)\boldsymbol{I}_{\mathrm{s}}(s)-\boldsymbol{U}_{\mathrm{s}}(s) \tag{2.3.34}$$

将式（2.3.34）代入式（2.3.33）得

$$\boldsymbol{B}_{\mathrm{f}}\boldsymbol{Z}_{\mathrm{b}}(s)[\boldsymbol{I}_{\mathrm{b}}(s)+\boldsymbol{I}_{\mathrm{s}}(s)]-\boldsymbol{B}_{\mathrm{f}}\boldsymbol{U}_{\mathrm{s}}(s)=\boldsymbol{0} \tag{2.3.35}$$

再将式（2.3.32）代入式（2.3.35），经整理得

$$\boldsymbol{B}_{\mathrm{f}}\boldsymbol{Z}_{\mathrm{b}}(s)\boldsymbol{B}_{\mathrm{f}}^{\mathrm{T}}\boldsymbol{I}_{\mathrm{l}}(s)=\boldsymbol{B}_{\mathrm{f}}\boldsymbol{U}_{\mathrm{s}}(s)-\boldsymbol{B}_{\mathrm{f}}\boldsymbol{Z}_{\mathrm{b}}(s)\boldsymbol{I}_{\mathrm{s}}(s) \tag{2.3.36}$$

令

$$\boldsymbol{Z}_{\mathrm{l}}(s)=\boldsymbol{B}_{\mathrm{f}}\boldsymbol{Z}_{\mathrm{b}}(s)\boldsymbol{B}_{\mathrm{f}}^{\mathrm{T}} \tag{2.3.37}$$

$$\boldsymbol{U}_{\mathrm{sl}}(s)=\boldsymbol{B}_{\mathrm{f}}\boldsymbol{U}_{\mathrm{s}}(s)-\boldsymbol{B}_{\mathrm{f}}\boldsymbol{Z}_{\mathrm{b}}(s)\boldsymbol{I}_{\mathrm{s}}(s) \tag{2.3.38}$$

则式（2.3.36）可化简为

$$\boldsymbol{Z}_{\mathrm{l}}(s)\boldsymbol{I}_{\mathrm{l}}(s)=\boldsymbol{U}_{\mathrm{sl}}(s) \tag{2.3.39}$$

式中，$\boldsymbol{Z}_{\mathrm{l}}(s)$ 为一个 $B\text{-}N$ 阶方阵，称为回路阻抗矩阵；$\boldsymbol{U}_{\mathrm{sl}}(s)$ 是一个 $B\text{-}N$ 维向量，称为回路电源电压向量。式（2.3.39）代表一组（$B\text{-}N$ 个）以连支电流为网络变量的方程，称为回路方程。

对于给定网络，根据式（2.3.39）求出连支电流向量 $\boldsymbol{I}_{\mathrm{l}}(s)$ 后，可由式（2.3.32）和式（2.3.34）分别求得支路电流向量 $\boldsymbol{I}_{\mathrm{b}}(s)$ 和支路电压向量 $\boldsymbol{U}_{\mathrm{b}}(s)$。

从以上分析可以看出，三种方程的推导过程是相似的，只是使用的矩阵和所选取的网络变量不同而已。割集方程是节点方程的推广形式，回路方程和割集方程是互为对偶的网络方程。

2.4 习题

1．思考如下问题，并展开讨论。

（1）举例说明图论与线性代数等数学知识在电路理论中的应用。

（2）电路方程的物理意义是什么？

（3）节点方程、割集方程与回路方程的物理意义及其相互关系是什么？

（4）手工列写方程与计算机列写方程的特点及各自的优缺点是什么？

2．对图 2.4.1 所示的电路：

（1）试画出其网络有向线图；

（2）找出其所有树；

（3）写出其关联矩阵、基本回路矩阵及基本割集矩阵。

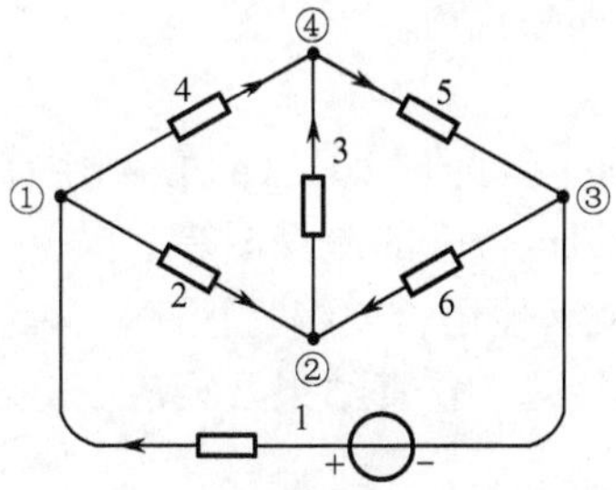

图 2.4.1　电路原理图

3．电路原理图如图 2.4.2 所示，试分别用如下方法写出该电路的节点方程：

（1）观察法；

（2）矩阵方程法。

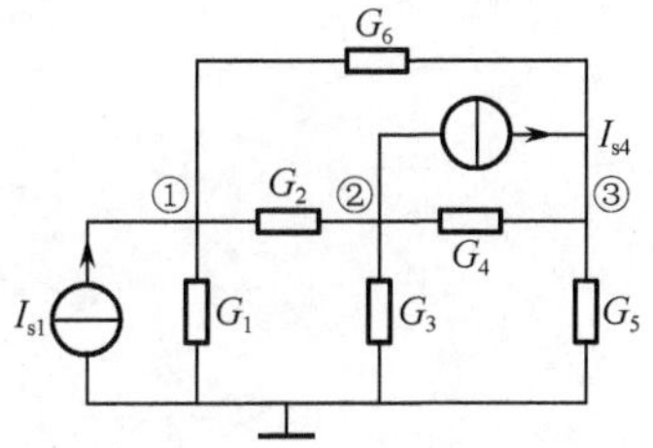

图 2.4.2　电路原理图

4．对图 2.4.3 所示的有向图，以支路 1、 2、 3、 4 为树支，试列写如下方程：

（1）基本回路矩阵 $\boldsymbol{B}_{\mathrm{f}}$；

（2）基本割集矩阵 $\boldsymbol{Q}_{\mathrm{f}}$。

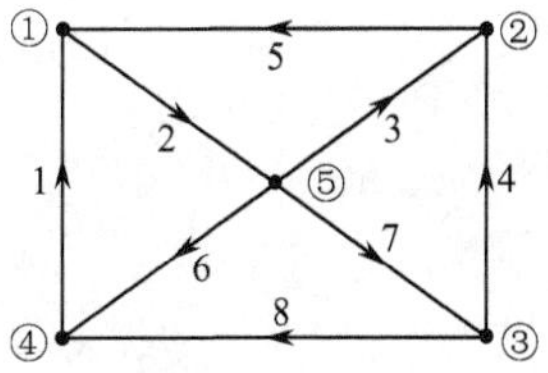

图 2.4.3　有向图

5．已知图 G 对应于某一个树的基本割集矩阵 $\boldsymbol{Q}_{\mathrm{f}}$ 为

$$\boldsymbol{Q}_{\mathrm{f}}=\begin{bmatrix}1&0&0&0&0&-1&0&0&0&0&1\\0&1&0&0&0&-1&-1&-1&0&0&0\\0&0&1&0&0&0&1&1&0&1&1\\0&0&0&1&0&0&-1&-1&-1&0&0\\0&0&0&0&1&0&0&0&-1&1&0\end{bmatrix}$$

试完成以下任务：

（1）写出对应于同一个树的基本回路矩阵；
（2）画出对应的有向图。

2.5 “特别培养计划”系列之课程设计

综合应用题：利用计算机编程寻找树。

基本要求：

（1）任选一个电路网络拓扑图［参见图 2.1.2（a）］，利用计算机能够快速找到所有的树（主要工作：公式推导、算法分析及制定合理的流程图等）；

（2）利用 MATLAB 语言（或其他语言）编写程序，并运行该程序以验证算法；

（3）提交相关报告，包括源代码、仿真结果及相应的分析。

第 3 章　网络函数与分析

通常，网络函数是指线性时不变网络中输入、输出关系的一种复频域函数。考察某一网络，如果仅关心其端口变量，而并不需要了解其全部支路上的网络变量，可以把具有 N 个引出端的网络部分视为一个黑箱，称为一个 N 端口网络。如果这个黑箱具有 N 对引出端，且任何时刻、任一对端中由一端流入黑箱的电流等于经另一端流出黑箱的电流，则称它是一个 N 端口网络。网络分析的方法有多种，拓扑公式法就是其中一种。简单地说，网络拓扑分析是一种不需要列写网络方程，而直接根据网络线图和元器件参数导出响应、分析网络的原理的方法，对网络的进一步应用和发展具有重要意义。这种方法的优点是避免了大量无效分量的出现，是一种展开符号网络行列式及其余子式的有效方法。

因此，本章在介绍了网络函数的零极点概念、多端口网络的网络函数及不定导纳矩阵之后，重点讨论网络的拓扑公式法，并给出重要公式。此外，本章还介绍网络分析的状态变量法及网络灵敏度等内容。

3.1　网络函数及零极点

3.1.1　网络函数的基本概念

首先，我们要弄清楚什么是网络函数。其实，在大多数电路分析课程中已经提及网络函数的概念，下面对此进行简单回顾。如上所述，网络函数只考虑电路的端口特性，并不关注电路内部结构及其变量。通常，端口参数为电压或电流变量，并记为 U_n 和 I_n，其中，n=1,2,3,…。在图 3.1.1 所示的二端口网络中，如果输入、输出端口的电压分别为 $U_1(s)$和 $U_2(s)$，则可以定义该网络的网络函数 $H(s)$为输出电压 $U_2(s)$与输入电压 $U_1(s)$的比值，即

$$H(s)=\frac{U_2(s)}{U_1(s)}$$

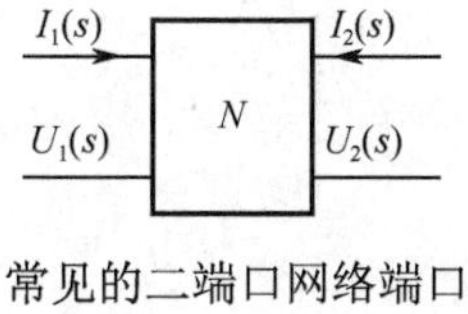

图 3.1.1　常见的二端口网络端口参数定义

下面思考如下几个一般性问题。

（1）如果已知某电路的拓扑结构和电气参数，能否导出其网络函数 $H(s)$？

（2）如果电路网络的电气参数未知，是否可知道该网络的电气特性？

（3）网络函数 $H(s)$的基本特性，可用什么描述？

对上述这些问题，下面我们将一一回答。

先来回顾一下对简单的电路结构，如何求其网络函数。

例 3.1.1　对图 3.1.2 所示的网络结构，试推导其网络函数 $H(s)$。

很显然，利用信号与系统课程中介绍的拉普拉斯变换及电路分析的基本知识，可以轻松得到该二阶无源网络的网络函数：

$$H(s)=\frac{R}{R+sL+\frac{1}{sC}}=\frac{s}{\frac{L}{R}s^2+s+\frac{1}{RC}}$$

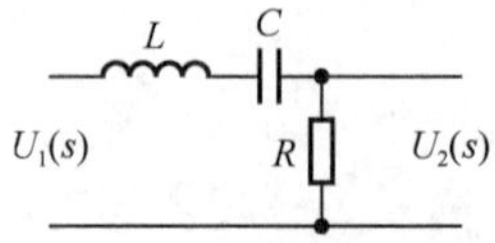

图 3.1.2　由集总电阻、电感、电容元件构成的二端口网络拓扑图

例 3.1.1 中的简单实例，可以推广到更一般的电路拓扑结构中，此时定义的网络函数更具有一般性。这里我们假设有一个由若干独立电压源和独立电流源激励的线性时不变网络，并假设网络中各电容电压和电感电流的初值为零。为了计算网络的响应，可写出节点方程、回路方程、割集方程等网络方程中的任一种，进行求解。下面以节点分析为例。网络的节点方程为

$$\begin{cases}\boldsymbol{Y}_{\mathrm{n}}(s)\boldsymbol{U}_{\mathrm{n}}(s)=\boldsymbol{I}_{\mathrm{n}}(s) & (3.1.1)\\ \boldsymbol{I}_{\mathrm{n}}(s)=\boldsymbol{A}[\boldsymbol{I}_{\mathrm{s}}(s)-\boldsymbol{Y}_{\mathrm{b}}(s)\boldsymbol{U}_{\mathrm{s}}(s)] & (3.1.2)\end{cases}$$

式中，$\boldsymbol{Y}_{\mathrm{b}}(s)$、$\boldsymbol{Y}_{\mathrm{n}}(s)$ 分别为支路导纳矩阵、节点导纳矩阵；$\boldsymbol{I}_{\mathrm{s}}(s)$、$\boldsymbol{U}_{\mathrm{s}}(s)$、$\boldsymbol{I}_{\mathrm{n}}(s)$ 和 $\boldsymbol{U}_{\mathrm{n}}(s)$ 分别为支路电流源电流、支路电压源电压、节点电源电流和节点电源电压的向量。

很显然，节点方程（3.1.1）的向量解为

$$\boldsymbol{U}_{\mathrm{n}}(s)=\boldsymbol{Y}_{\mathrm{n}}^{-1}(s)\boldsymbol{I}_{\mathrm{n}}(s) \tag{3.1.3}$$

进一步，将式（3.1.3）展开成如下的矩阵形式：

$$\begin{bmatrix}U_1(s)\\U_2(s)\\ \vdots\\U_N(s)\end{bmatrix}=\begin{bmatrix}\frac{\varDelta_{11}}{\varDelta} & \frac{\varDelta_{21}}{\varDelta} & \cdots & \frac{\varDelta_{N1}}{\varDelta}\\ \frac{\varDelta_{12}}{\varDelta} & \frac{\varDelta_{22}}{\varDelta} & \cdots & \frac{\varDelta_{N2}}{\varDelta}\\ \vdots & \vdots & & \vdots\\ \frac{\varDelta_{1N}}{\varDelta} & \frac{\varDelta_{2N}}{\varDelta} & \cdots & \frac{\varDelta_{NN}}{\varDelta}\end{bmatrix}\begin{bmatrix}I_{\mathrm{n}1}(s)\\I_{\mathrm{n}2}(s)\\ \vdots\\I_{\mathrm{n}N}(s)\end{bmatrix}$$

式中，$\varDelta$为节点导纳矩阵的行列式；$\varDelta_{jk}$（$j=1,2,\cdots,N$；$k=1,2,\cdots,N$）为节点导纳矩阵的余因子（代数余子式），N 为独立节点数。节点 k 的节点电压为

$$U_k(s)=\frac{\varDelta_{1k}}{\varDelta}I_{\mathrm{n}1}(s)+\frac{\varDelta_{2k}}{\varDelta}I_{\mathrm{n}2}(s)+\cdots+\frac{\varDelta_{Nk}}{\varDelta}I_{\mathrm{n}N}(s) \tag{3.1.4}$$

上式表明，任一节点电压均可表示为各节点电源电流的线性组合。根据式（3.1.2），各节点电源电流可以用激励电流、电压的线性组合表示。因此，任一节点电压可表示为激励电流、电压的线性组合。又由支路电流、电压与节点电压的关系，上述结论可推广为：线性时不变网络中任意零状态响应可以表示为各激励的线性组合。以上关系用数学表达式描述为

$$R_j(s)=H_{j1}(s)E_1(s)+H_{j2}(s)E_2(s)+\cdots+H_{jq}(s)E_q(s) \tag{3.1.5}$$

式中，$R_j(s)$ 为第 j 响应 $r_j(t)$ 的函数；$E_k(s)$（$k=1,2,\cdots,q$）为激励 $e_k(t)$ 的函数；q 为网络的激励源数。$H_{jk}(s)$（$k=1,2,\cdots,q$）是表征零状态响应和激励之间关系的复频变量 s 的函数。由式（3.1.5）知，$H_{jk}(s)$ 可表示为

$$H_{jk}(s)=\left.\frac{R_j(s)}{E_k(s)}\right|_{\text{除}E_k(s)\text{外其余激励为零}} \tag{3.1.6}$$

根据以上讨论，定义网络函数为：线性时不变网络在单一激励源作用下，某一零状态响应与激励之比称为网络函数。例如，式（3.1.6）所表示的网络函数 $H_{jk}(s)$ 是在第 k 激励 $e_k(t)$ 单独作用下，第 j 零状态响应 $R_j(s)$ 与激励 $E_k(s)$ 之比。

3.1.2　零极点的基本概念

由电路理论可知，集总线性时不变网络的任意网络函数均是复频变量 s 的实系数有理函数，并可表示为分子多项式 $N(s)$与分母多项式 $D(s)$之比，即

$$\begin{aligned}H(s)=\frac{N(s)}{D(s)}&=\frac{b_m s^m+b_{m-1}s^{m-1}+\cdots+b_1 s+b_0}{a_n s^n+a_{n-1}s^{n-1}+\cdots+a_1 s+a_0}\\&=\frac{\sum\limits_{i=0}^{m}b_i s^i}{\sum\limits_{k=0}^{n}a_k s^k}\end{aligned} \tag{3.1.7}$$

通常，$m\leqslant n$。将上式的分子、分母分别写成因式分解的形式，即如下的连乘形式：

$$H(s)=K\frac{\prod_{i=1}^{m}(s-z_i)}{\prod_{k=1}^{n}(s-p_k)} \tag{3.1.8}$$

式中，z_i（$i=1,2,\cdots,m$）为网络函数 $H(s)$的零点，p_k（$k=1,2,\cdots,n$）为 $H(s)$的极点，而 K 则为比例因子。网络函数的零点和极点在复平面 s 上的分布图称为零极点图，图 3.1.3 所示为某网络函数的零极点分布图。研究表明，零、极点的分布与网络的瞬态特性及稳态特性密切相关，但限于篇幅，本书不再展开讨论。

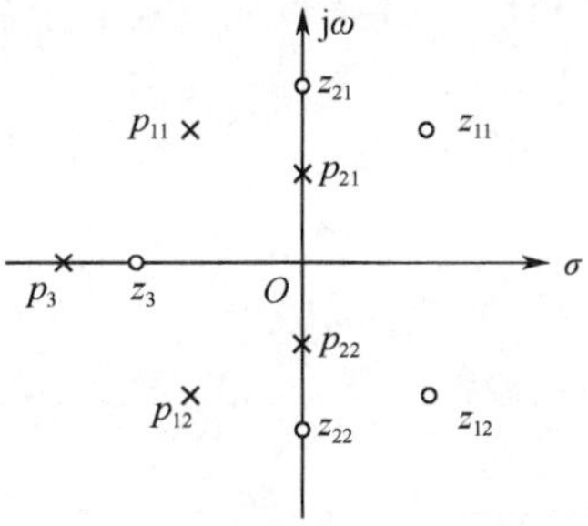

图 3.1.3　某网络函数的零极点分布图（“×”表示极点，“○”表示零点）

3.1.3　多端口网络函数

假设由线性时不变元件构成的多端口网络 N 不含独立源，且所有动态元件的原始状态为零。网络 N 的各端口可连接二端口元件、其他网络端口和具有二端口的激励源。通常，在各个端口的二端口之间存在一定的电压，并有一电流从其一端流入，它等于经该端口另一端流出的电流。对于一个具有 m 个端口的网络 N，其 j 端口由端子 T_j 和 T_j' 构成，规定从 T_j 到 T_j' 端的电压为端口电压 u_j，进入 T_j 端并流出 T_j' 的电流为端口电流 i_j。于是，端口电压向量

$$\boldsymbol{u}(t)=[u_1(t)\,u_2(t)\cdots u_m(t)]^{\mathrm{T}}$$

端口电流向量

$$\boldsymbol{i}(t)=[i_1(t)\ i_2(t)\cdots i_m(t)]^{\mathrm{T}}$$

向量$\boldsymbol{u}(t)$、$\boldsymbol{i}(t)$间的约束关系完全描述了该 m 端口网络的端部行为。

端口电压向量和端口电流向量之间的约束关系有两种表达式。一种是将端口电压向量$\boldsymbol{u}(t)$的拉普拉斯变换式$\boldsymbol{U}(s)$用端口电流向量$\boldsymbol{i}(t)$的拉普拉斯变换式$\boldsymbol{I}(s)$表示，即

$$\begin{bmatrix} U_1(s) \\ U_2(s) \\ \vdots \\ U_m(s) \end{bmatrix}=\begin{bmatrix} z_{11}(s) & z_{12}(s) & \dots & z_{1m}(s) \\ z_{21}(s) & z_{22}(s) & \dots & z_{2m}(s) \\ \vdots & \vdots & & \vdots \\ z_{m1}(s) & z_{m2}(s) & \dots & z_{mm}(s) \end{bmatrix}\begin{bmatrix} I_1(s) \\ I_2(s) \\ \vdots \\ I_m(s) \end{bmatrix} \tag{3.1.9}$$

或写为

$$\boldsymbol{U}(s)=\boldsymbol{Z}_{\mathrm{oc}}(s)\boldsymbol{I}(s) \tag{3.1.10}$$

式中，$\boldsymbol{Z}_{\mathrm{oc}}(s)$为式（3.1.9）中右端的阻抗矩阵。很显然，该阻抗矩阵的（j,k）元素由下式确定：

$$z_{jk}(s)=\left.\frac{U_j(s)}{I_k(s)}\right|_{\text{除}I_k(s)\text{外其他端口电流为零}} \tag{3.1.11}$$

令某一端口电流为零，意味着使该端口开路。因此，式（3.1.11）表明，在第 k 端口有一电流源单独对多端口网络激励，而令其余端口均开路，则在第 j 端口产生的零状态响应电压$U_j(s)$与激励电流$I_k(s)$之比等于$z_{jk}(s)$。即矩阵$\boldsymbol{Z}_{\mathrm{oc}}(s)$中各元素为多端口网络各端口（除激励端口外）在开路条件下的阻抗。主对角线元为策动点阻抗，非主对角线元为转移阻抗，故称$\boldsymbol{Z}_{\mathrm{oc}}(s)$为开路阻抗矩阵。

将端口电流向量的拉普拉斯变换式用端口电压向量的拉普拉斯变换式表示，便得到端口电压、电流向量约束关系的另一种表达形式：

$$\begin{bmatrix} I_1(s) \\ I_2(s) \\ \vdots \\ I_m(s) \end{bmatrix}=\begin{bmatrix} y_{11}(s) & y_{12}(s) & \dots & y_{1m}(s) \\ y_{21}(s) & y_{22}(s) & \dots & y_{2m}(s) \\ \vdots & \vdots & & \vdots \\ y_{m1}(s) & y_{m2}(s) & \dots & y_{mm}(s) \end{bmatrix}\begin{bmatrix} U_1(s) \\ U_2(s) \\ \vdots \\ U_m(s) \end{bmatrix} \tag{3.1.12}$$

或写为

$$\boldsymbol{I}(s)=\boldsymbol{Y}_{\mathrm{sc}}(s)\boldsymbol{U}(s) \tag{3.1.13}$$

式中，$\boldsymbol{Y}_{\mathrm{sc}}(s)$为式（3.1.12）右端的导纳矩阵。该矩阵的（$j,k$）元素由下式确定：

$$y_{jk}(s)=\left.\frac{I_j(s)}{U_k(s)}\right|_{\text{除}U_k(s)\text{外其他端口电压为零}} \tag{3.1.14}$$

令某一端口电压为零，意味着使该端口短路。因此，式（3.1.14）表明，在第 k 端口有一电压源单独对多端口网络激励，而令其余端口均短路，这时在第 j 端口产生的零状态响应电流$I_j(s)$与激励电压$U_k(s)$之比等于$y_{jk}(s)$。也就是说，矩阵$\boldsymbol{Y}_{\mathrm{sc}}(s)$中各元素为多端口网络各端口（除激励端口外）在短路条件下的导纳。主对角线元为策动点导纳，非主对角线元为转移导纳，故称$\boldsymbol{Y}_{\mathrm{sc}}(s)$为短路导纳矩阵。

基于对开路阻抗矩阵元素计算式（3.1.11）和短路导纳矩阵元素计算式（3.1.14）的分析，可将方程（3.1.9）和方程（3.1.12）左端的变量向量视为多端口网络的输出向量，而将方程右端右乘于参数矩阵的变量向量视为多端口网络的输入向量。不难看出，描述多端口网络端部约束关系的上述两种形式的共同特点是：就整个网络而言，响应与激励在相同的 m 个端口上，

因而两者的个数必定相等，且响应与激励必为不同类型的网络变量（电压或电流），所以联系输出变量与输入变量关系的参数，要么为阻抗，要么为导纳，且 $\boldsymbol{Z}_{oc}(s)$ 和 $\boldsymbol{Y}_{sc}(s)$ 均为 m 阶方阵。

一般地，响应可能并不在（或不全在）激励的端口，响应和激励的个数不一定相等，且两者可能同为电压或同为电流。此时，多端口网络的输入变量向量与输出变量向量均应采用由电压与电流共同构成的混合变量向量，因此，不能再用 $\boldsymbol{Z}_{oc}(s)$ 和 $\boldsymbol{Y}_{sc}(s)$ 来描述这类网络端口变量向量间的约束关系。对于此类多端口网络 N，假设其有 m 个端口为输入端口，分别连接到 m 个激励源。利用与上述推导开路阻抗矩阵 $\boldsymbol{Z}_{oc}(s)$ 和短路导纳矩阵 $\boldsymbol{Y}_{sc}(s)$ 方法类似的方法，可以引入如下的 $n\times m$ 混合矩阵 $\boldsymbol{H}(s)$：

$$\boldsymbol{H}(s)=\begin{bmatrix} h_{11}(s) & h_{12}(s) & \cdots & h_{1m}(s) \\ h_{21}(s) & h_{22}(s) & \cdots & h_{2m}(s) \\ \vdots & \vdots & & \vdots \\ h_{n1}(s) & h_{n2}(s) & \cdots & h_{nm}(s) \end{bmatrix} \tag{3.1.15}$$

其中，$\boldsymbol{H}(s)$ 的（j,k）元素由下式确定：

$$h_{jk}(s)=\left.\frac{R_j(s)}{E_k(s)}\right|_{\text{除}E_k(s)\text{外其他激励为0}} \tag{3.1.16}$$

由上述定义式可知，$h_{jk}(s)$ 描述的是第 j 输出端口与第 k 输入端口间的转移函数，它可以是转移阻抗、转移导纳、转移电压比或转移电流比，这取决于响应 $r_j(t)$ 和激励 $e_k(t)$ 的变量类型，因此，$\boldsymbol{H}(s)$ 又称为转移函数矩阵。

开路阻抗矩阵 $\boldsymbol{Z}_{oc}(s)$、短路导纳矩阵 $\boldsymbol{Y}_{sc}(s)$ 和转移函数矩阵 $\boldsymbol{H}(s)$ 的全部参数包含了任意端口的策动点函数和任意二端口间的各种转移函数。也就是说，这三个参数矩阵完整描述了一个多端口网络在各种不同激励与响应情况下端口变量间的约束关系。注意，上述矩阵中的任一参数都是在除激励端口外其余各端口为开路或短路的条件下求得的。

3.2 不定导纳矩阵

当网络的外部连接不能使网络所有引出端都形成端口时，利用不定导纳矩阵来描述多端口网络各端口变量之间的约束关系是非常方便的，并在多端口网络中得到了广泛应用。

3.2.1 定义及特性

根据 3.1.3 节关于多端口网络函数的介绍，我们可以很容易得到图 3.2.1 所示的 n 端口网络的复频域模型。这里的网络 N 是由线性时不变元件构成的连通网络（不含独立源），且所有动态元件的初始状态为零。电位参考点在网络 N 之外的某任意点处，$U_1(s),U_2(s),\cdots,U_n(s)$ 是端电压，而 $I_1(s),I_2(s),\cdots,I_n(s)$ 则是流入各端的端电流。

由网络的线性性质可知，端电流可用端电压的线性组合表示，写为向量方程，即

$$\begin{bmatrix} I_1(s) \\ I_2(s) \\ \vdots \\ I_n(s) \end{bmatrix}=\begin{bmatrix} y_{11}(s) & y_{12}(s) & \cdots & y_{1n}(s) \\ y_{21}(s) & y_{22}(s) & \cdots & y_{2n}(s) \\ \vdots & \vdots & & \vdots \\ y_{n1}(s) & y_{n2}(s) & \cdots & y_{nn}(s) \end{bmatrix}\begin{bmatrix} U_1(s) \\ U_2(s) \\ \vdots \\ U_n(s) \end{bmatrix} \tag{3.2.1}$$

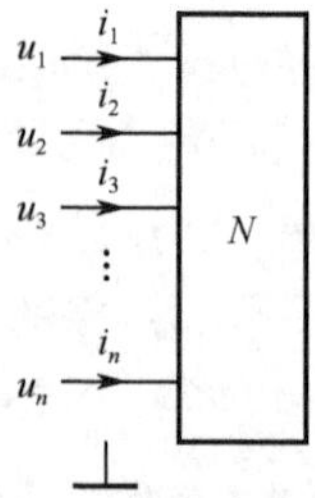

图 3.2.1　n 端口网络的复频域模型

式中，联系复频域端电压向量和端电流向量的参数矩阵称为不定导纳矩阵。这里的“不定”，指的是参考点在网络外的任一点。不定导纳矩阵用 $\boldsymbol{Y}_{\mathrm{i}}(s)$ 表示，即

$$\boldsymbol{Y}_{\mathrm{i}}(s)=\begin{bmatrix} y_{11}(s) & y_{12}(s) & \cdots & y_{1n}(s) \\ y_{21}(s) & y_{22}(s) & \cdots & y_{2n}(s) \\ \vdots & \vdots & & \vdots \\ y_{n1}(s) & y_{n2}(s) & \cdots & y_{nn}(s) \end{bmatrix} \tag{3.2.2}$$

于是，式（3.2.1）可以进一步简记为

$$\boldsymbol{I}(s)=\boldsymbol{Y}_{\mathrm{i}}(s)\boldsymbol{U}(s) \tag{3.2.3}$$

根据式（3.2.1），$\boldsymbol{Y}_{\mathrm{i}}(s)$ 矩阵的（j,k）元素由下式确定：

$$y_{jk}(s)=\left.\frac{I_j(s)}{U_k(s)}\right|_{\text{除}U_k(s)\text{外其他端口电压为0}} \tag{3.2.4}$$

令多端口网络某一端电压为零，即将该端连接于电位参考点，则式（3.2.4）表明，$y_{jj}(s)$ 等于所有其他端均接地时由 j 端看去的策动点导纳，而 $y_{jk}(s)$（$j\neq k$）等于除 k 端外所有其他端均接地时从 k 端到 j 端的转移导纳。因此，式（3.2.4）可用于计算多端口网络不定导纳矩阵的各元素。

例 3.2.1　图 3.2.2（a）所示三端口网络为晶体管的电路模型，试求其不定导纳矩阵 $\boldsymbol{Y}_{\mathrm{i}}(s)$。

解： 为计算不定导纳矩阵的第一列元素 $y_{11}(s)$、$y_{21}(s)$ 和 $y_{31}(s)$，令②、③两端接地，并于①端与地之间接入电压为 u_1 的电压源，如图 3.2.2（b）所示。由此可计算以下参数：

$$y_{11}(s)=\left.\frac{I_1(s)}{U_1(s)}\right|_{U_2(s)=U_3(s)=0}=G_1+sC_1+sC_2$$

$$y_{21}(s)=\left.\frac{I_2(s)}{U_1(s)}\right|_{U_2(s)=U_3(s)=0}=g_{\mathrm{m}}-sC_2$$

$$y_{31}(s)=\left.\frac{I_3(s)}{U_1(s)}\right|_{U_2(s)=U_3(s)=0}=-G_1-sC_1-g_{\mathrm{m}}$$

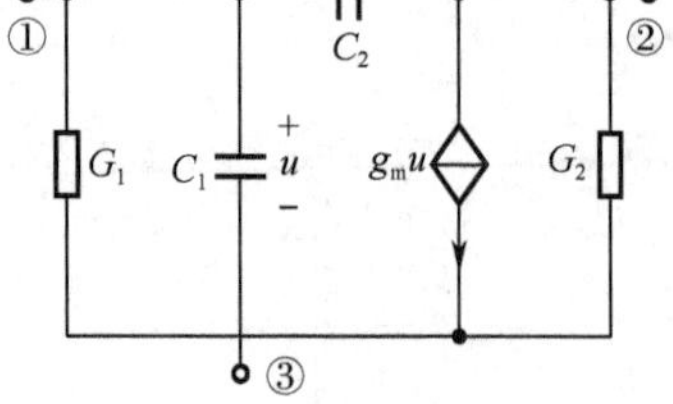

（a）三端口网络电路

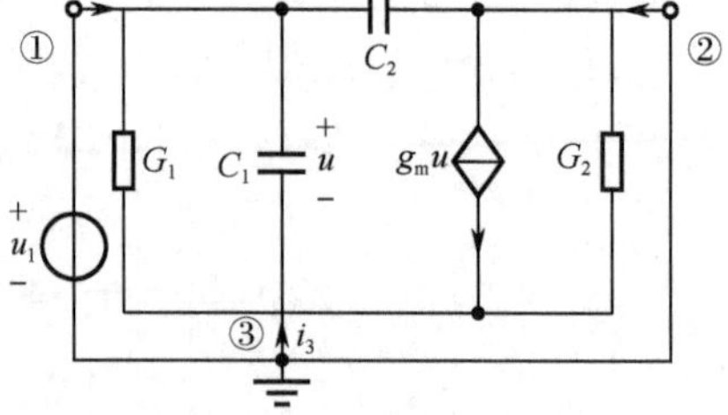

（b）二端口等效电路

图 3.2.2　晶体管的电路模型

同理，令①、③端接地，计算参数 $y_{12}(s)$、$y_{22}(s)$ 和 $y_{32}(s)$。又令①、②端接地，在③端与地之间接电压源，计算参数 $y_{13}(s)$、$y_{23}(s)$ 和 $y_{33}(s)$。于是，图 3.2.2（a）所示网络的不定导纳矩阵为

$$\boldsymbol{Y}_{\rm i}(s)=\begin{bmatrix} G_1+sC_1+sC_2 & -sC_2 & -G_1-sC_1 \\ g_{\rm m}-sC_2 & G_2+sC_2 & -G_2-g_{\rm m} \\ -G_1-sC_1-g_{\rm m} & -G_2 & G_1+G_2+g_{\rm m}+sC_1 \end{bmatrix} \tag{3.2.5}$$

观察例 3.2.1 的计算结果可知，不定导纳矩阵每行各元素之和为零，每列各元素之和也为零，这种性质称为矩阵的零和特性。

限于篇幅，本书不再证明不定导纳矩阵的零和特性，但为了后面论述方便，这里把涉及零和特性矩阵的有关内容简单总结如下：

（1）有零和特性的矩阵称为零和矩阵；

（2）零和矩阵为奇异矩阵；

（3）根据不定导纳矩阵的行列式为零及零和特性，不难证明，不定导纳矩阵所有的一阶代数余子式均相等，具有这种性质的矩阵称为等余因子矩阵。

3.2.2 原始不定导纳矩阵的直接形成

设网络 N 的每一节点均为可及节点，并连接一个引出端。这样的多端口网络的不定导纳矩阵称为网络 N 的原始不定导纳矩阵。原始不定导纳矩阵可通过观察直接写出，而不必像例 3.2.1 那样用式（3.2.4）逐一地计算矩阵中的各元素。

因此，本节将介绍直接形成原始不定导纳矩阵的方法。首先，研究各类网络元件对原始不定导纳矩阵的贡献，然后可直接写出原始不定导纳矩阵。

1. 二端口导抗元件

图 3.2.3（a）所示二端口元件的导纳为 $y(s)$，其二端口连接于节点 a、b，电流、电压参考方向为从 a 至 b。仅由参数 $y(s)$ 所确立的端电流与端电压的关系表示为如下方程：

$$I_a(s)=y(s)(U_a-U_b)$$
$$I_b(s)=-I_a(s)=-y(s)(U_a-U_b)$$

结合多端口网络方程（3.2.1）及上式可知，二端口元件对不定导纳矩阵的 a、b 行及 a、b 列元素有以下贡献：

$$\begin{bmatrix} I_a \\ I_b \end{bmatrix}=\begin{bmatrix} y(s) & -y(s) \\ -y(s) & y(s) \end{bmatrix}\begin{bmatrix} U_a \\ U_b \end{bmatrix}$$

2. 电压控制电流源

电压控制电流源（VCCS）是一种受控源，由控制支路和受控支路构成，如图 3.2.3（b）所示。图中，接于节点 3、4 间的是受控电流源支路，控制量为节点 1、2 间的电压 U_{12}，控制参数为转移电导 $g_{\rm m}$。节点 1、2 间的控制支路是一个开路。仅由 VCCS 确立的 1、2、3、4 四端电流和电压的关系方程为

$$I_1=0$$
$$I_2=0$$
$$I_3=g_{\mathrm{m}}(U_1-U_2)$$
$$I_4=-I_3=-g_{\mathrm{m}}(U_1-U_2)$$

根据方程（3.2.1）和以上4式，VCCS对不定导纳矩阵的3、4行及1、2列元素的贡献如下：

$$\begin{bmatrix} I_1 \\ I_2 \\ I_3 \\ I_4 \end{bmatrix}=\begin{bmatrix} 0 & 0 & 0 & 0 \\ 0 & 0 & 0 & 0 \\ g_{\mathrm{m}} & -g_{\mathrm{m}} & 0 & 0 \\ -g_{\mathrm{m}} & g_{\mathrm{m}} & 0 & 0 \end{bmatrix}\begin{bmatrix} U_1 \\ U_2 \\ U_3 \\ U_4 \end{bmatrix} \tag{3.2.6}$$

3．回转器

回转器是一种二端口元件，其特性可由回转电导 r 及回转方向确定。图3.2.3（c）所示回转器的两对端口分别连接于节点1、2和3、4。按图中标注的回转方向，由回转器所确立的1、2、3、4四端电流和电压的关系方程为

$$I_1=r(U_3-U_4)$$
$$I_2=-I_1=-r(U_3-U_4)$$
$$I_3=-r(U_1-U_2)$$
$$I_4=-I_3=r(U_1-U_2)$$

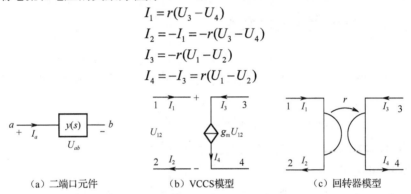

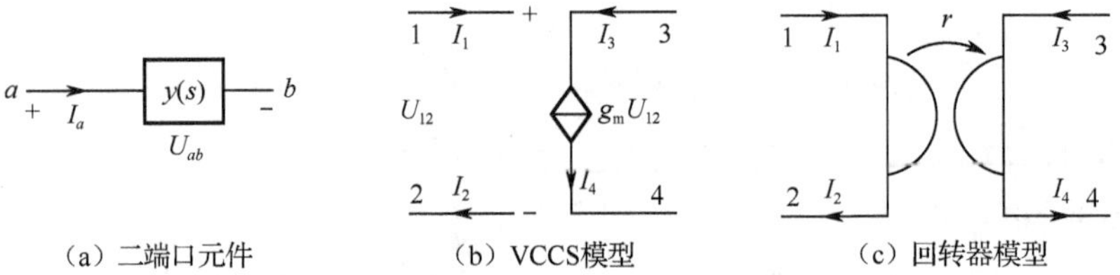

（a）二端口元件　　（b）VCCS模型　　（c）回转器模型

图3.2.3　二端口元件、电压控制电流源和回转器

根据方程（3.2.1）和以上4式，回转器对不定导纳矩阵的1、2、3、4行及1、2、3、4列元素的贡献为

$$\begin{bmatrix} I_1 \\ I_2 \\ I_3 \\ I_4 \end{bmatrix}=\begin{bmatrix} 0 & 0 & r & -r \\ 0 & 0 & -r & r \\ -r & r & 0 & 0 \\ r & -r & 0 & 0 \end{bmatrix}\begin{bmatrix} U_1 \\ U_2 \\ U_3 \\ U_4 \end{bmatrix}$$

4．耦合电感元件

图3.2.4（a）所示的含耦合电感元件的二端口网络具有电感 L_1、L_2 和互感 M。二端口分别连接于节点 a、b 和 c、d。由耦合电感元件的VCR方程

$$\begin{bmatrix} U_{ab}(s) \\ U_{cd}(s) \end{bmatrix}=\begin{bmatrix} L_{1\mathrm{s}} & M_{\mathrm{S}} \\ M_{\mathrm{S}} & L_{2\mathrm{s}} \end{bmatrix}\begin{bmatrix} I_a(s) \\ I_c(s) \end{bmatrix} \tag{3.2.7}$$

解出用导纳表示的元件的电流电压关系方程：

$$\begin{bmatrix} I_a(s) \\ I_c(s) \end{bmatrix}=\frac{1}{s(L_1L_2-M^2)}\begin{bmatrix} L_2 & -M \\ -M & L_1 \end{bmatrix}\begin{bmatrix} U_{ab}(s) \\ U_{cd}(s) \end{bmatrix} \tag{3.2.8}$$

由此可得二端口耦合电感元件对不定导纳矩阵的 a、b、c、d 行及 a、b、c、d 列元素的贡献，表示为以下四端电流用四端电压表示的方程：

$$\begin{bmatrix} I_a(s) \\ I_b(s) \\ I_c(s) \\ I_d(s) \end{bmatrix} = \frac{1}{s(L_1L_2 - M^2)} \begin{bmatrix} L_2 & -L_2 & -M & M \\ -L_2 & L_2 & M & -M \\ -M & M & L_1 & -L_1 \\ M & -M & -L_1 & L_1 \end{bmatrix} \begin{bmatrix} U_a(s) \\ U_b(s) \\ U_c(s) \\ U_d(s) \end{bmatrix} \tag{3.2.9}$$

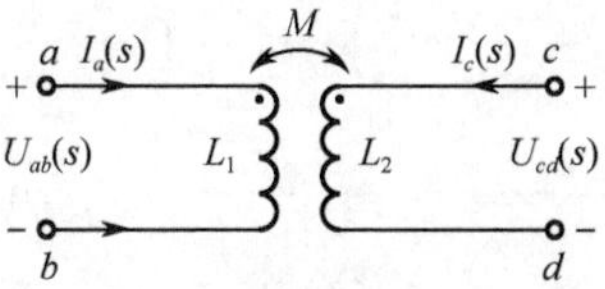

（a）二端口耦合电感元件

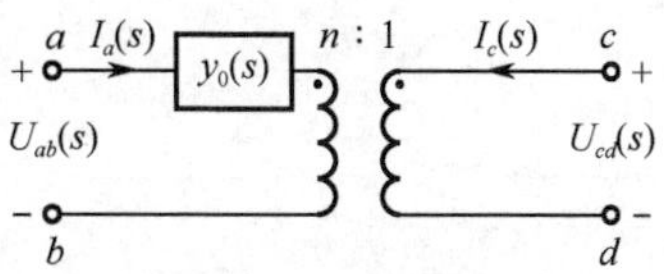

（b）理想变压器

图 3.2.4　含耦合电感元件和理想变压器的二端口网络

5．理想变压器

理想变压器的二端口变量间的关系方程表示电压与电压间的关系、电流与电流间的关系，而不存在用导纳表示的元件 VCR 方程。对于这种元件，难以直接写出它对不定导纳矩阵的贡献，为此将串联（或并联）于理想变压器某一端（或一端口）上的一个导抗元件一并考虑，视为一个二端口网络，写出其对不定导纳矩阵的贡献。例如，图 3.2.4（b）中变比为 $n:1$ 的理想变压器，其左边端口的一端串联有导纳为 $y_0(s)$ 的元件，这样构成的二端口网络接至网络中的 a、b 端和 c、d 端，则端电流 $I_a(s)$ 和 $I_c(s)$ 分别可用端口电压表示为

$$I_a(s) = y_0(s)(U_{ab}(s) - nU_{cd}(s)) \tag{3.2.10a}$$

$$I_c(s) = -ny_0(s)(U_{ab}(s) - nU_{cd}(s)) \tag{3.2.10b}$$

根据方程（3.2.1）和以上两式，图 3.2.4（b）所示含理想变压器的二端口网络对不定导纳矩阵的 a、b、c、d 行及 a、b、c、d 列元素有如下贡献：

$$\begin{array}{c} \\ a \\ b \\ c \\ d \end{array} \begin{array}{c} \begin{array}{cccc} \quad a & \qquad b & \qquad c & \qquad d \end{array} \\ \begin{bmatrix} y_0(s) & -y_0(s) & -ny_0(s) & ny_0(s) \\ -y_0(s) & y_0(s) & ny_0(s) & -ny_0(s) \\ -ny_0(s) & ny_0(s) & n^2y_0(s) & -n^2y_0(s) \\ ny_0(s) & -ny_0(s) & -n^2y_0(s) & n^2y_0(s) \end{bmatrix} \end{array} \tag{3.2.11}$$

除以上列出的几种网络元件外，在线性网络中还有一些常见的二端口元件，它们的端口变量关系不能用导纳表示。例如，负阻抗变换器与理想变压器情况相似，可以采用和理想变压器相同的方法，连同其端部串联、并联的导抗元件一并考虑，写出该二端口网络对不定导纳矩阵的贡献。对于线性受控源中除 VCCS 外的其余三种（电流控制电流源 CCCS、电压控制电压源 VCVS 和电流控制电压源 CCVS），均可连同其端部串联、并联的导抗元件一起，变换为等效的含 VCCS 的二端口网络。例如，图 3.2.5（a）所示的 VCVS 模型，其受控支路串联电阻元件的电导为 G_0，应用有伴电压源与有伴电流源间的等效变换，得到图 3.2.5（b）所示的 VCCS 模型。

对于给定的一个具有 n_t 个节点的线性多端口网络，用观察法写出其原始不定导纳矩阵的规则如下。

（1）写出所有的二端口导抗元件对原始不定导纳矩阵的贡献部分，并将位于该矩阵同一

元素处的各参数相加。由二端口导抗元件公式可知，仅由所有二端口导抗元件构成的子网络的原始不定导纳矩阵参数为：

$$y_{ii}(s)=\Sigma \text{ 与端点 } i \text{ 相连接的二端口元件的导纳（} i=1,2,\cdots,n_t \text{）}$$

$$y_{ij}(s)=-\Sigma \text{ 接于节点 } i\text{、} j \text{（} i\neq j \text{）间的二端口元件的导纳（} i=1,2,\cdots,n_t,\ j=1,2,\cdots,n_t \text{）}$$

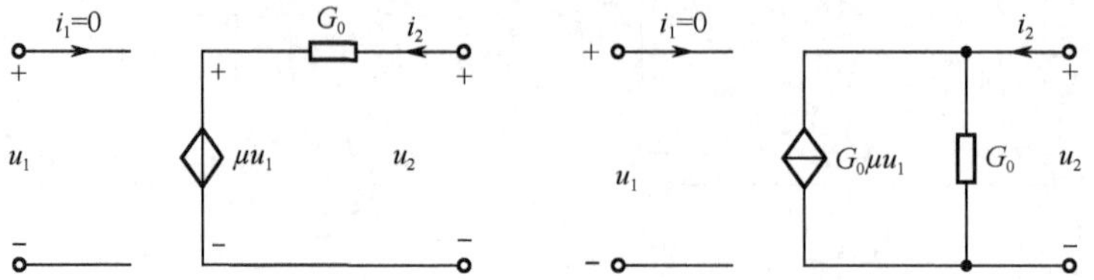

（a）VCVS模型　　（b）VCCS模型

图 3.2.5　受控源模型

（2）写出各类二端口元件对原始不定导纳矩阵的贡献。即将 VCCS、回转器、耦合电感元件、理想变压器等元件对不定导纳矩阵的贡献写出。

（3）将由以上步骤得到的各类元件对原始不定导纳矩阵的贡献相加，即得原始不定导纳矩阵。

例 3.2.2　在图 3.2.6 所示的线性有源网络中，用观察法写出该多端口网络的原始不定导纳矩阵。

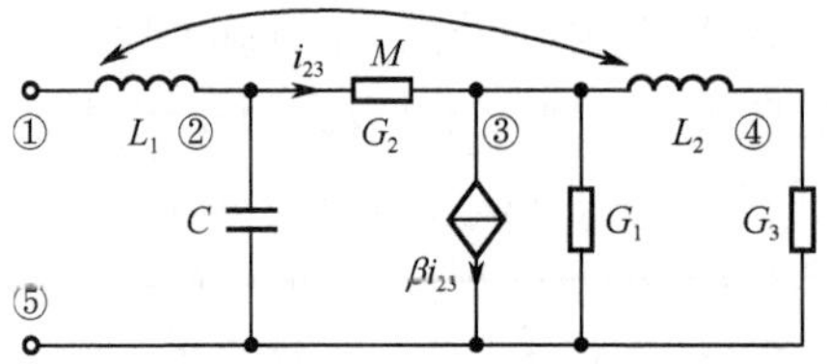

图 3.2.6　线性有源网络

解：首先，将图 3.2.6 所示网络中的 CCCS 变换为 VCCS。

由于

$$i_{23}=G_2u_{23}$$

得

$$i_{23}=\beta i_{23}-\beta G_2u_{23}$$

由此可知，该 VCCS 对不定导纳矩阵的贡献为

$$\begin{array}{c} \\ 3 \\ 5 \end{array}\begin{array}{c} \quad 2 \qquad\quad 3 \\ \begin{bmatrix} \beta G_2 & -\beta G_2 \\ -\beta G_2 & \beta G_2 \end{bmatrix}\end{array} \tag{3.2.12}$$

在 L_1、L_2 二支路间存在互感，由式（3.2.8）可以得到该二端口元件用互感表示的 VCR 方程：

$$\begin{bmatrix} I_{12}(s) \\ I_{34}(s) \end{bmatrix}=\frac{1}{s(L_1L_2-M^2)}\begin{bmatrix} L_2 & -M \\ -M & L_1 \end{bmatrix}\begin{bmatrix} U_{12}(s) \\ U_{34}(s) \end{bmatrix} \tag{3.2.13}$$

令

$$D=s(L_1L_2-M^2) \tag{3.2.14}$$

则由式（3.2.13）可写出该耦合电感元件对不定导纳矩阵的贡献：

$$
\begin{array}{c}
\quad\begin{array}{cccc} 1 & 2 & 3 & 4 \end{array}\\
\begin{array}{c}1\\2\\3\\4\end{array}
\begin{bmatrix}
\dfrac{L_2}{D} & -\dfrac{L_2}{D} & -\dfrac{M}{D} & \dfrac{M}{D} \\
-\dfrac{L_2}{D} & \dfrac{L_2}{D} & \dfrac{M}{D} & -\dfrac{M}{D} \\
-\dfrac{M}{D} & \dfrac{M}{D} & \dfrac{L_1}{D} & -\dfrac{L_1}{D} \\
\dfrac{M}{D} & -\dfrac{M}{D} & -\dfrac{L_1}{D} & \dfrac{L_1}{D}
\end{bmatrix}
\end{array}
\qquad (3.2.15)
$$

写出所有二端口元件对原始不定导纳矩阵的贡献，并加上已求得的 VCCS 和耦合电感元件对原始不定导纳矩阵的贡献，由此得到图 3.2.6 所示五端口网络的不定导纳矩阵：

$$
\boldsymbol{Y}_\mathrm{i}(s)=\begin{bmatrix}
\dfrac{L_2}{D} & -\dfrac{L_2}{D} & -\dfrac{M}{D} & \dfrac{M}{D} & 0 \\
-\dfrac{L_2}{D} & G_2+sC+\dfrac{L_2}{D} & -G_2+\dfrac{M}{D} & -\dfrac{M}{D} & -sC \\
-\dfrac{M}{D} & -G_2+\beta G_2+\dfrac{M}{D} & G_1+G_2-\beta G_2\dfrac{L_1}{D} & -\dfrac{L_1}{D} & -G_1 \\
\dfrac{M}{D} & -\dfrac{M}{D} & -\dfrac{L_1}{D} & G_3+\dfrac{L_1}{D} & -G_3 \\
0 & -sC-\beta G_2 & -G_1+\beta G_2 & -G_3 & G_1+G_3+sC
\end{bmatrix}
\qquad (3.2.16)
$$

检验 $\boldsymbol{Y}_\mathrm{i}(s)$ 矩阵各行、各列，均满足零和特性。将此例与例 3.2.1 所采用的方法相比较，可以看出，观察法较按式（3.2.4）逐一计算各元素的方法简便可行，大大减小了计算量，故在实际应用中一般采用观察法列写原始不定导纳矩阵。

3.2.3　不定导纳矩阵的端部变换

通常，多端口网络仅在部分可及节点有引出端，而并非在每一节点上都有引出端。除此之外，节点上的引出端还可能相互连接后形成网络的一个端子，这时，需要对网络的原始不定导纳矩阵进行相应的变换。下面讨论几种常见的端部处理所引起的不定导纳矩阵 $\boldsymbol{Y}_\mathrm{i}(s)$ 的变换。

1．端子压缩

将多端口网络的两个或更多端子连接在一起，形成一个端子，称为端子压缩，实为端子的合并。对于图 3.2.7 所示的 n 端口网络，如果将其 1、2 端相连，形成一个新的端子 1′，其端电压 u_1' 和端电流 i_1' 分别与原 1、2 两端电压、电流的关系如下：

$$
\begin{cases} u_1'=u_1=u_2 \\ i_1'=i_1+i_2 \end{cases}
$$

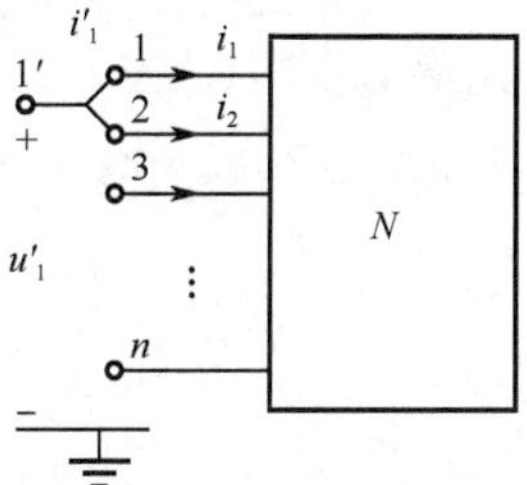

图 3.2.7　一个 n 端口网络

考察由式（3.2.1）表示的多端口网络方程，如果其中第 1、2 两端电压彼此相等，则不定导纳矩阵中与它们相乘的第 1、2 列元素应相加而合并为一列。如果将第 1、2 两端电流相加，则不定导纳矩阵中的第 1、2 行元素应相加而合并为一行。于是，由第 1、2 端压缩而得的 n−1 端口网络的不定导纳矩阵是如下的 n−1 阶矩阵：

$$
\boldsymbol{Y}_{\mathrm{i}}'(s)=\begin{bmatrix} y_{11}(s)+y_{12}(s)+y_{21}(s)+y_{22}(s) & y_{13}(s)+y_{23}(s) & \cdots & y_{1n}(s)+y_{2n}(s) \\ y_{31}(s)+y_{32}(s) & y_{33}(s) & \cdots & y_{3n}(s) \\ \vdots & \vdots & & \vdots \\ y_{n1}(s)+y_{n2}(s) & y_{n3}(s) & \cdots & y_{nn}(s) \end{bmatrix} \tag{3.2.17}
$$

相应地，向量方程（3.2.1）的端电压、端电流向量中分别应删去元素$U_2(s)$、$I_2(s)$。以上规则可推广至多端口网络三个或更多端子的压缩。

2．端子消除

将多端口网络的某些引出端去掉，使原来与这些端所连接的节点成为不可及节点，称为端子消除。为了讨论端子消除所引起的不定导纳矩阵的变换，将原多端口网络的全部端子按保留端和消除端分类。对应于保留端的端电流、端电压向量用$\boldsymbol{I}_a(s)$、$\boldsymbol{U}_a(s)$表示，对应于消除端的端电流、端电压向量用$\boldsymbol{I}_b(s)$、$\boldsymbol{U}_b(s)$表示，于是，用不定导纳矩阵表示的多端口网络方程可写为以下形式：

$$
\begin{bmatrix} \boldsymbol{I}_a(s) \\ \boldsymbol{I}_b(s) \end{bmatrix}=\begin{bmatrix} \boldsymbol{Y}_{11}(s) & \boldsymbol{Y}_{12}(s) \\ \boldsymbol{Y}_{21}(s) & \boldsymbol{Y}_{22}(s) \end{bmatrix}\begin{bmatrix} \boldsymbol{U}_a(s) \\ \boldsymbol{U}_b(s) \end{bmatrix} \tag{3.2.18}
$$

根据上式可求出保留端电流、电压间的关系式。因消除端的电流为零，故

$$
\begin{aligned} \boldsymbol{I}_b(s)&=\boldsymbol{Y}_{21}(s)\boldsymbol{U}_a(s)+\boldsymbol{Y}_{22}(s)\boldsymbol{U}_b(s)=0 \\ \boldsymbol{U}_b(s)&=-\boldsymbol{Y}_{22}^{-1}(s)\boldsymbol{Y}_{21}(s)\boldsymbol{U}_a(s) \end{aligned} \tag{3.2.19}
$$

将式（3.2.19）代入式（3.2.18），得$\boldsymbol{I}_a(s)$与$\boldsymbol{U}_a(s)$的关系方程：

$$
\begin{aligned} \boldsymbol{I}_a(s)&=[\boldsymbol{Y}_{11}(s)-\boldsymbol{Y}_{12}(s)\boldsymbol{Y}_{22}^{-1}(s)\boldsymbol{Y}_{21}(s)]\boldsymbol{U}_a(s) \\ \boldsymbol{I}_a(s)&=\boldsymbol{Y}_{\mathrm{i}}'(s)\boldsymbol{U}_a(s) \end{aligned} \tag{3.2.20}
$$

式中

$$
\boldsymbol{Y}_{\mathrm{i}}'(s)=\boldsymbol{Y}_{11}(s)-\boldsymbol{Y}_{12}(s)\boldsymbol{Y}_{22}^{-1}(s)\boldsymbol{Y}_{21}(s) \tag{3.2.21}
$$

应用式（3.2.21）可由原多端口网络不定导纳矩阵$\boldsymbol{Y}_{\mathrm{i}}(s)$的各分块矩阵求得消除$\boldsymbol{Y}_{22}(s)$所对应的端子后的新多端口网络的不定导纳矩阵$\boldsymbol{Y}_{\mathrm{i}}'(s)$。

如果仅消除编号为k的一个端子，根据式（3.2.21），新的不定导纳矩阵产生的规则是：删去原不定导纳矩阵的第k行和第k列，且其余任一元素$y_{ij}(s)$变为

$$
y_{ij}'(s)=y_{ij}(s)-\frac{y_{ik}(s)y_{kj}(s)}{y_{kk}(s)} \tag{3.2.22}
$$

式（3.2.22）表明，消除多端口网络的第k端所引起的不定导纳矩阵的变换是：从原导纳元素$y_{ij}(s)$中减去$y_{ik}(s)y_{kj}(s)/y_{kk}(s)$得到新矩阵的导纳元素$y_{ij}'(s)$。以上变换可表示如下（以下各式参数中略去复频变量符号(s)）：

$$
\begin{bmatrix} \cdots & y_{ij}-\dfrac{y_{ik}y_{kj}}{y_{kk}} & \cdots & y_{ik} & \cdots \\ & \vdots & & \vdots & \\ \cdots & y_{kj} & \cdots & y_{kk} & \cdots \end{bmatrix} \tag{3.2.23}
$$

消除两个或两个以上的端子时，也可用式（3.2.22）所表示的变换逐个消除，这与采用式（3.2.21）进行矩阵运算是等效的。

3．多端口网络并联

将两个多端口网络中编号相同的对应端并接在一起，从连接点引出一端线，就将两个多端口网络并联起来。显然，这时两个多端口网络的电位参考点是相同的。由两个多端口网络并联而成的多端口网络的不定导纳矩阵等于原来两个多端口网络的不定导纳矩阵之和。两个多端口网络并联，并不一定要求两个网络端数相等。将两个端数不等的多端口网络并联，则端数较多的网络的部分端子并未接在另一网络的端子上。在此情况下，为了计算并联构成的多端口网络的不定导纳矩阵，需将端数较小的网络的不定导纳矩阵先用零元素扩充其行、列数，使之与端数较大的网络的不定导纳矩阵同阶，再将两者求和。如果已知某一多端口网络的不定导纳矩阵，在该网络的一些端子间又另接上一些网络元件，用多端口网络相并联的分析方法，就容易求得改接后的网络的不定导纳矩阵。

以上关于两个多端口网络相并联的分析，可推广至三个或更多的多端口网络并联。

4．端子接地

如果将 n 端口网络的某一端（如第 n 端）接地，即令端点 n 为电位参考点。因 $u_n=0$，应删去多端口网络方程（3.2.1）中电压向量的 $U_n(s)$元素及 $\boldsymbol{Y}_{\mathrm{i}}(s)$ 矩阵的第 n 列。根据 KCL，方程（3.2.1）所表示的代数方程组的第 n 个方程为冗余方程，故应当删去 $\boldsymbol{Y}_{\mathrm{i}}(s)$ 矩阵的第 n 行及电流向量的 $\boldsymbol{I}_n(s)$元素。这样，式（3.2.1）中的系数矩阵变为删去其第 n 行、第 n 列后的 $n-1$ 阶矩阵，该矩阵称为原 n 端口网络以端子 n 为接地端时的定导纳矩阵。

上述将 n 端口网络的第 n 端接地后的网络，也可视为以端子 n 为公共终端的 $n-1$ 端口网络，即将第一端至第 $n-1$ 端的每一端分别与第 n 端配对而形成 $n-1$ 个端口，如图 3.2.8 所示。图中 $n-1$ 端口网络的短路导纳矩阵 $\boldsymbol{Y}_{\mathrm{sc}}(s)$等于由原 n 端口网络的不定导纳矩阵 $\boldsymbol{Y}_{\mathrm{i}}(s)$ 删去第 n 行、第 n 列元素而得到的定导纳矩阵。反之，如果已知某一共终端 $n-1$ 端口网络的短路导纳矩阵，根据不定导纳矩阵的零和特性，很容易求得将公共终端浮地而得到的 n 端口网络的不定导纳矩阵 $\boldsymbol{Y}_{\mathrm{i}}(s)$ 。

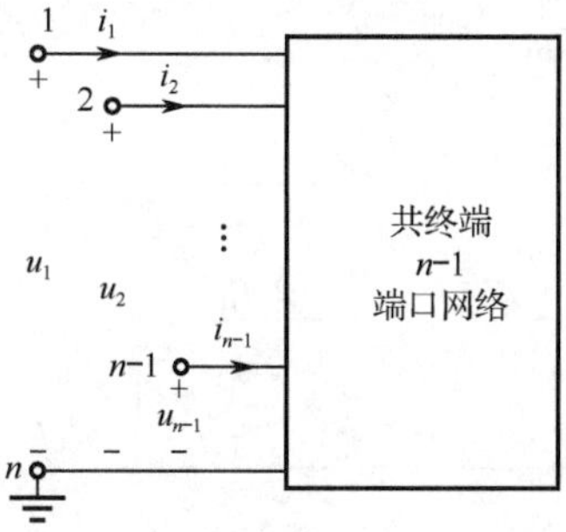

图 3.2.8　共终端的 $n-1$ 端口网络

3.3　不定导纳矩阵的变换及其应用

3.2.3 节讨论了不定导纳矩阵 $\boldsymbol{Y}_{\mathrm{i}}(s)$ 随端部处理的变换，下面举例说明这些变换及其应用。

例 3.3.1　某晶体管的 T 形等效网络如图 3.3.1 所示。试用不定导纳矩阵分析法求以 1、3 端为输入端口，以 2、3 端为输出端口的二端口网络的短路导纳矩阵 $\boldsymbol{Y}_{\mathrm{sc}}(s)$。

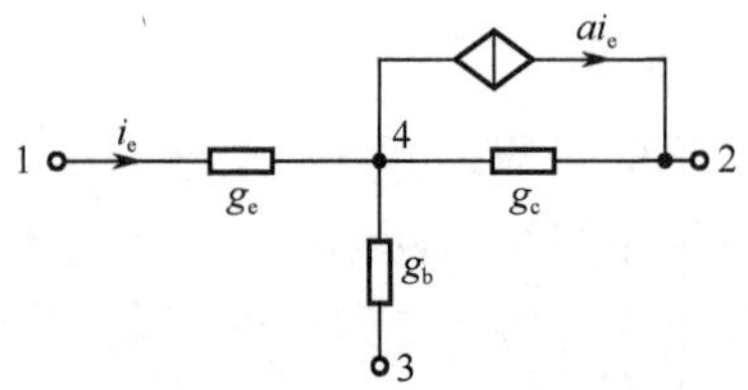

图 3.3.1　晶体管的 T 形等效网络

解：首先写出图 3.3.1 中四端口网络的原始不定导纳矩阵。由观察法可得

$$\boldsymbol{Y}_{\mathrm{i}}(s)=\begin{bmatrix} g_e & 0 & 0 & -g_e \\ -ag_e & g_c & 0 & -g_c+ag_e \\ 0 & 0 & g_b & -g_b \\ -g_e+ag_e & -g_c & -g_b & g_b+g_c+g_e-ag_e \end{bmatrix} \tag{3.3.1}$$

因为节点 4 为不可及的，所以消除端子 4。由式（3.2.21）或式（3.2.22）可求出三端口网络的不定导纳矩阵：

$$\boldsymbol{Y}_{\mathrm{i}}'(s)=\begin{bmatrix} g_e-\dfrac{g_e^2(1-\alpha)}{y_{44}} & -\dfrac{g_cg_e}{y_{44}} & -\dfrac{g_bg_e}{y_{44}} \\ -ag_e-\dfrac{g_e(1-\alpha)(g_c-\alpha g_e)}{y_{44}} & g_c-\dfrac{g_c(g_c-\alpha g_e)}{y_{44}} & -\dfrac{g_b(g_c-\alpha g_e)}{y_{44}} \\ -\dfrac{g_bg_e(1-\alpha)}{y_{44}} & -\dfrac{g_cg_b}{y_{44}} & g_b-\dfrac{g_b^2}{y_{44}} \end{bmatrix} \tag{3.3.2}$$

式中

$$y_{44}=g_b+g_e+g_c-ag_e$$

对上述三端口网络，选端子 3 为公共终端，则共终端二端口网络的短路导纳矩阵可通过删去式（3.3.2）中的第 3 行、第 3 列元素而得，即

$$\begin{aligned}\boldsymbol{Y}_{\mathrm{sc}}(s)&=\begin{bmatrix} g_e-\dfrac{g_e^2(1-\alpha)}{y_{44}} & -\dfrac{g_cg_e}{y_{44}} \\ -ag_e-\dfrac{g_e(1-\alpha)(g_c-\alpha g_e)}{y_{44}} & g_c-\dfrac{g_c(g_c-\alpha g_e)}{y_{44}} \end{bmatrix}\\ &=\begin{bmatrix} \dfrac{g_e(g_b+g_c)}{y_{44}} & -\dfrac{g_eg_c}{y_{44}} \\ -\dfrac{g_e(\alpha g_b+g_c)}{y_{44}} & \dfrac{g_c(g_b+g_e)}{y_{44}} \end{bmatrix}\end{aligned} \tag{3.3.3}$$

由例 3.3.1 可以看出，式（3.3.2）的第 3 行、第 3 列各元素最后均被删去。如果先令端子 3 接地，后消除端子 4，显然结果相同，但求解过程简便得多。

例 3.3.2　图 3.3.2（a）所示为以四端口网络 N 的端子 4 为公共终端而形成的共终端三端口网络，其短路导纳参数方程为

$$\begin{bmatrix} I_1 \\ I_2 \\ I_3 \end{bmatrix}=\begin{bmatrix} 5 & -1 & -2 \\ -3 & 6 & -1 \\ -2 & -1 & 4 \end{bmatrix}\begin{bmatrix} U_1 \\ U_2 \\ U_3 \end{bmatrix} \tag{3.3.4}$$

如果在 1、2 端连接一个 1F 的电容，且取消端子 3，则得到图 3.3.2（b）所示的三端口网

络，试求该网络的不定导纳矩阵。

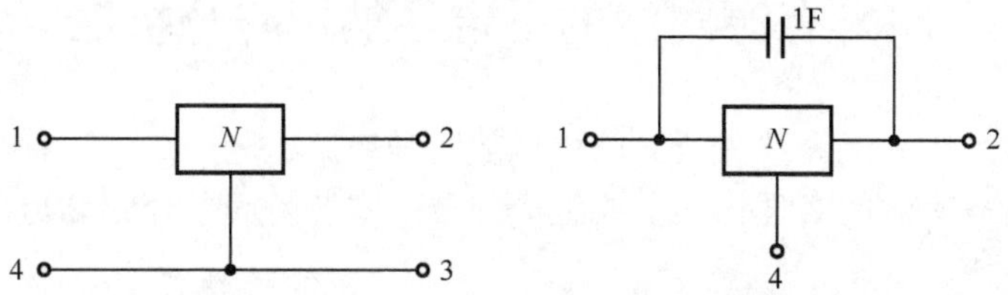

（a）四端口网络　（b）三端口网络

图 3.3.2　多端口网络

解：（1）由图 3.3.2（b）所示三端口网络的短路导纳矩阵求对应四端口网络的不定导纳矩阵。根据不定导纳矩阵的零和特性，由式（3.3.4）得

$$\boldsymbol{Y}_{\mathrm{i1}}(s)=\begin{bmatrix}5 & -1 & -2 & -2\\ -3 & 6 & -1 & -2\\ -2 & -1 & 4 & -1\\ 0 & -4 & -1 & 5\end{bmatrix} \tag{3.3.5}$$

（2）计算连接电容后的四端口网络的不定导纳矩阵。首先写出仅由电容支路构成的二端口网络的不定导纳矩阵，并将其用零元素扩充至 4 阶，即得仅含一电容元件的四端口网络的不定导纳矩阵：

$$\boldsymbol{Y}_{\mathrm{ic}}(s)=\begin{bmatrix}s & -s & 0 & 0\\ -s & s & 0 & 0\\ 0 & 0 & 0 & 0\\ 0 & 0 & 0 & 0\end{bmatrix} \tag{3.3.6}$$

然后应用两个多端口并联的分析方法，即由 $\boldsymbol{Y}_{\mathrm{i1}}(s)$与 $\boldsymbol{Y}_{\mathrm{ic}}(s)$相加，得

$$\boldsymbol{Y}_{\mathrm{i2}}(s)=\boldsymbol{Y}_{\mathrm{i1}}(s)+\boldsymbol{Y}_{\mathrm{ic}}(s)=\begin{bmatrix}s+5 & -s-1 & -2 & -2\\ -s-3 & s+6 & -1 & -2\\ -2 & -1 & 4 & -1\\ 0 & -4 & -1 & 5\end{bmatrix} \tag{3.3.7}$$

（3）消除端子 3，由式（3.2.21）或式（3.2.22）计算图 3.3.2（b）所示三端口网络的不定导纳矩阵：

$$\begin{aligned}\boldsymbol{Y}_{\mathrm{i3}}(s)&=\begin{bmatrix}(s+5)-\dfrac{4}{4} & (-s-1)-\dfrac{2}{4} & -2-\dfrac{2}{4}\\ (-s-3)-\dfrac{2}{4} & (s+6)-\dfrac{1}{4} & -2-\dfrac{1}{4}\\ -\dfrac{2}{4} & -4-\dfrac{1}{4} & 5-\dfrac{1}{4}\end{bmatrix}\\ &=\begin{bmatrix}s+4 & -s-1.5 & -2.5\\ -s-3.5 & s+5.75 & -2.25\\ -0.5 & -4.25 & 4.75\end{bmatrix}\end{aligned} \tag{3.3.8}$$

3.4 有源网络的不定导纳矩阵分析法

在现代电子技术中，运算放大器（简称运放）是应用十分广泛的一种有源器件，因此，含运放的网络分析是有源网络理论的重要组成部分。本节将简单介绍如何用不定导纳矩阵分析含运放的有源网络。

在网络分析中的运放是一种四端电路元件，是实际运放的数学模型。它在不同的工作条件下有不同的模型。当运放工作在特性曲线的线性区时，其模型是线性 VCVS，具有很高的开环增益、很大的输入阻抗和很小的输出阻抗。用不定导纳矩阵分析含这种运放的网络时，可将运放的输入阻抗、输出阻抗视为与 VCVS 端口串联、并联的阻抗元件，用 3.2.2 节介绍的方法，写出整个运放模型对不定导纳矩阵的贡献。

如果将运放输入阻抗视为无限大而输出阻抗忽略不计，开环增益为 A，这种情形下运放的模型是一个理想的 VCVS，如图 3.4.1 所示。当 VCVS 二端口无其他与之串联、并联的阻抗元件时，则不能用 3.2.2 节中的方法来计入运放对不定导纳矩阵的贡献。下面介绍一种对含有这种元件的网络的分析方法。

设图 3.4.1 中的 VCVS 的控制支路和受控支路分别连接于一个 n 端口网络的 a、b 端间和 c、d 端间，如图 3.4.2 所示。该 VCVS 的接入使 a、b、c、d 四端的端电压有以下约束关系：

$$u_c - u_d = A(u_a - u_b) \tag{3.4.1}$$

式中，A 是受控电压源的开环增益。

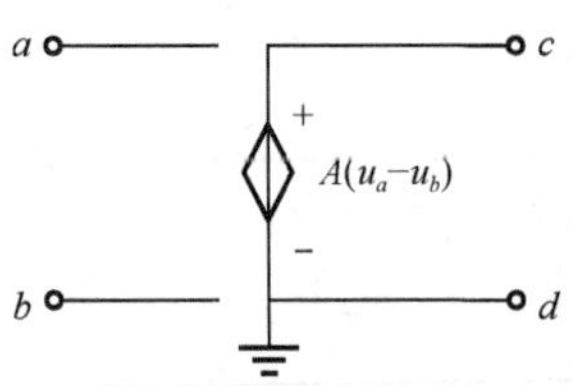

图 3.4.1 理想运放的 VCVS 模型

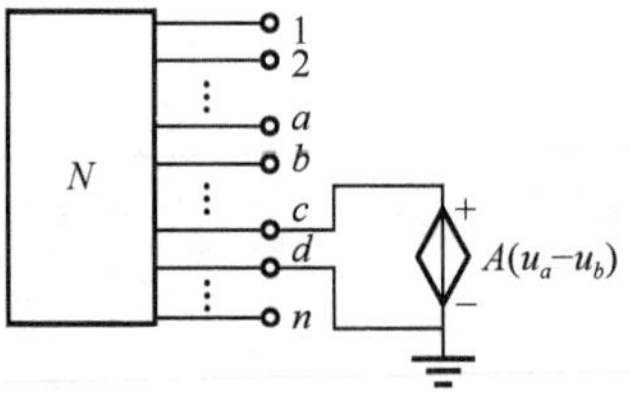

图 3.4.2 连接于 n 端口网络的 VCVS 模型

换言之，对于不考虑 VCVS 接入时网络的不定导纳矩阵方程

$$\begin{bmatrix} y_{11} & \cdots & y_{1a} & y_{1b} & y_{1c} & y_{1d} & \cdots & y_{1n} \\ \vdots & & \vdots & \vdots & \vdots & \vdots & & \vdots \\ y_{a1} & \cdots & y_{aa} & y_{ab} & y_{ac} & y_{ad} & \cdots & y_{an} \\ y_{b1} & \cdots & y_{ba} & y_{bb} & y_{bc} & y_{bd} & \cdots & y_{bn} \\ y_{c1} & \cdots & y_{ca} & y_{cb} & y_{cc} & y_{cd} & \cdots & y_{cn} \\ y_{d1} & \cdots & y_{da} & y_{db} & y_{dc} & y_{dd} & \cdots & y_{dn} \\ \vdots & & \vdots & \vdots & \vdots & \vdots & & \vdots \\ y_{n1} & \cdots & y_{na} & y_{nb} & y_{nc} & y_{nd} & \cdots & y_{nn} \end{bmatrix} \begin{bmatrix} U_1(s) \\ \vdots \\ U_a(s) \\ U_b(s) \\ U_c(s) \\ U_d(s) \\ \vdots \\ U_n(s) \end{bmatrix} = \begin{bmatrix} I_1(s) \\ \vdots \\ I_a(s) \\ I_b(s) \\ I_c(s) \\ I_d(s) \\ \vdots \\ I_n(s) \end{bmatrix} \tag{3.4.2}$$

附加以约束条件：

$$U_c(s) = AU_a(s) - AU_b(s) + U_d(s) \tag{3.4.3}$$

将式（3.4.3）代入式（3.4.2），消去变量 $U_c(s)$，此时方程组的变量数减至 $n-1$，需要在原 n 个方程中删去一个冗余方程。由于 c 端连接受控电压源，$I_c(s)$ 难以确定，故宜删去对应于 c 端的方程。再考虑 d 端接地，此时网络方程变为

$$
\begin{bmatrix}
y_{11} & \cdots & y_{1a}+Ay_{1c} & y_{1b}-Ay_{1c} & \cdots & y_{1n} \\
\vdots & & \vdots & \vdots & & \vdots \\
y_{a1} & \cdots & y_{aa}+Ay_{ac} & y_{ab}-Ay_{ac} & \cdots & y_{an} \\
y_{b1} & \cdots & y_{ba}+Ay_{bc} & y_{bb}-Ay_{bc} & \cdots & y_{bn} \\
\vdots & & \vdots & \vdots & & \vdots \\
y_{n1} & \cdots & y_{na}+Ay_{nc} & y_{nb}-Ay_{nc} & \cdots & y_{nn}
\end{bmatrix}
\begin{bmatrix} U_1(s) \\ \vdots \\ U_a(s) \\ U_b(s) \\ \vdots \\ U_n(s) \end{bmatrix}
=
\begin{bmatrix} I_1(s) \\ \vdots \\ I_a(s) \\ I_b(s) \\ \vdots \\ I_n(s) \end{bmatrix}
\tag{3.4.4}
$$

由于运放的接入，网络N的端子d已接地，故式（3.4.4）左端的$n-2$阶矩阵已不再是不定导纳矩阵，而是定导纳矩阵。

比较式（3.4.2）与式（3.4.4）可以看出，根据端末受约束时多端口网络的不定导纳矩阵写出运放接入后网络对定导纳矩阵的规则是：①开环增益A乘以c列（c为运放反相输入端）。②删去原c列和c行；③删去原d列和d行（d为运放接地端）。

例 3.4.1　在图 3.4.3 所示的 RC 有源滤波器电路中，运放的输入阻抗为无限大、输出阻抗为零，开环增益为A。用不定导纳矩阵分析法求该滤波器的转移函数$T(s)=U_0(s)/U_{\text{in}}(s)$。

解：图 3.4.3 所示电路的复频域等效电路如图 3.4.4 所示，图中已将R_1和串联电源u_{in}变换为等效的有伴电流源。断开受控电压源支路并使用网络浮地时的不定导纳矩阵为

$$
\boldsymbol{Y}_{\text{i}}(s)=\begin{bmatrix}
G_1+G_2+sC_3 & -sC_3 & -G_2 & -G_1 \\
-sC_3 & sC_3 & 0 & 0 \\
-G_2 & 0 & G_2+sC_4 & -sC_4 \\
-G_1 & 0 & -sC_4 & G_1+sC_4
\end{bmatrix}
\tag{3.4.5}
$$

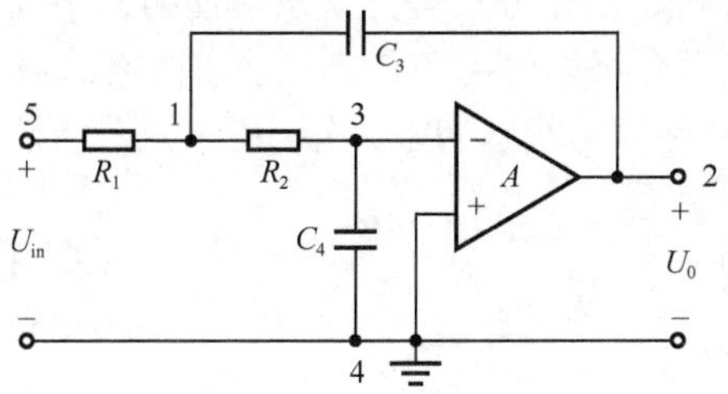

图 3.4.3　RC 有源滤波器电路

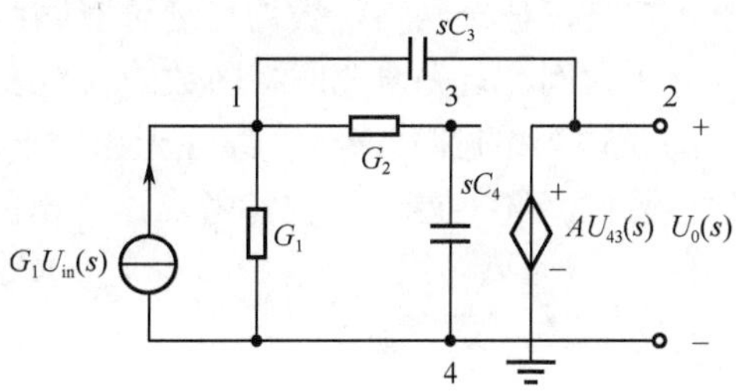

图 3.4.4　图 3.4.3 所示电路的复频域等效电路

考虑运放接入对端电压的约束关系为

$$U_4(s)=0\text{，}\quad U_2(s)=AU_{43}(s)=-AU_3(s)$$

据此应删去原不定导纳矩阵中的第 4 列和第 4 行；将第 2 列乘以$-A$加至第 3 列并删去原第 2 列、第 2 行，从而得到受约束网络的用定导纳矩阵表示的网络方程：

$$
\begin{bmatrix} G_1+G_2+sC_3 & sC_3A-G_2 \\ -G_2 & G_2+sC_4 \end{bmatrix}
\begin{bmatrix} U_1(s) \\ U_3(s) \end{bmatrix}
=\begin{bmatrix} G_1U_{\text{in}}(s) \\ 0 \end{bmatrix}
\tag{3.4.6}
$$

解$U_3(s)$，并由$U_2(s)$与$U_3(s)$的关系求$U_2(s)$，得

$$U_2(s)=\frac{-AG_1G_2U_{\text{in}}(s)}{s^2C_3C_4+s[C_4(G_1+G_2)+C_3G_2(1+A)]+G_1G_2}$$

则所求转移函数为

$$
\begin{aligned}
T(s)&=U_0(s)/U_{\text{in}}(s)=U_2(s)/U_{\text{in}}(s)\\
&=\frac{-A}{s^2R_1R_2C_3C_4+s[C_4(R_2+R_1)+C_3R_1(1+A)]+1}
\end{aligned}
\tag{3.4.7}
$$

运放的最理想化的模型是：开环增益 $A\to\infty$，输入阻抗$\to\infty$，输出阻抗$=0$，在此情况下，不仅运放的二输入端上的电流为零，而且二输入端间的电压也为零。为了用不定导纳矩阵分析含此种运放的网络，再研究图 3.4.2 所示端部电压受约束的多端口网络。因为 $u_{cd}=A(u_a-u_b)$， $A\to\infty$，而 u_{cd} 为有限值，故必有 $u_a=u_b$，代入式（3.4.2），消去 $U_b(s)$，将方程左端不定导纳矩阵的 b 列加入 a 列，删去原 b 列和电压向量中的 $U_b(s)$ 元素。这时方程组变量数为 $n-1$，为使方程数减 1，删去端子 c 对应的方程，即在式（3.4.2）的向量方程中删去不定导纳矩阵的 c 行和电流向量的 $I_c(s)$ 元素。再考虑到 d 端接地，删去不定导纳矩阵的 d 列、d 行，同时删去电压向量的 $U_d(s)$ 元素及电流向量的 $I_d(s)$ 元素。于是，可写出端部受约束网络的用定导纳矩阵表示的网络方程：

$$\begin{bmatrix} y_{11} & \cdots & y_{1a}+y_{1b} & y_{1c} & \cdots & y_{1n} \\ \vdots & & \vdots & \vdots & & \vdots \\ y_{a1} & \cdots & y_{aa}+y_{ab} & y_{ac} & \cdots & y_{an} \\ y_{b1} & \cdots & y_{ba}+y_{bb} & y_{bc} & \cdots & y_{bn} \\ \vdots & & \vdots & \vdots & & \vdots \\ y_{n1} & \cdots & y_{na}+y_{nb} & y_{nc} & \cdots & y_{nn} \end{bmatrix} \begin{bmatrix} U_1(s) \\ \vdots \\ U_a(s) \\ U_b(s) \\ \vdots \\ U_n(s) \end{bmatrix} = \begin{bmatrix} I_1(s) \\ \vdots \\ I_a(s) \\ I_b(s) \\ \vdots \\ I_n(s) \end{bmatrix} \tag{3.4.8}$$

3.5　网络分析的拓扑公式法

如前所述，网络函数是线性集总网络在单一激励源作用下的零状态响应与激励之比。根据以上定义，任一网络函数均可通过对网络用节点分析、回路分析等方法求解而得。下面以节点分析为例，首先研究网络函数的代数表达式，进而介绍如何用拓扑公式法求网络函数。

图 3.5.1 中的 N 代表一个线性无源一端口网络，网络原始状态为零。为了用节点分析法求策动点阻抗，选 1′端为电位参考点，写出网络的节点方程：

$$\boldsymbol{Y}_{\mathrm{n}}(s)\boldsymbol{U}_{\mathrm{n}}(s)=\boldsymbol{I}_{\mathrm{n}}(s) \tag{3.5.1}$$

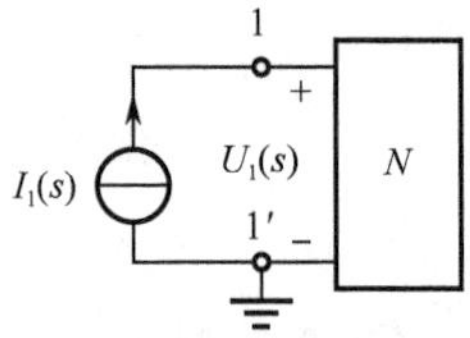

图 3.5.1　线性无源一端口网络模型

式中，$\boldsymbol{Y}_{\mathrm{n}}(s)$ 为节点导纳矩阵，$\boldsymbol{U}_{\mathrm{n}}(s)$、$\boldsymbol{I}_{\mathrm{n}}(s)$ 分别为节点电压向量和节点电流向量。解方程（3.5.1），得节点电压向量：

$$\begin{bmatrix} U_1(s) \\ U_2(s) \\ \vdots \\ U_N(s) \end{bmatrix} = \begin{bmatrix} \frac{\Delta_{11}}{\Delta} & \frac{\Delta_{21}}{\Delta} & \cdots & \frac{\Delta_{N1}}{\Delta} \\ \frac{\Delta_{12}}{\Delta} & \frac{\Delta_{22}}{\Delta} & \cdots & \frac{\Delta_{N2}}{\Delta} \\ \vdots & \vdots & & \vdots \\ \frac{\Delta_{1N}}{\Delta} & \frac{\Delta_{2N}}{\Delta} & \cdots & \frac{\Delta_{NN}}{\Delta} \end{bmatrix} \begin{bmatrix} I_1(s) \\ 0 \\ \vdots \\ 0 \end{bmatrix} \tag{3.5.2}$$

式中，Δ 为节点导纳矩阵 $\boldsymbol{Y}_{\mathrm{n}}(s)$ 的行列式；Δ_{ij} 为矩阵 $\boldsymbol{Y}_{\mathrm{n}}(s)$ 中元素 $y_{ij}(s)$ 的代数余子式。由此

可得节点 1 的电压：

$$U_1(s)=\frac{\Delta_{11}}{\Delta}I_1(s)$$

所求策动点阻抗为

$$Z_{\text{in}}(s)=\frac{U_1(s)}{I_1(s)}=\frac{\Delta_{11}}{\Delta} \tag{3.5.3}$$

式（3.5.3）表明，网络的策动点阻抗等于节点导纳矩阵的代数余子式 Δ_{11} 与行列式 Δ 之比。用同样的分析方法可得出转移函数等其他网络函数的代数表达式，它们都能够用节点导纳矩阵的代数余子式（或代数余子式之差）与行列式之比表示。因此，网络函数的分子多项式和分母多项式的计算可转化为 $\boldsymbol{Y}_{\text{n}}(s)$ 矩阵的行列式和代数余子式的计算。在行列式和代数余子式的计算过程中，需要进行许多项相乘然后相加、减的运算，在相减过程中不少乘积项要对消掉，从而减小了大量不必要的计算工作量。

用拓扑公式法求网络函数，即直接根据网络的图和各支路元件参数写出网络函数，而不经由列写与求解网络方程和展开 $\boldsymbol{Y}_{\text{n}}(s)$ 矩阵行列式及代数余子式的运算，从而避免了前述冗余计算量，大大简化了网络函数的计算过程。

本节介绍基于节点分析得到的网络函数的拓扑公式，重点在于寻求节点导纳矩阵的行列式和各种代数余子式的拓扑公式。应用对偶概念和对偶的分析方法，同样可以得到网络函数基于回路分析的拓扑公式。此外，我们研究的网络是由二端口 R、L、C 元件构成的无源、无互感网络。为了书写简洁，以下略去复频域导纳矩阵 $\boldsymbol{Y}(s)$、阻抗矩阵 $\boldsymbol{Z}(s)$ 的符号 (s)。

3.5.1 节点导纳的拓扑分析

在节点方程（3.5.1）中，节点导纳矩阵为

$$\boldsymbol{Y}_{\text{n}}=\boldsymbol{A}\boldsymbol{Y}_{\text{b}}\boldsymbol{A}^{\text{T}} \tag{3.5.4}$$

式中，$\boldsymbol{A}$ 为关联矩阵；$\boldsymbol{Y}_{\text{b}}$ 为支路导纳矩阵。节点导纳矩阵的行列式（或称节点导纳行列式）为

$$\Delta=\det\boldsymbol{Y}_{\text{n}}=\det\boldsymbol{A}\boldsymbol{Y}_{\text{b}}\boldsymbol{A}^{\text{T}} \tag{3.5.5}$$

首先回顾矩阵理论中的比内-柯西（Binet-Cauchy）定理，它和定理 2.2.3 奠定了网络拓扑分析的基础。

定理 3.5.1　比内-柯西定理

设 $\boldsymbol{C}$ 和 $\boldsymbol{D}$ 分别为 $p\times q$ 矩阵和 $q\times p$ 矩阵，且 $p\leqslant q$，则这两个矩阵相乘所得矩阵的行列式为

$$\det\boldsymbol{CD}=\sum_j C_j D_j \tag{3.5.6}$$

式中，C_j 和 D_j 分别为矩阵 $\boldsymbol{C}$ 和矩阵 $\boldsymbol{D}$ 的第 j 大子式。大子式是矩阵的最高阶子式，即最大子方阵的行列式。D_j 与 C_j 是对应的，即如果 C_j 为从矩阵 $\boldsymbol{C}$ 中选第 1、2、4、5、7 列而得到的大子式，则 D_j 为从矩阵 $\boldsymbol{D}$ 中选 1、2、4、5、7 行而得到的大子式。式中求和是对所有的对应大子式乘积进行的。

该定理的证明过程不再赘述，读者可以参见《线性代数》等相关资料。此外，为了帮助大家理解该定理，下面举例说明它的应用。

例 3.5.1　设矩阵 $\boldsymbol{C}$ 和 $\boldsymbol{D}$ 分别为以下矩阵：

$$C=\begin{bmatrix}1 & 2 & 1\\ -1 & 3 & 1\end{bmatrix},\quad D=\begin{bmatrix}2 & -3\\ 0 & 2\\ 1 & 1\end{bmatrix}$$

解：方法 1。传统的矩阵相乘展开法，则两矩阵的乘积及其行列式为

$$\boldsymbol{CD}=\begin{bmatrix}3 & 2\\ -1 & 10\end{bmatrix},\quad \det\boldsymbol{CD}=\begin{vmatrix}3 & 2\\ -1 & 10\end{vmatrix}=32$$

方法 2。用比内-柯西定理计算。

$$\begin{aligned}\det\boldsymbol{CD}&=\sum_j C_jD_j=C_1D_1+C_2D_2+C_3D_3\\ &=\begin{vmatrix}1 & 2\\ -1 & 3\end{vmatrix}\cdot\begin{vmatrix}2 & -3\\ 0 & 2\end{vmatrix}+\begin{vmatrix}1 & 1\\ -1 & 1\end{vmatrix}\cdot\begin{vmatrix}2 & -3\\ 1 & 1\end{vmatrix}+\begin{vmatrix}2 & 1\\ 3 & 1\end{vmatrix}\cdot\begin{vmatrix}0 & 2\\ 1 & 1\end{vmatrix}\\ &=5\times4+2\times5+(-1)\times(-2)=32\end{aligned}$$

显然，这两种方法求出的 det$\boldsymbol{CD}$ 的值相同。

由定理 2.2.3 可知，一个节点数为 N+1 的连通图 G，其关联矩阵 $\boldsymbol{A}$ 的 N 阶子矩阵为非奇异的必要和充分条件是：此子矩阵的列所对应支路为图 G 的一个树的树支。

在对定理 2.2.3 的证明中，同时可以得到一个重要的结论：关联矩阵 $\boldsymbol{A}$ 的任一非奇异 N 阶子矩阵的行列式（大子式）的值等于±1，它由该 N 阶子矩阵中每一列的一个非零元素（+1 或-1）相乘而得到。

应用以上两个定理来讨论式（3.5.5）右端行列式的计算。由于我们所研究的网络仅含二端电阻、电感和电容元件，故其支路导纳矩阵 $\boldsymbol{Y}_\mathrm{b}$ 为对角阵，关联矩阵 $\boldsymbol{A}$ 与支路导纳矩阵 $\boldsymbol{Y}_\mathrm{b}$ 相乘而得的矩阵 $\boldsymbol{AY}_\mathrm{b}$ 必定与 $\boldsymbol{A}$ 有相同的结构，即两者非零元素的位置相同，将矩阵 $\boldsymbol{A}$ 第 k 列的非零元素±1 换为$+Y_k$（Y_k 为第 k 支路的导纳，k=1,2,…,B，B 为支路数），便得到矩阵 $\boldsymbol{AY}_\mathrm{b}$。根据定理 2.2.3，矩阵 $\boldsymbol{AY}_\mathrm{b}$ 的 N 阶非奇异子阵的列必对应于网络的一个树的树支，该子阵的行列式（$\boldsymbol{AY}_\mathrm{b}$ 的大子式）的值不再为±1，而是等于该子阵所对应树的树支导纳之积再乘以±1，正、负号的确定与关联矩阵 $\boldsymbol{A}$ 的该大子式的符号相同。

在式（3.5.5）右端，矩阵 $\boldsymbol{AY}_\mathrm{b}$ 和 $\boldsymbol{A}^\mathrm{T}$ 分别为 $N\times B$ 矩阵和 $B\times N$ 矩阵，且 $N\leqslant B$。根据比内-柯西定理，det$\boldsymbol{AY}_\mathrm{b}\boldsymbol{A}^\mathrm{T}$ 应等于矩阵 $\boldsymbol{AY}_\mathrm{b}$ 与矩阵 $\boldsymbol{A}^\mathrm{T}$ 的对应大子式乘积之和，求和是对所有的对应大子式的乘积进行的，即

$$\det\boldsymbol{AY}_\mathrm{b}\boldsymbol{A}^\mathrm{T}=\sum_{\text{全部大子式}}\text{矩阵}\boldsymbol{AY}_\mathrm{b}\text{与}\boldsymbol{A}^\mathrm{T}\text{对应大子式之积}\tag{3.5.7}$$

矩阵 $\boldsymbol{A}^\mathrm{T}$ 是 $\boldsymbol{A}$ 的转置矩阵，两者的对应非奇异 N 阶子阵必对应于图 G 同一树的树支，故矩阵 $\boldsymbol{A}$ 与 $\boldsymbol{A}^\mathrm{T}$ 的对应大子式之值必同为+1 或同为-1，进而不难看出，矩阵 $\boldsymbol{AY}_\mathrm{b}$ 的每个非零大子式必定与对应的 $\boldsymbol{A}^\mathrm{T}$ 的大子式有相同的正负号，前者之值为(±1)×树导纳积，后者之值为±l。

综合上面的分析，我们可以得到无源、无互感网络的节点导纳行列式的一种计算公式：

$$\varDelta=\det\boldsymbol{AY}_\mathrm{b}\boldsymbol{A}^\mathrm{T}=\sum_{\text{全部树}}T(y)=\sum_{\text{全部树}}\text{树导纳积}\tag{3.5.8}$$

式中，$T(y)$表示网络的一个树的树支导纳的乘积，称为树导纳积，简称树积。

式（3.5.8）表明，为了得到网络 N 的节点导纳矩阵的行列式，并不需要写出节点导纳矩阵，而要找出网络 N 的全部树，求出每个树的树支导纳的乘积，然后把这些乘积相加，便得到了节点导纳行列式。这种方法借助网络图论的知识，直接根据网络的图来求节点导纳行列式，故式（3.5.8）称为节点导纳行列式的拓扑公式。

例 3.5.2 用拓扑公式求图 3.5.2 所示网络（电路）的节点导纳行列式，并与展开节点导纳矩阵 $\boldsymbol{Y}_{\mathrm{n}}$ 的行列式所得结果进行比较。

解： 方法 1（拓扑公式法）。

首先，用拓扑公式求 $\det\boldsymbol{Y}_{\mathrm{n}}$。绘出图 3.5.2 所示电路的网络拓扑图，如图 3.5.3 所示。网络节点数为 4，故每个树的树支数为 3，列出全部树的树支编号：

124，125，126，134，135，136，145，156，

234，235，236，245，246，346，356，456，

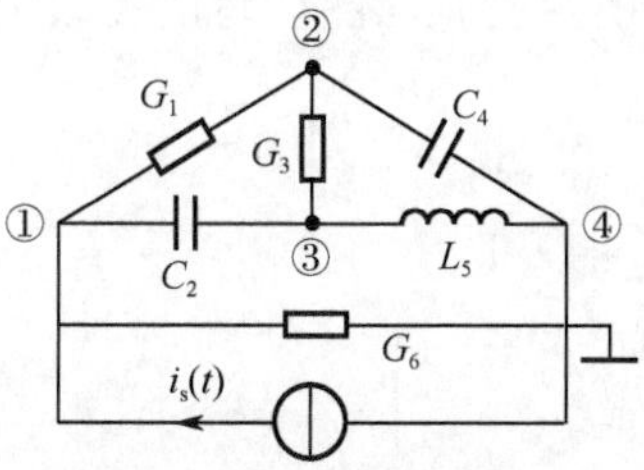

图 3.5.2 电路原理图

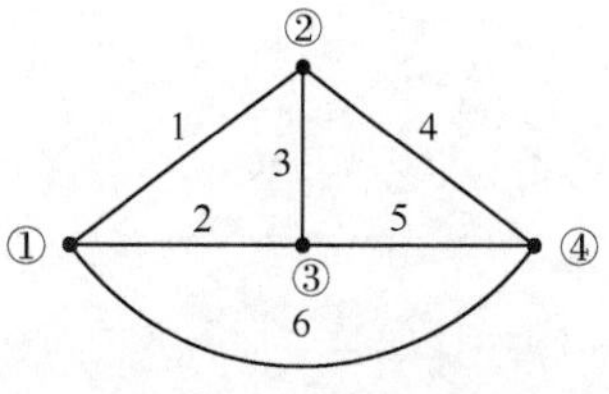

图 3.5.3 图 3.5.2 所示电路的网络拓扑图

应用式（3.5.8）所示的拓扑公式，所求节点导纳行列式为

$$
\begin{aligned}
\det\boldsymbol{Y}_{\mathrm{n}} &= \sum_{\text{全部树}} T(y) \\
&= G_1 s^2 C_2 C_4 + G_1 s C_2 / sL_5 + G_1 s C_2 G_6 + G_1 G_3 s C_4 + \\
&\quad G_1 G_3 / sL_5 + G_1 G_3 G_6 + G_1 C_4 / sL_5 + G_1 G_6 / sL_5 + \\
&\quad s^2 C_2 C_4 G_3 + s C_2 G_3 / sL_5 + s C_2 G_3 G_6 + s^2 C_2 C_4 / sL_5 + \\
&\quad s^2 C_2 C_4 G_6 + G_3 s C_4 G_6 + G_3 G_6 / sL_5 + s C_4 G_6 / sL_5
\end{aligned}
$$

整理后得

$$
\begin{aligned}
\det\boldsymbol{Y}_{\mathrm{n}} = {} & s^2 C_2 C_4 (G_1 + G_3 + G_6) + \\
& s(C_2 G_1 G_6 + C_4 G_1 G_3 + C_2 G_3 G_6 + C_4 G_3 G_6 + C_2 C_4 / L_5) + \\
& (G_1 C_2 + G_1 C_4 + G_3 C_2 + G_6 C_4)/L_5 + G_1 G_3 G_6 + \\
& (G_1 G_3 + G_1 G_6 + G_3 G_6)/sL_5
\end{aligned} \tag{3.5.9}
$$

方法 2（传统的矩阵相乘展开法）。

对于图 3.5.2 所示网络，通过观察可直接写出节点导纳矩阵：

$$
\boldsymbol{Y}_{\mathrm{n}} = \begin{bmatrix} G_1 + G_6 + sC_2 & -G_1 & -sC_2 \\ -G_1 & G_1 + G_3 + sC_4 & -G_3 \\ -sC_2 & -G_3 & sC_2 + G_3 + 1/sL_5 \end{bmatrix} \tag{3.5.10}
$$

直接展开矩阵 $\boldsymbol{Y}_{\mathrm{n}}$ 的行列式：

$$
\begin{aligned}
\det\boldsymbol{Y}_{\mathrm{n}} = {} & (G_1 + G_6 + sC_2)(G_1 + G_3 + sC_4)(sC_2 + G_3 + 1/sL_5) - \\
& sC_2 G_1 G_3 - sC_2 G_1 G_3 - s^2 C_2^2 (G_1 + G_3 + sC_4) - \\
& G_3^2 (G_1 + G_6 + sC_2) - G_1^2 (sC_2 + G_3 + 1/sL_5)
\end{aligned}
$$

上式展开后共有 38 项，其中 22 项正负对消，最后得到以下 16 项：

$$
\begin{aligned}
\det\boldsymbol{Y}_{\mathrm{n}} = {} & G_1 G_3 / sL_5 + G_1 s^2 C_2 C_4 + G_1 G_3 s C_4 + G_1 s C_4 / sL_5 + \\
& sC_2 G_1 / sL_5 + sC_2 G_3 / sL_5 + s^2 C_2 C_4 G_3 + s^2 C_2 C_4 / sL_5 + \\
& G_1 G_6 s C_2 + G_1 G_6 G_3 + G_1 G_6 / sL_5 + G_3 G_6 s C_2 + \\
& G_3 G_6 / sL_5 + G_6 s^2 C_2 C_4 + G_6 G_3 s C_4 + G_6 s C_4 / sL_5
\end{aligned}
$$

显然，将上式并项整理后所得结果与式（3.5.9）相同。

比较上述两种求节点导纳行列式的方法，不难发现，用拓扑公式避免了大量徒劳的计算，并可直接写出结果。但是，该方法的关键是需要无一遗漏地列出网络全部的树。通常，可以采用以下方法来完成。

1．判断树的总数——定理法

判断树的总数可用如下定理，即关联矩阵为 $\boldsymbol{A}$ 的连通图 G，其树的总数为

$$\text{树数} = \det(\boldsymbol{A}\boldsymbol{A}^{\mathrm{T}}) \tag{3.5.11}$$

对于例 3.5.2 的网络各支路选定参考方向，绘出图 3.5.4 所示的有向图。写出关联矩阵：

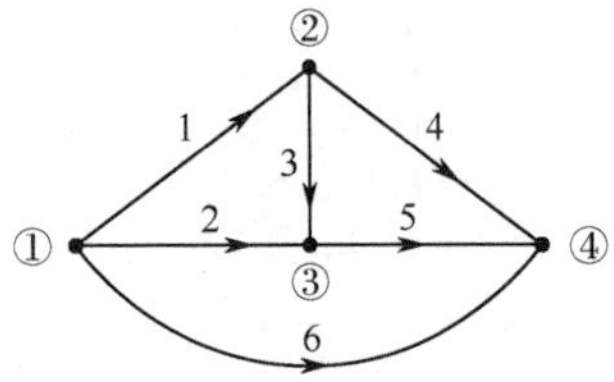

图 3.5.4　有向图

$$\boldsymbol{A} = \begin{bmatrix} 1 & 1 & 0 & 0 & 0 & 1 \\ -1 & 0 & 1 & 1 & 0 & 0 \\ 0 & -1 & -1 & 0 & 1 & 0 \end{bmatrix}$$

$$\boldsymbol{A}\boldsymbol{A}^{\mathrm{T}} = \begin{bmatrix} 3 & -1 & -1 \\ -1 & 3 & -1 \\ -1 & -1 & 3 \end{bmatrix}$$

$$\det \boldsymbol{A}\boldsymbol{A}^{\mathrm{T}} = 27-1-1-(3+3+3) = 16$$

在例 3.5.2 中，我们列出全部树，共 16 个树，与这里用矩阵 $\boldsymbol{A}$ 判断的结果一致。

对于全通图，树的总数为

$$\text{树数} = N_{\mathrm{t}}^{N_{\mathrm{t}}-2} \tag{3.5.12}$$

式中，N_{t} 为图的节点数。实际上例 3.5.2 的网络的图正是一个全通图，故其树数$=4^{(4-2)}=16$。

2．用穷举法找出全部树

对于具有 B 条支路、N+1 个节点的图，树支数为 N，在 B 条支路中取 N 条支路的全部可能组合数为

$$\mathrm{C}_B^N = B!/\,N!(B!-N!) \tag{3.5.13}$$

用穷举的方法列出以上全部组合，并根据树的定义，排除其中由 N 条支路形成回路的组合，其余的支路集合即图 G 的全部树。

在例 3.5.2 中，B=6，N+1=4，则

$$\mathrm{C}_B^N = \mathrm{C}_6^3 = \frac{6!}{3!(6-3)!} = 20$$

由 3 条支路形成的回路有 4 个（123，345，256，146），排除这 4 个支路集合后，即得例 3.5.2 中所列出的 16 个树。

3.5.2　$\varDelta_{jj}$ 的拓扑分析

从节点导纳矩阵的行列式中划去第 j 行第 j 列元素 Y_{jj} 所在的行和列，余下的元素构成的行列式称为元素 Y_{jj} 的余子式。主对角线元素 Y_{jj} 的余子式是对称的余子式，它就等于 Y_{jj} 的代数余子式，记作 $\varDelta_{jj}$。

在节点导纳矩阵计算式 $\boldsymbol{Y}_{\mathrm{n}} = \boldsymbol{A}\boldsymbol{Y}_{\mathrm{b}}\boldsymbol{A}^{\mathrm{T}}$ 中，如果划去上式右端矩阵 $\boldsymbol{A}$ 的第 j 行和矩阵 $\boldsymbol{A}^{\mathrm{T}}$ 的第 j 列之后，再将三个矩阵相乘，所得矩阵应等于从 $\boldsymbol{Y}_{\mathrm{n}}$ 中划去第 j 行和第 j 列所得的矩阵。因此，对称代数余子式 $\varDelta_{jj}$ 可按下式计算：

$$\varDelta_{jj} = \det(\boldsymbol{A}_{-j}\boldsymbol{Y}_b\boldsymbol{A}_{-j}^{\mathrm{T}}) \tag{3.5.14}$$

式中，$\boldsymbol{A}_{-j}$ 表示从矩阵 $\boldsymbol{A}$ 中划去第 j 行后得到的矩阵。

为了导出节点导纳行列式的代数余子式的拓扑公式，下面将介绍图论中关于 2-树及 k-树的知识。

定义 3.5.1　2-树

节点数为 N_t 的连通图 G 的一个 2-树是从 G 的一个树 T 中去掉任一树支而得到的一个子图。

由 2-树的定义可得出 2-树的下列性质：

（1）2-树包括图 G 的全部节点；

（2）2-树具有 N_t-2 条支路，不含任何回路；

（3）2-树由两个分离的子图组成，每个子图是一个连通图，有一个子图可为孤立节点。

定义 3.5.2　*k*-树

节点数为 N_t 的连通图 G 的一个 k-树是从 G 的一个$(k-1)$-树中去掉任一树支而得到的一个子图。

k-树具有以下性质：

（1）k-树包括图 G 的全部节点；

（2）k-树具有 N_t-k 条支路，不含任何回路；

（3）k-树由 k 个分离的子图组成，每个子图是一个连通图，有 k-1 个子图可为孤立节点。

现在应用 2-树的定义来导出 Δ_{jj} 的拓扑公式。式（3.5.14）中的 $\boldsymbol{A}_{-j}$ 是从网络 N 的关联矩阵 $\boldsymbol{A}$ 中划掉第 j 行而得的。从另一个角度来看，如果把网络 N 的节点 j 与参考点 d 短接，得到一个新网络 N_{-j}，则 N_{-j} 的关联矩阵必定等于 $\boldsymbol{A}_{-j}$。据此，应用式（3.5.8）可将式（3.5.14）表示为

$$\Delta_{jj}=\det(\boldsymbol{A}_{-j}\boldsymbol{Y}_{\mathrm{b}}\boldsymbol{A}_{-j}^{\mathrm{T}})=\sum_{N_{-j}\text{ 的全部树}} N_{-j}\text{的树导纳积} \tag{3.5.15}$$

式（3.5.15）给出了从新网络 N_{-j} 的树导纳积求网络 N 的节点导纳行列式的对称代数余子式 Δ_{jj} 的拓扑公式。以下将寻求直接从网络 N 求 Δ_{jj} 的拓扑公式。

网络 N_{-j} 是将网络 N 的节点 j 与参考点 d 短接后得到的，故 N_{-j} 的节点数为 N_t-1，N_{-j} 的树 T_{-j} 的树支数为 N_t-2，与网络 N 的 2-树的树支数相等。N_{-j} 任一树的树支在 N_{-j} 中不形成回路，这些支路在原网络 N 中也不可能形成回路，因此，N_{-j} 任一树的树支支路必定是网络 N 某一树的树支支路集合的子集，这个子集的支路数为 N_t-2。根据 2-树的定义，显然，网络 N_{-j} 任一树的全部树支必定是网络 N 的某一 2-树的全部树支。然而，并非网络 N 的任一 2-树都对应网络 N_{-j} 的一个树，这是因为，网络 N 的某些 2-树的树支支路虽然在 N 中不构成回路，但当 j、d 两节点短接时便形成回路，换言之，N 的这种 2-树就不是 N_{-j} 的树。

我们知道，2-树由两个分离部分构成，每一分离部分是一个连通的子图，如果在网络 N 的 2-树中，节点 j、d 分别处于两个不同的分离部分内，则 j、d 两节点短接便不会导致原 2-树的树支形成回路，网络 N 的这种 2-树树支支路集合必为网络 N_{-j} 某一树的树支支路集合。反之，如果节点 j、d 处于 2-树同一分离部分内，则 j、d 两节点短接必然使原 2-树的树支支路形成回路，网络 N 的这种 2-树就不对应网络 N_{-j} 的一个树。例如，设图 3.5.2 所示的网络为 N，该网络的图 G 重绘为图 3.5.5。将节点①与参考点④短接而得到的网络 N_{-1} 的图 G_{-1} 如图 3.5.6 所示。支路 6 因两端短接而形成自环，不可能出现在 G_{-1} 的任一树中，故图中略去。图 3.5.7（a）、（b）、（c）表示图 G_{-1} 的三种树，树支分别为 12，35 和 24，它们分别对应于图 G 的三种①、④两节点相分离的 2-树，如图 3.5.8（a）、（b）、（c）所示，从图中可以看出，这些 2-树

的树支也是 12，35 和 24。图 3.5.8（d）中的 2-树树支为 2、5 支路，节点①和④处于 2-树的同一分离部分中，由于节点①与④短接时 2、5 支路形成回路，故 2、5 支路不能构成图 G_{-1} 的树。

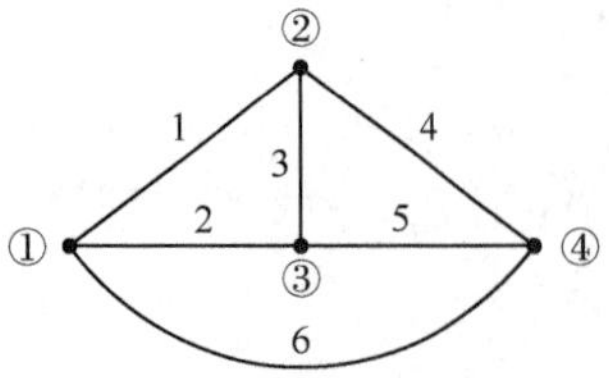

图 3.5.5　重绘的图 3.5.1 的网络图 G

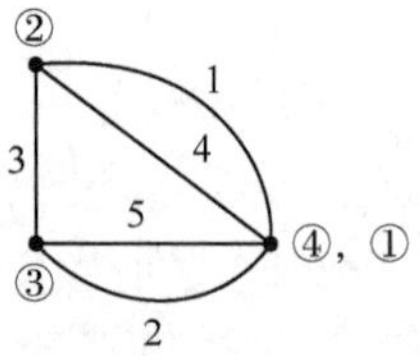

图 3.5.6　将节点①与④短接后得到的图 G_{-1}

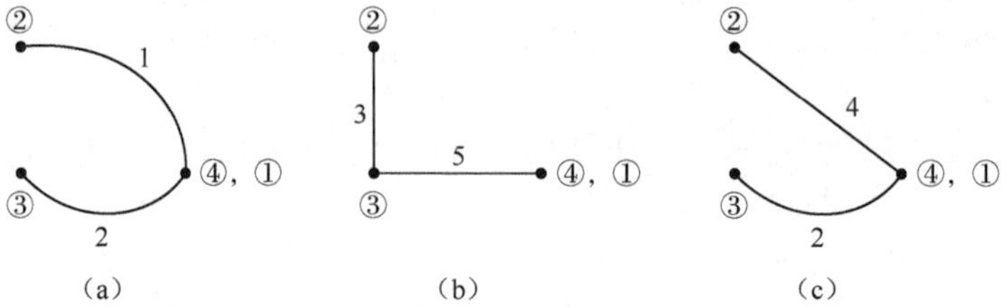

图 3.5.7　G_{-1} 的三种树（树支分别为 12，35 和 24）

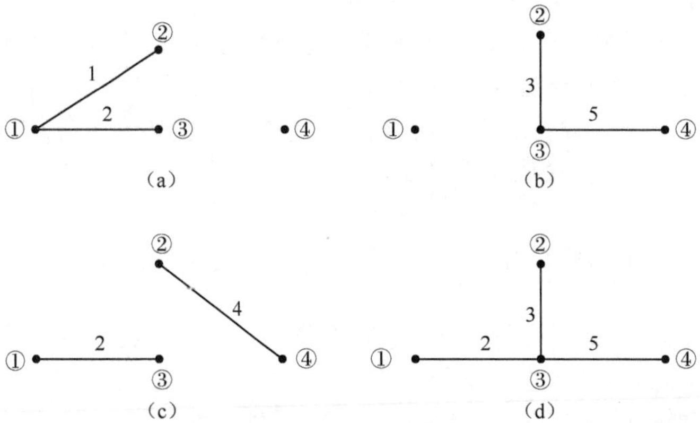

图 3.5.8　G 的四种 2-树

由以上分析可知，式（3.5.15）求和号中的任一项——N_{-j} 的一个树的树导纳积，应当等于网络 N 的一个 j、d 分别属于不同分离部分的 2-树的树导纳积。所以，根据式（3.5.15）可以得到计算 $\varDelta_{jj}$ 的拓扑公式：

$$\begin{aligned}\varDelta_{jj} &= \sum_{\text{全部2-树}(j,d)} \text{2-树}(j,d)\text{导纳积} \\ &= \sum_{\text{全部2-树}(j,d)} {}^2T_{j,d}(y)\end{aligned} \tag{3.5.16}$$

式中，d 为参考节点；2-树(j,d)表示节点 j,d 分别属于不同分离部分的 2-树；${}^2T_{j,d}(y)$ 则表示这种 2-树的树导纳积。

例 3.5.3　用拓扑公式求图 3.5.1 所示网络的节点导纳矩阵的对称代数余子式 $\varDelta_{11}$。

解：图 3.5.1 所示网络的节点数为 4，故 2-树的树支数为 4−2=2。列出全部 2-树(1,4)（括号中 4 为网络的参考节点号），方法为先列出 6 条支路中取 2 条支路的组合，然后排除形成回路的及使节点①、④连通的支路组合，于是得到以下 2-树(1,4)的树支编号：

12，13，15，23，24，34，35，45

应用式（3.5.16）所示的拓扑公式，可写出所求对称代数余子式：

$$\begin{aligned}\Delta_{11} &= \sum_{\text{全部2-树}(1,4)} {}^2T_{1,4}(y) \\ &= G_1sC_2 + G_1G_3 + G_1\cdot\frac{1}{sL_5} + sC_2G_3 + s^2C_2C_4 + G_3sC_4 + G_3\cdot\frac{1}{sL_5} + sC_4\cdot\frac{1}{sL_5} \\ &= s^2C_2C_4 + s(G_1C_2 + G_3C_2 + G_3C_4) + (G_1G_3 + C_4/L_5) + (G_1+G_3)/sL_5\end{aligned} \tag{3.5.17}$$

对拓扑公式计算结果的检验：读者可自行利用例 3.5.2 中式（3.5.10）所示节点导纳矩阵直接求 Y_{11} 元素的代数余子式，也能得到式（3.5.17）的结果。

从对称代数余子式拓扑公式的推导中可知，也可以用式（3.5.15）来求 Δ_{11}。这时应首先将原网络 N 的节点①与参考节点④短接而得到网络 N_{-1}，其图 G_{-1} 如图 3.5.6 所示，然后列出图 G_{-1} 全部树的树支编号：12,13,15,23,24,34,35,45，则

$$\Delta_{11} = \sum_{N_{-1}\text{的全部树}} N_{-1}\text{的树导纳积}$$

显然，结果与式（3.5.17）相同。

3.5.3 Δ_{ij} 的拓扑分析

从节点导纳矩阵的行列式中划去第 i 行第 j 列元素 Y_{ij} 所在的行和列，余下的元素构成的行列式称为元素 Y_{ij} 的余子式，记作 M_{ij}。元素 Y_{ij} 的代数余子式为

$$\Delta_{ij} = (-1)^{i+j}M_{ij} \tag{3.5.18}$$

当 $i=j$ 时，$\Delta_{ij}=M_{ij}$。而在一般情况下，$i\neq j$，M_{ij} 和 $\boldsymbol{\Delta}_{ij}$ 分别称为 Y_{ij} 的不对称余子式和不对称代数余子式。

在节点导纳矩阵计算式

$$\boldsymbol{Y}_{\mathrm{n}} = \boldsymbol{A}\boldsymbol{Y}_{\mathrm{b}}\boldsymbol{A}^{\mathrm{T}}$$

中，如果先划去上式右端中矩阵 $\boldsymbol{A}$ 的第 i 行和矩阵 $\boldsymbol{A}^{-1}$ 的第 j 列，再将三个矩阵相乘，乘积矩阵应等于从 $\boldsymbol{Y}_{\mathrm{n}}$ 中划去第 i 行和第 j 列。因此，不对称余子式 M_{ij} 可按下式计算：

$$M_{ij} = \det(\boldsymbol{A}_{-i}\boldsymbol{Y}_{\mathrm{b}}\boldsymbol{A}_{-j}^{\mathrm{T}}) \tag{3.5.19}$$

式中，$\boldsymbol{A}_{-i}$、$\boldsymbol{A}_{-j}$ 分别表示从矩阵 $\boldsymbol{A}$ 中划去第 i 行、第 j 列后得到的矩阵。由比内-柯西定理可知，式（3.5.19）可改写为

$$M_{ij} = \sum_{\text{全部大子式}} \text{矩阵}(\boldsymbol{A}_{-i}\boldsymbol{Y}_{\mathrm{b}})\text{与}\boldsymbol{A}_{-j}^{\mathrm{T}}\text{对应大子式之积} \tag{3.5.20}$$

将网络 N 的节点 j 短接于参考节点 d，这样得到的新网络 N_{-j} 的关联矩阵等于 $\boldsymbol{A}_{-j}$；将网络 N 的节点 i 短接于参考节点 d，这样得到的新网络 N_{-i} 的关联矩阵等于 $\boldsymbol{A}_{-i}$。进行与上节相类似的分析可知，矩阵 $\boldsymbol{A}_{-j}^{\mathrm{T}}$ 的每个 $N-1$ 阶非奇异子矩阵的行对应于网络 N_{-j} 的一个树的树支，即对应于原网络 N 的一个 2-树 (j,d) 的树支，该非奇异子矩阵的行列式（$\boldsymbol{A}_{-j}^{\mathrm{T}}$ 的大子式）之值为 ±1。矩阵 $\boldsymbol{A}_{-i}\boldsymbol{Y}_{\mathrm{b}}$ 的每个 $N-1$ 阶非奇异子矩阵的行对应于网络 N_{-i} 的一个树的树支，即对应于原网络 N 的一个 2-树 (i,d) 的树支，该非奇异子矩阵的行列式（$\boldsymbol{A}_{-i}\boldsymbol{Y}_{\mathrm{b}}$ 的大子式）的值为 ±1 乘上述 2-树 (i,d) 的树导纳积。式（3.5.20）中的“对应”二字表明，上面所讨论的 2-树 (j,d) 和 2-树 (i,d) 的树支必须是同一支路集合。换言之，我们要找到这样的 2-树，它既使节点 i 与 d 分离，又使节点 j 与 d 分离。由于 2-树有且仅有两个分离部分，故这种 2-树应当使节点 i、j 在

同一分离部分中，而参考节点 d 在另一个分离部分中，满足此条件的 2-树记作 2-树 (ij,d)。因此，式（3.5.20）求和号中每一项的绝对值等于一个 2-树 (ij,d) 的树导纳积，即

$$\left|M_{ij}\right| = \sum_{\text{全部2-树}(ij,d)} {}^2T_{ij,d}(y) \tag{3.5.21}$$

式中，${}^2T_{ij,d}(y)$ 表示一个 2-树 (ij,d) 的树导纳积。

可以证明，$\boldsymbol{A}_{-i}\boldsymbol{Y}_{\mathrm{b}}$ 与 $\boldsymbol{A}_{-j}^{\mathrm{T}}$ 对应大子式乘积的符号为 $(-1)^{i+j}$，故不对称余子式为

$$M_{ij} = (-1)^{i+j} \sum_{\text{全部2-树}(ij,d)} {}^2T_{ij,d}(y) \tag{3.5.22}$$

于是，不对称代数余子式的拓扑公式为

$$\Delta_{ij} = (-1)^{i+j} M_{ij} = \sum_{\text{全部2-树}(ij,d)} {}^2T_{ij,d}(y) \tag{3.5.23}$$

例 3.5.4 用拓扑公式求图 3.5.2 所示网络的节点导纳行列式的不对称代数余子式 Δ_{13}。

解：在图 3.5.1 所示网络中，节点④为参考节点，按式（3.5.23）所示的拓扑公式，应找出全部 2-树 (13,4)，在这个 2-树中，①、③两节点在同一分离部分中，节点④在另一个分离部分中，在例 3.5.3 所列出的 2-树中，有以下四个满足上述条件，如图 3.5.9 所示：

12，13，23，24

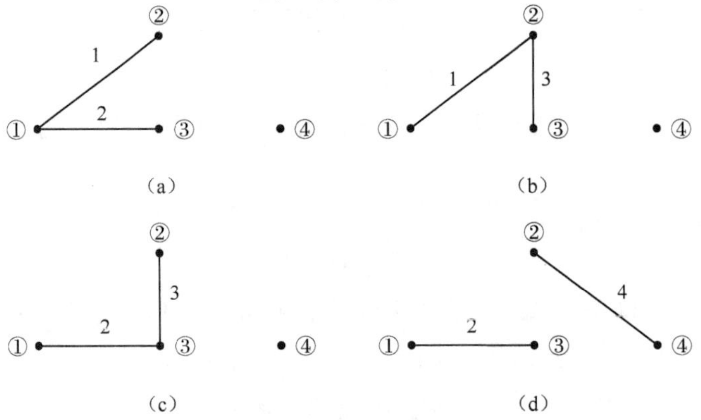

图 3.5.9　满足题目条件的四个 2-树

由此可得不对称代数余子式：

$$\begin{aligned}\Delta_{13} &= \sum_{\text{全部2-树}(13,4)} {}^2T_{13,4}(y) \\ &= sC_2G_1 + G_1G_3 + sC_2G_3 + s^2C_2C_4\end{aligned} \tag{3.5.24}$$

利用例 3.5.2 中式（3.5.10）所示的节点导纳矩阵 $\boldsymbol{Y}_{\mathrm{n}}$，求 Y_{13} 的代数余子式 $\Delta_{13} = (-1)^{1+3}M_{13}$，得到的结果与式（3.5.24）相同。

例 3.5.5 用拓扑公式求图 3.5.10 所示网络的节点导纳矩阵 $\boldsymbol{Y}_{\mathrm{n}}$ 的代数余子式 Δ_{12}。

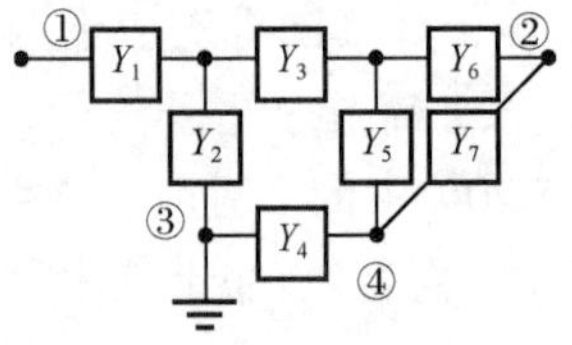

图 3.5.10　例 3.5.5 网络图

解：按题意，应找出全部 2-树(12,3)，即①、②两个节点在 2-树的同一分离部分中，节点③在 2-树的另一个分离部分中。网络的节点数$=6$，则 2-树的树支数$=6-2=4$。如图 3.5.11 所示，满足本题目条件的 2-树有以下 4 个：

1346，1356，1357，1367

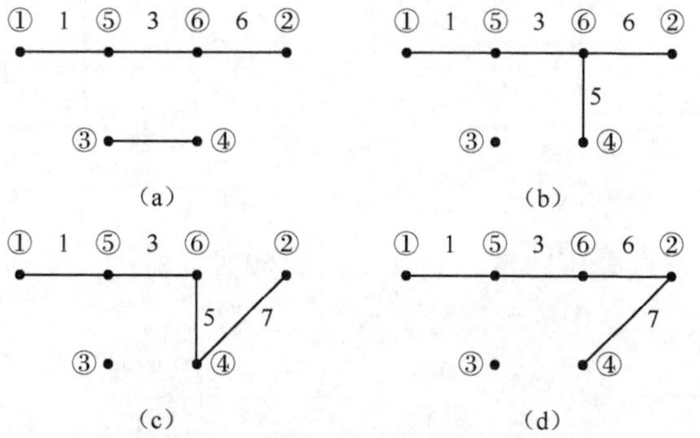

图 3.5.11 满足题目条件的四个 2-树

应用式（3.5.23）所示的拓扑公式，可得

$$\begin{aligned}\Delta_{12} &= \sum_{\text{全部2-树}(12,3)} {}^{2}T_{12,3}(y) \\ &= Y_1Y_3Y_4Y_6 + Y_1Y_3Y_5Y_6 + Y_1Y_3Y_5Y_7 + Y_1Y_3Y_6Y_7\end{aligned} \tag{3.5.25}$$

上面是通过观察直接得到全部 2-树(12,3)的。如果用计算机辅助分析，则可先分别找网络 N_{-1}（将 N 的节点①短接至参考节点③而得）和网络 N_{-2}（将 N 的节点②短接至参考节点③而得）的全部树，从而得到原网络的全部 2-树(1,3)和全部 2-树(2,3)，求以上两个集合的交集，即得 2-树(12,3)的集合。N_{-1} 和 N_{-2} 的图 G_{-1} 和 G_{-2} 如图 3.5.12 所示，读者可自行用此方法练习。

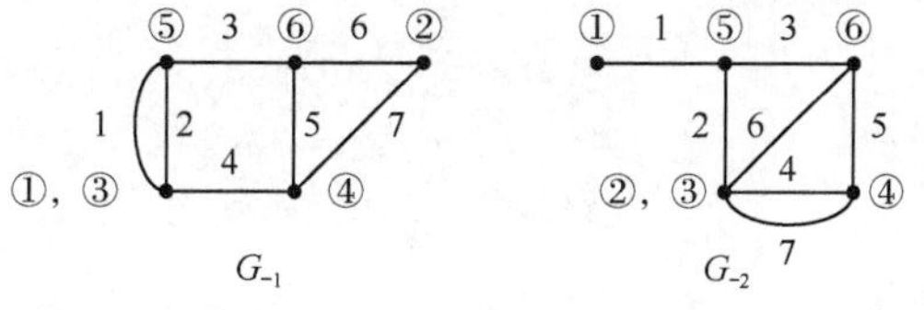

图 3.5.12 分别将节点①和节点②与参考节点③短接得到的网络图 G_{-1} 和 G_{-2}

3.5.4 策动点函数和转移函数的拓扑分析

研究图 3.5.13 所示的一端口网络 N，设网络由线性时不变电阻、电感、电容元件组成，节点 1′ 为参考节点。由式（3.5.2）所表示的节点方程的解可知，该网络的策动点阻抗为

$$Z_{\text{in}} = \frac{U_1(s)}{I_1(s)} = \frac{\Delta_{11}}{\Delta}$$

应用拓扑公式（3.5.8）、拓扑公式（3.5.16），有

$$Z_{\text{in}} = \frac{\Delta_{11}}{\Delta} = \frac{\sum {}^{2}T_{1,1'}(y)}{\sum T(y)} \tag{3.5.26}$$

策动点导纳：

$$Y_{\text{in}} = \frac{1}{Z_{\text{in}}} = \frac{\Delta}{\Delta_{11}} = \frac{\sum T(y)}{\sum {}^{2}T_{1,1'}(y)} \tag{3.5.27}$$

图 3.5.14 表示一个含线性时不变电阻、电感、电容元件的二端口网络，节点 1′为参考节点。端口 1 接电流源 $I_1(s)$，端口 2 接导纳为 Y_L 的元件。下面将寻求此有载二端口网络的转移函数的拓扑公式。

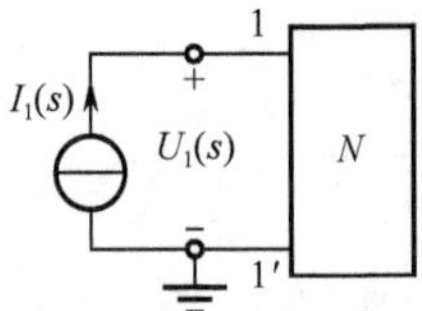

图 3.5.13 一端口网络示意图

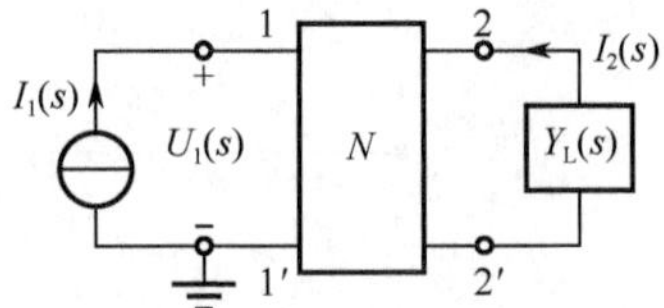

图 3.5.14 二端口网络示意图

网络的节点方程和节点电压向量如式（3.5.1）和式（3.5.2）所示。考虑到二端口网络端子节点标号，应将式（3.5.2）中的节点号 3 换为 2′，得

$$\begin{bmatrix} U_1(s) \\ U_2(s) \\ U_{2'}(s) \\ \vdots \\ U_N(s) \end{bmatrix} = \begin{bmatrix} \frac{\Delta_{11}}{\Delta} & \frac{\Delta_{21}}{\Delta} & \frac{\Delta_{2'1}}{\Delta} & \cdots & \frac{\Delta_{N1}}{\Delta} \\ \frac{\Delta_{12}}{\Delta} & \frac{\Delta_{22}}{\Delta} & \frac{\Delta_{2'2}}{\Delta} & \cdots & \frac{\Delta_{N2}}{\Delta} \\ \frac{\Delta_{12'}}{\Delta} & \frac{\Delta_{22'}}{\Delta} & \frac{\Delta_{2'2'}}{\Delta} & \cdots & \frac{\Delta_{N2'}}{\Delta} \\ \vdots & \vdots & \vdots & & \vdots \\ \frac{\Delta_{1N}}{\Delta} & \frac{\Delta_{2N}}{\Delta} & \frac{\Delta_{2'N}}{\Delta} & \cdots & \frac{\Delta_{NN}}{\Delta} \end{bmatrix} \begin{bmatrix} I_1(s) \\ 0 \\ 0 \\ \vdots \\ 0 \end{bmatrix} \tag{3.5.28}$$

由此得到二端口网络 4 个端子中除参考点 1′ 外的 3 个端子的电压：

$$U_1(s) = \frac{\Delta_{11}}{\Delta} I_1(s)$$

$$U_2(s) = \frac{\Delta_{12}}{\Delta} I_1(s)$$

$$U_{2'}(s) = \frac{\Delta_{12'}}{\Delta} I_1(s)$$

端口 2 电压为

$$U_{22'}(s) = U_2(s) - U_{2'}(s) = \frac{\Delta_{12} - \Delta_{12'}}{\Delta} I_1(s) \tag{3.5.29}$$

根据式（3.5.29）并应用节点导纳矩阵的行列式和代数余子式的拓扑公式，可得下列转移函数的拓扑公式。

转移阻抗函数：

$$Z_{21} = \frac{U_{22'}(s)}{I_1(s)} = \frac{\Delta_{12} - \Delta_{12'}}{\Delta} = \frac{\sum^2 T_{12,1'}(y) - \sum^2 T_{12',1'}(y)}{\sum T(y)} \tag{3.5.30}$$

转移导纳函数：

$$\begin{aligned} Y_{21} &= \frac{-I_2(s)}{U_1(s)} = \frac{Y_L U_{22'}(s)}{U_1(s)} = Y_L \frac{U_{22'}(s)/I_1(s)}{U_1(s)/I_1(s)} \\ &= Y_L \frac{\Delta_{12} - \Delta_{12'}}{\Delta_{11}} = Y_L \frac{\sum^2 T_{12,1'}(y) - \sum^2 T_{12',1'}(y)}{\sum^2 T_{1,1'}(y)} \end{aligned} \tag{3.5.31}$$

转移电压比函数：

$$\frac{U_{22'}(s)}{U_1(s)}=\frac{\Delta_{12}-\Delta_{12'}}{\Delta_{11}}=\frac{\sum^2 T_{12,1'}(y)-\sum^2 T_{12',1'}(y)}{\sum^2 T_{1,1'}(y)} \tag{3.5.32}$$

转移电流比函数：

$$\frac{-I_2(s)}{I_1(s)}=\frac{Y_L U_{22'}(s)}{I_1(s)}=Y_L\frac{\sum^2 T_{12,1'}(y)-\sum^2 T_{12',1'}(y)}{\sum T(y)} \tag{3.5.33}$$

例 3.5.6 图 3.5.15 所示为端口 2 接负载 G_7 的二端口网络。用拓扑公式求此二端口网络的转移导纳 $Y_{21}=I_2(s)/U_1(s)$。

解：根据式（3.5.31），应找出全部 2-树(1,1′)、2-树(12,1′)和 2-树(12′,1′)。由该网络的拓扑图（见图 3.5.16），分别列出以上三类 2-树的树支编号：

2-树(1,1′)：1245，1247，1256，1267，1456，1457，1467，1567，2345，2347，2356，2367，2456，2467，3456，3457，3467，4567

2-树(12,1′)：3456，3457，2345，2347

2-树(12′,1′)：2345，2347，3457

Y_{21} 的分子为

$$\begin{aligned}N(s)&=Y_L\left(\sum^2 T_{12,1'}(y)-\sum^2 T_{12',1'}(y)\right)\\&=G_7[(Y_3Y_4Y_5Y_6+Y_3Y_4Y_5Y_7+Y_2Y_3Y_4Y_5+Y_2Y_3Y_4Y_7)-\\&\quad(Y_2Y_3Y_4Y_5+Y_2Y_3Y_4Y_7+Y_3Y_4Y_5Y_7)]\\&=G_7Y_3Y_4Y_5Y_6=G_3G_4G_5G_6G_7\end{aligned}$$

Y_{21} 的分母为

$$\begin{aligned}D(s)=&s^2C_1C_2(G_4G_5+G_4G_7+G_5G_6+G_6G_7)+\\&sC_1(G_4G_5G_6+G_4G_5G_7+G_4G_6G_7+G_5G_6G_7)+\\&G_3G_4(G_5G_6+G_5G_7+G_6G_7)+G_3G_5G_6G_7+G_4G_5G_6G_7\end{aligned}$$

于是得到

$$Y_{21}=Y_L\frac{\sum^2 T_{12,1'}(y)-\sum^2 T_{12',1'}(y)}{\sum^2 T_{1,1'}(y)}=\frac{N(s)}{D(s)}$$

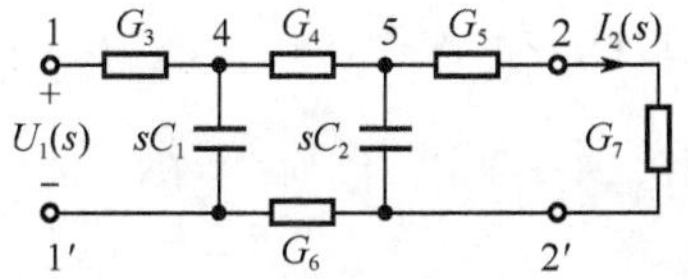

图 3.5.15　带负载的二端口网络

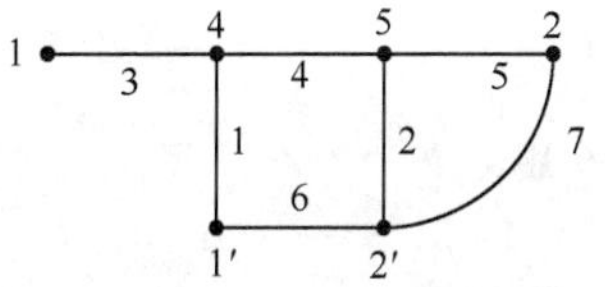

图 3.5.16　带负载二端口网络对应的拓扑图

由此例可知，转移函数拓扑公式即式（3.5.30）～式（3.5.33）中的分子

$$\sum^2 T_{12,1'}(y)-\sum^2 T_{12',1'}(y) \tag{3.5.34}$$

含有可消的公共项。也就是说，利用上述拓扑公式的计算工作量不是最小的。为了从公式中去掉式（3.5.34）中两类 2-树的相同项，下面做进一步讨论。

考察一个 2-树(ij, d)和另一个节点 k。节点 k 必定包含在 ij 所在分离部分或 d 所在分离部分中。因此，全部 2-树(ijk, d)与全部 2-树(ij, dk)的总和应等于全部 2-树(ij, d)，故有以下 2-树恒等式：

$$\sum^2 T_{ij,d}(y)\equiv\sum^2 T_{ijk,d}(y)+\sum^2 T_{ij,dk}(y) \tag{3.5.35}$$

用此 2-树恒等式来简化式（3.5.34），可写出下面两个恒等式：

$$\sum\nolimits^{2}T_{12,1'}(y)\equiv\sum\nolimits^{2}T_{122',1'}(y)+\sum\nolimits^{2}T_{12,1'2'}(y)$$

$$\sum\nolimits^{2}T_{12',1'}(y)\equiv\sum\nolimits^{2}T_{122',1'}(y)+\sum\nolimits^{2}T_{12',1'2}(y)$$

注意到以上两式右端第一个求和式是相同的，于是有

$$\sum\nolimits^{2}T_{12,1'}(y)-\sum\nolimits^{2}T_{12',1'}(y)=\sum\nolimits^{2}T_{12,1'2'}(y)-\sum\nolimits^{2}T_{12',1'2}(y) \tag{3.5.36}$$

上式右端的两个求和式之间是没有相同项的。因为在前一求和式中的各 2-树中，节点 2、2′分别属于节点 1、1′所在的相互分离的部分；而在后一求和式中的各 2-树则情况相反，节点 2、2′分别属于节点 1′、1 所在的分离部分。

将式（3.5.36）代入式（3.5.30）～式（3.5.33）中，得到转移函数的最小工作量拓扑公式：

$$Z_{21}=\frac{\sum\nolimits^{2}T_{12,1'2'}(y)-\sum\nolimits^{2}T_{12',1'2}(y)}{\sum T(y)} \tag{3.5.37}$$

$$Y_{21}=Y_{\mathrm{L}}\frac{\sum\nolimits^{2}T_{12,1'2'}(y)-\sum\nolimits^{2}T_{12',1'2}(y)}{\sum T(y)} \tag{3.5.38}$$

$$\frac{U_{22'}(s)}{U_{1}(s)}=\frac{\sum\nolimits^{2}T_{12,1'2'}(y)-\sum\nolimits^{2}T_{12',1'2}(y)}{\sum T(y)} \tag{3.5.39}$$

$$\frac{-I_{2}(s)}{I_{1}(s)}=Y_{\mathrm{L}}\frac{\sum\nolimits^{2}T_{12,1'2'}(y)-\sum\nolimits^{2}T_{12',1'2}(y)}{\sum T(y)} \tag{3.5.40}$$

例 3.5.7 题设条件与例 3.5.6 完全相同，试用式（3.5.38）所示的拓扑公式计算转移导纳 Y_{21} 的分子。

解：由于

$$\sum\nolimits^{2}T_{12,1'2'}(y)=G_{3}G_{4}G_{5}G_{6}$$

$$\sum\nolimits^{2}T_{12',1'2}(y)=0$$

所以转移导纳 Y_{21} 的分子为

$$N(s)=Y_{\mathrm{L}}\left(\sum\nolimits^{2}T_{12,1'2'}(y)-\sum\nolimits^{2}T_{12',1'2}(y)\right)=G_{3}G_{4}G_{5}G_{6}G_{7}$$

所得结果与例 3.5.6 相同，但避免了出现正、负对消项，使求解过程简化。

3.6 网络分析的状态变量法

前面 3.1～3.5 节主要介绍了线性时不变网络的输入输出分析法，通常又称为外部法。这种方法仅适用于分析连续时间信号作用的线性时不变网络，其动态特性用网络输入变量与输出变量的微积分方程来表示。本节将简单介绍另一种方法，即状态变量法，又称为内部法。这种方法先利用状态变量建立一组联系状态变量与输入变量的一阶微分方程（状态方程）及一组联系输入变量、输出变量和状态变量的代数方程（输出方程），然后求解状态变量与输出变量。用这种方法还可以分析线性时变网络与非线性网络、单输入单输出系统、多输入多输出系统、连续时间信号系统与离散时间信号系统。在现代电路理论中，广泛应用状态变量法进行网络的分析与综合。通常，状态变量法主要涉及两个方面，即状态方程的建立与求解。

限于篇幅，本节仅简单介绍此种方法的应用。

3.6.1 状态变量的基本概念

通常，状态变量是描述网络中储能元件（比如，线性网络中的电感 L 和电容 C 等元件）储能状态的物理量。因此，根据电路分析先修课程的知识可知，加在电容两端的电压 u_C 和流过电感的电流 i_L 可以视为动态电路中的状态变量。在电阻、电感、电容等元件构成的无源网络中，独立状态变量的个数称为网络的复杂度，又称为网络的阶数。通常，状态变量的个数与独立储能元件的个数是相同的。这里所谓的独立储能元件，指的是在任意时刻这些元件之间没有任何关联关系。比如，仅由 k 个电容构成的闭合回路如图 3.6.1（a）所示，因其受到 KVL 的约束，故只有 $k-1$ 个电容是独立的储能元件，对应 $k-1$ 个独立的电容电压 u_C 表示的状态变量；同理，仅由 k 个电感构成的闭合回路如图 3.6.1（b）所示，因其受到 KCL 的约束，故只有 $k-1$ 个电感是独立的储能元件，对应 $k-1$ 个独立的电感电流 i_L 表示的状态变量。

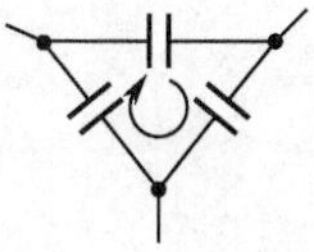

（a）纯电容回路

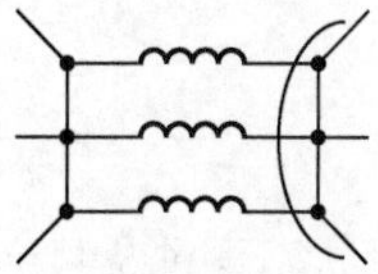

（b）纯电感回路

图 3.6.1　非独立回路实例

仅由电容元件或仅由电容元件和独立电压源构成的回路称为纯电容回路。仅由电感元件或仅由电感元件和独立电流源构成的割集称为纯电感割集。由此可以把网络分为如下两类：

（1）既无纯电容回路又无纯电感割集的网络称为常态网络；

（2）含有纯电容回路或纯电感割集（或两者兼有）的网络称为非常态网络。

如果用 n 表示网络中的独立状态变量的个数，用 n_{LC} 表示网络中储能元件个数，用 n_C 表示纯电容回路个数，用 n_L 表示纯电感割集个数，则有如下关系式成立：

$$n = n_{LC} - n_C - n_L \tag{3.6.1}$$

3.6.2 线性非常态网络的状态方程

通常，由网络的状态变量及其一阶导数组成的一阶微分方程组，称为网络的状态方程。利用第 2 章介绍的网络图论知识及下面即将介绍的规范树，可列写复杂网络的状态方程。

在建立线性非常态网络的状态方程时，为了选择一组独立的电容电压（或电荷）和独立的电感电流（或磁链）作为状态变量，可以选一种树，使其包含网络中的全部电压源、尽可能多的电容、尽可能少的电感和必要的电阻，但不包含任何电流源，这样的树称为规范树。规范树中，所有树支电容电压和连支电感电流都是线性独立的，可以构成一组状态变量。

下面举例说明如何建立线性非常态网络的状态方程。

例 3.6.1　图 3.6.2（a）表示一个线性非常态网络，试列出其状态方程。

解：在图 3.6.2（a）中含有四个储能元件、一个独立的纯电感回路和一个独立的纯电感割集。因此，利用式（3.6.1）可知，该网络的阶数 n 为

$$n = n_{LC} - n_C - n_L = 4 - 1 - 1 = 2$$

（1）选取一个规范树，如图 3.6.2（b）中实线所示。

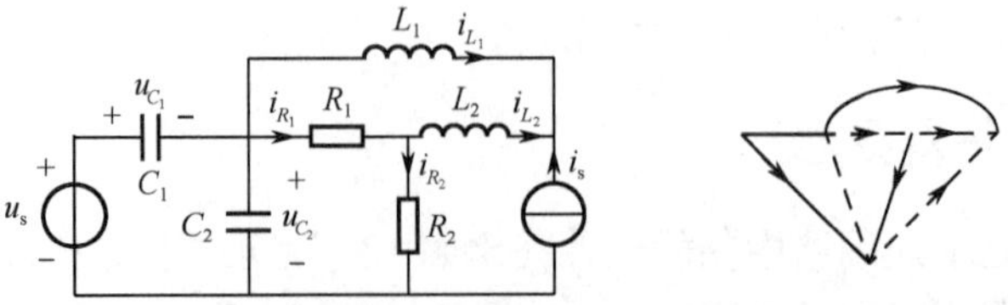

（a）电路　　　　（b）对应的有向图

图 3.6.2　线性非常态网络

（2）选取状态变量。以规范树中的树支电容电压 u_{C_1} 和连支电感电流 i_{L_2} 作为网络的状态变量，有

$$\boldsymbol{x}=[u_{C_1}\quad i_{L_2}]^{\mathrm{T}}$$

（3）建立电容树支所属基本割集的 KCL 方程和电感连支所属基本回路的 KVL 方程：

$$C_1\frac{\mathrm{d}u_{C_1}}{\mathrm{d}t}=C_2\frac{\mathrm{d}u_{C_2}}{\mathrm{d}t}+i_R-i_{L_2}-i_s$$

$$L_2\frac{\mathrm{d}_iL_2}{\mathrm{d}t}=L_1\frac{\mathrm{d}u_{C_2}}{\mathrm{d}t}+u_{C_1}-u_s+R_2i_{R_2}$$

（4）将上述方程中的非状态变量及其一阶导数用状态变量、输入量及其一阶导数表示：

$$i_{R_1}=\frac{u_s-u_{C_1}+R_2i_{R_2}}{R_1+R_2}$$

$$i_{R_2}=\frac{u_s-u_{C_1}+R_1i_{R_2}}{R_1+R_2}$$

$$\dot{u}_{C_2}=\dot{u}_s-\dot{u}_{C_1}$$

$$\dot{i}_{L_1}=\dot{i}_{L_2}-\dot{i}_s$$

（5）将以上各式代入第（3）步所得方程中，消去非状态变量及其一阶导数，经整理后写为矩阵形式：

$$\begin{bmatrix}\dot{u}_{C_1}\\ \dot{i}_{L_2}\end{bmatrix}=\begin{bmatrix}\dfrac{-1}{(C_1+C_2)(R_1+R_2)} & \dfrac{-R_1}{(C_1+C_2)(R_1+R_2)}\\ \dfrac{R_1}{(L_1+L_2)(R_1+R_2)} & \dfrac{-R_1R_2}{(L_1+L_2)(R_1+R_2)}\end{bmatrix}\begin{bmatrix}u_{C_1}\\ i_{L_2}\end{bmatrix}+$$
$$\begin{bmatrix}\dfrac{1}{(C_1+C_2)(R_1+R_2)} & \dfrac{-1}{C_1+C_2}\\ \dfrac{-R_1}{(L_1+L_2)(R_1+R_2)} & 0\end{bmatrix}\begin{bmatrix}u_s\\ i_s\end{bmatrix}+\begin{bmatrix}\dfrac{C_2}{C_1+C_2} & 0\\ 0 & \dfrac{-L_1}{L_1+L_1}\end{bmatrix}\begin{bmatrix}\dot{u}_s\\ \dot{i}_s\end{bmatrix}$$

如果以 i_{R_1}、i_{R_2}、u_{L_1} 和 u_{L_2} 作为网络的输出变量，则由图 3.6.2（a）可得

$$i_{R_1}=\frac{-1}{R_1+R_2}u_{C_1}+\frac{R_2}{R_1+R_2}i_{L_2}+\frac{1}{R_1+R_2}u_s$$

$$i_{R_2}=\frac{-1}{R_1+R_2}u_{C_1}-\frac{R_1}{R_1+R_2}i_{L_2}+\frac{1}{R_1+R_2}u_s$$

$$uL_1 = -\frac{R_1 L_1}{(L_1+L_2)(R_1+R_2)}u_{C_1} + \frac{R_1 R_2 L_1}{(L_1+L_2)(R_1+R_2)}i_{L_2} + \frac{R_1 L_1}{(L_1+L_2)(R_1+R_2)}u_s - \frac{L_1 L_2}{L_1+L_2}\dot{i}_s$$

$$u_{C_2} = -u_{C_1} + u_s$$

写为矩阵形式：

$$\begin{bmatrix} i_{R_1} \\ i_{R_2} \\ u_{L_1} \\ u_{C_2} \end{bmatrix} = \begin{bmatrix} \dfrac{-1}{R_1+R_2} & \dfrac{R_2}{R_1+R_2} \\ \dfrac{-1}{R_1+R_2} & \dfrac{-R_1}{R_1+R_2} \\ \dfrac{-R_2 L_1}{(L_1+L_2)(R_1+R_2)} & \dfrac{R_1 R_2 L_1}{(L_1+L_2)(R_1+R_2)} \\ -1 & 0 \end{bmatrix} \begin{bmatrix} u_{C_1} \\ i_{L_2} \end{bmatrix} +$$

$$\begin{bmatrix} \dfrac{1}{R_1+R_2} & 0 \\ \dfrac{1}{R_1+R_2} & 0 \\ \dfrac{R_1 L_1}{(L_1+L_2)(R_1+R_2)} & 0 \\ 1 & 0 \end{bmatrix} + \begin{bmatrix} u_s \\ i_s \end{bmatrix} + \begin{bmatrix} 0 & 0 \\ 0 & 0 \\ 0 & -\dfrac{L_1 L_2}{L_1+L_2} \\ 0 & 0 \end{bmatrix} \begin{bmatrix} \dot{u}_s \\ \dot{i}_s \end{bmatrix}$$

由以上例子可知，一般线性非常态网络的状态方程和输出方程的向量形式分别为

$$\dot{\boldsymbol{x}} = \boldsymbol{A}\boldsymbol{x} + \boldsymbol{B}_1\boldsymbol{f} + \boldsymbol{B}_2\dot{\boldsymbol{f}} \tag{3.6.2}$$

$$\dot{\boldsymbol{y}} = \boldsymbol{C}\boldsymbol{x} + \boldsymbol{D}_1\boldsymbol{f} + \boldsymbol{D}_2\dot{\boldsymbol{f}} \tag{3.6.3}$$

式中，$\boldsymbol{A}$、$\boldsymbol{B}_1$、$\boldsymbol{B}_2$ 和 $\boldsymbol{C}$、$\boldsymbol{D}_1$、$\boldsymbol{D}_2$ 为常数矩阵；$\dot{\boldsymbol{f}}$ 为由输入的一阶导数构成的向量。

3.7 灵敏度分析

前面第 2 章、第 3 章内容仅涉及网络分析的知识，自第 4 章开始，将研究网络综合与设计问题，即根据给定的技术要求来构造所需电路的问题。在网络综合与设计时，无论设计者如何精确仔细地计算，实际构成的电路总会包含一些非理想的因素。例如，实际电路元件的参数一般不可能完全等于标称值，而是在标称值附近某一较小范围内的任意值，这个容许误差的范围称为容差范围，或称容差。规定各类元件参数的容差是电路设计人员的任务之一。除元件参数的容差外，电路工作环境的温度和湿度的变化、元件的老化等因素也会导致元件参数的改变。此外，杂散电容、漏电导等寄生参数有时也会明显地影响电路的性能。

电路设计人员需要在设计时事先估计上述非理想因素对电路性能影响的大小，换言之，应当能够分析电路性能对各种非理想因素敏感的程度，以便使设计的电路不仅在工作环境下能满足设计的技术要求，而且有令人满意的性价比。本节所介绍的网络的灵敏度分析为解决以上问题提供了十分有用的工具。

3.7.1 基本概念和定义

为了引入网络的灵敏度的概念，我们首先研究一个简单的例子。图 3.7.1 所示 Π 形电阻网络中，各电阻标称值分别为 $R_1 = 2\Omega$，$R_2 = 16\Omega$，$R_3 = 6\Omega$。在理想情况下，各电阻的阻值等于其标称值，当电流源电流 $I_i = 2\text{A}$ 时，输出电压为设计时的期望值：

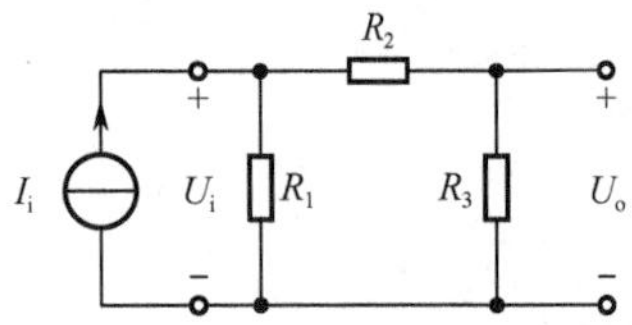

图 3.7.1 Π 形电阻网络示意图

$$
\begin{aligned}
U_o &= \frac{R_3}{R_2 + R_3} \times U_i \\
&= \frac{R_3}{R_2 + R_3} \times \frac{R_1(R_2 + R_3)}{R_1 + R_2 + R_3} \times I_i \\
&= \frac{R_1 R_3}{R_1 + R_2 + R_3} \times I_i \\
&= \frac{2 \times 6}{2 + 16 + 6} \times 2 \\
&= 1（\text{V}）
\end{aligned}
$$

设各电阻阻值的容差为 10%，则各电阻的实际阻值在以下范围内：$1.8\Omega \leqslant R_1 \leqslant 2.2\Omega$，$14.4\Omega \leqslant R_2 \leqslant 17.6\Omega$，$5.4\Omega \leqslant R_3 \leqslant 6.6\Omega$，如果 $R_1 = 2.2\Omega$，R_2和R_3 为标称值，则 $U_o = 1.092\text{V}$。又设 $R_2 = 17.6\Omega$，R_1和R_3 为标称值，则 $U_o = 0.938\text{V}$。换言之，由于 R_1 存在 10%的正误差，引起输出电压 U_o 有 9.2%的正误差；而若 R_2 有 10%的正误差，则引起输出电压 U_o 有 6.2%的正误差。可见不同元件参数的改变对网络性能的影响是不相同的。为了研究网络性能对网络中某些参数改变的敏感程度，以下将定义网络的灵敏度。

考察一个集总线性时不变网络 N，其某一网络函数为 $T(s)$。设 x 为与该网络某元件有关的参数，它可以是元件值，也可以是影响元件值的一些物理量（如温度、压力）。为研究 x 的微小变化对网络性能的影响，将网络函数表示为 $T(s,x)$。设参数 x 在标称值 x_0 附近有微小改变：

$$\Delta x = x - x_0$$

将 $T(s,x)$ 在 x_0 附近用泰勒级数展开：

$$T(s,x) = T(s,x_0) + \left.\frac{\partial T(s,x)}{\partial x}\right|_{x=x_0} \Delta x + \frac{1}{2!}\Delta \frac{\partial^2 T(s,x)}{\partial x^2} \Delta x^2 + \cdots \tag{3.7.1}$$

设函数 $T(s,x)$ 在 x_0 处连续，且 Δx 很小，忽略 Δx 的平方及各高次方项，可得

$$\Delta T = T(s,x) - T(s,x_0) = \left.\frac{\partial T(s,x)}{\partial x}\right|_{x=x_0} \Delta x \tag{3.7.2}$$

式中，ΔT 为由于参数 x 偏离标称值 x_0 而引起的网络函数 $T(s,x)$ 的偏差量。因此，网络函数 $T(s,x)$ 相对于参数 x 的未归一化灵敏度定义为

$$\hat{S}_x^T = \frac{\partial T}{\partial x} \tag{3.7.3}$$

网络函数 $T(s,x)$ 相对于参数 x 的归一化灵敏度（简称为灵敏度）定义为

$$S_x^T = \frac{\partial T}{\partial x} \cdot \frac{x}{T} = \frac{\partial T}{T} / \frac{\partial x}{x} = \frac{\partial \ln T}{\partial \ln x} \tag{3.7.4}$$

式（3.7.4）、式（3.7.3）可表述为，网络的归一化灵敏度 S_x^T 是当参数 x 有微小变化 Δx 时，该微小变化所引起的网络函数 T 的相对改变量与参数 x 的相对改变量之比当 Δx 趋于零时的极限。而网络的未归一化灵敏度 $\hat{S}_x^T$ 则是网络函数 T 对参数 x 的偏导数，或解释为网络函数 T 的微小改变量与导致 T 改变的参数 x 的微小改变量之比当 Δx 趋于零时的极限。

网络函数的偏差及相对偏差与灵敏度的关系为

$$\Delta T = \frac{\partial T}{\partial x}\Delta x = \hat{S}_x^T \Delta x \tag{3.7.5}$$

$$\frac{\partial T}{T} = S_x^T \frac{\Delta x}{x} \tag{3.7.6}$$

如果网络中有多个元件参数 $x_1, x_2, \cdots, x_n$ 同时产生微小变化，网络函数 T 对各元件参数的灵敏度分别为 $S_{x_1}^T, S_{x_2}^T, \cdots, S_{x_n}^T$ ，则这些参数同时改变所引起的网络函数 T 的偏差和相对偏差分别为

$$\begin{aligned}\Delta T &= \frac{\alpha T}{\partial x_1}\Delta x_1 + \frac{\alpha T}{\partial x_2}\Delta x_2 + \cdots + \frac{\alpha T}{\partial x_n}\Delta x_n \\ &= \sum_{k=1}^{n}\left(\frac{\alpha T}{\partial x_k}\Delta x_k\right) = \sum_{k=1}^{n}\left(S_{x_k}^T \frac{\Delta x_k}{x_k} T\right)\end{aligned} \tag{3.7.7}$$

$$\frac{\Delta T}{T} = \sum_{k=1}^{n} S_{x_k}^T \frac{\Delta x_k}{x_k} \tag{3.7.8}$$

应当指出，上面所介绍的灵敏度只能用以估计网络参数的微小变化对网络性能的影响，而不能准确给出网络参数有较大变化时网络性能的改变量。这是因为式（3.7.2）所表示的 ΔT 与 Δx 的关系是函数 $T(s,x)$ 在参数 $x = x_0$ 处一阶逼近的结果。

例 3.7.1 应用灵敏度定义，计算图 3.7.1 中 Π 形电阻网络的灵敏度。

解：该电路的网络函数为

$$T = \frac{U_o}{I_i} = \frac{R_1 R_3}{R_1 + R_2 + R_3}$$

T 对各电阻的未归一化灵敏度分别为

$$\hat{S}_{R_1}^T = \frac{\partial T}{\partial R_1} = \frac{R_3(R_2 + R_3)}{(R_1 + R_2 + R_3)^2} = \frac{132}{576} \approx 0.2292$$

$$\hat{S}_{R_2}^T = \frac{\partial T}{\partial R_2} = \frac{-R_1 R_3}{(R_1 + R_2 + R_3)^2} = \frac{-12}{576} \approx -0.0208$$

$$\hat{S}_{R_3}^T = \frac{\partial T}{\partial R_3} = \frac{R_1(R_1 + R_2)}{(R_1 + R_2 + R_3)^2} = \frac{36}{576} = 0.0625$$

T 对各电阻的归一化灵敏度可计算如下：

$$S_{R_1}^T = \frac{\partial T}{\partial R_1}\cdot\frac{R_1}{T} = \frac{R_3(R_2 + R_3)}{(R_1 + R_2 + R_3)^2}\cdot\frac{R_1(R_1 + R_2 + R_3)}{R_1 R_3} = \frac{R_2 + R_3}{R_1 + R_2 + R_3} = \frac{22}{24} \approx 0.9167$$

$$S_{R_2}^T = \frac{\partial T}{\partial R_2}\cdot\frac{R_2}{T} = \frac{-R_1 R_3}{(R_1 + R_2 + R_3)^2}\cdot\frac{R_2(R_1 + R_2 + R_3)}{R_1 R_3} = \frac{-R_2}{R_1 + R_2 + R_3} = \frac{-16}{24} \approx -0.6667$$

$$S_{R_3}^T = \frac{\partial T}{\partial R_3}\cdot\frac{R_3}{T} = \frac{R_1(R_2 + R_1)}{(R_1 + R_2 + R_3)^2}\cdot\frac{R_3(R_1 + R_2 + R_3)}{R_1 R_3} = \frac{R_2 + R_1}{R_1 + R_2 + R_3} = \frac{18}{24} = 0.75$$

有时人们需要计算作为网络输出的变量对该网络某些参数的偏导数及灵敏度，这与计算相应网络函数对这些参数的偏导数、灵敏度基本上是相同的问题。一般而言，将网络函数表示为

$$T(s) = \frac{R(s)}{E(s)} \tag{3.7.9}$$

式中，$R(s)$、$E(s)$ 分别为网络输出函数和输入函数。$T(s)$ 对参数 x 的偏导数为

$$\frac{\partial T(s)}{\partial x} = \frac{\partial}{\partial x}\left(\frac{R(s)}{E(s)}\right) = \frac{1}{E(s)}\cdot\frac{\partial R(s)}{\partial x} \tag{3.7.10}$$

$T(s)$ 对 x 的灵敏度为

$$S_x^{T(s)} = \frac{\partial T(s)}{\partial x} \cdot \frac{x}{T} = \frac{\partial}{\partial x}\left(\frac{R(s)}{E(s)}\right) \cdot \frac{xE(s)}{R(s)} = \frac{\partial R(s)}{\partial x} \cdot \frac{x}{R(s)} = S_x^{R(s)} \tag{3.7.11}$$

以上两式表明，网络输出变量对参数 x 的偏导数等于相应的网络函数对参数 x 的偏导数乘以网络输入变量，而网络输出变量对参数 x 的灵敏度则与相应的网络函数对参数 x 的灵敏度相等。例如，对于图 3.7.1 所示的网络，电压 U_o 对电阻 R_1 的偏导数为

$$\frac{\partial U_o}{\partial R_1} = \frac{\partial T}{\partial R_1} I_i = 0.2292 \times 2 = 0.4584$$

U_o 对 R_1 的灵敏度则与 T 对 R_1 的灵敏度相等，即

$$S_{R_1}^{U_o} = S_{R_1}^{T} \approx 0.9167$$

式（3.7.4）、式（3.7.3）所定义的灵敏度、未归一化灵敏度和式（3.7.5）～式（3.7.8）中关于网络函数偏差的讨论都是基于复频网络函数 $T(s)$ 的。令 $s = \mathrm{j}\omega$，即得频域中的网络函数 $T(\mathrm{j}\omega)$，它是一个复数，可表示为

$$T(\mathrm{j}\omega) = |T(\mathrm{j}\omega)| \mathrm{e}^{\mathrm{j}\phi(\omega)} \tag{3.7.12}$$

$T(\mathrm{j}\omega)$ 的模 $|T(\mathrm{j}\omega)|$ 和相角 $\phi(\omega)$ 是角频率 ω 的函数。如果网络函数 $T(\mathrm{j}\omega)$ 代表网络的复增益，则 $|T(\mathrm{j}\omega)|$ 为网络的增益，有时简化表示为 $|T|$。下面将介绍电路设计时经常关注的增益灵敏度和相位灵敏度。

频域网络函数对参数 x 的灵敏度为

$$S_x^{T(\mathrm{j}\omega)} = \frac{\partial \ln T(\mathrm{j}\omega)}{\partial \ln x} = x \frac{\partial \ln T(\mathrm{j}\omega)}{\partial x} \tag{3.7.13}$$

由式（3.7.12）知

$$\ln T(\mathrm{j}\omega) = \ln|T(\mathrm{j}\omega)| + \mathrm{j}\phi(\omega) \tag{3.7.14}$$

因此

$$S_x^{T(\mathrm{j}\omega)} = x \frac{\partial \ln|T(\mathrm{j}\omega)|}{\partial x} + \mathrm{j}x \frac{\partial \phi(\omega)}{\partial x} \tag{3.7.15}$$

分别对上式取实部和虚部，得

$$\mathrm{Re}\{S_x^{T(\mathrm{j}\omega)}\} = x \frac{\partial \ln|T|}{\partial x} = S_x^{|T|} \tag{3.7.16}$$

$$\mathrm{Im}\{S_x^{T(\mathrm{j}\omega)}\} = x \frac{\partial \phi}{\partial x} = \phi S_x^{\phi} \tag{3.7.17}$$

在以上两式中，$S_x^{|T|}$ 为增益 $|T(\mathrm{j}\omega)|$ 对 x 的灵敏度，S_x^{ϕ} 为相角 $\phi(\omega)$ 对 x 的灵敏度，它们分别可由网络的复增益 $T(\mathrm{j}\omega)$ 对 x 的灵敏度取实部、虚部而得，即

$$S_x^{|T|} = \mathrm{Re}\{S_x^{T(\mathrm{j}\omega)}\} \tag{3.7.18}$$

$$S_x^{\phi} = \frac{1}{\phi} \mathrm{Im}\{S_x^{T(\mathrm{j}\omega)}\} \tag{3.7.19}$$

3.7.2 基本公式及应用

本节介绍的灵敏度恒等式即灵敏度计算的若干基本规则。在对给定网络函数计算其灵敏度时，适当应用某些规则常常可使计算过程大为简化。以下的灵敏度恒等式均就归一化灵敏度而言。

根据式（3.7.4）的灵敏度定义，可导出下列灵敏度恒等式：

（1）如果 T 不是 x 的函数，则

$$S_x^T = 0 \tag{3.7.20}$$

（2）设 C 是任意常数，则

$$S_x^{Cx} = 1 \tag{3.7.21}$$

（3）$S_x^{1/T} = -S_x^T$ （3.7.22）

证明：

$$S_x^{1/T} = \frac{\partial\left(\ln\dfrac{1}{T}\right)}{\partial(\ln x)} = \frac{\partial(-\ln T)}{\partial(\ln x)} = -S_x^T$$

（4）$S_{1/x}^T = -S_x^T$ （3.7.23）

（5）设 T 是 y 的函数，y 是 x 的函数，则

$$S_x^T = S_y^T S_x^y \tag{3.7.24}$$

（6）$S_x^{T_1T_2} = S_x^{T_1} + S_x^{T_2}$ （3.7.25）

（7）$S_x^{T_1/T_2} = S_x^{T_1} - S_x^{T_2}$ （3.7.26）

（8）$S_x^{T^n} = nS_x^T$ （3.7.27）

在灵敏度恒等式（3.7.27）中，令 $T=x$，得

$$S_x^{x^n} = nS_x^x = n$$

由上式与灵敏度恒等式（3.7.25）可得

$$S_x^{Cx^n} = S_x^{x^n} = n \tag{3.7.28}$$

在灵敏度计算中，式（3.7.28）是经常用到的一个很有用的公式。

（9）$S_{x^n}^T = \dfrac{1}{n}S_x^T$ （3.7.29）

（10）$S_x^{Cf(x)} = S_x^{f(x)}$ （3.7.30）

（11）$S_x^{(T_1+T_2)} = \dfrac{T_1}{T_1+T_2}S_x^{T_1} + \dfrac{T_2}{T_1+T_2}S_x^{T_2}$ （3.7.31）

例 3.7.2 已知图 3.7.1 中 Π 形电阻网络的网络函数为

$$T = \frac{U_o}{I_i} = \frac{R_1R_3}{R_1+R_2+R_3}$$

用灵敏度恒等式求 T 对 R_1 的灵敏度。

解：

$$\begin{aligned} S_{R_1}^T &= S_{R_1}^{R_1R_3} - S_{R_1}^{(R_1+R_2+R_3)} \\ &= 1 - \left[\frac{R_1}{R_1+R_2+R_3}S_{R_1}^{R_1} + \frac{R_2+R_3}{R_1+R_2+R_3}S_{R_1}^{(R_2+R_3)}\right] \\ &= 1 - \frac{R_1}{R_1+R_2+R_3} \\ &= \frac{R_2+R_3}{R_1+R_2+R_3} \end{aligned}$$

很显然，本例的计算结果与例 3.7.1 的一致。由此可知，用本节介绍的方法来求灵敏度，

由于避开了求偏导的运算，较直接用式（3.7.4）来计算要简单得多。

本节主要介绍了利用灵敏度定义及灵敏度恒等式来计算网络函数的灵敏度。除此之外，还有几种方法可用于计算线性网络在频域的灵敏度，如增量网络法和伴随网络法。限于篇幅，本书不再赘述。

3.8 习题

1．在图 3.8.1 所示的网络中 $R=\frac{1}{3}\text{k}\Omega$，$L=0.4\text{H}$，$C=10\mu\text{F}$。求二端口网络的输入阻抗 $Z(s)$，并绘出其零极点图。根据零极点图求频域阻抗 $Z(\text{j}\omega)$ 的频域响应（要求绘出幅频特性和相频特性曲线）。

2．图 3.8.2 所示为一个电阻三端口网络，其中各电阻均为 1Ω。试求该三端口网络的不定导纳矩阵 $\boldsymbol{Y}_\text{i}(s)$。

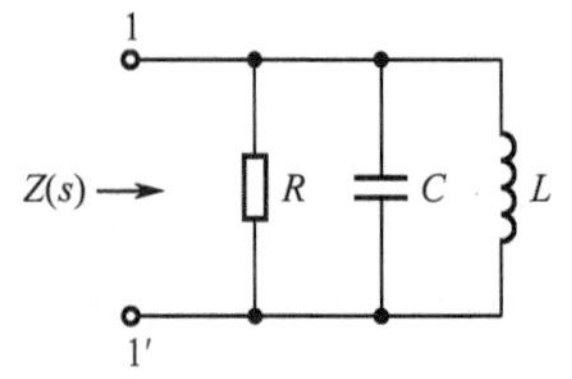

图 3.8.1　二端口网络

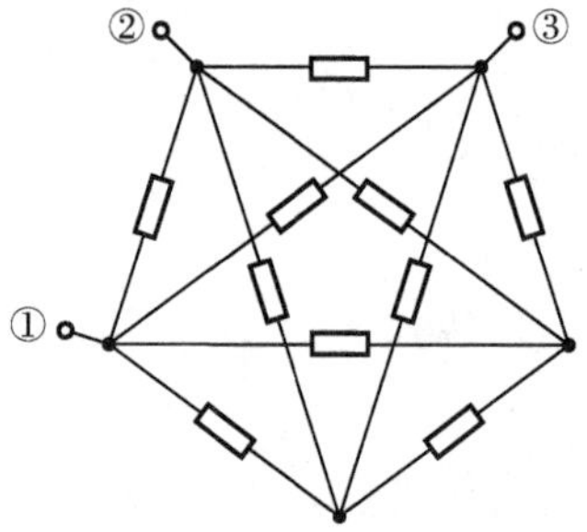

图 3.8.2　电阻三端口网络

3．根据不定导纳矩阵的定义，用式（3.2.4）求图 3.8.3 所示三端口网络的不定导纳矩阵 $\boldsymbol{Y}_\text{i}(s)$。

4．采用先形成网络的原始不定导纳矩阵 $\boldsymbol{Y}_\text{i}'(s)$ 的方法，求图 3.8.3 所示三端口网络的不定导纳矩阵 $\boldsymbol{Y}_\text{i}(s)$。

5．图 3.8.4 表示一个不含独立源的线性三端口网络，其输出端③开路。分别以①端、②端作为输入端的转移函数为

$$T_1(s)=\left.\frac{U_3(s)}{U_1(s)}\right|_{U_2(s)=0}，T_2(s)=\left.\frac{U_3(s)}{U_s(s)}\right|_{U_1(s)=0}$$

用不定导纳矩阵分析法证明 $T_1(s)$ 与 $T_2(s)$ 互为互补转移函数，即 $T_1(s)+T_2(s)=1$。

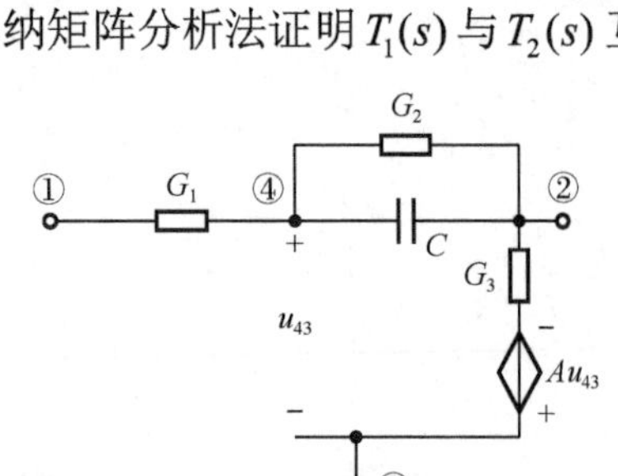

图 3.8.3　三端口网络（1）

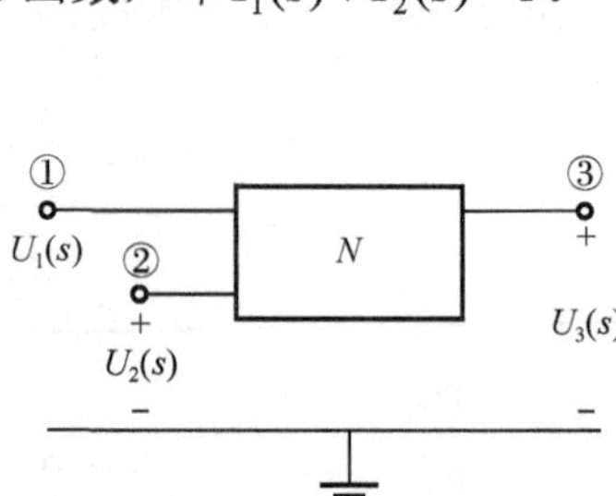

图 3.8.4　三端口网络（2）

6．图 3.8.5 所示为以节点③为公共终端的二端口网络，用不定导纳矩阵分析法求该二端

口网络的短路导纳矩阵 $\boldsymbol{Y}_{sc}(s)$。

7. 用不定导纳矩阵分析法求图 3.8.6 所示滤波器的转移函数 $T(s)=\dfrac{U_o(s)}{U_{in}(s)}$（设运放为理想的）。

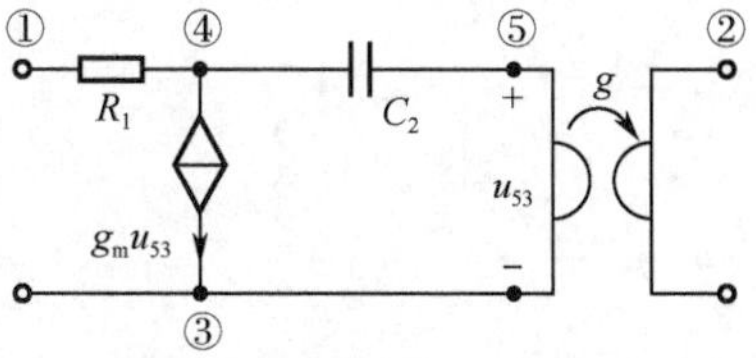

图 3.8.5　二端口网络（1）

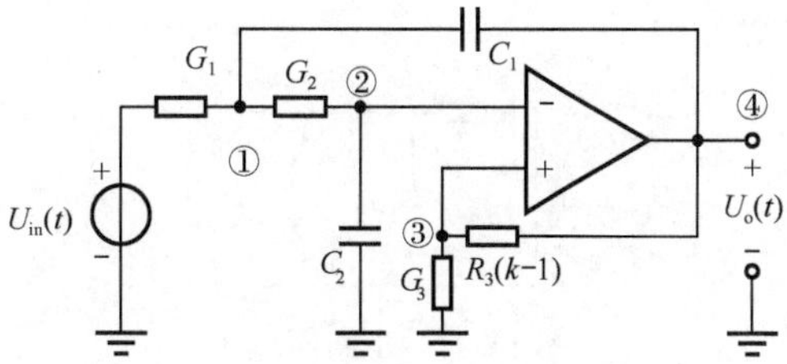

图 3.8.6　滤波器

8．用拓扑公式求图 3.8.7 所示二端口网络的开路阻抗矩阵 $\boldsymbol{Z}_{oc}(s)$。

9．用拓扑公式求图 3.8.8 所示有载二端口网络的转移电压比 $T(s)=U_2(s)/U_1(s)$。

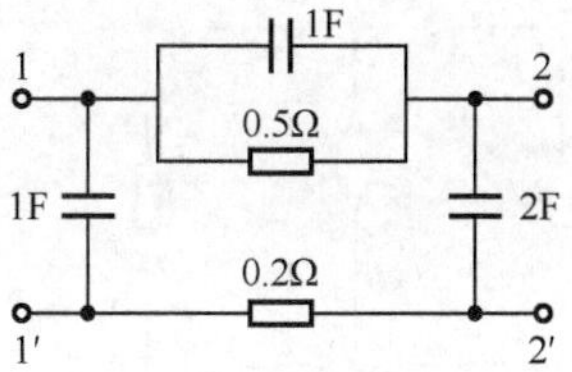

图 3.8.7　二端口网络（2）

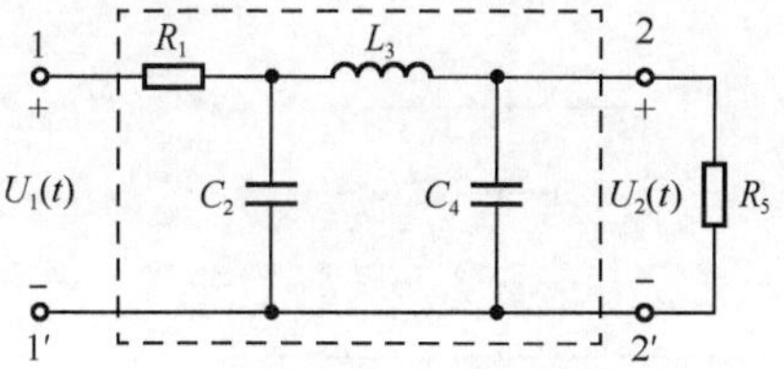

图 3.8.8　有载二端口网络

10．在有源二阶滤波器中采用的一种桥形网络如图 3.8.9 所示。其前馈转移函数和反馈转移函数分别定义为

$$T_{FF}(s)=\frac{U_1(s)}{U_2(s)}\bigg|_{U_3(s)=0}\text{，}\quad T_{FB}(s)=\frac{U_1(s)}{U_3(s)}\bigg|_{U_2(s)=0}$$

式中，$U_1(s)$、$U_2(s)$、$U_3(s)$分别为①、②、③端对地的电压。用拓扑公式求 $T_{FF}(s)$和 $T_{FB}(s)$。

11．用观察法和系统公式法分别建立图 3.8.10 所示网络的状态方程。

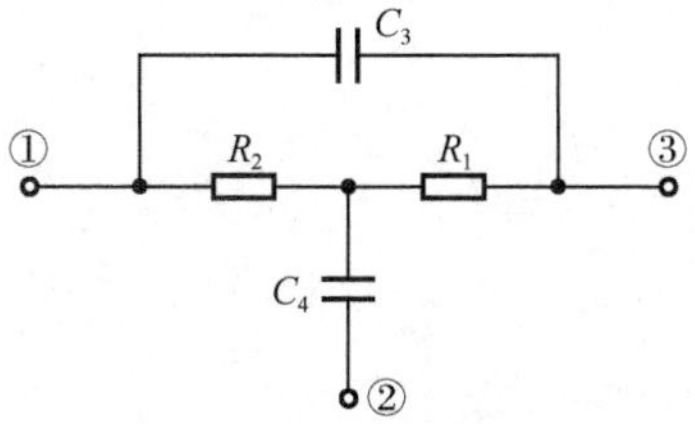

图 3.8.9　桥形网络

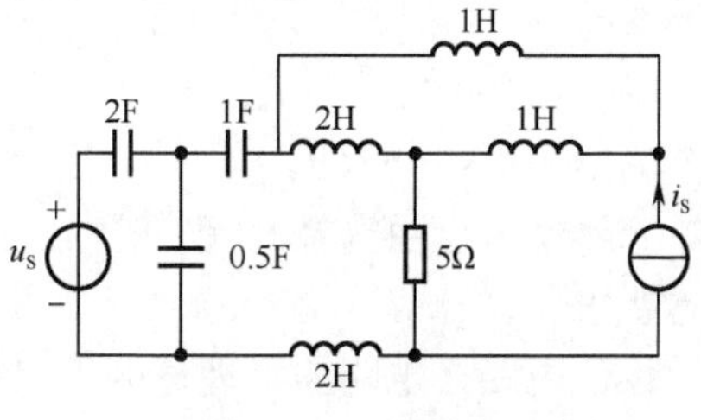

图 3.8.10　网络

12．一个二阶滤波器转移函数的极点频率和极点 Q 分别为

$$\omega_0=\frac{1}{\sqrt{C_1C_2R_3R_4}}$$

$$Q=\frac{\sqrt{R_3/R_4}}{\sqrt{C_1/C_2}+\sqrt{C_2/C_1}-\dfrac{1}{k-1}(R_3/R_4)}$$

分别用灵敏度的定义和恒等式求 ω_0 的灵敏度 $S_{C_1}^{\omega_0}$、$S_{C_2}^{\omega_0}$、$S_{R_3}^{\omega_0}$、$S_{R_4}^{\omega_0}$，以及 Q 的灵敏度 $S_{C_1}^{Q}$、$S_{C_2}^{Q}$、$S_{R_3}^{Q}$、$S_{R_4}^{Q}$ 和 S_{k}^{Q}。

13．对图 3.8.11 所示的电路，试列出其状态方程。

14．在图 3.8.12 所示的一端口网络中，已知 $R_1 = 1\Omega$，$R_2 = 2\Omega$，$C_1 = 1\text{F}$，$C_2 = 2\text{F}$，$L = 1\text{H}$，试利用无源一端口网络输入端阻抗的拓扑公式求其输入导纳。

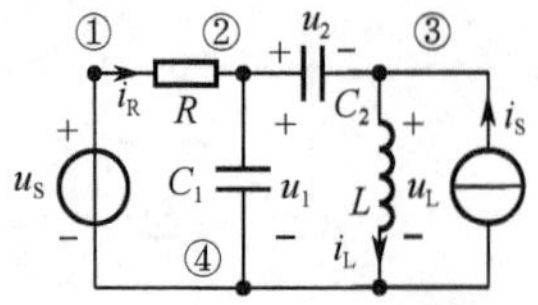

图 3.8.11　电路原理图

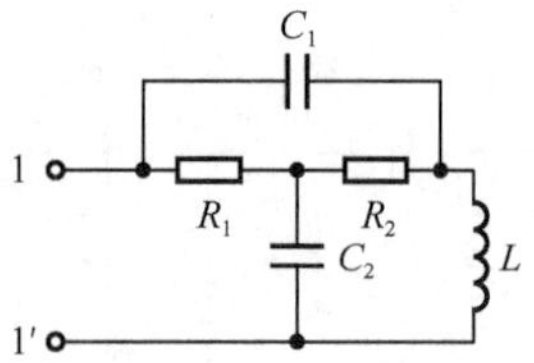

图 3.8.12　一端口网络

15．在图 3.8.13 所示的二端口网络中，已知 $R_1 = 1\Omega$，$R_2 = 2\Omega$，$C_1 = 1\text{F}$，$C_2 = 2\text{F}$，$L = 1\text{H}$，试利用无源二端口网络转移阻抗的拓扑公式求其开路阻抗矩阵 $\boldsymbol{Z}_{11}$、$\boldsymbol{Z}_{22}$、$\boldsymbol{Z}_{12}$ 和 $\boldsymbol{Z}_{21}$。

16．利用定义计算图 3.8.14 所示三端等效网络的不定导纳矩阵。

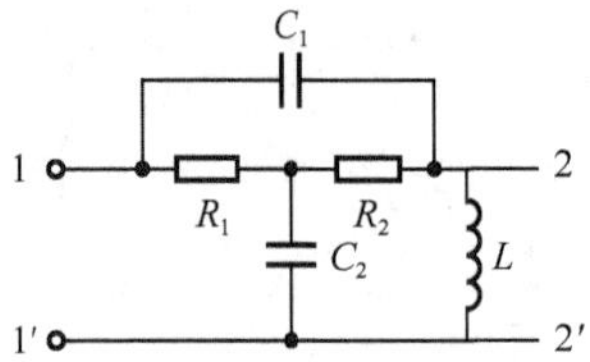

图 3.8.13　二端口网络

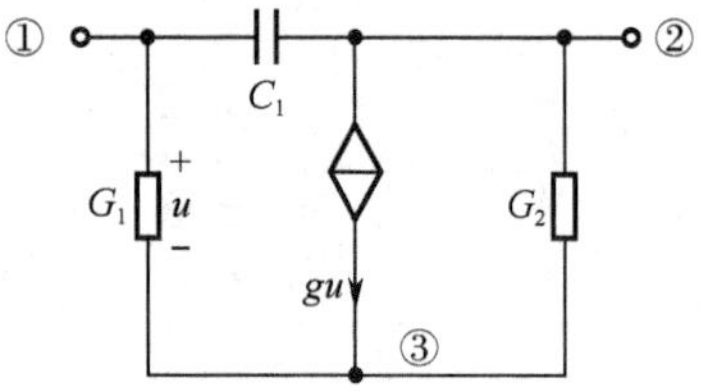

图 3.8.14　晶体管的三端等效网络

3.9 “特别培养计划”系列之课程设计

1．放大器分析与设计

主要技术指标：

（1）输入信号：最大峰值±0.5V。

（2）增益：可控。

（3）带宽：100kHz。

（4）输出信号：1～4V。

（5）元器件（自由选择），但只提供 5V DC 电源。

基本要求：

（1）设计电路（电路图、理论分析、计算）

（2）仿真（必做）

（3）实验测试（选做）

总体要求是利用模拟电路方式完成整个放大器的分析与设计。

2．理想集总 L、C 元件互换网络的分析与设计

基本要求：利用回转器设计一个电容转换为电感的电路，或者反过来电感变换为电容的电路。主要工作：

（1）推导数学表达式；

（2）输出端接一个电容，仿真观察输入波形；

（3）撰写分析、设计与仿真验证的相关报告。

第二篇　低频网络综合

第4章　滤波器逼近方法

现代电路的网络理论主要涉及两方面：一是网络分析，二是网络综合。所谓网络分析，是指给定网络的结构和参数，在已知激励下求网络的响应，如图4.0.1（a）所示。其中，第2章和第3章已经讨论了网络分析。接下来将介绍网络综合。所谓网络综合，是指给定网络的激励-响应关系特性，确定应有的网络结构和网络参数，如图4.0.1（b）所示。对于线性集总电路，网络分析问题通常具有唯一解，处理起来相对简单。而网络综合问题则较为复杂，为了解决同一个网络综合问题，常常有不同的方法和步骤，可得到多个满足给定响应特性的解（在一定的限制条件下，也可能无解）。但是，无论何种网络综合方法，都是以网络分析的理论和方法为基础的。

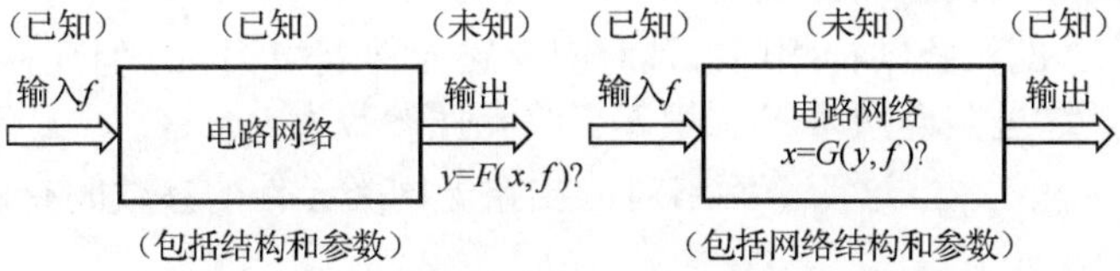

（a）网络分析问题通常有唯一解　（b）网络综合问题可能无解或多解

图4.0.1　网络分析与综合示意图

通常，网络综合问题所预先给定的对网络响应特性的要求，并不是有理函数形式的网络函数，而是根据实际需要提出的一组技术指标。对于传输和处理稳态低通信号的理想电路，其技术指标一般可用图4.0.2所示的图形或类似式（4.0.1）所示的不等式来表示。

$$\begin{cases}\text{通带衰减：} A \leqslant A_{\max},\ 0 \leqslant f \leqslant f_{\mathrm{p}} & (4.0.1\mathrm{a}) \\ \text{阻带衰减：} A \geqslant A_{\min},\ f \geqslant f_{\mathrm{s}} & (4.0.1\mathrm{b})\end{cases}$$

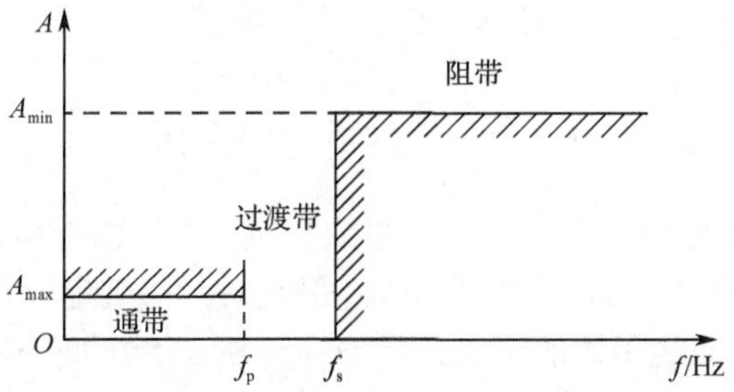

图4.0.2　理想低通网络的技术指标示意图

网络综合的一般步骤分为两步。第一步，根据给定的技术条件，找出能满足该条件且可实现的转移函数（或策动点函数），此步骤称为逼近。第二步，确定适当的电路（包括电路结构和各元件参数），其转移函数（或策动点函数）等于由逼近得到的函数，此步骤称为实现。无论是逼近还是实现，均有不同的方法，以及多个解答。

如果仅用集总、线性、时不变的无源元件（如电阻、电容、电感、互感器）及理想变压器来综合网络，称为无源网络综合。反之，如果在网络综合时采用了运算放大器、受控源、负载源、负阻抗变换器等有源元件，则称为有源网络综合。随着现代科技的发展，有源网络得到了更广泛的应用，有源网络综合问题也显得更为重要。然而，无源网络综合的理论和方法是进行有源网络综合的重要基础之一，而且在许多场合中，无源网络仍具有不可用有源网络取代的重要地位。

本章先介绍滤波器逼近的基础知识，再侧重介绍几种经典逼近方法。应用这些方法，可以根据给定的技术指标推导出低通原型滤波器的转移函数。此外，为了能用经典逼近方法设计高通、带通和带阻滤波器，我们最后还讨论了频带和电路参数变换问题。

4.1 基本概念和重要函数

4.1.1 网络参数的归一化

在无源网络综合过程中，利用统一的公式和图表来简化计算，采用归一化频率和归一化阻抗进行计算，通过去归一化得到符合实际需求的网络参数。通常，这里讨论的归一化和去归一化问题又称为网络参数的定标。本节将介绍阻抗定标和频率定标的概念，并讨论定标后的网络与原网络的网络函数之间的关系。

假设网络 N 与 N' 的拓扑结构相同，且对应支路元件类型相同，但元件值不同。为了方便后面的分析和说明，这里假设网络 N 中第 k 支路元件参数为 R_k、C_k、L_k，网络 N' 中第 k 支路元件参数为 R'_k、C'_k、L'_k。这两个网络对应支路上同类元件的参数间有以下关系：

$$R'_k = bR_k \tag{4.1.1a}$$

$$C'_k = \frac{1}{ab}C_k \tag{4.1.1b}$$

$$L'_k = \frac{b}{a}L_k \tag{4.1.1c}$$

式中，b 为阻抗定标因子；a 为频率定标因子。当 a=1 时，网络 N' 中任一导抗支路上的阻抗均为网络 N 中对应支路阻抗的 b 倍。换言之，网络 N' 中元件的阻抗等级为网络 N 中元件阻抗等级的 b 倍。如果令 b=1，则有以下关系：

$$C'_k = \frac{1}{a}C_k，\quad L'_k = \frac{1}{a}L_k$$

$$sC'_k = \left(\frac{s}{a}\right)C_k，\quad sL'_k = \left(\frac{s}{a}\right)L_k$$

由此可知，网络 N' 中电容、电感元件产生的导抗，可以由网络 N 的对应元件得到，这时仅需将复频率 s 换为 s/a。于是，N' 称为网络 N 中各元件经阻抗定标和频率定标后得到的网络。

为了研究网络定标对网络函数的影响，用节点分析法列出两个网络的方程。网络 N 的节点方程为

$$\boldsymbol{Y}_{\mathrm{n}}(s)\boldsymbol{U}_{\mathrm{n}}(s) = \boldsymbol{I}_{\mathrm{n}}(s)$$

节点导纳矩阵 $\boldsymbol{Y}_{\mathrm{n}}(s)$ 中的(j,k)元素为

$$Y_{jk} = \frac{1}{R_{jk}} + \frac{1}{sL_{jk}} + sC_{jk}$$

网络 N' 的节点方程为

$$\boldsymbol{Y}'_{\mathrm{n}}(s)\boldsymbol{U}'_{\mathrm{n}}(s)=\boldsymbol{I}'_{\mathrm{n}}(s)$$

$\boldsymbol{Y}'_{\mathrm{n}}(s)$ 中的(j,k)元素为

$$Y'_{jk}(s)=\frac{1}{bR_{jk}}+\frac{a}{sbL_{jk}}+\frac{sC_{jk}}{ba}=\frac{1}{b}Y_{jk}\left(\frac{s}{a}\right) \tag{4.1.2}$$

于是

$$\boldsymbol{Y}'_{\mathrm{n}}(s)=\frac{1}{b}\boldsymbol{Y}_{\mathrm{n}}\left(\frac{s}{a}\right) \tag{4.1.3}$$

式（4.1.3）表明，网络 N' 的节点导纳矩阵中的任一元素都等于网络 N 在复频率为 s/a 时的节点导纳矩阵中对应元素的 b 分之一。在第 3 章中曾经指出，任何网络函数（无论是转移函数还是策动点函数）的计算，都可以由网络的节点导纳矩阵 $\boldsymbol{Y}_{\mathrm{n}}(s)$ 的行列式及其余因子求得。如果是转移电压比、转移电流比这类无量纲转移函数，可由 $\boldsymbol{Y}_{\mathrm{n}}(s)$ 的同阶余因子之比得到。因而在计算网络 N' 的这些转移函数时，阻抗定标因子 b 以相同的次数出现在分子和分母中而被消去，故在网络 N' 与 N 的无量纲转移函数间有以下关系:

$$\frac{U'_x(s)}{U'_y(s)}=\frac{U_x(s/a)}{U_y(s/a)} \tag{4.1.4}$$

$$\frac{I'_x(s)}{I'_y(s)}=\frac{I_x(s/a)}{I_y(s/a)} \tag{4.1.5}$$

式中，x、y 分别为输出端口标号和输入端口标号。在以上两式右端并不出现阻抗定标因子 b，表明阻抗定标不影响网络的转移电压比、转移电流比。

对于量纲为 Ω 或 $1/\Omega$ 的网络函数，如策动点阻抗、策动点导纳或转移阻抗、转移导纳，由于它们由 $\boldsymbol{Y}_{\mathrm{n}}(s)$ 的行列式与余因子之比、余因子与行列式之比或不同阶余因子之比求得，故阻抗定标因子 b 将影响网络 N' 与 N 对应网络函数间的关系。例如，网络 N 中 m、n 端口间的转移阻抗为 $Z_{\mathrm{mn}}(s)$、转移导纳为 $Y_{\mathrm{mn}}(s)$，则网络 N' 中的这两个转移函数应为

$$Z'_{\mathrm{mn}}(s)=bZ_{\mathrm{mn}}(s/a) \tag{4.1.6}$$

$$Y'_{\mathrm{mn}}(s)=\frac{1}{b}Y_{\mathrm{mn}}(s/a) \tag{4.1.7}$$

在滤波器设计中，最常用的是转移电压比这种无量纲网络函数，在得到滤波器的初始参数后，通常可用阻抗定标的方法调整元件参数，使参数值成为可实现的、合理的。

频率定标的概念在滤波器逼近中应用广泛。例如，在应用几种经典逼近方法确定滤波器的转移函数时，一般采用通带边界频率 ω_{p} 进行频率归一化，归一化角频率 $\Omega=\omega/\omega_{\mathrm{p}}$ 对应的复频变量为 p。这样通过逼近求得的转移函数 $T_N(p)$ 是满足归一化技术条件的。为得到满足原技术条件的转移函数 $T(s)$，必须去归一化，即令

$$T(s)=T_N(p)\Big|_{p=\frac{s}{\omega_{\mathrm{p}}}} \tag{4.1.8}$$

对照式（4.1.4）可以看出，频率去归一化的过程实际上就是频率定标，这里的频率定标因子等于 ω_{p} 。

4.1.2　滤波器的分类

通常，滤波器有如下四种基本类型：低通滤波器（LPF）、高通滤波器（HPF）、带通滤波

器（BPF）及带阻滤波器（BSF），其理想频率响应如图 4.1.1 所示。图中，横轴表示归一化角频率Ω，纵轴表示滤波器的插入损耗或衰减，通常用 IL 或 A 表示，单位为 dB。对于归一化角频率Ω，其定义如下：$\Omega=\omega/\omega_c$。其中，低通和高通滤波器的ω_c记为截止频率，而带通和带阻滤波器的ω_c则记为中心频率。理想情况下，滤波器通带内的插入损耗或衰减为 0dB。通常，阻带的插入损耗习惯用衰减 A 来描述，理想情况下为无穷大（∞）。同时，通带与阻带之间没有过渡，是一个畸变的响应。

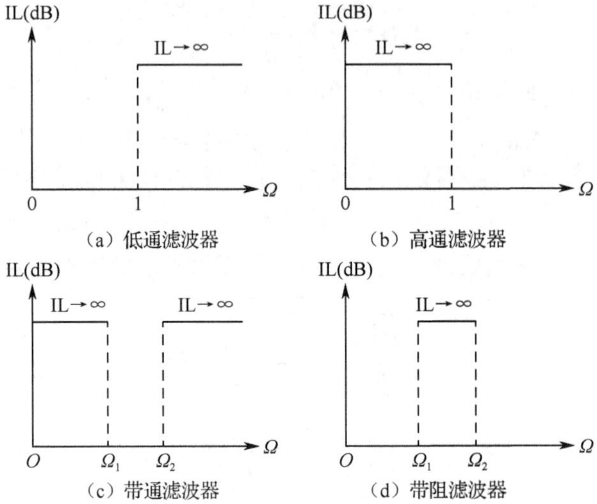

图 4.1.1　四种基本滤波器的理想频率响应

很显然，实际的滤波器响应不可能存在这样的陡峭过渡，而是渐变实现的。图 4.1.2 分别给出了三种低通滤波器的实际衰减曲线。同样，图中横轴表示归一化角频率，纵轴表示滤波器的插入损耗。

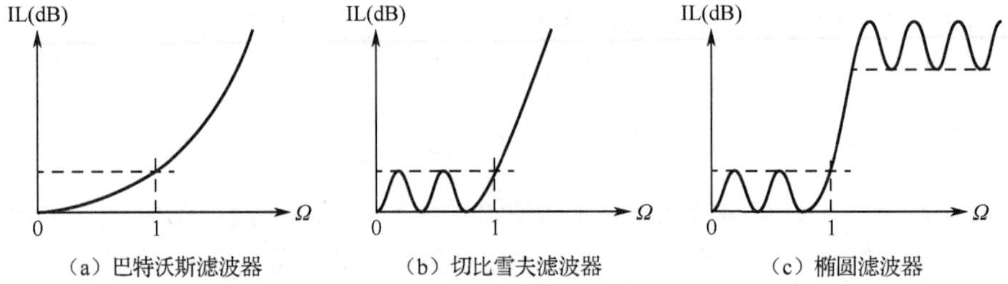

图 4.1.2　三种低通滤波器的实际衰减曲线

4.1.3　几个重要的滤波器函数

1．转移函数 $H(s)$

在滤波器逼近中，通常将转移函数定义为

$$H(s)=\frac{输入}{输出} \tag{4.1.9}$$

它等于前面章节中所称转移函数 $T(s)=$输出/输入的倒数，即 $H(s)=\dfrac{1}{T(s)}$。

将 $H(s)$ 表示为两个多项式之比，即

$$H(s)=\frac{E(s)}{P(s)} \tag{4.1.10}$$

转移函数 $H(s)$ 的分子多项式 $E(s)$ 的零点是 $H(s)$ 的零点，也是 $T(s)$ 的极点。$E(s)$ 称为自然模多项式。分母多项式 $P(s)$ 的零点是 $H(s)$ 的极点，也是 $T(s)$ 的零点，即传输零点。故 $P(s)$ 称为损耗（衰减）极点多项式或传输零点多项式。

频域中的滤波器转移函数为

$$H(\mathrm{j}\omega)=|H(\mathrm{j}\omega)|\mathrm{e}^{\mathrm{j}\angle H(\mathrm{j}\omega)}$$

2．衰减函数 $A(\omega)$

滤波器的幅频响应常用下式定义的衰减函数表示，其单位是 dB：

$$A(\omega)=10\lg|H(\mathrm{j}\omega)|^2 \tag{4.1.11}$$

滤波器转移函数 $H(\mathrm{j}\omega)$ 的相角 $\angle H(\mathrm{j}\omega)=\angle-T(\mathrm{j}\omega)=-\phi(\omega)$，故群延迟为

$$\tau(\omega)=-\frac{\mathrm{d}\phi(\omega)}{\mathrm{d}\omega}=\frac{\mathrm{d}\angle H(\mathrm{j}\omega)}{\mathrm{d}\omega} \tag{4.1.12}$$

通常，滤波器逼近问题是要寻求适当的转移函数 $H(s)$，其衰减函数 $A(\omega)=10\log_{10}|H(\mathrm{j}\omega)|^2$ 能满足给定的用衰减表示的技术条件。

3．特征函数 $K(s)$

滤波器的归一化技术条件规定通带的理想衰减 $A(\omega)=0$，据式(4.1.11)可知，$|H(\mathrm{j}\omega)|^2=1$，故在通带中应使滤波器转移函数的模 $|H(\mathrm{j}\omega)|$ 逼近于 1。为了便于逼近，引入一个特征函数 $K(s)$，它与滤波器转移函数 $H(s)$ 的关系为

$$|H(\mathrm{j}\omega)|^2=1+|K(\mathrm{j}\omega)|^2 \tag{4.1.13}$$

即

$$|K(\mathrm{j}\omega)|^2=|H(\mathrm{j}\omega)|^2-1$$

于是，对于通带的理想情形，$A(\omega)=0$，$|H(\mathrm{j}\omega)|^2=1$，$|K(\mathrm{j}\omega)|^2=0$。衰减函数与特征函数的关系为

$$A(\omega)=10\lg[1+|K(\mathrm{j}\omega)|^2] \tag{4.1.14}$$

特征函数与衰减函数的零点相同，逼近特征函数较逼近转移函数更方便。

根据式（4.1.13），可导出转移函数 $H(s)$ 与特征函数 $K(s)$ 的关系，即

$$H(s)H(-s)|_{s=\mathrm{j}\omega}=1+K(s)K(-s)|_{s=\mathrm{j}\omega}$$

对上式进行解析延拓，得到

$$H(s)H(-s)=1+K(s)K(-s) \tag{4.1.15}$$

式（4.1.15）称为费尔德-凯勒（Feld-Keller）方程，其在无源滤波器综合中有重要作用。利用费尔德-凯勒方程，可以通过特征函数 $K(s)$ 来确定转移函数 $H(s)$。因此，滤波器逼近最简便的途径是：先对特征函数 $K(s)$ 逼近，再用 $K(s)$ 根据式（4.1.15）来计算转移函数 $H(s)$。

由式（4.1.15）可知，$K(s)$的极点必定与 $H(s)$相同，故特征函数 $K(s)$与转移函数 $H(s)$有相同的分母多项式 $P(s)$。因此，可将 $K(s)$写为

$$K(s)=\frac{F(s)}{P(s)} \tag{4.1.16}$$

式中，分子多项式 $F(s)$用来确定 $K(s)$的零点。在 $K(s)$的零点处，$|K(s)|^2=0$，$|H(s)|^2=1$，而衰减 $A(\omega)=0$，即它们也是衰减的零点，故 $F(s)$称为衰减零点多项式。而分母多项式 $P(s)$则是前面介绍的衰减（损耗）极点多项式。

根据式（4.1.10）、式（4.1.16）和式（4.1.15），可以导出费尔德-凯勒方程的另一种表示形式：

$$E(s)E(-s)=P(s)P(-s)+F(s)F(-s) \tag{4.1.17}$$

上式是联系自然模多项式 $E(s)$、衰减极点多项式 $P(s)$和衰减零点多项式 $F(s)$三者关系的方程。如果能确定特征函数 $K(s)$，则由其分子多项式 $F(s)$和分母多项式 $P(s)$便可求得自然模多项式 $E(s)$，因而能确定转移函数 $H(s)=E(s)/P(s)$。

根据以上讨论，在滤波器逼近过程中，应首先确定特征函数 $K(s)$。这就涉及确定 $K(s)$的极点和零点在 s 平面的位置问题。为了获得最好的幅频响应（使在极点、零点附近有较理想的频率特性），同时尽可能使逼近的数学计算简化，通常把衰减极点［$P(s)$的零点］和衰减零点［$F(s)$的零点］均置于 s 平面的虚轴上（含 $s=0$ 和 $s=\infty$）。在有限远处的极点都必须共轭成对出现。因此，特征函数一般具有如下形式：

$$K(s)=\frac{F(s)}{P(s)}=k\frac{(s^2+\omega_{r1}^2)(s^2+\omega_{r2}^2)\cdots}{(s^2+\omega_{l1}^2)(s^2+\omega_{l2}^2)\cdots} \tag{4.1.18}$$

式中，$\omega_{r1},\omega_{r2},\cdots$为衰减零点；$\omega_{l1},\omega_{l2},\cdots$为衰减极点。

4．逼近函数 $R(\omega)$

前面已经说明，滤波器逼近不需要直接对转移函数 $H(s)$进行，对特征函数 $K(s)$逼近更为简单。平方特征函数$|K(j\omega)|^2$在通带内以不超过最大偏差 ε^2 逼近于零。为了去掉因子 ε^2，定义逼近函数 $R(\omega)$，它与特征函数的关系为

$$|K(j\omega)|^2=\varepsilon^2|R(\omega)|^2 \tag{4.1.19}$$

即

$$|K(j\omega)|=\varepsilon|R(\omega)| \tag{4.1.20}$$

显然，$|R(\omega)|^2$ 在通带内以最大偏差 1 逼近于零，换言之，$|R(\omega)|$曲线在通带内是在 0～1 之间波动的。图 4.1.3（a）给出了一种逼近函数 $R(\omega)$的图形，在$-1\leqslant\omega\leqslant1$ 频带内，$R(\omega)$波动于 1 和-1 之间。图 4.1.3（b）和（c）分别给出了$|K(j\omega)|=\varepsilon|R(\omega)|$和$|K(j\omega)|^2$的图形。可以看出，$|R(\omega)|$与$|K(j\omega)|$［因而也与 $A(\omega)$］有相同的零点和极点。图中通带边界频率为 1，因为采用了归一化角频率 ω/ω_p（$\Omega=\omega/\omega_p$表示归一化角频率）。

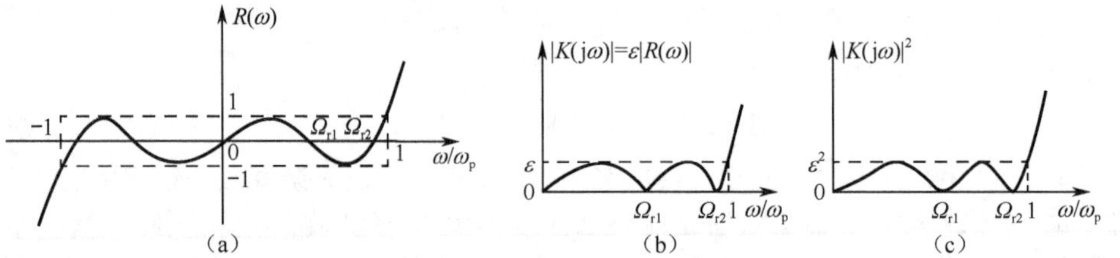

图 4.1.3　逼近函数与特征函数的关系

与特征函数相比，逼近函数更具有一般性。同一类型的滤波器有相同的逼近函数 $R(\omega)$。在不同的通带纹波系数 ε 的情况下，可以得到一族$|K(j\omega)|^2$曲线，因而有一族衰减曲线 $A(\omega)$，它们有相同的衰减零点和衰减极点，但因 ε 取值不同，故有不同的通带性能和阻带性能。研究图 4.1.4

中的两条平方特征函数曲线，它们出自同一逼近函数 $R(\omega)$，曲线 1 的通带纹波系数为 ε_1，曲线 2 的通带纹波系数为 ε_2，$\varepsilon_2>\varepsilon_1$。两条曲线的通带边界频率 ω_p、阻带边界频率 ω_s 分别相同，衰减零点、衰减极点也分别相同。不难看出，曲线 1 有较好的通带特性（其纹波较曲线 2 小），但有较差的阻带特性（其阻带最小衰减较曲线 2 小）。换言之，在同样的逼近函数的条件下，通带纹波系数越小，则阻带最小衰减也越小，通带特性得到改善，必然导致阻带特性变差。

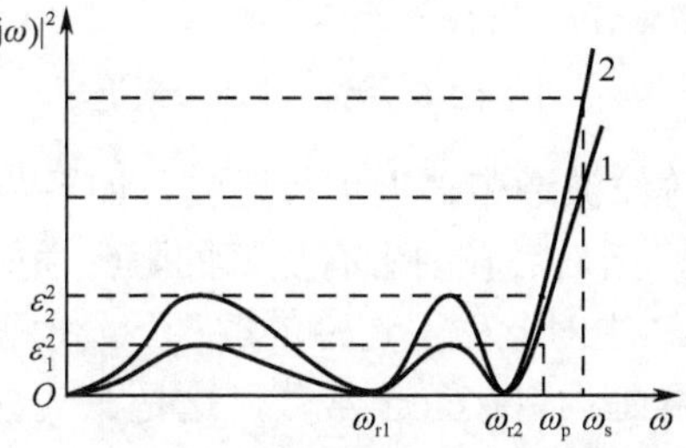

图 4.1.4　不同通带纹波系数的平方特征函数曲线

4.1.4　逼近类型

不同的逼近函数决定了不同的逼近类型，下面将分别对常见的通带逼近类型和阻带逼近类型进行介绍。

通带逼近有两类，第一类是最大平坦通带逼近，如图 4.1.5 所示，图 4.1.5（a）所示为平方特征函数曲线，图 4.1.5（b）所示为逼近函数曲线。这种逼近将所有的衰减零点都放置在通带内的 ω_0 频率处。ω_0 的选择根据应是使逼近函数 $R(\omega)$在通带边界频率 ω_{p1}、ω_{p2} 处的绝对值等于 1，如此平方特征函数$|K(j\omega)|^2$ 在通带边界频率处的值为 ε^2。最大平坦通带逼近的基本思想是在通带内的一点（$\omega=\omega_0$）进行完全的逼近，使衰减在该点的邻域内接近于零。滤波器的阶数越高，$|K(j\omega)|^2$ 曲线在 ω_0 频率附近越平坦，即通带内衰减能更好地逼近零的频率范围越宽，当然其实现电路也越复杂。图 4.1.5（a）中的虚线表示高阶滤波器的$|K(j\omega)|^2$ 曲线。

第二类是等纹波通带逼近，如图 4.1.6 所示，图 4.1.6（a）所示为平方特征函数曲线，图 4.1.6（b）所示为逼近函数曲线。这种逼近将各衰减零点分别置于通带内的不同位置处，因而使$|K(j\omega)|^2$ 曲线在通带内呈纹波状。确定的各衰减零点位置，应使通带内$|K(j\omega)|^2$ 曲线的峰值彼此相等，并且均等于通带边界频率 ω_{p1}、ω_{p2} 处$|K(j\omega)|^2$ 的值 ε^2。等纹波通带逼近的基本思想是在 $\omega_{p1}\leqslant\omega\leqslant\omega_{p2}$ 的一个频段内进行逼近，以达到使通带内衰减偏离零的最大偏差最小化的目的。滤波器的阶数越高，衰减零点数越多，通带中纹波数越多，在相同 ε 的情况下，阻带可获得更大的衰减。

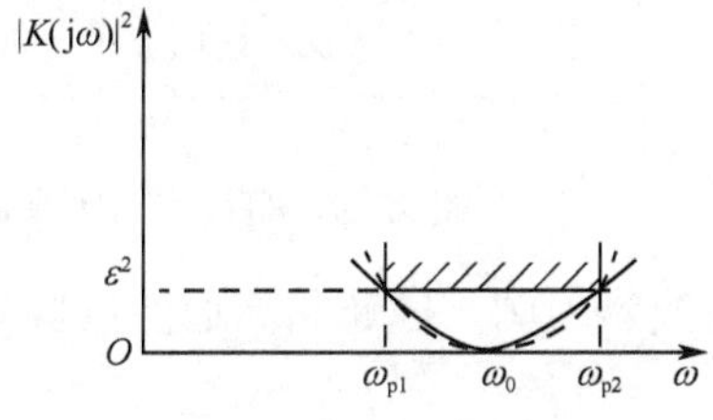

（a）平方特征函数曲线

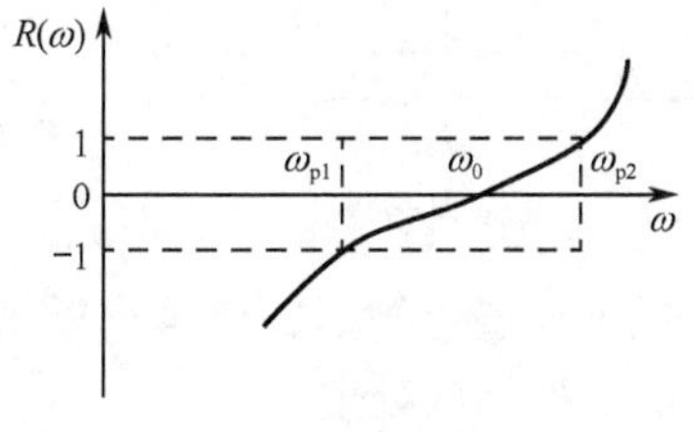

（b）逼近函数曲线

图 4.1.5　最大平坦通带逼近

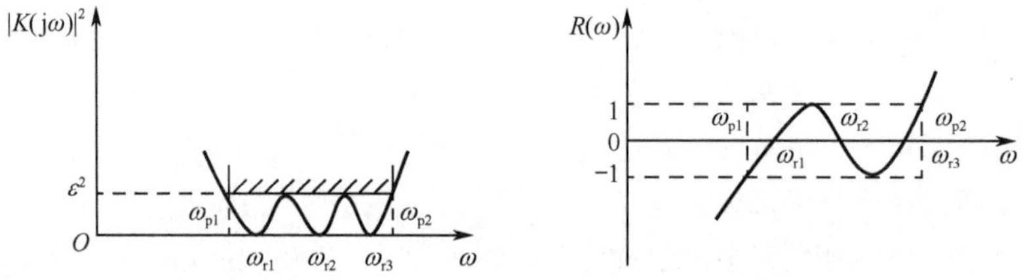

（a）平方特征函数曲线　　　　（b）逼近函数曲线

图 4.1.6　等纹波通带逼近

将最大平坦通带逼近与等纹波通带逼近进行比较，如果两者具有相同的通带纹波系数 ε，而且有相同的滤波器阶数 N，则后者较前者有更好的阻带性能。换言之，等纹波通带逼近可得到更大的阻带衰减。图 4.1.7 中对此做了定性的解释。最大平坦通带逼近较等纹波通带逼近有更好的群延迟特性，即其群延迟更接近于常数，这是在某些特殊情况下选用最大平坦通带逼近更为适宜的原因。

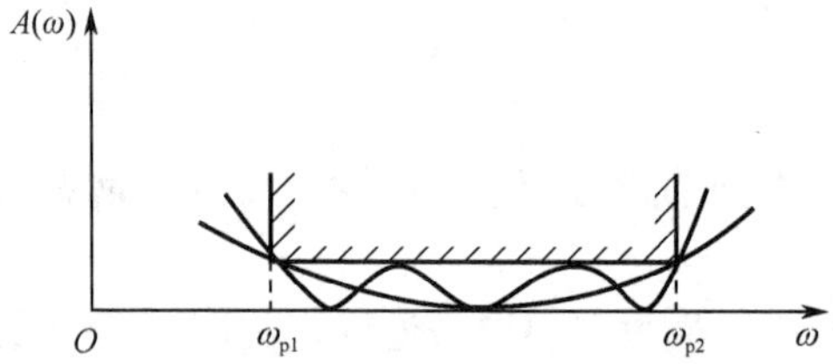

图 4.1.7　最大平坦通带逼近与等纹波通带逼近的比较

阻带逼近也有两类，即单调阻带逼近和等最小值阻带逼近，分别如图 4.1.8 和图 4.1.9 所示。图 4.1.8 所示的带通滤波器的衰减函数 $A(\omega)$，无论在下阻带（$0\leqslant\omega\leqslant\omega_{s1}$）或上阻带（$\omega_{s2}\leqslant\omega\leqslant\infty$），衰减特性都是单调变化的。因此，在下阻带，所有的衰减极点均在 ω=0 处；在上阻带，所有的衰减极点均在 $\omega=\infty$ 处。图 4.1.9 所示的带通滤波器的衰减函数 $A(\omega)$，在下阻带和上阻带的几个有限频率处出现衰减极点。确定的衰减极点频率，应使阻带内衰减曲线的极小值彼此相等，并与阻带边界频率 ω_{s1}、ω_{s2} 处 $A(\omega)$的值相等，其值等于技术指标规定的阻带最小衰减 A_{min}。将以上两种阻带逼近进行比较，等最小值阻带逼近有更好的选择性。换言之，在其他条件相同的情况下，等最小值阻带逼近可以得到更窄的过渡带。

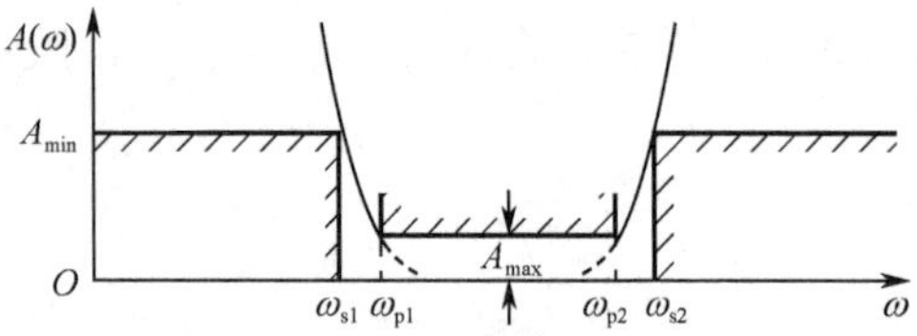

图 4.1.8　单调阻带逼近

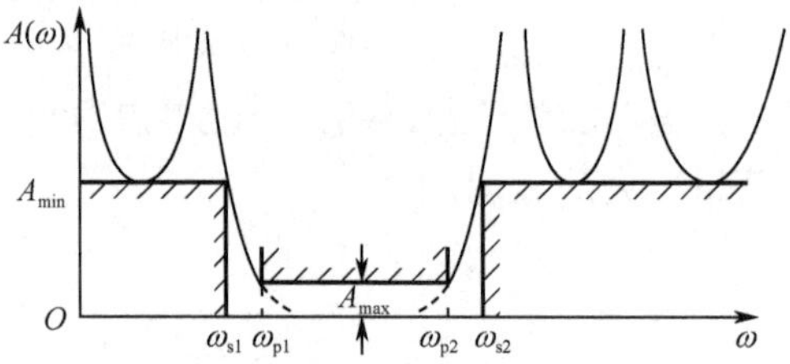

图 4.1.9　等最小值阻带逼近

很显然，以上对逼近类型的讨论均以带通滤波器为例。低通和高通滤波器，均可视为带通滤波器的特殊情形加以处理。

例 4.1.1　一个二阶带通滤波器的通带从 ω_{p1}=0.64rad/s 到 ω_{p2}=1rad/s。通带类型为最大平坦通带逼近，通带最大衰减 A_{max}=3dB。阻带逼近类型为单调阻带逼近；在 ω=0 和 $\omega=\infty$处有单阶衰减极点。试求如下参数：

（1）此滤波器的衰减零点 ω_0。

（2）特征函数 $K(s)$和转移函数 $H(s)$。

解：（1）由于滤波器是二阶的，且具有最大平坦通带，仅有一个衰减零点 ω_0，故衰减零点多项式有如下形式：

$$F(s)=k(s^2+\omega_0^2)$$

式中，k 和 ω_0 为待确定的常数。

由于在 $s=0$ 和 $s=\infty$ 处各有一个单阶衰减极点，而 $F(s)$是二次式，因此衰减极点多项式必定是 $P(s)=s$。将其代入式（4.1.16），得到特征函数（含待定常数）：

$$K(s)=k\frac{s^2+\omega_0^2}{s} \tag{4.1.21}$$

由通带最大衰减 $A_{\max}$ 与通带纹波系数 ε 之间的关系式

$$\varepsilon=\sqrt{10^{A_{\max}/10}-1}$$

可得通带纹波系数 $\varepsilon=\sqrt{10^{\frac{3}{10}}-1}=1$。

下面用通带边界频率的约束条件来计算式（4.1.21）中的 k、ω_0。

由于在 $\omega=\omega_{p1}$ 和 $\omega=\omega_{p2}$ 处，$|K(j\omega)|=\varepsilon=1$，故有以下两个关系式：

$$|K(j0.64)|=k\frac{\omega_0^2-0.64^2}{0.64}=1 \tag{4.1.22}$$

$$|K(j1)|=k\frac{|\omega_0^2-1^2|}{1}=k\frac{1^2-\omega_0^2}{1}=1 \tag{4.1.23}$$

对式（4.1.22）、式（4.1.23）联立求解，得

$$k=2.778，\omega_0=0.8\text{rad/s}$$

ω_0 即所求的衰减零点。

（2）将 k 与 ω_0 代入式（4.1.21），得到如下特征函数：

$$K(s)=2.778\frac{s^2+0.8^2}{s} \tag{4.1.24}$$

用式（4.1.17）所示的费尔德–凯勒方程确定自然模多项式为

$$\begin{aligned}E(s)E(-s)&=P(s)P(-s)+F(s)F(-s)\\&=-s^2+2.778^2(s^2+0.64)^2\\&=\frac{1}{0.36^2}(s^4+1.1504s^2+0.64^2)\end{aligned} \tag{4.1.25}$$

根据上式，可设 $E(s)$为

$$E(s)=\frac{1}{0.36}(s^2+as+0.64)$$

式中，a 为待定系数，则

$$E(s)E(-s)=\frac{1}{0.36^2}(s^2+as+0.64)(s^2-as+0.64) \tag{4.1.26}$$

式（4.1.26）与式（4.1.25）等号左端相同，则两者等号右端中 s 的同次项系数应相等，从而有

$$2\times0.64-a^2=1.1504$$

解得

$$a=0.36$$

故

$$E(s)E(-s)=\frac{1}{0.36^2}(s^2+0.36s+0.64)(s^2-0.36s+0.64)$$

根据自然模多项式的零点必须位于左半 s 平面的原则，应选取

$$E(s)=\frac{1}{0.36}(s^2+0.36s+0.64)$$

所以最终的转移函数为

$$H(s)=\frac{E(s)}{P(s)}=\frac{s^2+0.36s+0.64}{0.36s}$$

例 4.1.2 一低通滤波器的通带边界频率为 ω_p=1rad/s，通带纹波系数 ε=1。最大平坦通带位于 ω=0rad/s 处。滤波器的衰减极点为 $\omega_1=\sqrt{2}$ rad/s，此外，在无限远处有一个单阶极点。试求如下参数：

（1）此滤波器的特征函数 $K(s)$；

（2）在 ω=2rad/s 处的衰减。

解：

（1）由于衰减极点 $\omega_1=\sqrt{2}$ rad/s，故根据式（4.1.18）可知，衰减极点多项式为

$$P(s)=s^2+2$$

已知此滤波器具有最大平坦通带，且只有一个衰减零点 ω_0，故根据题意可知，ω_0=0。因此，衰减零点多项式 $F(s)$的形式应为 s^N，其中，N 为滤波器阶数。

无限远处有一个单阶衰减极点，这表明 $F(s)$的阶数比 $P(s)$的阶数高一次。由此可得

$$K(s)=\frac{F(s)}{P(s)}=k\frac{s^3}{s^2+2} \tag{4.1.27}$$

当 $\omega=\omega_p$=1rad/s 时，$|K(j\omega)|$=1。所以，由式（4.1.27）可得

$$|K(j1)|=k\frac{1}{2-1}=1$$

则

$$k=1$$

故特征函数为

$$K(s)=\frac{s^3}{s^2+2} \tag{4.1.28}$$

（2）由衰减函数

$$A(\omega)=10\lg\left[1+|K(j\omega)|^2\right]=10\lg\left[1+\left|\frac{\omega^3}{2-\omega^2}\right|^2\right]$$

可知，在 ω=2rad/s 处的衰减为

$$A(\omega)=10\lg\left[1+\left|\frac{8}{2-4}\right|^2\right]=12.3\text{dB}$$

此外，本例的$|K(j\omega)|^2$ 曲线如图 4.1.10 所示。

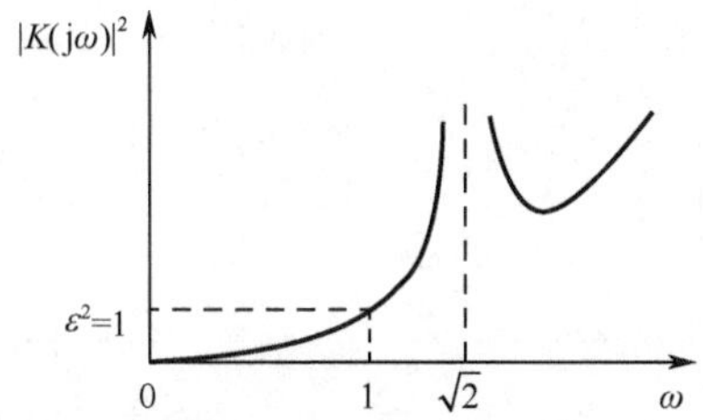

图 4.1.10　$|K(\mathrm{j}\omega)|^2$ 曲线

4.1.5　滤波器的技术参数

度量滤波器传输的转移函数 $T(\mathrm{j}\omega)$ 的模 $|T(\mathrm{j}\omega)|$ 反映了传输幅度的频率特性，$T(\mathrm{j}\omega)$ 的相角 $\phi(\omega)$ 反映了相角的频率特性。在滤波器的应用中，通常关注幅频特性，因此，滤波器的技术指标是用能反映幅频特性的参数来表示的。

图 4.1.11（a）所示为理想低通滤波器的传输特性，图中纵坐标为 $|T(\mathrm{j}\omega)|$。对于从 0 至 ω_{p} 的低频信号，$|T(\mathrm{j}\omega)|=1$；而对于超过 ω_{p} 的高频信号，$|T(\mathrm{j}\omega)|=0$。$0\leqslant\omega\leqslant\omega_{\mathrm{p}}$ 的频率范围称为通带，$\omega\geqslant\omega_{\mathrm{p}}$ 的频率范围称为阻带。图 4.1.11（b）所示为理想低通滤波器的衰减特性，图中纵坐标为衰减函数 $A(\omega)$。在通带内，$A(\omega)=0$；在阻带内，$A(\omega)=\infty$。

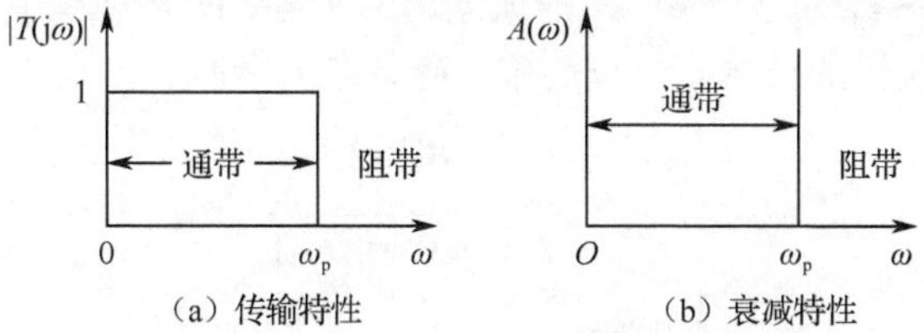

图 4.1.11　理想低通滤波器的特性

前面已经提到，图 4.1.11 所示的理想低通滤波器的特性，是不可能用集总线性时不变元件组成的电路实现的。实际上，没有必要要求在整个通带内衰减都等于零，而只要滤波器在通带内的衰减小于事先规定的通带最大衰减 $A_{\max}$ 即可。对于阻带，也不可能要求其衰减为无限大，而只要在阻带内的衰减大于事先规定的阻带最小衰减 $A_{\min}$ 即可。此外，实际可实现的技术要求通带与阻带之间有一过渡带，即通带边界频率 ω_{p} 与阻带边界频率 ω_{s} 之间的频带（$\omega_{\mathrm{p}}\leqslant\omega\leqslant\omega_{\mathrm{s}}$）。由此得到图 4.1.12（a）所示的低通滤波器技术条件。

图 4.1.12（a）中的斜线区表示衰减函数曲线不能进入的部分，图中表示的低通滤波器技术条件也可表述如下。

通带：$0\leqslant f\leqslant f_{\mathrm{p}}$，通带最大衰减为 $A_{\max}$。

阻带：$f\geqslant f_{\mathrm{s}}$，阻带最小衰减为 $A_{\min}$。

图 4.1.12（b）所示为满足图 4.1.12（a）技术条件的衰减函数曲线。可以看出，在通带内，衰减函数 $A(\omega)$ 于 0 与 $A_{\max}$ 之间呈纹波状变化。在阻带内，$A(\omega)$ 也随 ω 而变化，其最大值为无穷大，即阻带的理想衰减，其最小值为阻带最小衰减 $A_{\min}$。在通带边界频率 ω_{p} 和阻带边界频率 ω_{s} 处，衰减分别等于 $A_{\max}$ 和 $A_{\min}$。过渡带的带宽 $\omega_{\mathrm{s}}-\omega_{\mathrm{p}}$ 越窄，则过渡带中 $A(\omega)$ 曲线越陡，滤波器的频率选择性越好，因此，可将 $\dfrac{\omega_{\mathrm{s}}}{\omega_{\mathrm{p}}}$ 作为选频性能的量度，称为选择性比。$\dfrac{\omega_{\mathrm{s}}}{\omega_{\mathrm{p}}}\geqslant 1$，此值越接近于 1，选择性越好。

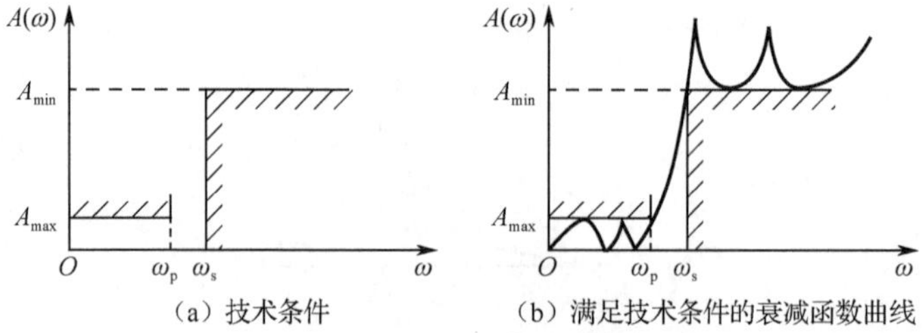

（a）技术条件　　（b）满足技术条件的衰减函数曲线

图 4.1.12　低通滤波器

下面着重研究滤波器的通带技术指标，它们也可以用$\left|H(\mathrm{j}\omega)\right|^2$和$\left|K(\mathrm{j}\omega)\right|^2$表示。对于通带的理想情况和容许最大偏差情况，$A(\omega)$、$\left|H(\mathrm{j}\omega)\right|^2$和$\left|K(\mathrm{j}\omega)\right|^2$三者的对应关系为

	$A(\omega)$	$\left\|H(\mathrm{j}\omega)\right\|^2$	$\left\|K(\mathrm{j}\omega)\right\|^2$
通带的理想情况	0	1	0
通带的容许最大偏差情况	$A_{\max}$	$1+\varepsilon^2$	ε^2

其中，ε为特征函数幅值$\left|K(\mathrm{j}\omega)\right|$在通带内所容许的最大偏差，称为通带纹波系数，而通带最大衰减$A_{\max}$又称通带纹波。在整个通带，平方转移函数$\left|H(\mathrm{j}\omega)\right|^2$以小于$\varepsilon^2$的偏差逼近于 1。对应地，平方特征函数$\left|K(\mathrm{j}\omega)\right|^2$以小于$\varepsilon^2$的偏差逼近于零。图 4.1.13 中分别用$A(\omega)$、$\left|H(\mathrm{j}\omega)\right|^2$和$\left|K(\mathrm{j}\omega)\right|^2$表示低通滤波器的技术指标。其中，通带最大衰减$A_{\max}$与通带纹波系数$\varepsilon$的关系为

$$A_{\max}=10\lg(1+\varepsilon^2) \tag{4.1.29}$$

$$\varepsilon=\sqrt{10^{A_{\max}/10}-1} \tag{4.1.30}$$

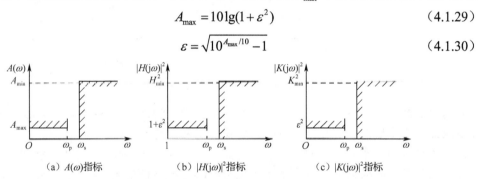

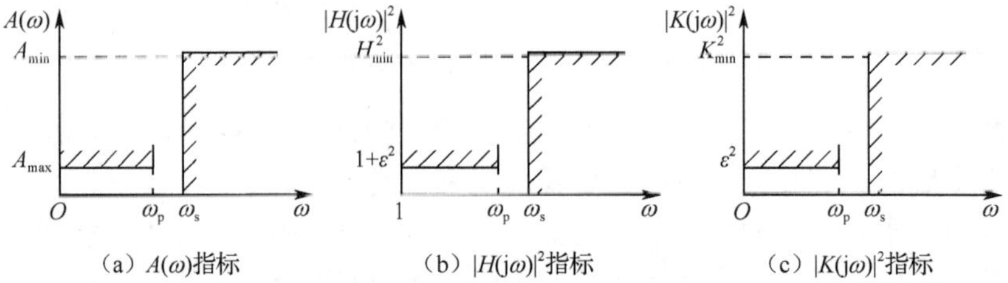

（a）$A(\omega)$指标　　（b）$|H(\mathrm{j}\omega)|^2$指标　　（c）$|K(\mathrm{j}\omega)|^2$指标

图 4.1.13　低通滤波器的技术指标

4.2　巴特沃斯逼近

在介绍经典逼近方法前，以下问题需要提前说明。

（1）从本节开始研究的巴特沃斯逼近、切比雪夫逼近和椭圆逼近等经典逼近方法，都只能直接应用于低通原型滤波器的综合。

（2）对于高通和带通等滤波器的综合，则需要借助频带变换（参见 4.5 节）才能应用上述经典逼近方法。

（3）各种经典逼近方法的滤波器技术指标应具有恒定的阻带最小衰减$A_{\min}$。

为了满足上述（1）中的条件，经典逼近方法的公式、图表中的频率均需要进行定标（参见 4.1.1 节），即需要进行频率归一化处理：

$$\Omega=\frac{\omega}{\omega_{\mathrm{p}}} \tag{4.2.1}$$

式中，Ω 为归一化角频率；ω_p 为实际滤波器的通带边界频率。

因此，逼近结果得到的转移函数 $H(s)$需要进行去归一化处理，即用 $\frac{s}{\omega_p}$ 代换 s。此外，由于通带的理想衰减 $A(\omega)=0$，即通带的理想传输（幅值）$|T(j\omega)|=1$，$|H(j\omega)|=1$，得到的 $T(s)=\frac{1}{H(s)}$，最后要乘以通带的实际最大传输。

通常将归一化低通滤波器称为低通原型滤波器，其 $\Omega_p=1$。

巴特沃斯（Butterworth）逼近是一种最简单的逼近方法，其最大平坦通带位于 $\Omega=0$ 处，其阻带为单调增的。换言之，所有的衰减零点均在 s=0 处，而所有的衰减极点均在 $s=\infty$ 处。其衰减函数如图 4.2.1 所示。

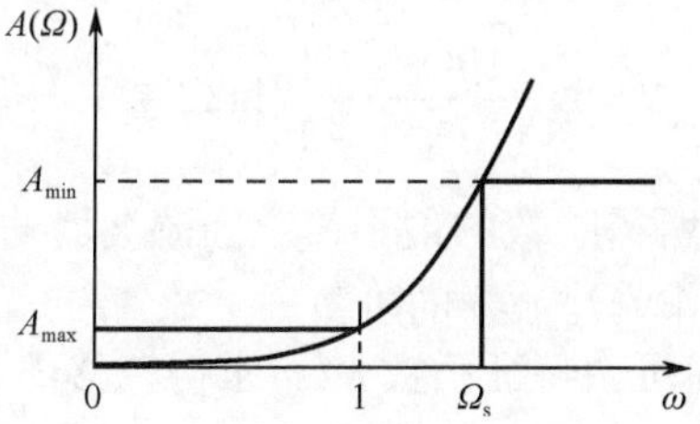

图 4.2.1　巴特沃斯逼近的衰减函数

由衰减极点和衰减零点的位置可知，N 阶巴特沃斯滤波器的特征函数应为

$$K(s)=ks^N \tag{4.2.2}$$

式中，常值 k 可由下式确定：

$$|K(j1)|=\varepsilon=k$$

故

$$K(s)=\varepsilon s^N \tag{4.2.3}$$

逼近函数

$$R(\Omega)=\frac{1}{\varepsilon}|K(j\Omega)|=\Omega^N \tag{4.2.4}$$

按式（4.1.14）求衰减函数：

$$A(\Omega)=10\lg[1+\varepsilon^2\Omega^{2N}] \tag{4.2.5}$$

又由式（4.2.3）可知，巴特沃斯逼近的衰减零点多项式 $F(s)$ 和衰减极点多项式 $P(s)$ 分别为

$$F(s)=K(s)=\varepsilon s^N \tag{4.2.6}$$

$$P(s)=1 \tag{4.2.7}$$

频域转移函数的幅值为

$$|H(j\Omega)|=\sqrt{1+\varepsilon^2\Omega^{2N}} \tag{4.2.8}$$

为研究巴特沃斯逼近在通带 $\Omega=0$ 附近的性质，将式（4.2.8）在 $\Omega=0$ 附近（$\varepsilon^2\Omega^{2N}\ll 1$）展开，即

$$\sqrt{1+\varepsilon^2\Omega^{2N}}=1+\frac{1}{2}\varepsilon^2\Omega^{2N}-\frac{1}{8}\varepsilon^4\Omega^{4N}+\frac{1}{16}\varepsilon^6\Omega^{6N}+\cdots \tag{4.2.9}$$

以上展开式表明，在 $\Omega=0$ 处，转移函数幅值 $|H(j\Omega)|$ 的前 $2N-1$ 阶导数均为零，故巴特沃斯逼近所得到的转移函数的幅频特性最大平坦于 $\Omega=0$ 处。

由式（4.2.3）可看出，确定滤波器的阶数 N 是写出特征函数的关键步骤。巴特沃斯滤波器的阶数可根据技术条件通过计算求得。由于滤波器的阻带边界频率处的衰减 $A(\Omega_s)$ 应等于技术条件规定的阻带最小衰减 A_{min}，故有

$$A_{min} = 10\lg[1+\varepsilon^2\Omega_s^{2N}] \tag{4.2.10}$$

则

$$\Omega_s^N = \frac{1}{\varepsilon}\sqrt{10^{A_{min}/10}-1} \tag{4.2.11}$$

式中，通带纹波系数ε与通带最大衰减 A_{max} 的关系已由式（4.1.30）给出，即

$$\varepsilon = \sqrt{10^{A_{max}/10}-1}$$

对式（4.2.11）两端取对数，并将上式代入，可解得阶数 N 为

$$N = \lg\sqrt{\frac{10^{A_{min}/10}-1}{10^{A_{max}/10}-1}}/\lg\Omega_s \tag{4.2.12}$$

上式给出了满足技术条件所需阶数的最小值。因滤波器的阶数为整数，故实际上应选取不小于以上计算值的最小整数作为滤波器的阶数。

应用费尔德-凯勒方程，即可由特征函数 $K(s)$ 求得转移函数 $H(s)$。根据

$$H(s)H(-s) = 1+K(s)K(-s)$$

将式（4.2.3）代入，得

$$H(s)H(-s) = 1+(-1)^N\varepsilon^2 s^{2N} \tag{4.2.13}$$

解方程

$$1+(-1)^N\varepsilon^2 s^{2N} = 0 \tag{4.2.14}$$

其左半 s 平面的 N 个根就是自然模。令上式中的 $\varepsilon=1$，方程化简为

$$1+(-1)^N s^{2N} = 0 \tag{4.2.15}$$

则

$$s^{2N} = (-1)^{1-N} = (e^{j\pi})^{1-N}$$

于是可求得方程（4.2.15）的 $2N$ 个根为

$$s_k = e^{j\left(-\frac{\pi}{2}+\frac{\pi}{2N}+k\frac{\pi}{N}\right)} \quad (k=0,1,2,\cdots,2N-1) \tag{4.2.16}$$

取以上 $2N$ 个根中在左半 s 平面的 N 个根为自然模，则可直接写出 $H(s)$。例如，若 N=2，则 $s_0 = e^{-j\frac{\pi}{4}}$，$s_1 = e^{j\frac{\pi}{4}}$，$s_2 = e^{j\frac{3\pi}{4}}$，$s_3 = e^{-j\frac{3\pi}{4}}$，其中 s_2 和 s_3 是左半 s 平面的两个根，应将它们作为 $H(s)$ 的根，则 s_0 和 s_1 就是 $H(-s)$ 的根。故有

$$\begin{aligned}H(s) &= (s-s_2)(s-s_3)\\ &= \left(s+\frac{1}{\sqrt{2}}-j\frac{1}{\sqrt{2}}\right)\left(s+\frac{1}{\sqrt{2}}+j\frac{1}{\sqrt{2}}\right)\\ &= s^2+1.4142s+1\end{aligned} \tag{4.2.17}$$

又若 N=3，则 $s_0 = e^{-j\frac{\pi}{3}}$，$s_1 = 1$，$s_2 = e^{j\frac{\pi}{3}}$，$s_3 = e^{j\frac{2\pi}{3}}$，$s_4 = -1$，$s_5 = e^{-j\frac{2\pi}{3}}$，同理可得

$$
\begin{aligned}
H(s) &= (s-s_3)(s-s_4)(s-s_5) \\
&= (s+1)\left(s+\frac{1}{2}-\mathrm{j}\frac{\sqrt{3}}{2}\right)\left(s+\frac{1}{2}+\mathrm{j}\frac{\sqrt{3}}{2}\right) \\
&= (s+1)(s^2+s+1)
\end{aligned} \tag{4.2.18}
$$

$H(s)H(-s)$ 的 6 个根如图 4.2.2 所示，它们以 $\frac{\pi}{3}\left(\frac{2\pi}{2N}\right)$ 弧度的间隔分布于单位圆上。

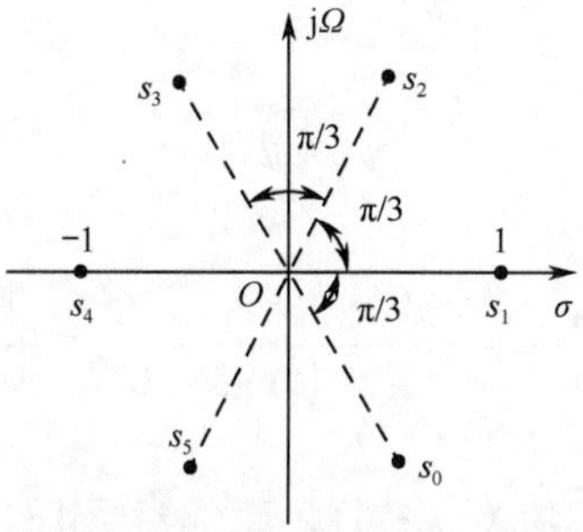

图 4.2.2　$H(s)H(-s)$的 6 个根

表 4.2.1 中列出了 N=1～5 的巴特沃斯转移函数 $H(s)$，又称巴特沃斯多项式。应当注意，表 4.2.1 中的 $H(s)$ 是在 $\varepsilon=1$ 的条件下求得的。在一般情况下，从该表中查出多项式后，在去归一化时，应将 ε 取值与频率问题一并考虑，即用 $\left(\varepsilon^{\frac{1}{N}}\cdot\frac{s}{\omega_{\mathrm{p}}}\right)$ 代换 s。这是因为由式（4.2.14）变为式（4.2.15），实质上进行了由变量 s 到 $p=\varepsilon^{\frac{1}{Ns}}$ 的置换，只不过仍以符号 s 代表置换后的变量。

表 4.2.1　巴特沃斯转移函数

N	$H(s)$
1	$s+1$
2	$s^2+1.4142s+1$
3	$(s+1)(s^2+s+1)$
4	$(s^2+0.76537s+1)(s^2+1.84776s+1)$
5	$(s+1)(s^2+0.61803s+1)(s^2+1.61803s+1)$

例 4.2.1　一低通滤波器的技术条件为：通带从 0 至 500Hz，通带纹波系数 ε=0.7，阻带边界频率为 1000Hz，阻带最小衰减为 14dB。用巴特沃斯逼近确定该滤波器的转移函数 $H(s)$。

解： 由题意可知

$$
\omega_{\mathrm{p}} = 500\times 2\pi
$$
$$
\omega_{\mathrm{s}} = 1000\times 2\pi
$$

故

$$
\Omega_{\mathrm{s}} = \frac{\omega_{\mathrm{s}}}{\omega_{\mathrm{p}}} = \frac{1000}{500} = 2
$$

通带最大衰减为

$$
A_{\max} = 10\lg(1+\varepsilon^2) = 10\lg(1+0.7^2) = 1.732
$$

由此可求得滤波器的阶数：

$$N=\lg\sqrt{\frac{10^{0.1A_{\min}}-1}{10^{0.1A_{\max}}-1}}/\lg\Omega_{\rm s}=\lg\sqrt{\frac{10^{1.4}-1}{10^{0.1732}-1}}/\lg 2=2.81$$

取 N=3。查表 4.2.1 得巴特沃斯多项式为

$$H_N(s)=(s+1)(s^2+s+1) \tag{4.2.19}$$

去归一化，即以

$$\varepsilon^{\frac{1}{N}}\cdot\frac{s}{\omega_{\rm p}}=\frac{0.7^{\frac{1}{3}}}{1000\pi}s$$

代换式（4.2.19）中的 s，整理后得

$$H(s)=\frac{s^3+7076.3s^2+25.037\times10^6 s+44295\times10^6}{44295\times10^6}$$

4.3　切比雪夫逼近

切比雪夫（Chebyshev）逼近的衰减函数具有等纹波通带和单调增的阻带。其衰减零点位于通带内不同频率处，而所有的衰减极点均在无限远处，衰减函数如图 4.3.1 所示。

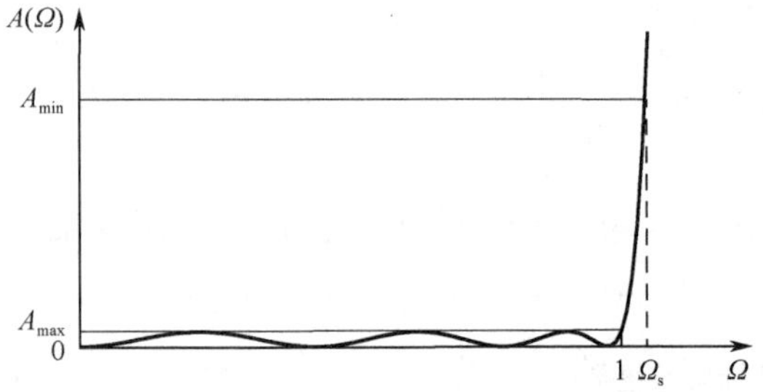

图 4.3.1　切比雪夫逼近的衰减函数

为了使滤波器的平方特征函数 $|K(\mathrm{j}\Omega)|^2$ 在通带内为等纹波、在阻带内单调增，其逼近函数定义为

$$C_N(\Omega)=\cos(N\cos^{-1}\Omega),\ |\Omega|\leqslant 1 \tag{4.3.1}$$

$$C_N(\Omega)=\mathrm{ch}(N\mathrm{ch}^{-1}\Omega),\ |\Omega|>1 \tag{4.3.2}$$

式中，N 为滤波器的阶数。其中归一化角频率为

$$\Omega=\cos\phi,\ |\Omega|\leqslant 1 \tag{4.3.3}$$

$$\Omega=\mathrm{ch}\phi,\ |\Omega|>1 \tag{4.3.4}$$

于是，平方特征函数为

$$|K(\mathrm{j}\Omega)|^2=\varepsilon^2\cos^2(N\cos^{-1}\Omega),\ |\Omega|\leqslant 1 \tag{4.3.5}$$

$$|K(\mathrm{j}\Omega)|^2=\varepsilon^2\mathrm{ch}^2(N\mathrm{ch}^{-1}\Omega),\ |\Omega|>1 \tag{4.3.6}$$

由以上各式可以看出，在通带边界频率（$\Omega=1$）处，$C_N(\Omega)=1$，$|K(\mathrm{j}\Omega)|^2=\varepsilon^2$；在通带内（$0\leqslant\Omega\leqslant1$），$0\leqslant|C_N(\Omega)|\leqslant1$，$0\leqslant|K(\mathrm{j}\Omega)|\leqslant\varepsilon^2$，即 $|K(\mathrm{j}\Omega)|^2$ 在 0 与 ε^2 之间波动；在阻带内（$\Omega>1$），$|C_N(\Omega)|$ 单调增加，$|K(\mathrm{j}\Omega)|^2$ 单调增加。因此，式（4.3.1）、式（4.3.2）给出的逼近函数是满足低通原型滤波器技术条件的。

式（4.3.1）、式（4.3.2）中的逼近函数，可按以下方法展开为多项式。首先，我们可以通过观察得到 0 阶和 1 阶的切比雪夫逼近函数，即

$$C_0(\Omega)=1 \tag{4.3.7}$$

$$C_1(\Omega)=\Omega \tag{4.3.8}$$

至于 N=2,3,⋯各阶逼近函数，根据下列递推公式：

$$C_{N+1}(\Omega)=2\Omega C_N(\Omega)-C_{N-1}(\Omega) \tag{4.3.9}$$

并利用前面 2 阶的逼近函数便可确定。下面就$|\Omega|\leqslant 1$的情况，证明式（4.3.9）所示的递推公式：

$$\begin{aligned}C_{N+1}(\Omega)&=\cos[(N+1)\phi]\\&=\cos N\phi\cos\phi-\sin N\phi\sin\phi\\&=2\cos N\phi\cos\phi-[\cos N\phi\cos\phi+\sin N\phi\sin\phi]\\&=2\Omega\cos N\phi-\cos[(N-1)\phi]\\&=2\Omega C_N(\Omega)-C_{N-1}(\Omega)\end{aligned}$$

同理，可对$|\Omega|>1$的情况进行证明。这就表明，任何阶数的切比雪夫逼近函数都可以写为一个多项式，因此称为切比雪夫多项式。

由式（4.3.9）所示的递推公式得到的 2～5 阶切比雪夫多项式如下：

$$C_2(\Omega)=2\Omega^2-1 \tag{4.3.10}$$

$$C_3(\Omega)=4\Omega^3-3\Omega \tag{4.3.11}$$

$$C_4(\Omega)=8\Omega^4-8\Omega^2+1 \tag{4.3.12}$$

$$C_5(\Omega)=16\Omega^5-20\Omega^3+5\Omega \tag{4.3.13}$$

不难看出，N 阶切比雪夫多项式的最高次方项为$2^{N-1}\Omega^N$，故当$\Omega\gg 1$时，有

$$C_N(\Omega)=2^{N-1}\Omega^N \tag{4.3.14}$$

图 4.3.2 所示为 N=2、3、4、5 时的切比雪夫逼近函数曲线。图 4.3.3 所示为 N=2、3、4、5 时切比雪夫滤波器的平方特征函数曲线。各阶切比雪夫滤波器的衰减曲线与同阶$|K(\mathrm{j}\Omega)|^2$曲线有相同的极点、零点和极值点，因而可从$|K(\mathrm{j}\Omega)|^2$曲线得到与之相似的$A(\Omega)$曲线。若将$|K(\mathrm{j}\Omega)|^2$曲线向上平移一个单位，则可得对应的平方转移函数$|H(\mathrm{j}\Omega)|^2$曲线。

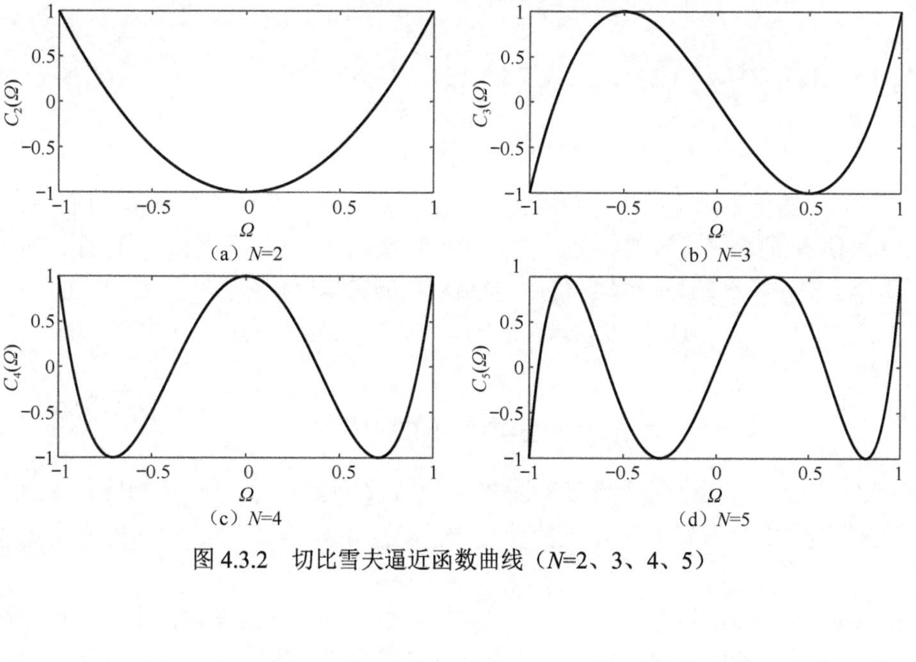

图 4.3.2　切比雪夫逼近函数曲线（N=2、3、4、5）

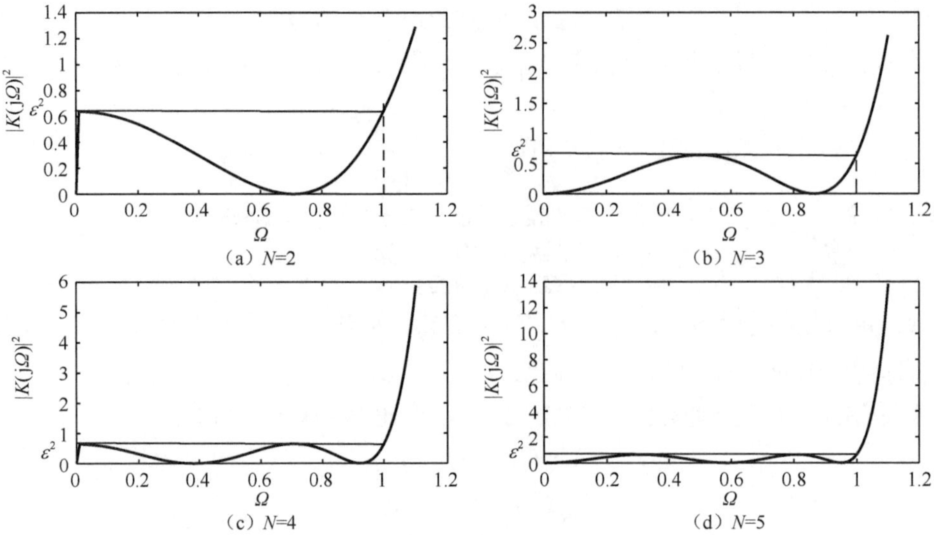

图 4.3.3　切比雪夫滤波器的平方特征函数曲线（N=2、3、4、5）

由图 4.3.3 可以看出，平方特征函数在通带内的纹波数随阶数的增加而增加，纹波极值点的个数等于滤波器的阶数 N。阶数越高，通带纹波数越多，平方特征函数在阻带内的性能越好（阻带内平方特征函数曲线越陡）。

确定切比雪夫滤波器阶数时，可按照类似巴特沃斯滤波器阶数计算公式的推导过程，得出 N 的计算式。在阻带边界频率处：

$$A(\Omega_s)=A_{\min}=10\lg[1+\varepsilon^2 C_N{}^2(\Omega_s)] \tag{4.3.15}$$

则

$$C_N(\Omega_s)=\frac{1}{\varepsilon}\sqrt{10^{A_{\min}/10}-1} \tag{4.3.16}$$

将式（4.1.30）、式（4.3.2）代入式（4.3.16），经整理得

$$N=\mathrm{ch}^{-1}\sqrt{\frac{10^{A_{\min}/10}-1}{10^{A_{\max}/10}-1}}/\mathrm{ch}^{-1}\Omega_s \tag{4.3.17}$$

式（4.3.17）给出了满足技术条件所需的切比雪夫滤波器阶数的最小值。由于式（4.3.17）涉及较烦琐的反双曲余弦函数的计算，故一般不直接用该式来求阶数。一种替代的方法是，在式（4.3.15）中，考虑到 $1\ll\varepsilon^2 C_N^2(\Omega_s)$，写出近似的关系式：

$$A_{\min}=10\lg\varepsilon^2 C_N{}^2(\Omega_s)=20\lg\varepsilon+20\lg C_N(\Omega_s)$$

即

$$A_{\min}+20\lg\frac{1}{\varepsilon}=20\lg[\mathrm{ch}(N\mathrm{ch}^{-1}\Omega_s)] \tag{4.3.18}$$

根据式（4.3.18），对于每个确定的阶数 N，以 Ω_s 为横坐标、$A_{\min}+20\lg(1/\varepsilon)$ 为纵坐标，可绘出一条曲线，由此得到不同 N 值的曲线族，即图 4.3.4 所示的确定切比雪夫滤波器阶数设计图。

在应用该图时，由滤波器技术条件可确定横、纵坐标，从而得到图中一个点，与该点相邻且位于其上方的一条曲线的阶数，就是我们应选取的滤波器阶数。

滤波器阶数 N 的另一种确定方法是，对于每个通带最大衰减 $A_{\max}$，在不同 N 值下得到一族衰减曲线，图 4.3.5、图 4.3.6、图 4.3.7 分别绘出了 $A_{\max}$=0.25dB、0.5dB 和 1dB 时的 $A(\Omega)$ 曲

线族。应用这些图时，在与给定技术条件 A_{max} 相应的曲线族中，根据阻带边界频率 Ω_s 和阻带最小衰减 A_{min} 可找到适当的衰减曲线，从而确定滤波器阶数 N。各种滤波器设计手册中还有其他方法来确定 N，在此不一一列举。

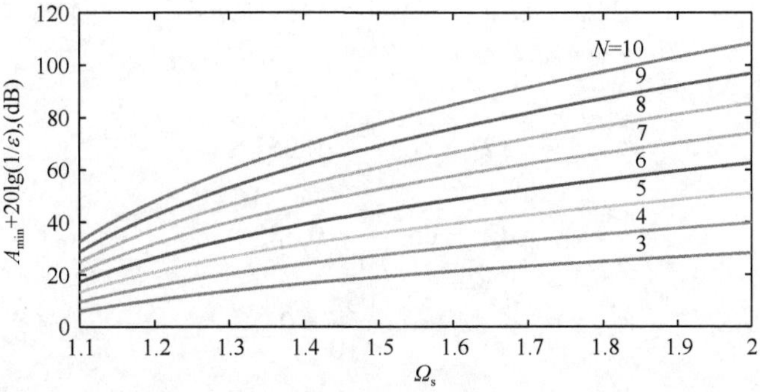

图 4.3.4　确定切比雪夫滤波器阶数设计图（N=3、4、5、6、7、8、9、10）

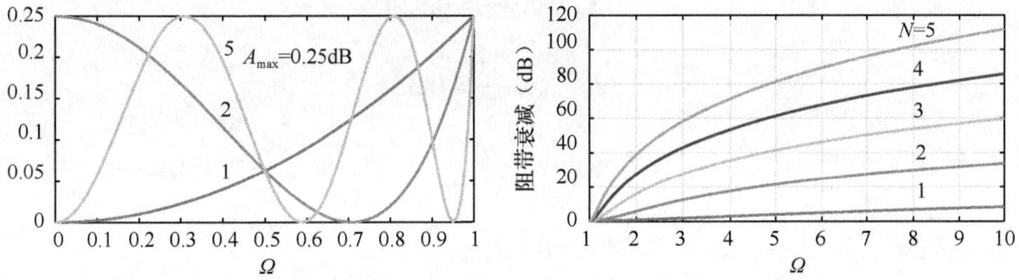

图 4.3.5　A_{max}=0.25dB 时的 $A(\Omega)$曲线族

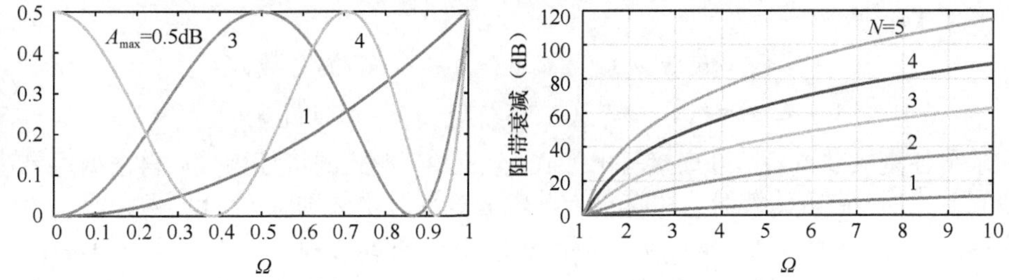

图 4.3.6　A_{max}=0.5dB 时的 $A(\Omega)$曲线族

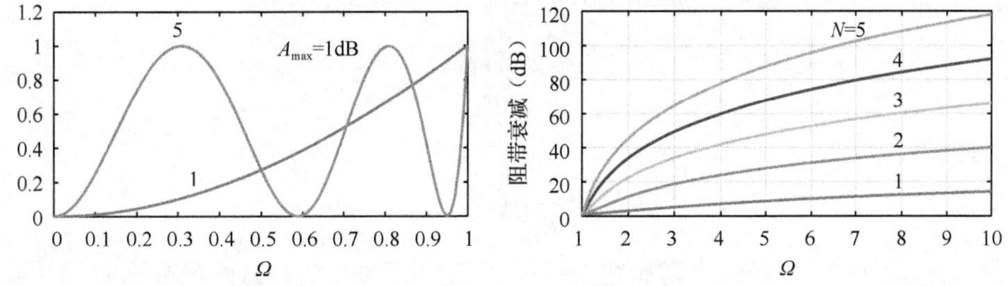

图 4.3.7　A_{max}=1dB 时的 $A(\Omega)$曲线族

切比雪夫滤波器在其通带内有若干衰减零点，根据滤波器阶数可确定各衰减零点的位置。设衰减零点为 Ω_{rk}，由式（4.3.1）得

$$C_N(\Omega_{rk}) = \cos(N\cos^{-1}\Omega_{rk}) = 0$$

则

$$N\cos^{-1}\varOmega_{rk}=(2k+1)\frac{\pi}{2},\quad k=0,1,2,\cdots$$

故衰减零点可按下式求出：

$$\varOmega_{rk}=\cos(2k+1)\frac{\pi}{2N},\quad k=0,1,2,\cdots \tag{4.3.19}$$

例如，当 $N=5$ 时，有

$$\varOmega_{r0}=\cos\frac{\pi}{10}=0.951$$

$$\varOmega_{r1}=\cos\frac{3\pi}{10}=0.588$$

$$\varOmega_{r2}=\cos\frac{5\pi}{10}=0$$

当 $N=4$ 时，有

$$\varOmega_{r0}=\cos\frac{\pi}{8}=0.924$$

$$\varOmega_{r1}=\cos\frac{3\pi}{8}=0.383$$

不难看出，当 N 为奇数时，衰减零点数为 $\frac{N+1}{2}$，故 k 的取值为 $0,1,2,\cdots,\frac{N-1}{2}$；当 N 为偶数时，衰减零点数为 $\frac{N}{2}$，故 k 的取值为 $0,1,2,\cdots,\frac{N}{2}-1$。

由于切比雪夫滤波器具有单调增加的阻带，即衰减极点在无限远处，因此，其特征函数为一个多项式，即

$$\begin{aligned}K(s)&=bs(s^2+\varOmega_{r0}^2)(s^2+\varOmega_{r1}^2)\cdots\quad &(N\text{为奇数})\\K(s)&=b(s^2+\varOmega_{r0}^2)(s^2+\varOmega_{r1}^2)\cdots\quad &(N\text{为偶数})\end{aligned} \tag{4.3.20}$$

在求得各衰减零点后，可直接写出如式（4.3.20）形式的特征函数，再根据通带边界条件确定常数 b。对于高阶滤波器，用这种方法较通过逼近函数确定 $K(s)$ 更为简便。

应用式（4.1.15）或式（4.1.17）所示的费尔德-凯勒方程，由 $K(s)$ 可求出 $H(s)H(-s)$，它是 $2N$ 次多项式。在 $H(s)H(-s)$ 的 $2N$ 个根中，左半 s 平面的 N 个根就是 $H(s)$ 的零点，即自然模。若自然模用 s_m 表示，$m=0,1,\cdots,N-1$，则 $H(s)$ 可表示为

$$H(s)=\varepsilon 2^{N-1}\prod_{m=0}^{N-1}(s-s_m) \tag{4.3.21a}$$

或

$$H(s)=\frac{1}{K}\prod_{m=0}^{N-1}(s-s_m) \tag{4.3.21b}$$

式中，常系数写为 $\varepsilon 2^{N-1}$，是因为切比雪夫多项式（逼近函数）$C_N(\varOmega)$ 的最高次方项系数为 2^{N-1}。根据费尔德-凯勒方程求解的结果，得到自然模 s_m 的表达式：

$$s_m=-\sin\left(\frac{2m+1}{N}\cdot\frac{\pi}{2}\right)\mathrm{sh}\left(\frac{1}{N}\mathrm{sh}^{-1}\frac{1}{\varepsilon}\right)+\mathrm{j}\cos\left(\frac{2m+1}{N}\cdot\frac{\pi}{2}\right)\mathrm{ch}\left(\frac{1}{N}\mathrm{sh}^{-1}\frac{1}{\varepsilon}\right) \tag{4.3.22}$$

式中，$m=0,1,2,\cdots,N-1$。

若把自然模简洁地表示为

$$s_m=\sigma_m+\mathrm{j}\Omega_m \tag{4.3.23}$$

则不难看出，s_m 的实部 σ_m 与虚部 Ω_m 之间存在如下关系：

$$\left[\frac{\sigma_m}{\text{sh}\left(\frac{1}{N}\text{sh}^{-1}\frac{1}{\varepsilon}\right)}\right]^2+\left[\frac{\Omega_m}{\text{ch}\left(\frac{1}{N}\text{sh}^{-1}\frac{1}{\varepsilon}\right)}\right]^2=1 \tag{4.3.24}$$

由此可知，$H(s)H(-s)$ 的 $2N$ 个根分布在一个椭圆上，该椭圆在实轴和虚轴上的截距分别为

$$a=\text{sh}\left(\frac{1}{N}\text{sh}^{-1}\frac{1}{\varepsilon}\right) \tag{4.3.25}$$

$$b=\text{ch}\left(\frac{1}{N}\text{sh}^{-1}\frac{1}{\varepsilon}\right) \tag{4.3.26}$$

在实际进行滤波器设计时，根据 $A_{\max}$ 和已求得的阶数 N，直接查表便可得到转移函数 $H(s)$。表 4.3.1 中列出了 $A_{\max}=0.25\text{dB}$、0.5dB 和 1dB，$N=1\sim5$ 阶的切比雪夫转移函数 $H(s)$ 的分子、分母。

表 4.3.1　切比雪夫转移函数

$A_{\max}$	N	$H(s)$ 的分子多项式	分母常数 K
0.25dB	1	$s+4.10811$	4.10811
	2	$s^2+1.78668s+2.11403$	2.05405
	3	$(s^2+0.76722s+1.33863)(s+0.76722)$	1.02702
	4	$(s^2+0.42504s+1.16195)(s^2+1.02613s+0.45485)$	0.51352
	5	$(s^2+0.27005s+1.09543)(s^2+0.70700s+0.53642)(s+0.43695)$	0.25676
0.5dB	1	$s+2.86278$	2.86278
	2	$s^2+1.42562s+1.51620$	1.43139
	3	$(s^2+0.62646s+1.14245)(s+0.62646)$	0.71570
	4	$(s^2+0.35071s+1.06352)(s^2+0.84668s+0.35641)$	0.35785
	5	$(s^2+0.22393s+1.03578)(s^2+0.58625s+0.47677)(s+0.36233)$	0.17892
1dB	1	$s+1.96523$	1.96523
	2	$s^2+1.09773s+1.10251$	0.98261
	3	$(s^2+0.49417s+0.99420)(s+0.49417)$	0.49130
	4	$(s^2+0.27907s+0.98650)(s^2+0.67374s+0.27940)$	0.24565
	5	$(s^2+0.17892s+0.98831)(s^2+0.46841s+0.42930)(s+0.28949)$	0.12283

例 4.3.1　用切比雪夫逼近确定一个低通滤波器的转移函数 $H(s)$，使之满足下列技术条件：$f_{\text{p}}=500\text{Hz}$，$f_{\text{s}}=1000\text{Hz}$，以及通带最大衰减 $A_{\max}=1\text{dB}$，阻带最小衰减 $A_{\min}=20\text{dB}$。

解：

$$\Omega_{\text{s}}=\frac{\omega_{\text{s}}}{\omega_{\text{p}}}=\frac{2\pi\times1000}{2\pi\times500}=2$$

$$\varepsilon=\sqrt{10^{A_{\max}/10}-1}=\sqrt{10^{0.1}-1}=0.5088$$

$$A_{\min}+20\lg\frac{1}{\varepsilon}=20+20\lg\frac{1}{0.5088}=25.87$$

查图 4.3.4 可知，滤波器阶数 N=3。

已知 $A_{\max}=1$ 和 $N=3$，查表 4.3.1 得

$$H_N(s)=\frac{(s^2+0.49417s+0.99420)(s+0.49417)}{0.49130} \tag{4.3.27}$$

进行去归一化，即以

$$\frac{s}{\omega_p}=\frac{s}{1000\pi}$$

代换式（4.3.27）中的 s，整理后得

$$H(s)=\frac{(s^2+1552.4s+9812400)(s+1552.5)}{15233\times10^6} \tag{4.3.28}$$

4.4 椭圆逼近

椭圆逼近又称考尔逼近，其衰减函数具有等纹波通带和等最小值阻带。椭圆逼近与 4.2 节、4.3 节中介绍的巴特沃斯逼近、切比雪夫逼近的区别在于，椭圆逼近的逼近函数是具有有限零点和有限极点的有理函数，而巴特沃斯逼近和切比雪夫逼近的逼近函数都是多项式，它们的衰减极点均在无限频率处。由于椭圆逼近在阻带内的有限频率处存在若干衰减极点，因而其阻带性能显著地优于另外两种逼近方法。

图 4.4.1 和图 4.4.2 分别绘出了 5 阶和 6 阶椭圆逼近的衰减函数曲线。可以看出，椭圆逼近的衰减特性由以下 4 个参数表征：通带最大衰减 $A_{\max}$、选择性因子 Ω_s，阻带最小衰减 $A_{\min}$ 和阶数 N，其中任意三个参数都可以独立地选择。

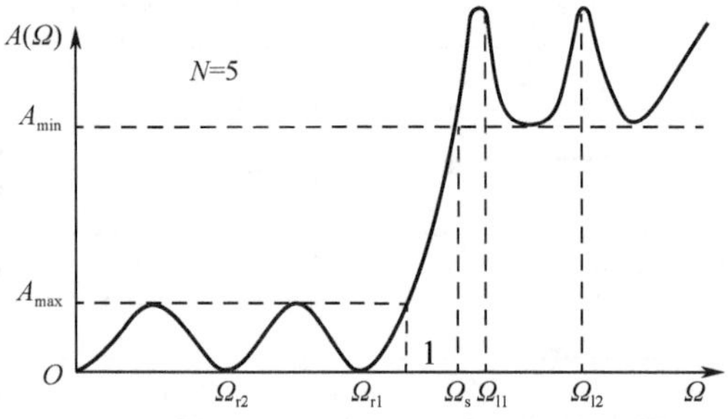

图 4.4.1　5 阶椭圆逼近的衰减函数曲线

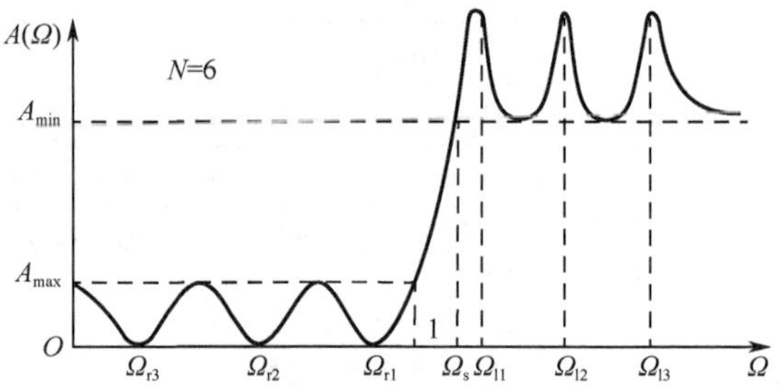

图 4.4.2　6 阶椭圆逼近的衰减函数曲线

椭圆逼近的特征函数一般具有以下形式：

$$K(s)=k\frac{s\prod_{i=1}^{(N-1)/2}(s^2+\Omega_{ri}^2)}{\prod_{i=1}^{(N-1)/2}(s^2+\Omega_{li}^2)} \quad （N为奇数） \tag{4.4.1}$$

$$K(s)=k\frac{\prod_{i=1}^{N/2}(s^2+\Omega_{ri}^2)}{\prod_{i=1}^{N/2}(s^2+\Omega_{li}^2)} \quad （N为偶数） \tag{4.4.2}$$

奇数阶的椭圆滤波器具有原点处的衰减零点和无限频率处的衰减极点，而偶数阶的椭圆滤波器则不同，在 $\Omega=0$ 处衰减为 $A_{\max}$，在无限频率处衰减趋于 $A_{\min}$。此外，在非零值的有限

频率处，奇数阶椭圆滤波器在通带内有 $(N-1)/2$ 个衰减零点 $\Omega_{ri}\left(i=1,2,\cdots,\dfrac{N-1}{2}\right)$，在阻带内有 $(N-1)/2$ 个衰减极点 $\Omega_{li}\left(i=1,2,\cdots,\dfrac{N-1}{2}\right)$；偶数阶椭圆滤波器在通带内有 $N/2$ 个衰减零点 $\Omega_{ri}\left(i=1,2,\cdots,\dfrac{N}{2}\right)$，在阻带内有 $N/2$ 个衰减极点 $\Omega_{li}\left(i=1,2,\cdots,\dfrac{N}{2}\right)$。这些衰减零点和衰减极点的位置由滤波器阶数 N 和选择性因子 Ω_s 唯一确定。

根据椭圆逼近的特征函数，可以得到相应的逼近函数：

$$R_N(\Omega)=k_R\frac{\Omega\prod\limits_{i=1}^{(N-1)/2}(\Omega^2-\Omega_{ri}^2)}{\prod\limits_{i=1}^{(N-1)/2}(\Omega^2-\Omega_{li}^2)}\qquad (N\text{为奇数})\tag{4.4.3}$$

$$R_N(\Omega)=k_R\frac{\Omega\prod\limits_{i=1}^{N/2}(\Omega^2-\Omega_{ri}^2)}{\prod\limits_{i=1}^{N/2}(\Omega^2-\Omega_{li}^2)}\qquad (N\text{为偶数})\tag{4.4.4}$$

式中，k_R 为式（4.4.1）、式（4.4.2）中的常数 k 除以 ε 而得的常数。式（4.4.3）、式（4.4.4）所表示的逼近函数是归一化角频率 Ω 的有理函数，称为切比雪夫有理函数（注意与切比雪夫多项式相区别，后者是切比雪夫逼近的逼近函数）。

椭圆逼近的衰减极点和衰减零点是几何对称的。为了解这一特点，考察图 4.4.3 所示的 5 阶椭圆逼近的逼近函数曲线。图中 Ω_{r1}、Ω_{r2} 为衰减零点，Ω_{l1}、Ω_{l2} 为衰减极点，$\hat{\Omega}_1$、$\hat{\Omega}_2$ 为逼近函数在通带内的极值点，$\check{\Omega}_1$、$\check{\Omega}_2$ 为逼近函数在阻带内的极值点。上述反映逼近函数特征的频率点之间存在如下关系：

$$\Omega_{r1}\cdot\Omega_{l1}=\Omega_{r2}\cdot\Omega_{l2}=\hat{\Omega}_1\cdot\check{\Omega}_1=\hat{\Omega}_2\cdot\check{\Omega}_2=1\cdot\Omega_s\tag{4.4.5}$$

上式表明，在切比雪夫有理函数图形上，反映通带特性的频率点与反映阻带特性的频率点是几何对称的，几何对称的中心是过渡带的几何中心 $\sqrt{\Omega_s}$。

在滤波器阶数 N 一定的条件下，增大 Ω_s，使过渡带变宽，则选择性变差，然而逼近函数在阻带内的最小值 R_{min} 却随之增加，即阻带最小衰减 A_{min} 增加。因此，应综合考虑选择性和阻带衰减两方面因素，适当选取 Ω_s。

切比雪夫逼近的逼近函数（切比雪夫多项式）仅取决于滤波器阶数 N。而椭圆逼近的逼近函数（切比雪夫有理函数）则取决于阶数 N 和选择性因子 Ω_s 两个参数，故一般应表示为 $R_{N,\Omega_s}(\Omega)$，例如，图 4.4.3 所示的 5 阶椭圆逼近的逼近函数为

$$R_{5,\Omega_s}(\Omega)=k_R\frac{\Omega(\Omega^2-\Omega_{r1}^2)(\Omega^2-\Omega_{r2}^2)}{(\Omega^2-\Omega_{l1}^2)(\Omega^2-\Omega_{l2}^2)}\tag{4.4.6}$$

为了设计椭圆滤波器，首先应根据技术条件确定阶数 N。下面介绍一种由曲线查找阶数的方法。在阻带边界频率 Ω_s 处的衰减为

$$A(\Omega_s)=A_{min}=10\lg[1+\varepsilon^2R_{N,\Omega_s}^2(\Omega_s)=10\lg\varepsilon^2R_{N,\Omega_s}^2(\Omega_s)$$

则

$$A_{\min} + 20\lg\frac{1}{\varepsilon} = 20\lg\left|R_{N,\Omega_s}(\Omega_s)\right| \tag{4.4.7}$$

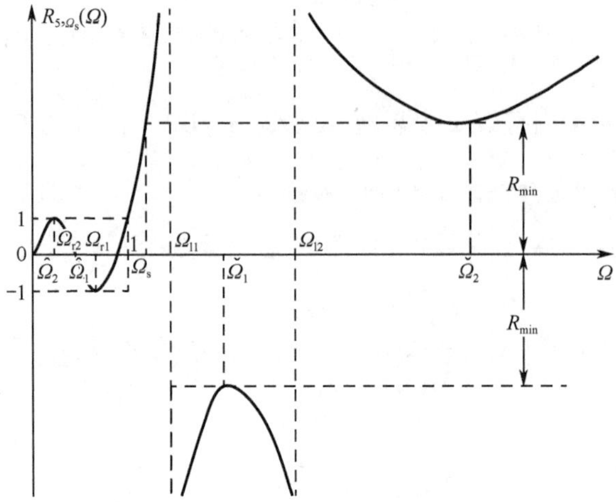

图 4.4.3　5 阶椭圆逼近的逼近函数曲线

式中，$R_{N,\Omega_s}(\Omega_s) = R_{\min}$。根据式（4.4.7），以 Ω_s 为横坐标、$A_{\min} + 20\lg\frac{1}{\varepsilon}$ 为纵坐标，对于每个 N 值，都可绘出一条曲线，从而得到不同 N 值时的曲线族，即图 4.4.4 所示的确定椭圆滤波器阶数的设计图。应用该图时，由滤波器技术条件 $A_{\max}$ 和 $A_{\min}$ 算出纵坐标，以 Ω_s 为横坐标，得到图中的一个点，与该点相邻且位于其上方的一条曲线的 N 值，即所设计椭圆滤波器的阶数。

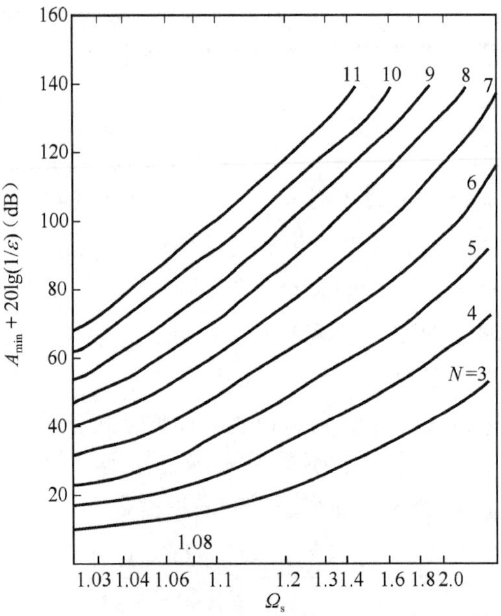

图 4.4.4　确定椭圆滤波器阶数的设计图

在阶数 N 确定后，可以求得椭圆逼近的逼近函数和转移函数。椭圆逼近的转移函数的数学推导涉及经典场论的椭圆函数理论，计算过程很复杂。在进行滤波器设计时，一般可利用实用的设计手册或参考书，通过查表，直接得到椭圆滤波器的转移函数 $H(s)$。例如，表 4.4.1 给出了 $A_{\max} = 0.5$，$\Omega_s = 1.5$、2.0、3.0 时，2～5 阶椭圆逼近的转移函数 $H(s)$。表中分别列出了

对应于一定的 A_{max}、Ω_s 和阶数 N 的 $H(s)$ 的分母多项式、分子多项式、分母常数 K 和阻带最小衰减 A_{min}。

表 4.4.1　2～5 阶椭圆逼近的转移函数（$A_{max}=0.5\text{dB}$）

N	分母常数 K	$H(s)$ 的分母多项式	$H(s)$ 的分子多项式	A_{min}
1. $\Omega_s=1.5$				
2	0.38540	$s^2+3.92705$	$s^2+1.03153s+1.60319$	8.3
3	0.31410	$s^2+2.80601$	$(s^2+0.45286s+1.14917)(s+0.766952)$	21.9
4	0.015397	$(s^2+2.53555)(s^2+12.099310)$	$(s^2+0.25496s+1.06044)(s^2+0.92001s+0.47183)$	36.3
5	0.019197	$(s^2+2.42551)(s^2+5.43764)$	$(s^2+0.16346s+1.03189)(s^2+0.57023s+0.57601)(s+0.42597)$	50.6
2. $\Omega_s=2.0$				
N	分母常数 K	$H(s)$ 的分母多项式	$H(s)$ 的分子多项式	A_{min}
2	0.20133	$s^2+7.4641$	$s^2+1.24504s+1.59179$	13.9
3	0.15424	$s^2+5.15321$	$(s^2+0.53787s+1.14849)(s+0.69212)$	31.2
4	0.0036987	$(s^2+4.59326)(s^2+24.22720)$	$(s^2+0.30116s+1.06258)(s^2+0.88456s+0.41032)$	48.6
5	0.0046205	$(s^2+4.36495)(s^2+10.56773)$	$(s^2+0.19255s+1.03402)(s^2+0.58054s+0.52500)(s+0.392612)$	66.1
3. $\Omega_s=3.0$				
N	分母常数 K	$H(s)$ 的分母多项式	$H(s)$ 的分子多项式	A_{min}
2	0.083974	$s^2+17.48528$	$s^2+1.35715s+1.55532$	21.5
3	0.063211	$s^2+11.82781$	$(s^2+0.58942s+1.14559)(s+0.65263)$	42.8
4	0.00062046	$(s^2+10.4554)(s^2+58.471)$	$(s^2+0.32979s+1.063231)(s^2+0.86258s+0.37787)$	64.1
5	0.00077547	$(s^2+9.8955)(s^2+25.0769)$	$(s^2+0.21066s+1.0351)(s^2+0.58441s+0.496388)(s+0.37452)$	85.5

例 4.4.1　用椭圆逼近确定一个低通滤波器的转移函数 $H(s)$，使之满足以下技术条件：$f_p=500\text{Hz}$，$f_s=1000\text{Hz}$，通带最大衰减 $A_{max}=0.5\text{dB}$，阻带最小衰减 $A_{min}=30\text{dB}$。

解：

$$\Omega_s=\frac{2\pi f_s}{2\pi f_p}=\frac{f_s}{f_p}=\frac{1000}{500}=2$$

$$\varepsilon=\sqrt{10^{A_{max}/10}-1}=\sqrt{10^{0.05}-1}=0.3493$$

$$A_{min}+20\lg\frac{1}{\varepsilon}=30+20\lg\frac{1}{0.3493}=39.136$$

查图 4.4.4 中的曲线可得 $N=3$，又由表 4.4.1 可确定归一化转移函数为

$$H_N(s)=\frac{(s^2+0.53787s+1.14849)(s+0.69212)}{0.15424(s^2+5.15321)} \tag{4.4.8}$$

进行去归一化，即以 $\dfrac{s}{\omega_p}=\dfrac{s}{1000\pi}$ 代换式（4.4.8）中的 s，整理后得

$$H(s)=\frac{(s^2+1689.8s+11335\times10^3)(s+2174.4)}{484.56(s^2+50860\times10^3)}$$

将例 4.4.1 与例 4.3.1 相比较，可以看出，两例的 Ω_s 相同，阶数 N 也相同，而椭圆滤波器的通带性能和阻带性能均较切比雪夫滤波器的好。

4.5 频带和电路参数变换

前面讨论的是低通原型滤波器，其电路参数都是归一化的，即源电阻/电导及截止频率都是归一化的。因此，实际的滤波器设计需要通过频率变换将低通原型滤波器转变为低通、带通及高通等类型的响应。

4.5.1 低通到高通的变换

设高通滤波器的通带边界频率为ω_p，阻带边界频率为ω_s，则低通到高通的变换式为

$$s=\frac{\omega_p}{p} \tag{4.5.1}$$

式中，s为低通原型域复频变量；p为高通域复频变量。设低通原型滤波器的通带边界频率为1rad/s。将式（4.5.1）的关系转换到频域，即令$s=\mathrm{j}\Omega$，$p=\mathrm{j}\omega$，则有

$$\Omega=-\frac{\omega_p}{\omega} \tag{4.5.2}$$

式中，Ω和ω分别为低通原型滤波器和高通滤波器的角频率。式（4.5.2）给出了低通原型复平面的$\mathrm{j}\Omega$轴上的点和高通复平面的$\mathrm{j}\omega$轴上的点之间的对应关系。根据这个对应关系可以证明式（4.5.1）的确实现了低通衰减函数$A(\Omega)$和与之对应的高通衰减函数$A_{HP}(\omega)$之间的变换。

下面将通过实例讨论如何应用式（4.5.1）的变换进行高通滤波器设计。

例4.5.1 某高通滤波器的技术指标如下：等纹波通带边界频率为1.5kHz，通带最大衰减为1dB，阻带边界频率为1kHz，单调增阻带最小衰减为30dB。试确定此高通滤波器的转移函数。

解：由题意可知，应用切比雪夫逼近求转移函数。高通滤波器的技术条件可用如下表达式描述。

通带指标：$A_{max}=1\mathrm{dB}$，$f_p=1500\mathrm{Hz}$

阻带指标：$A_{min}=30\mathrm{dB}$，$f_s=1000\mathrm{Hz}$

其原型滤波器的技术条件为

通带指标：$A_{max}=1\mathrm{dB}$，$\Omega_p=1$

阻带指标：$A_{min}=30\mathrm{dB}$，$\Omega_s=\dfrac{1500}{1000}=1.5$

通带纹波系数：

$$\varepsilon=\sqrt{10^{A_{max}/10}-1}=\sqrt{10^{0.1}-1}=0.5088$$

为求滤波器阶数，根据式（4.3.18），计算方程的左端：

$$A_{min}+20\lg\frac{1}{\varepsilon}=30+20\lg\left(\frac{1}{0.5088}\right)=35.87\mathrm{dB}$$

查看图4.3.4中的曲线，由纵坐标35.87dB和横坐标$\Omega_s=1.5$，可以确定应选取N=5。根据表4.3.1，可以得到满足低通原型滤波器技术条件的切比雪夫逼近的转移函数：

$$H(s)=\frac{1}{0.12283}(s^2+0.17892s+0.98831)(s^2+0.46841+0.42930)(s+0.28949)$$

令上式中$s=\omega_p/p=2\pi\times1500/p=3000\pi/p$，便可得到所求高通滤波器的转移函数，即

$$H_{\mathrm{HP}}(s)=H(s)\big|_{s=\frac{3000\pi}{p}}$$

$$=\frac{p^2+1706.2p+89877\times10^3}{p^2}\times\frac{p^2+10283p+206910\times10^3}{p^2}\times\frac{p+32556}{p}$$

4.5.2 低通到带通的变换

设带通滤波器的通带中心频率为ω_0，通带宽度为B，则低通到带通的变换式为

$$s=\frac{p^2+\omega_0{}^2}{pB} \tag{4.5.3}$$

式中，s为低通原型域复频变量；p为带通域复频变量。设低通原型滤波器的通带边界频率为1rad/s。将式（4.5.3）的关系转换到频域，即令$s=\mathrm{j}\Omega$，$p=\mathrm{j}\omega$，则有

$$\Omega=\frac{\omega^2-\omega_0{}^2}{B\omega} \tag{4.5.4}$$

根据上式，可将ω用Ω表示为

$$\omega=\frac{1}{2}B\Omega\pm\sqrt{\omega_0{}^2+\frac{1}{4}B^2\Omega^2} \tag{4.5.5}$$

式中，Ω和ω分别为低通原型滤波器和带通滤波器的角频率。以上两式给出了低通原型复平面的jΩ轴上的点与带通复平面的jω轴上的点之间的对应关系。由这个对应关系可以证明式（4.5.3）实现了低通衰减函数$A(\Omega)$和与之对应的带通衰减函数$A_{\mathrm{BP}}(\omega)$之间的变换。

下面将讨论如何应用低通-带通变换进行带通滤波器设计。

例 4.5.2 给定带通衰减技术条件如图 4.5.1（a）所示，试设计该带通滤波器。

解：为了用低通-带通变换设计带通滤波器，首先应修正衰减技术条件，使之满足用低通-带通变换设计的需要。修正技术条件使其满足以下两点要求：①上阻带和下阻带的衰减相等；②两通带边界频率和两阻带边界频率应分别几何对称于中心频率ω_0。修正后的技术条件只能比原技术条件的要求更严，而不能放宽。据此，首先使上、下阻带衰减相等，都等于原给定阻带衰减的最大值。然后修正技术条件使之满足几何对称性。

利用两通带边界频率按下式计算中心频率：

$$\omega_0=\sqrt{\omega_{\mathrm{p1}}\omega_{\mathrm{p2}}} \tag{4.5.6}$$

调整阻带边界频率使之几何对称于ω_0。假设原给定阻带边界频率是ω_1和ω_2（$\omega_1<\omega_2$），则计算ω_0^2/ω_2，如果结果大于或等于ω_1，则取$\omega_{\mathrm{s1}}=\omega_0^2/\omega_2$，$\omega_{\mathrm{s2}}=\omega_2$。如果$\omega_0^2/\omega_2<\omega_1$，则不能按上述取值修正阻带边界频率。另计算$\omega_0^2/\omega_1$，必定有$\omega_0^2/\omega_1<\omega_2$，于是取阻带边界频率为$\omega_{\mathrm{s1}}=\omega_1$，$\omega_{\mathrm{s2}}=\omega_0^2/\omega_1$。这样修正后的技术条件如图 4.5.1（b）所示。

根据修正后的带通衰减技术条件，很容易确定其对应的低通原型技术条件，即$\Omega_{\mathrm{p}}=1$，$\Omega_{\mathrm{s}}=\dfrac{\omega_{\mathrm{s2}}-\omega_{\mathrm{s1}}}{\omega_{\mathrm{p2}}-\omega_{\mathrm{p1}}}$，$A_{\max}$和$A_{\min}$直接由修正后的带通衰减技术条件得到。

根据已经得到的低通原型技术条件，用一种经典逼近方法，求出转移函数$H(s)$。应用以下变换式即可得到带通滤波器转移函数：

$$H_{\mathrm{BP}}(p)=H(s)\big|_{s=\frac{p^2+\omega_0^2}{pB}} \tag{4.5.7}$$

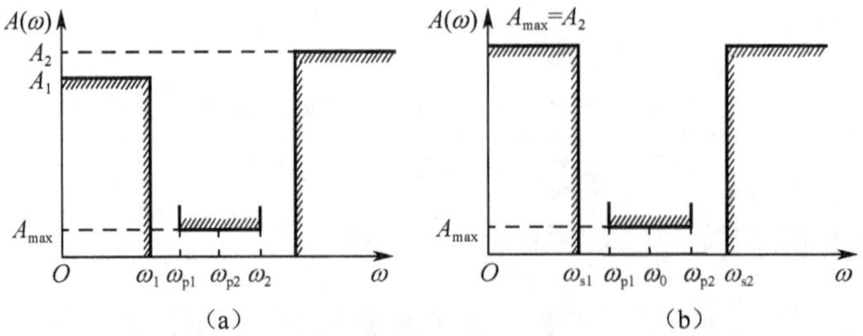

图 4.5.1 给定带通衰减技术条件与修正后的技术条件

4.5.3 低通到带阻的变换

由低通到带阻的变换式为

$$s = \frac{pB}{p^2 + \omega_0^2} \tag{4.5.8}$$

式中，s 为低通原型域复频变量；p 为带阻域复频变量；ω_0 为带阻滤波器阻带中心频率；B 为两个通带边界频率的间隔，即 $B = \omega_{p2} - \omega_{p1}$。令 $s = \mathrm{j}\Omega$，$p = \mathrm{j}\omega$，可得频域中的变换式：

$$\Omega = \frac{B\omega}{\omega_0^2 - \omega^2} \tag{4.5.9}$$

同样，设低通原型滤波器的通带边界频率为 1rad/s。

应用低通-带阻变换进行带阻滤波器设计。

（1）给定带阻滤波器的技术条件。对技术条件进行修正，使之具有几何对称性。即用两个阻带边界频率按下式计算中心频率：

$$\omega_0 = \sqrt{\omega_{s1}\omega_{s2}}$$

设原给定的通带边界频率为 ω_1、ω_2，如果 $\omega_0^2/\omega_2 > \omega_1$，则取 $\omega_{p1} = \omega_0^2/\omega_2$，$\omega_{p2} = \omega_2$。否则，取 $\omega_{p1} = \omega_1$，$\omega_{p2} = \omega_0^2/\omega_1$。这样便可绘出修正后的技术条件。于是可以确定 $B = \omega_{p2} - \omega_{p1}$。

（2）低通原型滤波器的技术指标为 A_{max}、A_{min} 和 Ω_s，其中 Ω_s 按下式计算：

$$\Omega_s = \frac{\omega_{p2} - \omega_{p1}}{\omega_{s2} - \omega_{s1}} \tag{4.5.10}$$

（3）用经典逼近方法求转移函数 $H(s)$，使之满足低通原型滤波器技术条件。

（4）应用低通-带阻变换求带阻滤波器的转移函数：

$$H_{BR}(p) = H(s)\big|_{s=\frac{pB}{p^2+\omega_0^2}} \tag{4.5.11}$$

4.5.4 电路参数变换

在获得低通原型滤波器的转移函数后，还需要对电路参数进行变换，才能综合出实际的滤波器网络。限于篇幅和学时，本节仅介绍低通到带通的电路参数变换设计。

设低通原型滤波器电路中的电感、电容分别用 l、c 表示，带通滤波器电路中的电感、电容分别用 L、C 表示。将变换 $s = p^2 + \omega_0^2/pB$ 施加于低通原型滤波器电路网络中电感、电容的阻抗，则对于低通原型滤波器电路中的电感 l，其阻抗的变换为

$$sl=\frac{p^2+\omega_0^2}{pB}l=p\left(\frac{l}{B}\right)+\frac{1}{p\frac{B}{\omega_0^2 l}}=pL+\frac{1}{pC} \tag{4.5.12}$$

式中

$$L=\frac{l}{B} \tag{4.5.13}$$

$$C=\frac{B}{\omega_0^2 l}=\frac{1}{\omega_0^2 L} \tag{4.5.14}$$

不难看出，$1/\sqrt{LC}=\omega_0$。这表明，低通原型滤波器电路中的电感 l 经低通-带通变换后，这一段电路变换为带通滤波器电路中的 LC 串联谐振电路，其谐振频率等于带通滤波器的中心频率 ω_0。

同理，对于低通原型滤波器电路中的电容 c，其导纳的变换为

$$sc=\frac{p^2+\omega_0^2}{pB}c=p\left(\frac{c}{B}\right)+\frac{1}{p\frac{B}{\omega_0^2 c}}=pC+\frac{1}{pL} \tag{4.5.15}$$

$$C=\frac{c}{B} \tag{4.5.16}$$

$$L=\frac{B}{\omega_0^2 c}=\frac{1}{\omega_0^2 C} \tag{4.5.17}$$

以上三式表明，低通原型滤波器电路中的电容 c 经低通-带通变换后，这一段电路变换为带通滤波器电路中的谐振频率为 ω_0 的 LC 并联谐振电路。

图 4.5.2（a）、（b）、（c）分别表示低通-带通变换施加于电感 l、电容 c 及一个 3 阶全极点 lc 梯形网络的情形。

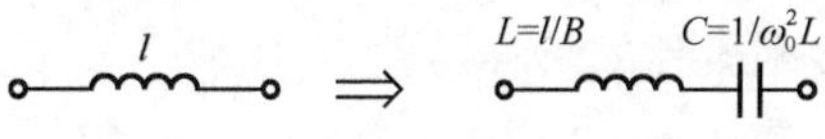

（a）电感l

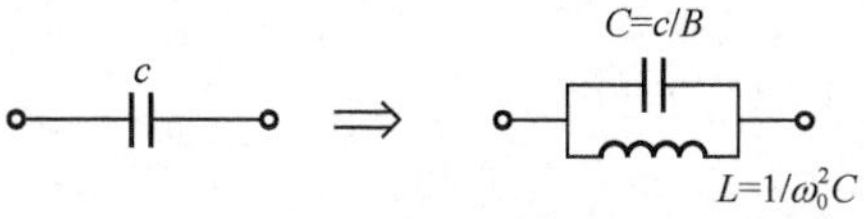

（b）电容c

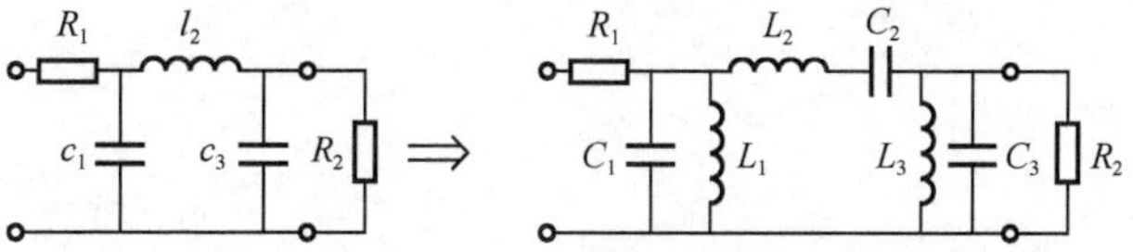

（c）一个三阶全极点lc梯形网络

图 4.5.2　低通-带通参数变换

4.6　习题

1．试比较巴特沃斯逼近、切比雪夫逼近及椭圆逼近三种经典逼近方法的优缺点，并举例说明。

2．设低通滤波器的通带边界频率 $\omega_p = 1\text{rad/s}$，通带纹波系数 $\varepsilon = 0.5$。对于下列情形，分别确定滤波器在 $\omega = 2\text{rad/s}$ 处的衰减 $A(\omega)$，并对所得到的结果进行比较。

（1）$N = 3$ 和 $N = 5$ 的巴特沃斯滤波器；

（2）$N = 3$ 和 $N = 5$ 的切比雪夫滤波器。

3．用巴特沃斯逼近求满足以下技术条件的低通滤波器的转移函数 $H(s)$：通带边界频率 $f_p = 1000\text{Hz}$，通带最大衰减 $A_{max} = 2\text{dB}$，阻带边界频率 $f_s = 2500\text{Hz}$，阻带最小衰减 $A_{min} = 16\text{dB}$。

4．一个低通滤波器的技术条件如下。

通带：$f_p = 1000\text{Hz}$，$A_{max} = 0.5\text{dB}$

阻带：$f_s = 1500\text{Hz}$，$A_{min} = 24\text{dB}$

用切比雪夫逼近求满足以上技术条件的转移函数 $H(s)$，并绘出其衰减曲线。

5．用巴特沃斯逼近设计一个低通滤波器，通带为 0～2Hz，通带最大衰减为 3dB，阻带最小频率为 3Hz，阻带最小衰减为 10dB。求 $H(s)$ 和 $K(s)$。

6．定性绘出以下滤波器的衰减曲线：

（1）八阶切比雪夫带通滤波器。通带从 8kHz 到 12.5kHz，下阻带边界频率为 7.5kHz，通带最大衰减 $A_{max} = 2\text{dB}$。

（2）七阶椭圆低通滤波器。通带边界频率为 1 kHz，阻带边界频率为 1.2kHz，通带最大衰减 $A_{max} = 1\text{dB}$。

（3）六阶切比雪夫带阻滤波器。阻带从 40Hz 到 62Hz，阻带最小衰减 $A_{min} = 40\text{dB}$，通带最大衰减 $A_{max} = 2\text{dB}$。

7．一个带通滤波器的技术条件：通带边界频率 $f_{p1} = 2760\text{Hz}$，$f_{p2} = 2850\text{Hz}$，通带最大衰减 $A_{max} = 0.5\text{dB}$。阻带边界频率 $f_{s1} = 2630\text{Hz}$，$f_{s2} = 2995\text{Hz}$，阻带最小衰减 $A_{min} = 20\text{dB}$。用切比雪夫逼近求满足以上技术条件的转移函数 $H(s)$。

8．一个二阶滤波器，通带从 $\omega = 0$ 到 $\omega_p = 1\text{rad/s}$，通带最大衰减 $A_{max} = 1\text{dB}$。在通带内 ω_r（$\omega_r \neq 0$）处有一衰减零点。在无限远处有二阶衰减极点。求衰减零点 ω_r、特征函数 $K(s)$ 和转移函数 $H(s)$，并求 $\omega = 2\text{rad/s}$ 处的衰减。

第 5 章　无源网络综合

第 4 章介绍了无源网络转移函数 $H(s)$的获取途径，即采用函数逼近的方法获得。一旦获得了满足指标要求的转移函数，接下来的任务就是如何利用已经获得的转移函数 $H(s)$ 综合出相应的滤波网络。本章主要讨论单口网络［见图 5.0.1（a)］和双口网络［见图 5.0.1（b)］的综合。首先，介绍无源网络综合的基础知识，主要涉及无源网络综合的网络函数及其可实现性。接下来讨论单口网络和双口网络函数的综合方法和途径。

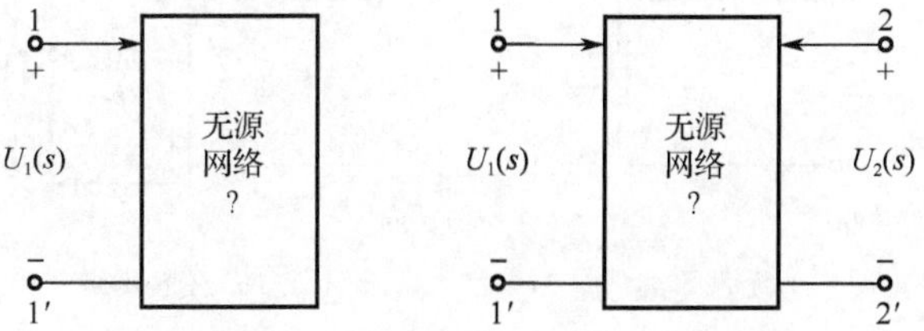

（a）单口网络　　（b）双口网络

图 5.0.1　单口网络和双口网络

5.1　正实函数

网络综合首先要解决的问题就是如何找出满足给定技术条件并可实现的网络函数，因此有必要进一步研究网络函数的性质。由集总线性时不变元件构成的网络，其网络函数 $F(s)$ 是复频率 s 的实系数有理函数，其一般式可写为以下形式：

$$F(s)=\frac{a_m s^m + a_{m-1}s^{m-1}+\cdots+a_1 s+a_0}{b_n s^n + a_{n-1}s^{n-1}+\cdots+b_1 s+b_0} \tag{5.1.1a}$$

或

$$F(s)=K\frac{(s-s_{z1})(s-s_{z2})\cdots(s-s_{zm})}{(s-s_{p1})(s-s_{p2})\cdots(s-s_{pn})} \tag{5.1.1b}$$

式中，$s_{z1},s_{z2},\cdots,s_{zm}$ 为 $F(s)$ 的零点；$s_{p1},s_{p2},\cdots,s_{pn}$ 为 $F(s)$ 的极点。

为了网络的稳定，网络函数的极点不能位于右半 s 平面，$\mathrm{j}\omega$ 轴上的极点也必须是单极点。如果是策动点函数，因策动点阻抗和策动点导纳都应有上述性质，且它们互为倒数，故策动点函数的极点和零点都不能位于右半 s 平面，$\mathrm{j}\omega$ 轴上也不能有重极点和重零点。然而，转移函数的零点在 s 平面上的位置不因稳定性要求而受到限制，一般而言，零点可位于 s 平面的任何位置。尽管如此，在设计滤波器时，最常用的转移函数在右半 s 平面上也没有零点。具有这种特性的网络在网络综合中有重要意义。例如，滤波器设计常用的无源、互易且支路间没有互相耦合的梯形网络，就是转移函数在右半 s 平面上没有零点的网络。否则，滤波器的输入和输出之间就需要有互相耦合、多通道或它们的组合来实现。本书仅讨论无源、互易且支路间没有互相耦合的梯形网络的综合。

本节研究任意有理函数可作为无源网络策动点函数的必要和充分条件。这里讲的无源网络是指仅由集总线性时不变且参数为正值的电阻、电容、电感、耦合电感和理想变压器构成的网络。

如果任意给定有理函数 $F(s)$，是否一定能以它为策动点函数综合出无源单口网络呢？先考察下面的简单例子。已知两个有理函数：

$$F_1(s)=\frac{2s+1}{s}=2+\frac{1}{s},\quad F_2(s)=\frac{-2s+1}{s}=-2+\frac{1}{s}$$

以 $F_1(s)$ 和 $F_2(s)$ 为策动点阻抗的单口网络如图 5.1.1 所示。可以看出，图 5.1.1（a）所示为无源网络，而图 5.1.1（b）所示为有源网络。显然，$F_2(s)$ 是不能用无源网络实现的函数。此例说明，在进行无源网络综合之前，应当先弄清楚什么样的有理函数才能作为策动点函数，并可用无源网络来实现。关于这个问题，可以利用定理 5.1.1［布隆（Brune）定理］来解决。

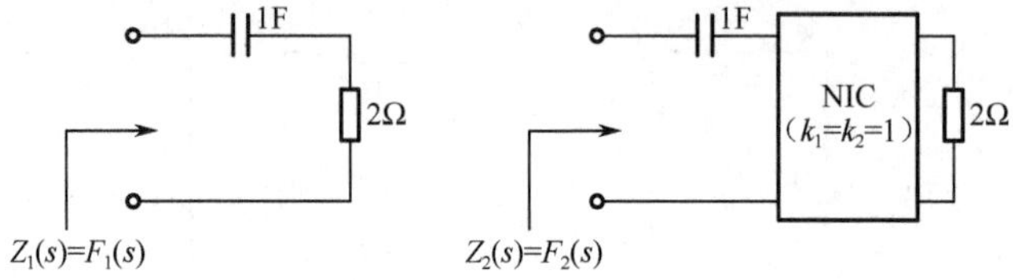

（a）无源网络　（b）有源网络

图 5.1.1　单口网络

在给出布隆定理之前，先引入正实函数的概念。即如果一个有理函数 $F(s)$ 满足下列两个条件，则称之为正实函数：

（1）当 s 是实数时，$F(s)$ 是实数；

（2）当 $\mathrm{Re}[s]\geqslant 0$ 时，$\mathrm{Re}[F(s)]\geqslant 0$。

定理 5.1.1［布隆定理］　当且仅当有理函数 $F(s)$ 是正实函数时，$F(s)$ 才是可实现的无源网络的策动点函数。

正实函数的第一个条件很容易由观察来判断，只要 $F(s)$ 的分子多项式和分母多项式的全部系数均为实数，就满足条件（1）。条件（2）意味着复函数 $F(\cdot)$ 把右半 s 闭平面映射到右半 F 闭平面。限于篇幅，关于本定理的证明过程不再赘述，感兴趣的读者可以参阅书末的参考文献。

研究表明，无源网络的策动点阻抗 $Z(s)$ 与策动点导纳 $Y(s)$ 均满足正实函数条件。也就是说，任意可无源实现的策动点阻抗 $Z(s)$ 或策动点导纳 $Y(s)$，必然是正实函数。

根据布隆定理，可得如下推论：$F(s)$ 是正实函数，当且仅当 $\dfrac{1}{F(s)}$ 是正实函数。

如前所述，条件（1）很容易判断，而条件（2）则要求在整个右半 s 平面和虚轴上来判断，一般是非常困难的。实际上几乎不用条件（2）来直接检验，而是采用等效的正实条件来检验。下面首先介绍赫尔维茨（Hurwitz）多项式，然后介绍关于等效正实条件的一个定理。

首先，引入赫尔维茨多项式的定义。即如果多项式 $P(s)$ 的全部零点均位于左半 s 平面，则称 $P(s)$ 为严格赫尔维茨多项式。如果 $P(s)$ 的全部零点位于左半 s 闭平面，且在虚轴上的零点是单阶零点，则称 $P(s)$ 为赫尔维茨多项式。

定理 5.1.2　当且仅当函数 $F(s)=\dfrac{N(s)}{D(s)}$ 满足下列条件时，$F(s)$ 才是正实函数：

（1）当 s 是实数时，$F(s)$ 是实数；

（2）多项式 $D(s)$ 和 $N(s)$ 都是赫尔维茨多项式；

（3）$F(s)$ 在虚轴上的极点是单阶的，且具有正实留数；

（4）对于所有的 ω，均有 $\mathrm{Re}[F(\mathrm{j}\omega)]\geqslant 0$。

定理 5.1.2 中的条件（1）检验了实数的性质，条件（2）、（3）、（4）检验了正数的性质。为检验条件（2），下面研究赫尔维茨多项式的判别问题。

如果能方便地对多项式 $P(s)$ 进行因式分解，则可得出全部零点，然后根据定义判定它是否为赫尔维茨多项式（或严格赫尔维茨多项式）。但一般情况下，寻求一个多项式的全部根是困难的，故下面介绍一些对于判定多项式的赫尔维茨性质很有用的必要条件及充分条件。

设多项式为

$$P(s)=a_n s^n+a_{n-1}s^{n-1}+a_{n-2}s^{n-2}+\cdots+a_1 s+a_0 \tag{5.1.2}$$

如果 $P(s)$ 是赫尔维茨多项式，则其所有的系数必定有相同的符号（同为正数或同为负数）。如果 $P(s)$ 是严格赫尔维茨多项式，则除系数符号相同外，还必须无缺项，即所有的 $a_i\neq 0$（$i=0,1,2,\cdots,n$）。显然，以上所述是赫尔维茨多项式的必要条件。

若多项式 $P(s)$ 是一次的或二次的，无缺项且全部系数符号相同，则 $P(s)$ 是严格赫尔维茨多项式。两个或两个以上严格赫尔维茨多项式的乘积仍是严格赫尔维茨多项式。这两个条件是任意多项式是赫尔维茨多项式的充分条件。如果能将一个高次多项式分解为若干一次式、二次式的乘积，可用这里讲的前一个充分条件检验，若每个一次式、二次式均是严格赫尔维茨多项式，则根据后一个充分条件便可断定原高次多项式是严格赫尔维茨多项式。

对多项式进行赫尔维茨检验有各种不同的方法，下面介绍一种用罗斯-赫尔维茨（Routh-Hurwitz）数组来检验的方法。由式（5.1.2）所示的多项式 $P(s)$ 可得到如下罗斯-赫尔维茨数组：

$$\begin{array}{lllll}
s^n & a_n & a_{n-2} & a_{n-4} & \cdots \\
s^{n-1} & a_{n-1} & a_{n-3} & a_{n-5} & \cdots \\
s^{n-2} & b_n & b_{n-1} & b_{n-2} & \cdots \\
s^{n-3} & c_n & c_{n-1} & c_{n-2} & \cdots \\
\vdots & \vdots & \vdots & \vdots & \\
s^1 & \vdots & & & \\
s^0 & \vdots & & &
\end{array}$$

式中

$$b_n=\frac{-\begin{vmatrix} a_n & a_{n-2} \\ a_{n-1} & a_{n-3}\end{vmatrix}}{a_{n-1}},\quad b_{n-1}=\frac{-\begin{vmatrix} a_n & a_{n-4} \\ a_{n-1} & a_{n-5}\end{vmatrix}}{a_{n-1}},\quad b_{n-2}=\frac{-\begin{vmatrix} a_n & a_{n-6} \\ a_{n-1} & a_{n-7}\end{vmatrix}}{a_{n-1}},\ \cdots$$

$$c_n=\frac{-\begin{vmatrix} a_n & a_{n-3} \\ b_n & b_{n-1}\end{vmatrix}}{b_n},\quad c_{n-1}=\frac{-\begin{vmatrix} a_{n-1} & a_{n-5} \\ b_n & b_{n-2}\end{vmatrix}}{b_n},\ \cdots$$

若罗斯-赫尔维茨数组第 1 列（除 s^n 列外）$a_n,a_{n-1},b_n,c_n,\cdots$ 各项均为非零值，且有相同的正（或负）号，则 $P(s)$ 是严格赫尔维茨多项式。如果第 1 列各项出现不同的符号，则 $P(s)$ 不是赫尔维茨多项式。

例 5.1.1 试判断下面的 $P(s)$ 是否为严格赫尔维茨多项式。

$$P(s)=s^5+20s^4+147s^3+484s^2+612s+336$$

解：其罗斯-赫尔维茨数组如下：

s^5	1	147	612
s^4	20	484	336
s^3	112.8	595.2	
s^2	387.06	336	
s^1	489		
s^0	336		

由于以上数组的第 1 列（除 s^n 列外，后同）均为非零值，且同为正号，因此 $P(s)$是严格赫尔维茨多项式。

例 5.1.2 试判断下面的 $P(s)$是否为赫尔维茨多项式。

$$P(s)=s^5+5s^4+6s^3+s^2+5s+6$$

解：其罗斯-赫尔维茨数组如下：

s^5	1	6	5
s^4	5	1	6
s^3	5.8	3.8	
s^2	−2.276	6	
s^1	19.09		
s^0	6		

由于以上数组第 1 列中有一个负数，其他为正数，因此，$P(s)$不是赫尔维茨多项式。

在构成罗斯-赫尔维茨数组的过程中，如果某行有零元，则 $P(s)$不是严格赫尔维茨多项式。为了检验 $P(s)$是否为赫尔维茨多项式，应通过构造辅助多项式来置换零元行。设出现零元的前一行是对应于 s^k 的行，先写出多项式：

$$P_k(s)=a_k s^k+a_{k-2}s^{k-2}+\cdots$$

式中，a_i（$i=k,k-2,\cdots$）为第 k 行各项的系数。然后构造辅助多项式：

$$P_k'(s)=\frac{\mathrm{d}P_k(s)}{\mathrm{d}s}=ka_k s^{k-1}+(k-2)a_{k-2}s^{k-3}+\cdots \tag{5.1.3}$$

用式（5.1.3）所示的辅助多项式 $P_k'(s)$ 的系数去置换零元行而作为对应于 s^{k-1} 行的系数，这样便可继续按前述方法写出罗斯-赫尔维茨数组。如果数组中第 1 列各项符号相同，则 $P(s)$是赫尔维茨多项式，否则不是赫尔维茨多项式。

例 5.1.3 试判断下面的 $P(s)$是否为赫尔维茨多项式。

$$P(s)=s^5+9s^4+27s^3+33s^2+26s+24$$

解：其罗斯-赫尔维茨数组如下。

s^5	1	27	26
s^4	9	33	24
s^3	23.333	23.333	

$$
\begin{array}{llll}
s^2 & 24 & 24 & P_2(s)=24s^2+24 \\
s^1 & 48 & & P_2'(s)=48s \\
s^0 & 24 & &
\end{array}
$$

数组中 s^1 对应行系数已置换。由于第 1 列各项符号相同，所以 $P(s)$是赫尔维茨多项式。

例 5.1.4 试判断下面的 $P(s)$是否为赫尔维茨多项式。

$$P(s)=s^4+4s^2+3$$

由于 $P(s)$为仅含偶次项的多项式，显然它不是严格赫尔维茨多项式。为检验它是否为赫尔维茨多项式，按前述方法构造罗斯-赫尔维茨数组。该数组第二行全为零元，用辅助多项式系数置换后得

$$
\begin{array}{lllll}
s^4 & 1 & 4 & 3 & \\
s^3 & 4 & 8 & & \\
s^2 & 2 & 3 & & P_4(s)=s^4+4s^2+3 \\
s^1 & 2 & & & P_4'(s)=4s^3+8s \\
s^0 & 3 & & &
\end{array}
$$

由于数组中第一列各项均为正值，故 $P(s)$是赫尔维茨多项式。

为了判断一个多项式是否为赫尔维茨多项式，应当先检验该多项式是否满足赫尔维茨多项式的必要条件（所有的系数有相同符号），如果不满足此条件，则可确定不是赫尔维茨多项式，若满足此必要条件，才需要用构造罗斯-赫尔维茨数组等方法进行检验。

下面继续讨论正实函数，先考察定理 5.1.2 的条件（3）。$F(s)$ 在虚轴上的极点是单阶的，这不仅就 jω 轴上有限远处的极点而言，还应包含无限远处的极点。即正实函数在无限远处不能有多重极点。又因正实函数的倒数必为正实函数，故正实函数在无限远处也不能有多重零点。s=0 处的极点和零点也只能是单阶的。根据以上分析，若有理函数 $F(s)=\dfrac{N(s)}{D(s)}$ 是正实函数，则其分母多项式 $D(s)$ 与分子多项式 $N(s)$ 的最高次数之差最多为 1，$D(s)$ 与 $N(s)$ 的最低次数之差只能为 1 或 0。使用这一条件，可通过观察直接判定一些函数为非正实函数。

综合应用定理 5.1.2 的各个条件，即可判断一个有理函数 $F(s)$ 是否为正实函数。下面举例说明。

例 5.1.5 试判断以下 5 个有理函数是否为正实函数。

（1）$F_1(s)=\dfrac{2s^5+5s^4+7s^3+3s+6}{s^3+10s^2+1}$。

（2）$F_2(s)=\dfrac{3s^3+5s+1}{s^2+4s-6}$。

（3）$F_3(s)=\dfrac{s^2}{s+4}$。

（4）$F_4(s)=\dfrac{s^2+s+2}{s^2+2}$。

（5）$F_5(s)=\dfrac{s^4+10s^3+35s^2+50s+24}{s^5+5s^4+6s^3+s^2+5s+6}$。

解:（1）$F_1(s)$ 分子最高次数为 5，分母最高次数为 3，两者之差为 2，不是正实函数（$s=\infty$ 处有二重极点）。

（2）$F_2(s)$ 分母中出现负系数，不是正实函数。

（3）$F_3(s)$ 分子最低次项与分母最低次项相比较，次数高 2 次，不是正实函数（s=0 处有二重零点）。

（4）$F_4(s)$ 分子为二次式，不缺项且系数均为正值，故为赫尔维茨多项式。其分母可写为

$$D(s)=s^2+2=(s-\mathrm{j}\sqrt{2})(s+\mathrm{j}\sqrt{2})$$

故 $F_4(s)$ 在 $\mathrm{j}\omega$ 轴上有两个单阶极点：

$$s_1=\mathrm{j}\sqrt{2}\text{，}\quad s_2=-\mathrm{j}\sqrt{2}$$

尚需检验此二极点处的留数是否为正实数。在 $s=s_1$ 和 $s=s_2$ 处的留数分别为

$$\xi_1=(s-s_1)F_4(s)\big|_{s=s_1}=\left.\frac{s^2+s+2}{s+\mathrm{j}\sqrt{2}}\right|_{s=\mathrm{j}\sqrt{2}}=\frac{\mathrm{j}\sqrt{2}}{2\mathrm{j}\sqrt{2}}=\frac{1}{2}>0$$

$$\xi_2=(s-s_2)F_4(s)\big|_{s=s_2}=\left.\frac{s^2+s+2}{s+\mathrm{j}\sqrt{2}}\right|_{s=-\mathrm{j}\sqrt{2}}=\frac{-\mathrm{j}\sqrt{2}}{-2\mathrm{j}\sqrt{2}}=\frac{1}{2}>0$$

$F_4(s)$ 在 $\mathrm{j}\omega$ 轴上二极点处的留数均为正实数。

最后，用定理 5.1.2 的条件（4）进行检验。

$$\mathrm{Re}[F_4(\mathrm{j}\omega)]=\mathrm{Re}\left[\frac{-\omega^2+\mathrm{j}\omega+2}{-\omega^2+2}\right]=\frac{-\omega^2+2}{-\omega^2+2}=1>0\quad（对所有的\ \omega）$$

因此，$F_4(s)$ 是正实函数。

（5）$F_5(s)$ 分子多项式 $N(s)=s^4+10s^3+35s^2+50s+24$，其罗斯-赫尔维茨数组为

s^4	1	35	24
s^3	10	50	
s^2	30	24	
s^1	42		
s^0	24		

$N(s)$ 是严格赫尔维茨多项式。$F_5(s)$ 分母多项式 $D(s)$ 与例 5.1.2 中的 $P(s)$ 相同，而之前已判定它不是赫尔维茨多项式。由此可知，$F_5(s)$ 不是正实函数。

5.2　电抗函数的性质和实现

仅由电感元件和电容元件构成的网络称为电抗网络或无损网络。单口电抗网络的策动点函数称为电抗函数或 LC 导抗函数。本节研究电抗函数的性质和基本实现方法。

5.2.1　电抗函数的性质

由无源 RLC 单口网络的能量函数描述的 $Z(s)$ 和 $Y(s)$ 可知，电抗网络的策动点阻抗函数和策动点导纳函数分别具有以下形式：

$$Z_{\mathrm{LC}}(s)=\frac{1}{|I_1(s)|^2}\left[\frac{1}{s}V_0(s)+sT_0(s)\right]\qquad(5.2.1\mathrm{a})$$

$$Y_{\mathrm{LC}}(s)=\frac{1}{|U_1(s)|^2}\left[\frac{1}{s}|s|^2T_0(s)+s\frac{V_0(s)}{|s|^2}\right] \tag{5.2.1b}$$

在式（5.2.1a）和式（5.2.1b）中，$|I_1(s)|^2$、$|U_1(s)|^2$、$V_0(s)$、$T_0(s)$和$|s|^2$均为s的偶函数，因而$Z_{\mathrm{LC}}(s)$和$Y_{\mathrm{LC}}(s)$是s的奇函数，即

$$Z_{\mathrm{LC}}(-s)=-Z_{\mathrm{LC}}(s)，\quad Y_{\mathrm{LC}}(-s)=-Y_{\mathrm{LC}}(s)$$

由此可以确定电抗函数$Z_{\mathrm{LC}}(s)$和$Y_{\mathrm{LC}}(s)$的极点和零点的位置。设s_0为$Z_{\mathrm{LC}}(s)$的零点，即$Z_{\mathrm{LC}}(s)=0$，由于$Z_{\mathrm{LC}}(s)$为奇函数，必有$Z_{\mathrm{LC}}(-s_0)=-Z_{\mathrm{LC}}(s_0)=0$，这就表示，$Z_{\mathrm{LC}}(s)$的零点一定成对地出现在$s$平面的相对原点对称的位置上，若$s_0=\sigma_0+\mathrm{j}\omega_0$的实部$\sigma_0\neq 0$，则$Z_{\mathrm{LC}}(s)$将存在右半$s$平面的零点，这与电抗函数是正实函数相矛盾。要满足电抗函数既是正实函数、又是奇函数的要求，只有使$\sigma_0=0$，即$Z(s)$的零点必共轭成对地出现在$\mathrm{j}\omega$轴上，$s_0=\mathrm{j}\omega_0$，$\overline{s}_0=-\mathrm{j}\omega_0$。同理，可对$Y_{\mathrm{LC}}(s)$的零点位置进行分析，注意到$Y_{\mathrm{LC}}(s)$与$Z_{\mathrm{LC}}(s)$互为倒数，可得出如下结论：电抗函数（$Z_{\mathrm{LC}}(s)$、$Y_{\mathrm{LC}}(s)$）所有的零点都共轭成对地出现在$\mathrm{j}\omega$轴上，所有的极点也都共轭成对地出现在$\mathrm{j}\omega$轴上。又由电抗函数的正实性质可知，其在$\mathrm{j}\omega$轴上的所有的极点和所有的零点必定是单阶的。因此，电抗函数的分子多项式和分母多项式都具有如下的一般形式：

$$\begin{aligned}P(s)&=s(s-\mathrm{j}\omega_1)(s+\mathrm{j}\omega_1)(s-\mathrm{j}\omega_2)(s+\mathrm{j}\omega_2)\cdots\\&=s(s^2+\omega_1^2)(s^2+\omega_2^2)\end{aligned} \tag{5.2.2}$$

式中，s项代表$P(s)$在ω=0处的零点，此项也可能不存在。

设策动点阻抗函数$Z_{\mathrm{LC}}(s)=\dfrac{N(s)}{D(s)}$，由式（5.2.2）可知，$N(s)$、$D(s)$的形式或为仅含奇次幂的奇多项式（当多项式在$s$=0处有零点时），或为仅含偶次幂的偶次多项式（当多项式在s=0处无零点时）。如果$N(s)$与$D(s)$同为奇多项式或同为偶次多项式，则$Z_{\mathrm{LC}}(s)$将是偶函数，这与前面已经确定的电抗函数为奇函数相矛盾。因此，在$N(s)$与$D(s)$中，必定一个是奇多项式，另一个是偶次多项式。$Z_{\mathrm{LC}}(s)$有以下两种可能的形式：

$$Z_{\mathrm{LC}}(s)=K\frac{s(s^2+\omega_{\mathrm{z1}}^2)(s^2+\omega_{\mathrm{z2}}^2)\cdots}{(s^2+\omega_{\mathrm{p1}}^2)(s^2+\omega_{\mathrm{p2}}^2)} \tag{5.2.3a}$$

或

$$Z_{\mathrm{LC}}(s)=K\frac{(s^2+\omega_{\mathrm{z1}}^2)(s^2+\omega_{\mathrm{z2}}^2)\cdots}{s(s^2+\omega_{\mathrm{p1}}^2)(s^2+\omega_{\mathrm{p2}}^2)\cdots} \tag{5.2.3b}$$

再考虑到阻抗函数的正实性质，式（5.2.3a）和式（5.2.3b）中分子多项式与分母多项式的次数之差必为1。

对策动点阻抗函数$Z_{\mathrm{LC}}(s)$进行部分分式展开，可得

$$Z_{\mathrm{LC}}(s)=K_\infty s+\frac{K_0}{s}+\frac{K_1 s}{s^2+\omega_{\mathrm{p1}}^2}+\frac{K_2 s}{s^2+\omega_{\mathrm{p2}}^2}+\cdots+\frac{K_N s}{s^2+\omega_{\mathrm{p}N}^2} \tag{5.2.4}$$

式中，K_∞为$Z_{\mathrm{LC}}(s)$在s=∞处极点的留数；K_0为$Z_{\mathrm{LC}}(s)$在原点处极点的留数；K_i（$i=1,2,\cdots,N$）为$Z_{\mathrm{LC}}(s)$在极点$\pm\mathrm{j}\omega_{\mathrm{p}i}$处的留数乘以2。由于$Z_{\mathrm{LC}}(s)$的正实性质，以上各留数均为正实数。严格来讲，$K_\infty$和$K_0$可能为零或正实数。当$Z_{\mathrm{LC}}(s)$在$s$=∞处存在单阶极点（$N(s)$

较 $D(s)$ 高一次）时，$K_\infty \neq 0$；当 $Z_{LC}(s)$ 在原点处存在单阶极点（$D(s)$ 为奇多项式）时，$K_0 \neq 0$。从物理概念分析，LC 网络策动点阻抗的特性是由电感、电容的阻抗 sL、$\dfrac{1}{sC}$ 决定的，当 $s \to 0$ 时，$sL \to 0$、$\dfrac{1}{sC} \to \infty$，而当 $s \to \infty$ 时，$sL \to \infty$、$\dfrac{1}{sC} \to 0$，故 $Z_{LC}(s)$ 在原点和无穷远处必存在零点或极点，而不可能为某一非零的有限值。

下面将进一步研究电抗函数的极点和零点在 jω 轴上的分布规律。令式（5.2.4）中 $s = \mathrm{j}\omega$，得

$$Z_{LC}(\mathrm{j}\omega) = \mathrm{j}\left[K_\infty \omega - \frac{K_0}{\omega} + \frac{K_1\omega}{\omega_{p1}^2 - \omega^2} + \frac{K_2\omega}{\omega_{p2}^2 - \omega^2} + \cdots + \frac{K_N\omega}{\omega_{pN}^2 - \omega^2}\right] = \mathrm{j}X(\omega) \qquad (5.2.5)$$

式中，电抗函数

$$X(\omega) = K_\infty \omega - \frac{K_0}{\omega} + \frac{K_1\omega}{\omega_{p1}^2 - \omega^2} + \frac{K_2\omega}{\omega_{p2}^2 - \omega^2} + \cdots + \frac{K_N\omega}{\omega_{pN}^2 - \omega^2} \qquad (5.2.6)$$

将上式对 ω 求导，有

$$\frac{\mathrm{d}X(\omega)}{\mathrm{d}\omega} = K_\infty + \frac{K_0}{\omega^2} + \sum_{i=1}^{N} \frac{K_i(\omega_{pi}^2 + \omega^2)}{(\omega_{pi}^2 - \omega^2)^2} \qquad (5.2.7)$$

对于任何有限实频率 ω，上式右端均为正值，即

$$\frac{\mathrm{d}X(\omega)}{\mathrm{d}\omega} > 0 \quad (\omega < \infty)$$

$$\lim_{\omega \to \infty} \frac{\mathrm{d}X(\omega)}{\mathrm{d}\omega} = K_\infty \geqslant 0 \qquad (5.2.8)$$

式（5.2.8）表明，$X(\omega)$ 为单调增函数，再考虑到 $X(\omega)$ 存在多个零点和极点，以及当 $\omega=0$ 和 $\omega \to \infty$ 时 $X(\omega)$ 只可能为 0 或趋于无穷大，由此可绘出电抗函数 $X(\omega)$ 的图形，如图 5.2.1 所示，图（a）、（b）表示出在 $\omega=0$ 和 $\omega \to \infty$ 处 $X(\omega)$ 的两种不同取值的情况。另外两种情况，读者可自行绘出。由图 5.2.1 可看出，$X(\omega)$ 的极点和零点必定在 ω 轴上交替出现。

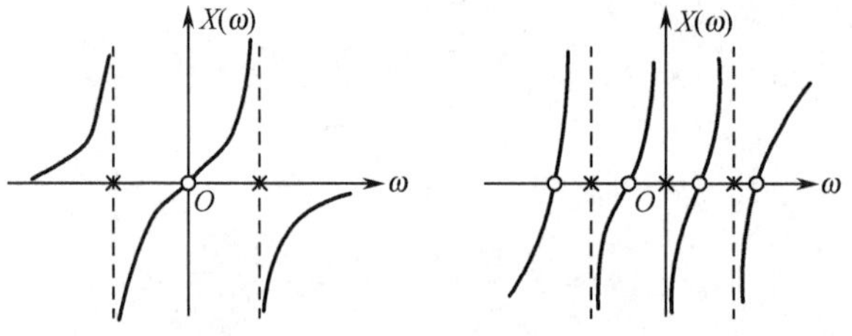

（a）$\omega=0$　　（b）$\omega \to \infty$

图 5.2.1　电抗函数的零极点分布

以上关于 LC 网络策动点阻抗函数 $Z_{LC}(s)$ 的形式、零极点分布等问题的讨论所得结论，均适用于 LC 网络策动点导纳函数 $Y_{LC}(s)$，这可以从式（5.2.1）看出，$Y_{LC}(s)$ 与 $Z_{LC}(s)$ 具有相同的函数形式。

综上所述，LC 电抗函数 $F_{LC}(s) = \dfrac{N(s)}{D(s)}$ 具有如下性质。

（1）$F_{LC}(s)$ 为奇函数，且是奇（偶）次多项式与偶（奇）次多项式之比。

（2）$N(s)$ 与 $D(s)$ 的最高次数之差必为 1。

（3）$F_{LC}(s)$ 的全部极点和零点均为单阶的，且位于 jω 轴上。极点处的留数均为正实数。

（4）在原点和无限远处，$F_{LC}(s)$ 必定有单阶极点或单阶零点。

（5）对于任意 ω，$F_{LC}(j\omega)$ 皆为纯虚数。

（6）$\dfrac{F_{LC}(j\omega)}{j}$ 是 ω 的严格单调增函数，其极点和零点在 ω 轴上交替排列。

以上性质并不是相互独立的，概括起来，可用如下的充分必要条件来表述。

定理 5.2.1 一个有理函数 $F(s)$ 是 LC 网络策动点函数的充分必要条件如下。

（1）$F(s)$ 的全部极点和零点均为 jω 轴上交替排列的单阶极点和单阶零点；

（2）在 s=0 和 $s\to\infty$ 处，$F(s)$ 必有单阶极点或单阶零点。

上述 6 条性质和定理 5.2.1，可用于检验一个有理函数 $F(s)$ 是否为电抗函数，从而确定其能否用 LC 网络来实现。

5.2.2 电抗函数的实现

对于给定的电抗函数，一般有多个 LC 网络可实现，而且有各种不同的实现方法。本节介绍两种基本实现方法，即福斯特（Forster）实现和考尔（Cauer）实现。

1. 福斯特实现

将电抗函数先进行部分分式展开，然后逐项实现，这种方法称为福斯特实现。

设电抗函数 $F_{LC}(s)$ 展开为如下部分分式：

$$F_{LC}(s)=\frac{N(s)}{D(s)}=K_\infty s+\frac{K_0}{s}+\sum_{i=1}^{N}\frac{K_i s}{s^2+\omega_{pi}^2} \tag{5.2.9}$$

式中

$$K_\infty=\left.\frac{F_{LC}(s)}{s}\right|_{s=\infty} \tag{5.2.10a}$$

$$K_0=[sF_{LC}(s)]\big|_{s=0} \tag{5.2.10b}$$

$$K_i=\left[\frac{s^2+\omega_{pi}^2}{s}\cdot F_{LC}(s)\right]\Bigg|_{s^2=-\omega_{pi}^2} \tag{5.2.10c}$$

式（5.2.9）求和符号中的每项可改写为

$$\frac{K_i s}{s^2+\omega_{pi}^2}=\frac{1}{\dfrac{1}{K_i}s+\dfrac{\omega_{pi}^2}{K_i}\cdot\dfrac{1}{s}} \tag{5.2.11}$$

实现式（5.2.9）中各项的电路单元如表 5.2.1 所示。当 $F_{LC}(s)$ 是策动点阻抗 $Z_{LC}(s)$ 时，其实现网络应将表 5.2.1 第 2 列中的有关阻抗单元串联起来，如图 5.2.2（a）所示，这种结构称为福斯特 I 型。若 $Z_{LC}(s)$ 在 s=0 处有零点，则 $K_0=0$，因而实现网络中缺 C_0 单元；若 $Z_{LC}(s)$ 在 $s\to\infty$ 处有零点，则 $K_0=0$，因而实现网络中缺 L_0 单元。当 $F_{LC}(s)$ 是策动点导纳 $Y_{LC}(s)$ 时，其实现网络应将表 5.2.1 第 3 列中的有关导纳单元并联起来，如图 5.2.2（b）所示，这种结构称为福斯特 II 型。若 $F_{LC}(s)$ 在 s=0 处有零点，则其实现网络中缺 L_0 单元；若 $F_{LC}(s)$ 在 $s\to\infty$ 处有零点，则其实现网络中缺 C_0 单元。

表 5.2.1　电抗函数的福斯特实现

$F_{LC}(s)$展开式中的项	电 路 实 现	
	$F_{LC}(s)$为阻抗函数	$F_{LC}(s)$为导纳函数
$K_\infty s$	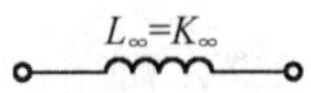	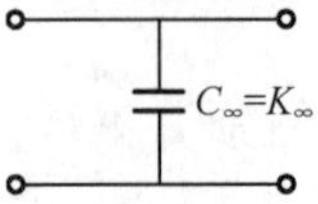
$\dfrac{K_0}{s}$	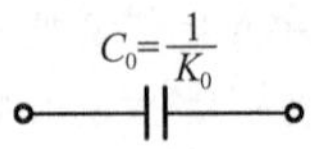	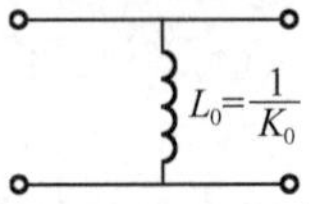
$\dfrac{K_i s}{s^2+\omega_{pi}^2}=\dfrac{1}{\dfrac{1}{K_i}s+\dfrac{\omega_{pi}^2}{K_i}\dfrac{1}{s}}$	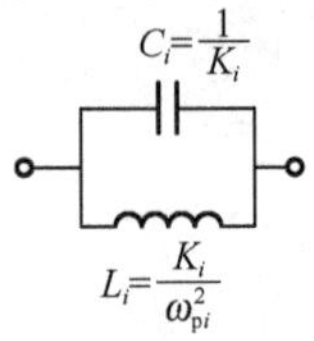	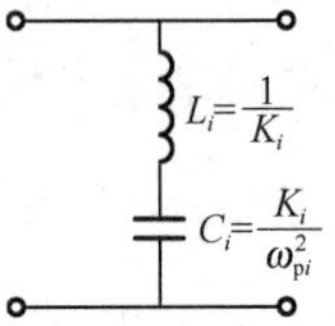

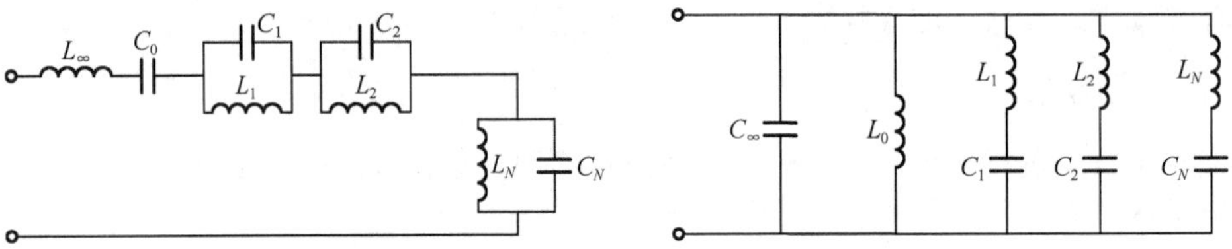

（a）福斯特 I 型　　（b）福斯特 II 型

图 5.2.2　福斯特型的电路拓扑

2. 考尔实现

首先考察图 5.2.3 所示的梯形网络，其串联臂参数用阻抗 Z_1、Z_3、Z_5 标出，分流臂参数用导纳 Y_2、Y_4、Y_6 标出。梯形单口网络的输入阻抗为

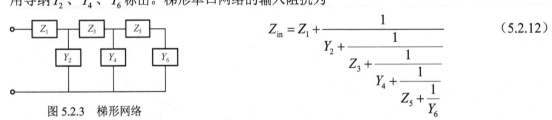

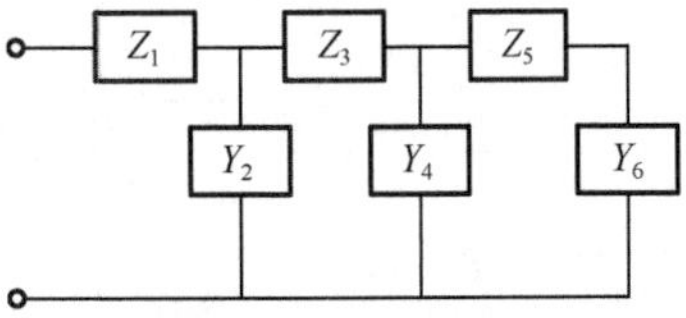

图 5.2.3　梯形网络

$$Z_{in}=Z_1+\cfrac{1}{Y_2+\cfrac{1}{Z_3+\cfrac{1}{Y_4+\cfrac{1}{Z_5+\cfrac{1}{Y_6}}}}} \tag{5.2.12}$$

可以看出，梯形网络的策动点函数具有连分式的形式。先将给定的电抗函数展开为连分式，然后用梯形网络实现，这种方法称为考尔实现。下面分别研究考尔 I 型和考尔 II 型。

1）考尔 I 型

对 $F_{LC}(s)=N(s)/D(s)$ 的分子多项式 $N(s)$ 和分母多项式 $D(s)$ 分别按降幂排序，并进行连分式展开，得以下形式的展开式：

$$F_{LC}(s)=\alpha_1 s+\cfrac{1}{\alpha_2 s+\cfrac{1}{\alpha_3 s+\cfrac{}{\ddots+\cfrac{1}{\alpha_n s}}}} \tag{5.2.13}$$

这里假设 $N(s)$ 较 $D(s)$ 高一次，即 $F_{\mathrm{LC}}(s)$ 具有在无穷远处的单阶极点。分解出因子 $\alpha_1 s$，意味着移去了无穷远处的极点，则剩余函数在无穷远处应具有零点，其倒数必在无穷远处有极点。再对剩余函数的倒数移去其无穷远处的极点（分解出因子 $\alpha_2 s$ ）……此过程反复进行下去，直至得到最后一项 $\alpha_n s$ 。

例 5.2.1 用考尔Ⅰ型实现策动点导纳函数：

$$Y(s)=\frac{s^5+20s^3+64s}{s^4+10s^2+9}$$

解：对 $Y(s)$ 展开为连分式：

$$s^4+10s^2+9)s^5+20s^3+64s(s$$

$$\underline{s^5+10s^3+9s}$$

$$10s^3+55s)s^4+10s^2+9\left(\frac{1}{10}s\right.$$

$$\underline{s^4+5.5s^2}$$

$$4.5s^2+9)10s^3+55\left(\frac{20}{9}s\right.$$

$$\underline{10s^3+20s}$$

$$35s)4.5s^2+9\left(\frac{9}{70}s\right.$$

$$\underline{4.5s^2}$$

$$9)35s\left(\frac{35}{9}s\right.$$

$$\underline{35s}$$

$$0$$

则

$$Y(s)=s+\cfrac{1}{\cfrac{1}{10}s+\cfrac{1}{\cfrac{20}{9}s+\cfrac{1}{\cfrac{9}{70}s+\cfrac{1}{\cfrac{35}{9}s}}}}$$

以上展开方法即为一系列的颠倒相除。第一次的商 s 为分流臂导纳，这里移去了 $Y(s)$ 在 ∞ 处的一个极点；第二次的商 $\frac{1}{10}s$ 是串联臂阻抗，这里移去的是第一次剩余函数的倒数在 ∞ 处的极点；……这样反复相除所得商 $\frac{20}{9}s$ 、$\frac{35}{9}s$ 为分流臂导纳，$\frac{9}{70}s$ 为串联臂阻抗，于是可得图 5.2.4 所示的梯形网络。

例 5.2.2 用考尔Ⅰ型实现策动点导纳函数：

$$Y(s)=\frac{s^3+2s}{s^4+10s^2+9}$$

解：$Y(s)$ 在 ∞ 处有一个零点而无极点，故将 $Y(s)$ 取倒数，所得 $Z(s)$ 必在 ∞ 处有极点，先对 $Z(s)$ 展开再取倒数。故先以 $Y(s)$ 的分母为被除式，辗转相除如下：

$$s^3+2s)s^4+10s^2+9(s$$

$$\underline{s^4+2s^2}$$

$$8s^2+9)s^3+2s\left(\frac{1}{8}s\right.$$

$$\underline{s^3+\frac{9}{8}s}$$

$$\frac{7}{8}s)8s^2+9\left(\frac{64}{7}s\right.$$

$$\underline{8s^2}$$

$$9)\frac{7}{8}s\left(\frac{7}{72}s\right.$$

$$\underline{\frac{7}{8}s}$$

$$0$$

由此可得 $Y(s)$ 的连分式展开式：

$$Y(s)=\frac{1}{Z(s)}=\cfrac{1}{s+\cfrac{1}{\frac{1}{8}s+\cfrac{1}{\frac{64}{7}s+\cfrac{1}{\frac{7}{72}s}}}}$$

$Y(s)$ 的考尔 I 型梯形网络如图 5.2.5 所示。

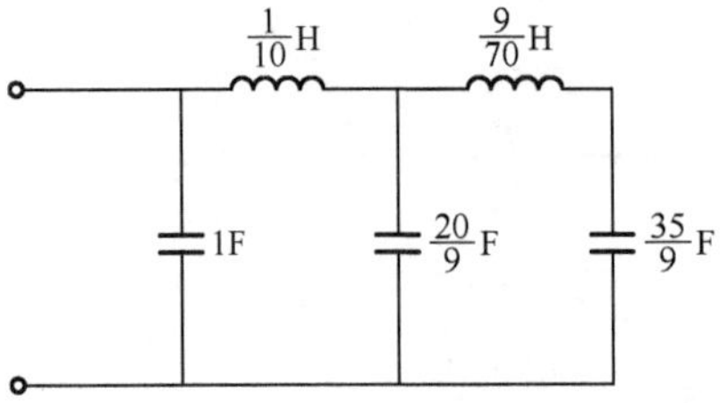

图 5.2.4　例 5.2.1 的梯形网络

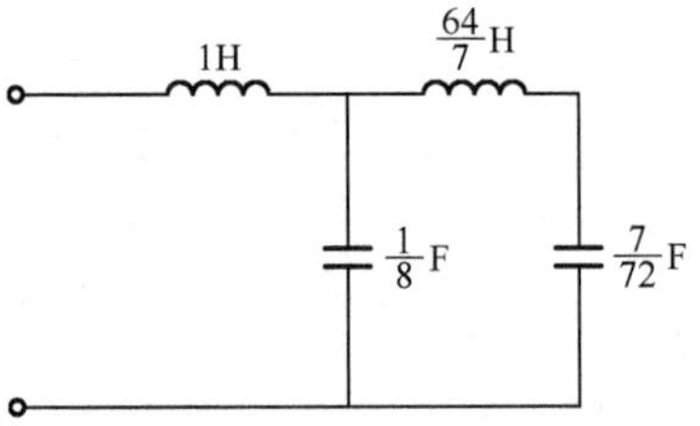

图 5.2.5　例 5.2.2 的梯形网络

2）考尔 II 型

对 $F_{LC}(s)=N(s)/D(s)$ 的分子多项式 $N(s)$ 和分母多项式 $D(s)$ 分别按升幂排序后进行一系列的颠倒相除，可得如下形式的连分式展开式：

$$F_{LC}(s)=\frac{1}{\beta_1 s}+\cfrac{1}{\frac{1}{\beta_2 s}+\cfrac{1}{\frac{1}{\beta_3 s}+\ddots+\cfrac{1}{\frac{1}{\beta_n s}}}} \tag{5.2.14}$$

这里设 $N(s)$ 为偶次多项式、$D(s)$ 为奇次多项式，即 $F_{LC}(s)$ 具有在原点处的单阶极点。析出因子$\dfrac{1}{\beta_1 s}$，意味着移去了$F_{\mathrm{LC}}(s)$在s=0处的极点，则剩余函数在s=0处应具有零点，其倒数在原点处必有极点。再对剩余函数的倒数移去其原点处的极点（析出因子$\dfrac{1}{\beta_2 s}$）……此过程反复进行，最后得$\dfrac{1}{\beta_n s}$。

例 5.2.3 用考尔Ⅱ型实现策动点阻抗函数。

$$Z(s)=\frac{s^4+10s^2+9}{s^3+2s}$$

解：将$Z(s)$改写为$N(s)$、$D(s)$均按升幂排序的形式：

$$Z(s)=\frac{9+10s^2+s^4}{2s+s^3}$$

上式分母最低次项较分子最低次项高 1 次，必存在s=0处的单阶极点，可直接进行辗转相除：

$$2s+s^3)9+10s^2+s^4\left(\frac{9}{2s}\right.$$

$$\frac{9+\frac{9}{2}s^2}{}$$

$$\frac{11}{2}s^2+s^4)2s+s_3\left(\frac{4}{11s}\right.$$

$$\frac{2s+\frac{4}{11}s^3}{}$$

$$\frac{7}{11}s^3\Big)\frac{11}{2}s^2+s^4\left(\frac{121}{14s}\right.$$

$$\frac{\frac{11}{2}s^2}{}$$

$$s^4)\frac{7}{11}s^3\left(\frac{7}{11}s\right.$$

$$\frac{\frac{7}{11}s^3}{}$$

$$0$$

式中，$\dfrac{2}{9}\approx 0.222$，$\dfrac{11}{4}=2.75$，$\dfrac{14}{121}\approx 0.116$，$\dfrac{11}{7}\approx 1.571$，故

$$Z(s)=\frac{1}{0.222s}+\cfrac{1}{\cfrac{1}{2.75s}+\cfrac{1}{\cfrac{1}{0.116s}+\cfrac{1}{1/1.571s}}}$$

在以上展开式中，第一次的商$\dfrac{1}{0.222s}$为串联臂阻抗，这里移去了$Z(s)$在s=0处的一个极点；第二次的商$\dfrac{1}{2.75s}$为分流臂导纳，这里移去的是第一次相除后剩余函数的倒数在s=0处的

一个极点；……按此规律，$\frac{1}{0.116s}$ 为串联臂阻抗，$\frac{1}{1.571s}$ 为分流臂导纳。由此可得对 $Z(s)$ 的考尔Ⅱ型实现电路，如图 5.2.6 所示。

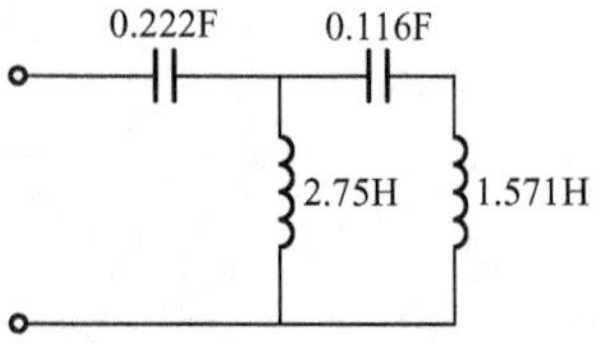

图 5.2.6　例 5.2.3 的实现电路

若给定的策动点函数 $Z_{LC}(s)$ 或 $Y_{LC}(s)$ 的分母为偶次多项式，分子为奇次多项式，则应先取倒数，再按上述方法展开。

在本节研究的考尔实现中，考尔Ⅰ型从函数 $Z(s)$ 和 $Y(s)$ 中交替地移去 $s\to\infty$ 处的极点。每移出一个 $Z_{LC}(s)$ 的极点，对应电路中就出现一个串联臂电感；每移出一个 $Y_{LC}(s)$ 的极点，对应电路中就出现一个分流臂电容。最后得到的考尔Ⅰ型电路是串联臂均为电感、分流臂均为电容的梯形网络。考尔Ⅱ型从函数 $Z_{LC}(s)$ 和 $Y_{LC}(s)$ 中交替地移去 $s=0$ 处的极点。每移出一个 $Z_{LC}(s)$ 的极点，对应电路中就出现一个串联臂电容；每移出一个 $Y_{LC}(s)$ 的极点，对应电路中就出现一个分流臂电感。这样，考尔Ⅱ型网络是串联臂均为电容、分流臂均为电感的梯形网络。对于给定的 LC 电抗函数的考尔实现是梯形网络实现的两种典型的形式。

综上所述，本节介绍了对于给定的 LC 电抗函数的四种实现电路：福斯特Ⅰ型、福斯特Ⅱ型、考尔Ⅰ型和考尔Ⅱ型。对于一个电抗函数 $F_{LC}(s)$，若用以上四种形式的电路实现，所用元件数是相同的，都等于 $F_{LC}(s)$ 的分子、分母中 s 的最高次幂的次数，而且不可能用更少的元件来实现 $F_{LC}(s)$，因而称这些实现形式为正则形式。

5.3　RC 函数的性质和实现

仅由电阻元件和电容元件构成的网络称为 RC 网络。单口 RC 网络的策动点函数称为 RC 函数。本节研究 RC 函数的性质和基本实现方法。

5.3.1　RC 函数的性质

由 5.1 节关于正实函数的讨论可知，RC 网络的策动点阻抗函数和策动点导纳函数分别具有以下形式：

$$Z_{RC}(s)=\frac{1}{|I_1(s)|^2}\left[F_0(s)+\frac{1}{s}V_0(s)\right] \tag{5.3.1a}$$

$$Y_{RC}(s)=\frac{1}{|U_1(s)|^2}\left[F_0(s)+s\frac{V_0(s)}{|s|^2}\right] \tag{5.3.1b}$$

根据以上两式，研究 RC 函数的零点和极点位置。设 s_0 为 $Z_{RC}(s)$ 的零点，即 $Z_{RC}(s_0)=0$，由式（5.3.1a）得

$$F_0(s_0)+\frac{1}{s_0}V_0(s_0)=0 \tag{5.3.2}$$

则零点

$$s_0=-\frac{V_0(s_0)}{F_0(s_0)} \tag{5.3.3}$$

式中，能量函数 $V_0(s_0)$、$F_0(s_0)$ 均为非负实数，故策动点阻抗函数 $Z_{RC}(s)$ 的零点 s_0 必定是非正实数。由式（5.3.1b）可知，策动点导纳函数 $Y_{RC}(s)$ 的零点也必定是非正实数。又因 $Y_{RC}(s)$ 与 $Z_{RC}(s)$ 互为倒数，故可得以下结论：RC 函数（$Z_{RC}(s)$、$Y_{RC}(s)$）所有的零点和极点都出现在

s 平面的负实轴上。因此，RC 函数的分子多项式和分母多项式一般具有以下形式：

$$P(s)=(s+\sigma_1)(s+\sigma_2)(s+\sigma_3)\cdots \tag{5.3.4}$$

式中，$\sigma_1,\sigma_2,\cdots$ 为非负实数。

为了进一步研究 RC 函数的特点，将 RC 函数与电抗函数进行比较。为此，重写式（5.3.1a）与式（5.2.1a）如下：

$$Z_{\text{RC}}(s)=\frac{1}{\left|I_1(s)\right|^2}\left[F_0(s)+\frac{1}{s}V_0(s)\right]$$

$$Z_{\text{LC}}(s)=\frac{1}{\left|I_1(s)\right|^2}\left[sT_0(s)+\frac{1}{s}V_0(s)\right]$$

比较以上两式可以发现，如果 $F_0(s)=T_0(s)$，则有

$$\begin{aligned}\frac{1}{p}Z_{\text{LC}}(p)\Big|_{p^2=s}&=\frac{1}{\left|I_1(s)\right|^2}\left[T_0(s)+\frac{1}{s}V_0(s)\right]\\&=\frac{1}{\left|I_1(s)\right|^2}\left[F_0(s)+\frac{1}{s}V_0(s)\right]\\&=Z_{\text{RC}}(s)\end{aligned} \tag{5.3.5}$$

换言之，如果将 $Z_{\text{LC}}(p)$ 除以 p，再用 s 替换 p^2，所得函数与 $Z_{\text{RC}}(s)$ 有相同的形式。应用这一结论，可根据 LC 策动点阻抗函数的性质来导出 RC 策动点阻抗函数的性质。

研究式（5.2.4）所示 LC 策动点阻抗函数的部分分式展开式，对其进行式（5.3.5）的变换，即

$$\frac{1}{p}Z_{\text{LC}}(p)\Big|_{p^2=s}=K_\infty+\frac{K_0}{s}+\sum_{i=1}^{n}\frac{K_i}{s+\sigma_{pi}}$$

则 RC 策动点阻抗函数的部分分式展开式应具有以下形式：

$$Z_{\text{RC}}(s)=K_\infty+\frac{K_0}{s}+\sum_{i=1}^{N}\frac{K_i}{s+\sigma_{pi}} \tag{5.3.6}$$

式中，$-\sigma_{pi}\ (i=1,2,\cdots,N)$ 是 $Z_{\text{RC}}(s)$ 在负实轴上有限远处的极点；K_i 和 K_0 为 $Z_{\text{RC}}(s)$ 在 $-\sigma_{pi}$ 处和 s=0 处的极点的留数，分别按下式计算：

$$K_i=(s+\sigma_{pi})Z_{\text{RC}}(s)\Big|_{s=-\sigma_{pi}} \tag{5.3.7}$$

$$K_0=sZ_{\text{RC}}(s)\Big|_{s=0} \tag{5.3.8}$$

此外

$$K_\infty=\lim_{s\to\infty}Z_{\text{RC}}(s) \tag{5.3.9}$$

由式(5.3.6)可知，$Z_{\text{RC}}(s)$ 的极点都是单阶的，且极点处的留数为正实数。在 s=0 处，$Z_{\text{RC}}(s)$ 可能出现单阶极点（$K_0\neq 0$），也可能等于一有限值（K_0=0），其值等于

$$Z_{\text{RC}}(0)=K_\infty+\sum_{i=1}^{N}\frac{K_i}{\sigma_{pi}} \tag{5.3.10}$$

然而，在 s=0 处不可能出现 $Z_{\text{RC}}(s)$ 的零点。在 $s\to\infty$ 处，$Z_{\text{RC}}(s)$ 可能出现零点（K_∞=0），也可能等于一有限值 K_∞，但不可能出现极点。根据 RC 网络支路阻抗的一般式

$$Z_k(s)=R_k+\frac{1}{sC_k} \tag{5.3.11}$$

可由物理概念来解释上述结论。此外，后面的分析将指出，RC 策动点导纳函数 $Y_{RC}(s)$ 的所有极点都是单阶的，由此可知，$Z_{RC}(s)$ 的所有零点也都是单阶的。

为了确定RC策动点阻抗函数的极点和零点在负实轴上的分布规律，现考察 $Z_{RC}(s)$ 随 σ 的变化情况。令式（5.3.6）中的 $s=\mathrm{Re}[s]=\sigma$，有

$$Z_{RC}(\sigma)=K_{\infty}+\frac{K_0}{\sigma}+\sum_{i=1}^{N}\frac{K_i}{\sigma+\sigma_{pi}} \tag{5.3.12}$$

$$\frac{\mathrm{d}Z_{RC}(\sigma)}{\mathrm{d}\sigma}=-\frac{K_0}{\sigma^2}-\sum_{i=1}^{N}\frac{K_i}{(\sigma+\sigma_{pi})^2}<0 \tag{5.3.13}$$

上式表明，$Z_{RC}(\sigma)$ 随 σ 变化时是单调函数。根据此性质，考虑 $Z_{RC}(s)$ 存在多个在 σ 轴上的零点和极点，显然它们也是 $Z_{RC}(\sigma)$ 的零点和极点。要同时满足以上两个方程，$Z_{RC}(s)$ 的零点和极点必定交替出现在负实轴上，据此可绘出 $Z_{RC}(\sigma)$ 的图形，如图 5.3.1 所示。其中，图 5.3.1（a）表示 $K_{\infty}\neq 0$ 而 $K_0=0$ 的情形，此时 $Z_{RC}(\infty)$ 和 $Z_{RC}(0)$ 均为有限正实数，且必有

$$Z_{RC}(0)>Z_{RC}(\infty) \tag{5.3.14}$$

这可从式（5.3.10）中看出。图 5.3.1（b）表示 $K_{\infty}=0$ 而 $K_0\neq 0$ 的情形，此时 RC 策动点阻抗函数在无穷远处有零点，在原点处有极点。对于另外两种情形，读者不难绘出 $Z_{RC}(\sigma)$ 的图形。

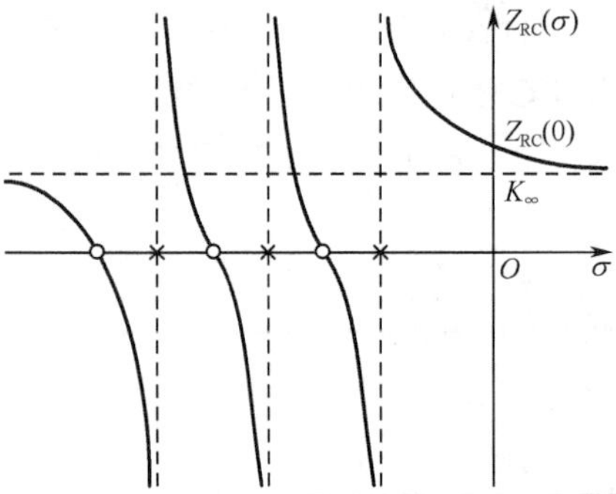

（a）$K_{\infty}\neq 0$而$K_0=0$

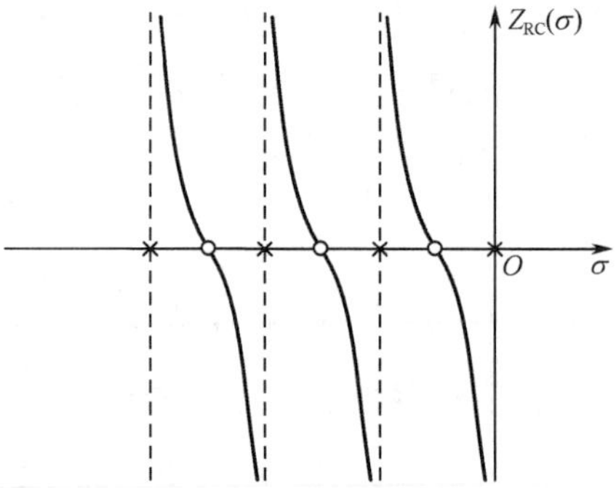

（b）$K_{\infty}=0$而$K_0\neq 0$

图 5.3.1　RC 策动点阻抗函数 $Z_{RC}(\sigma)$ 的图形

根据以上讨论，RC 策动点阻抗函数应有以下形式：

$$Z_{RC}(s)=K\frac{(s+\sigma_{z1})(s+\sigma_{z2})\cdots(s+\sigma_{zm})}{(s+\sigma_{p1})(s+\sigma_{p2})\cdots(s+\sigma_{pn})} \tag{5.3.15}$$

$$0\leqslant\sigma_{p1}<\sigma_{z1}<\sigma_{p2}<\sigma_{z2}<\cdots<\sigma_{pn}<\sigma_{zm}$$

式中，$m=n$ 或 $m=n-1$。式（5.3.15）表明，在负实轴上距原点最近处（含原点上）必有极点，距原点最远处（含无限远处）必有零点。

综上所述，RC 策动点阻抗函数 $Z_{RC}(s)$ 有下列性质。

（1）$Z_{RC}(s)$ 的零点和极点均位于 s 平面的负实轴上，且都是单阶的。

（2）$Z_{RC}(\sigma)$ 是 σ 的严格单调减函数。$Z_{RC}(s)$ 的零点和极点在负实轴上交替排列。

（3）$Z_{RC}(s)$ 在原点处可能有极点，但不可能有零点。$Z_{RC}(s)$ 在 $s\to\infty$ 处可能有零点，但不可能有极点。当 $Z_{RC}(0)$ 和 $Z_{RC}(\infty)$ 均为有限值时，必有 $Z_{RC}(0)>Z_{RC}(\infty)$。

（4）若 $Z_{RC}(s)=\dfrac{N(s)}{D(s)}$，则 $D(s)$与 $N(s)$的阶数相等或 $D(s)$较 $N(s)$高一阶。

（5）$Z_{RC}(s)$ 在所有极点处的留数均为正实数。

（6）对于所有的 ω 值，均有 $\mathrm{Re}[Z_{\mathrm{RC}}(\mathrm{j}\omega)] \geqslant 0$ 。

比较式（5.3.1a）和式（5.3.1b）可以看出，如果将 $Y_{\mathrm{RC}}(s)$ 除以 s，所得结果与 $Z_{\mathrm{RC}}(s)$ 有相同的形式。据此，我们可以利用 $Z_{\mathrm{RC}}(s)$ 的性质来导出 $Y_{\mathrm{RC}}(s)$ 的性质。限于篇幅，不再赘述。感兴趣的读者可以进行推导。下面直接给出结论，即 RC 策动点导纳函数 $Y_{\mathrm{RC}}(s)$ 的性质如下。

（1）$Y_{\mathrm{RC}}(s)$ 的零点和极点均位于 s 平面的负实轴上，且都是单阶的。

（2）$Y_{\mathrm{RC}}(\sigma)$ 是 σ 的严格单调增函数。$Y_{\mathrm{RC}}(s)$ 的零点和极点在负实轴上交替排列。

（3）$Y_{\mathrm{RC}}(s)$ 在原点处可能有零点，但不可能有极点。$Y_{\mathrm{RC}}(s)$ 在 $s\to\infty$ 处可能有极点，但不可能有零点。当 $Y_{\mathrm{RC}}(0)$ 和 $Y_{\mathrm{RC}}(\infty)$ 均为有限值时，必有 $Y_{\mathrm{RC}}(\infty) > Y_{\mathrm{RC}}(0)$ 。

（4）若 $Y_{\mathrm{RC}}(s)=\dfrac{N(s)}{D(s)}$，则 $D(s)$ 与 $N(s)$ 的阶数相等或 $D(s)$ 较 $N(s)$ 低一阶。

（5）$Y_{\mathrm{RC}}(s)$ 在所有的有限值极点处的留数均为负实数。

（6）对于所有的 ω 值，均有 $\mathrm{Re}[Y_{\mathrm{RC}}(\mathrm{j}\omega)] \geqslant 0$ 。

以上 $Z_{\mathrm{RC}}(s)$ 和 $Y_{\mathrm{RC}}(s)$ 的性质，可以用来检验一个有理函数是否为 RC 函数，以及是 RC 策动点阻抗函数还是 RC 策动点导纳函数，以便确定用什么网络来实现它。

5.3.2 RC 函数的实现

5.2.2 节介绍的福斯特实现和考尔实现也是 RC 函数的基本实现方法，下面分别来研究。

1. 福斯特实现

1）福斯特 I 型

将 RC 策动点阻抗函数写为部分分式展开式：

$$Z_{\mathrm{RC}} = K_\infty + \frac{K_0}{s} + \sum_{i=1}^{N} \frac{K_i}{s+\sigma_{pi}} \tag{5.3.16}$$

实现式（5.3.16）中各项对应的电路单元列于表 5.3.1。将各阻抗单元串联起来，便得到图 5.3.2 所示的福斯特 I 型电路。若 $Z_{\mathrm{RC}}(s)$ 在原点处无极点，有 $K_0 = 0$，则实现电路中缺 C_0 单元。若 $Z_{\mathrm{RC}}(s)$ 在无穷远处有零点，有 $K_\infty = 0$，则实现电路中缺 R_∞ 单元。

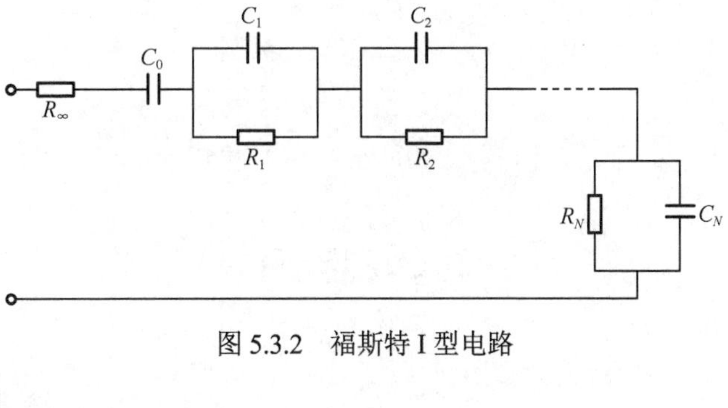

图 5.3.2　福斯特 I 型电路

2）福斯特 II 型

RC 策动点导纳函数 $Y_{\mathrm{RC}}(s)$ 的部分分式展开式为

$$Y_{\mathrm{RC}} = K_\infty s + K_0 + \sum_{i=1}^{N} \frac{K_i s}{s+\sigma_{pi}} \tag{5.3.17}$$

实现式（5.3.17）中各项对应的电路单元列于表 5.3.2。将各导纳单元并联起来，便得到图 5.3.3 所示的福斯特 II 型电路。若 $Y_{\mathrm{RC}}(s)$ 在原点处有一零点，$K_0 = 0$，则实现电路中缺 R_0 单元。若 $Y_{RC}(s)$ 在无穷远处没有极点，有 $K_\infty=0$，则实现电路中缺电容 C_∞。

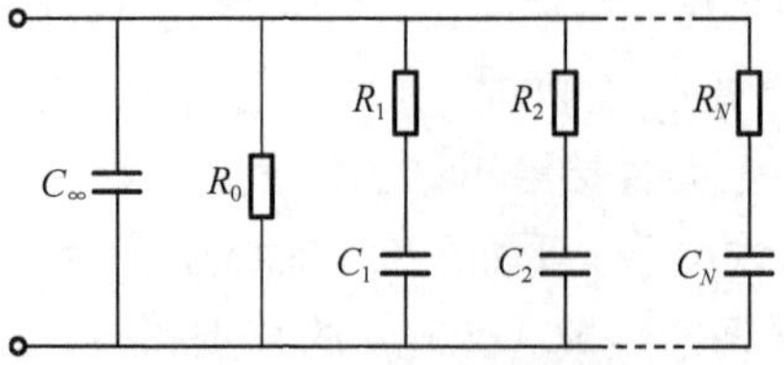

图 5.3.3　福斯特 II 型电路

表 5.3.1　RC 阻抗函数的福斯特实现

$Z_{RC}(s)$展开式中的项	电 路 实 现
K_∞	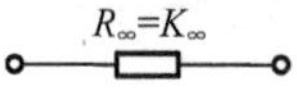
$\dfrac{K_0}{s}$	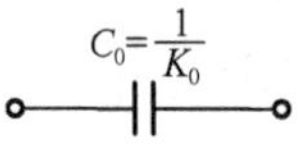
$\dfrac{K_i}{s+\sigma_{pi}}$	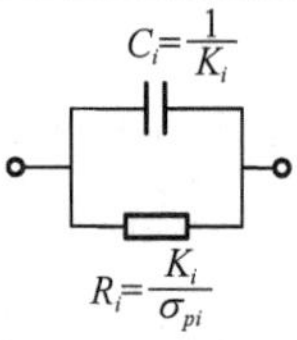

表 5.3.2　RC 导纳函数的福斯特实现

$Y_{RC}(s)$展开式中的项	电 路 实 现
$K_\infty s$	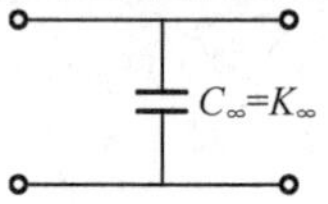
K_0	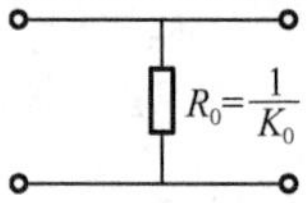
$\dfrac{K_i s}{s+\sigma_{pi}}$	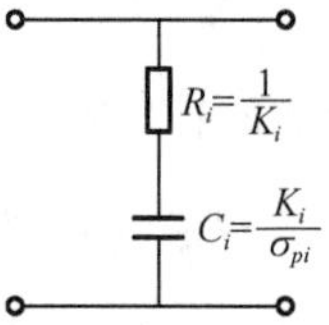

例 5.3.1　判断函数 $F(s)$ 是否为RC函数，若为RC函数，则用福斯特I型和II型实现 $F(s)$。

$$F(s)=\frac{2s^2+12s+16}{s^2+4s+3}$$

解： 对 $F(s)$ 做因式分解，得

$$F(s)=2\frac{(s+2)(s+4)}{(s+1)(s+3)}$$

$F(s)$ 的极点和零点分别为 $-\sigma_{p1}=-1$，$-\sigma_{p2}=-3$，$-\sigma_{z1}=-2$，$-\sigma_{z2}=-4$，极点、零点均为负实数，并且都是单阶的。分子、分母均为二次式。此外

$$0<\sigma_{p1}<\sigma_{z1}<\sigma_{p2}<\sigma_{z2}$$

在负实轴上极点、零点交替出现，最靠近原点的是极点($-\sigma_{p1}$)，最远离原点的是零点($-\sigma_{z2}$)。$F(0)$ 和 $F(\infty)$ 均为有限值：

$$F(0)=2\times\frac{8}{3}=5.33,\quad F(\infty)=2$$

$$F(0)>F(\infty)$$

根据以上分析可知，$F(s)$ 是 RC 阻抗函数。

福斯特 I 型实现：

$$Z_{RC}(s)=F(s)=\frac{2s^2+12s+16}{s^2+4s+3}$$

其部分分式展开式为

$$Z_{RC}(s)=2+\frac{3}{s+1}+\frac{1}{s+3}$$

图 5.3.4 所示为实现 $F(s)$ 的福斯特 I 型电路。

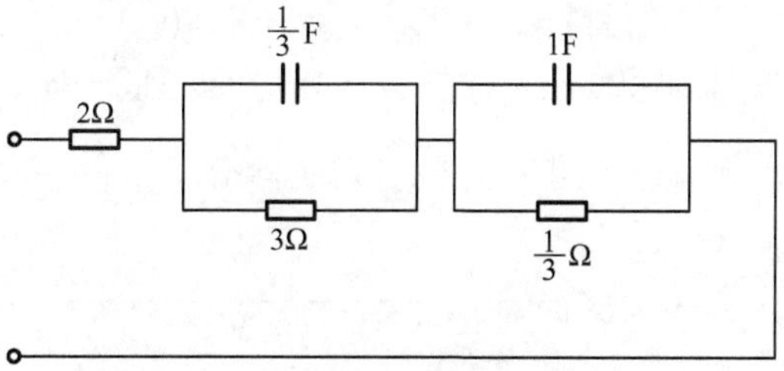

图 5.3.4　例 5.3.1 的福斯特 I 型电路

福斯特 II 型实现：

$$Y_{RC}(s)=\frac{1}{F(s)}=\frac{s^2+4s+3}{2s^2+12s+16}$$

如果直接对 $Y_{RC}(s)$ 进行部分分式展开，得

$$Y_{RC}(s)=\frac{1}{2}+\frac{-\frac{1}{4}}{s+2}+\frac{-\frac{3}{4}}{s+4}$$

可见，在 $Y_{RC}(s)$ 的极点-2、-4 处，留数均为负值，这样就不能用无源元件实现。因此，对 $Y_{RC}(s)$ 按以下方法展开：

$$Y_{RC}(s)=\frac{3+4s+s^2}{16+12s+2s^2}=\frac{3}{16}+\frac{\frac{7}{4}s+\frac{5}{8}s^2}{16+12s+2s^2}$$

$$=\frac{3}{16}+s\left[\frac{\frac{5}{16}s+\frac{7}{8}}{(s+2)(s+4)}\right]=\frac{3}{16}+Y_1(s)$$

式中

$$Y_1(s)=s\left[\frac{\frac{5}{16}s+\frac{7}{8}}{(s+2)(s+4)}\right]$$

现在，对 $Y_1(s)/s$ 进行部分分式展开，得

$$Y_1(s)/s=\frac{\frac{1}{8}}{s+2}+\frac{\frac{3}{16}}{s+4}$$

由此得到 $Y_{RC}(s)$ 的展开式：

$$Y_{RC}(s)=\frac{3}{16}+\frac{\frac{1}{8}s}{s+2}+\frac{\frac{3}{16}s}{s+4}$$

图 5.3.5 所示为实现 $F(s)$ 的福斯特 II 型电路。

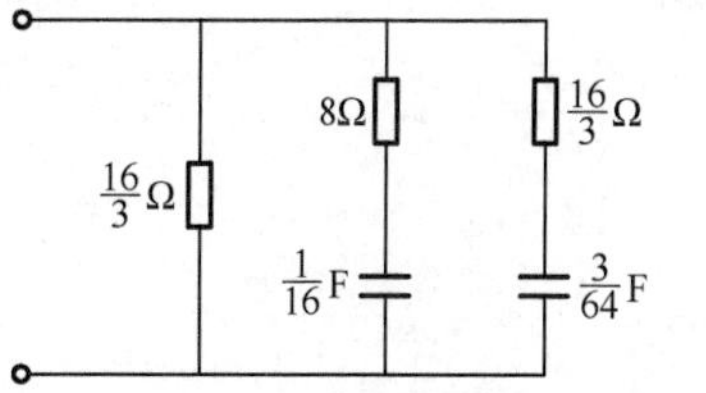

图 5.3.5　例 5.3.1 的福斯特 II 型电路

2．考尔实现

1）考尔 I 型

考尔 I 型根据 RC 阻抗函数和 RC 导纳函数在 $s\to\infty$ 时的特性来展开。若 $Z_{RC}(s)=\dfrac{N(s)}{D(s)}$，

$N(s)$ 与 $D(s)$ 有相同的阶数，则将 $N(s)$ 与 $D(s)$ 按降幂排列，$N(s)$ 被 $D(s)$ 除的结果表示为

$$Z_{RC}(s)=\alpha_1+Z_1(s),\quad \alpha_1=Z_{RC}(\infty)$$

式中，α_1 为商；$Z_1(s)$ 为剩余函数。$Z_1(s)$ 的分子较分母必低一阶，在 $s\to\infty$ 处有零点，则 $Y_1(s)=\dfrac{1}{Z_1(s)}$ 必在 $s\to\infty$ 处有极点。用 $Y_1(s)$ 的分母去除分子，得

$$Z_{RC}(s)=\alpha_1+\cfrac{1}{\alpha_2 s+\cfrac{1}{\alpha_3+\cfrac{1}{\alpha_4 s+\cfrac{}{\ddots+\cfrac{1}{\alpha_n s}}}}} \tag{5.3.18}$$

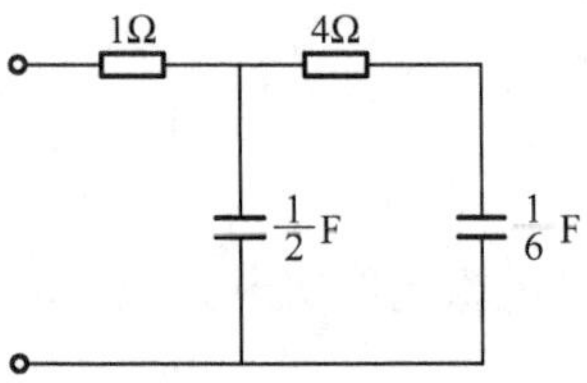

图 5.3.6　考尔 I 型电路

根据式（5.3.18）可得到实现 $Z_{RC}(s)$ 的梯形网络。$\alpha_1,\alpha_3,\cdots$ 对应串联臂电阻元件，$\alpha_2 s,\alpha_4 s,\cdots$ 对应分流臂电容元件，如图 5.3.6 所示，这就是实现 RC 阻抗函数的考尔 I 型电路。

例 5.3.2　用考尔 I 型电路实现 $F(s)$：

$$F(s)=\frac{s(s+2)}{(s+1)(s+3)}$$

解： 根据 $F(s)$ 的极点和零点的分布，可以判断出 $F(s)$ 是 RC 导纳函数，即 $F(s)=Y_{RC}(s)$。$Y_{RC}(s)$ 的分子、分母次数相同，如果直接进行连分式展开，会得到不能用无源元件实现的结果（读者可自行证明）。因此，必须先取倒数，即对 $Z_{RC}(s)=\dfrac{1}{F(s)}$ 进行连分式展开：

$$\frac{1}{F(s)}=\frac{s^2+4s+3}{s^2+2s}=Z_{RC}(s)$$

$$s^2+2s\,\big)\,s^2+4s+3\ (1$$
$$\underline{s^2+2s}$$
$$2s+3\,)\,s^2+2s\left(\frac{1}{2}s\right.$$
$$\underline{s^2+\frac{3}{2}s}$$
$$\frac{1}{2}s\,)\,2s+3\,(4$$
$$\underline{2s}$$
$$3\,)\,\frac{1}{2}s\left(\frac{1}{6}s\right.$$
$$\underline{\frac{1}{2}s}$$
$$0$$

由此得到 $F(s)$ 的连分式展开式：

$$F(s)=\frac{1}{Z_{RC}(s)}=\cfrac{1}{1+\cfrac{1}{\cfrac{1}{2}s+\cfrac{1}{4+\cfrac{1}{\cfrac{1}{6}s}}}}$$

实现以上 RC 导纳函数的考尔 I 型电路如图 5.3.6 所示。

由以上讨论可知，对于 RC 函数的考尔 I 型实现，其过程就是反复地移去 RC 导纳函数在无穷远处的极点，和 RC 阻抗函数在无穷远处所趋于的常数 $Z_{RC}(\infty)$。每次移出 RC 导纳函数的一个极点，对应电路实现中的一个分流臂电容；而每次移出 RC 阻抗函数在无穷远处所趋于的常数，则对应电路实现中的一个串联臂电阻。

2）考尔 II 型

考尔 II 型是根据 RC 阻抗函数和 RC 导纳函数在 $s=0$ 处的特性展开的。若 RC 阻抗函数在 $s=0$ 处有极点，即 $Z_{RC}(s)=\dfrac{N(s)}{D(s)}$ 中 $D(s)$ 较 $N(s)$ 最低次项高一次，则将 $Z_{RC}(s)$ 的分子、分母均按升幂排列，反复地进行颠倒相除，可得如下的连分式展开式：

$$Z_{RC}(s)=\frac{1}{\beta_1 s}+\cfrac{1}{\cfrac{1}{\beta_2}+\cfrac{1}{\cfrac{1}{\beta_3 s}+\cfrac{1}{\beta_4+\ddots+\cfrac{1}{\beta_n}}}} \tag{5.3.19}$$

根据（5.3.19），可得到实现 $Z_{RC}(s)$ 的梯形网络。$\dfrac{1}{\beta_1 s},\dfrac{1}{\beta_3 s},\cdots$ 对应串联臂电容元件，$\dfrac{1}{\beta_2},\dfrac{1}{\beta_4},\cdots$ 对应分流臂电阻元件。图 5.3.7 所示为实现 RC 函数的考尔 II 型电路。

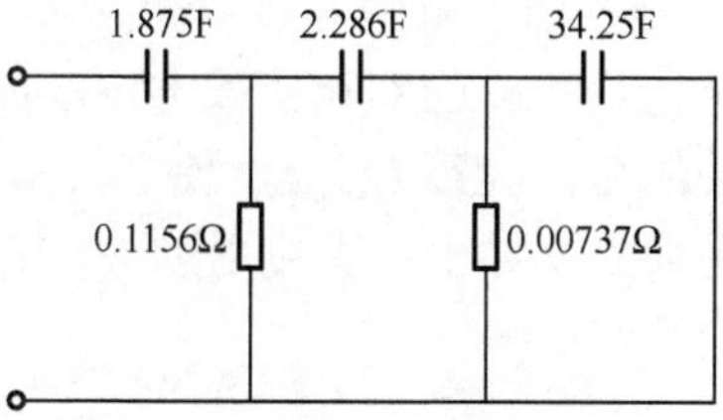

图 5.3.7　考尔 II 型电路

例 5.3.3　用考尔 II 型电路实现以下 RC 阻抗函数：

$$Z_{RC}(s)=\frac{(s+2)(s+4)}{s(s+3)(s+5)}$$

解：先将上述 RC 阻抗函数按升幂排列：

$$Z_{RC}(s)=\frac{s^2+6s+8}{s^3+8s^2+15s}=\frac{8+6s+s^2}{15s+8s^2+s^3}$$

再进行颠倒相除的运算，如表 5.3.3 所示。

表 5.3.3 颠倒相除运算

$\dfrac{0.5333}{s}$	分 子	分 母	8.654
	$8+6s+s^2$	$15s+8s^2+s^3$	
$\dfrac{0.4375}{s}$	$\dfrac{8+4.267s+0.5333s^2}{1.733s+0.4667s^2}$	$\dfrac{15s+4.039s^2}{3.961s^2+s^3}$	135.7
	$\dfrac{1.733s+0.4375s^2}{0.0292s^2}$	$\dfrac{3.961s^2}{s^3}$	
$\dfrac{0.0292}{s}$	$\dfrac{0.0292s^2}{0}$		

$Z_{\mathrm{RC}}(s)$ 的连分式展开式如下：

$$Z_{\mathrm{RC}}(s)=\frac{0.5333}{s}+\cfrac{1}{8.654+\cfrac{1}{\cfrac{0.4375}{s}+\cfrac{1}{135.7+\cfrac{1}{\cfrac{0.0292}{s}}}}}$$

实现 $Z_{\mathrm{RC}}(s)$ 的考尔 II 型电路如图 5.3.7 所示。

由此可知，第一次相除的商 $\dfrac{0.5333}{s}$，移出了 $Z_{\mathrm{RC}}(s)$ 在 $s=0$ 处的一个极点，第二次相除的商 8.654，移出了剩余函数的倒数（导纳函数）在 $s=0$ 处的值……如此反复地移去 RC 阻抗函数在 $s=0$ 处的极点和 RC 导纳函数在 $s=0$ 处的值，每相除一次，就得到一个对应的电路元件，最后得到一个串联臂均为电容、分流臂均为电阻的梯形电路，这就是本例中 RC 函数的考尔 II 型实现。

5.4 双端接载的电抗双口网络

在网络综合中，输出端接纯阻性负载，输入端所接电源的内阻也为纯电阻的 LC 双口网络称为双端接载电抗双口网络，它是应用十分广泛的双端接载 LC 滤波器的电路模型。通常，双端接载 LC 滤波器的设计目标是在通带范围内传输最大功率，因为这时其工作状态非常接近滤波性能的最优实现。本节将讨论这样的双端接载电抗双口网络的特性，定义其表征信号衰减的转移函数 $H(s)$及与之相关的特征函数 $K(s)$等，使之与第 4 章中这些函数的特点相吻合，以便由滤波器逼近得到的转移函数 $H(s)$导出可直接用以进行 LC 梯形滤波器设计的参数。

5.4.1 转移函数 $H(s)$

在图 5.4.1 所示双端接载电抗双口网络中，输入端所接电源的开路电压为 $U_{o1}(s)$、内阻为 R_1，输出端接电阻 R_2。两个端口的电压和电流分别为 $U_2(s)$、$U_1(s)$和 $I_1(s)$、$I_2(s)$。端口 1 的输入阻抗为 $Z_1(s)$。该网络如果与端口 1 达成匹配，即 $Z_1(s)=R_1$，则电源输出最大功率。为了定义一个转移函数 $H(s)$，使之具有第 4 章中转移函数 $H(s)$的特点：在通带理想传输情况下，$|H(\mathrm{j}\omega)|^2=1$；在所有非理想传输情况下，$|H(\mathrm{j}\omega)|^2>1$。同时考虑到使电源输出最大功率时滤波器处于理想传输状态，特引用散射参数理论的分析方法，人为地将端口电压分解为入射电压和反射电压的叠加。相应地，双口网络传输的功率也视为入射功率与反射功率之差。规定电源向端口 1 传送的入射功率值等于端口 1 达成匹配时电源输出的最大功率：

$$P_{max}=\left(\frac{U_{o1}}{2}\right)^2/R_1=\frac{U_{o1}^2}{4R_1} \tag{5.4.1}$$

而端口 1 实际传输的功率应等于负载 R_2 吸收的功率（因 LC 双口网络是无损的），即

$$P_2=\frac{U_2^2}{R_2} \tag{5.4.2}$$

在以上两式中，U_{o1}、U_2 分别为 $U_{o1}(s)$、$U_2(s)$所对应的频域变量有效值。为使有载双口网络的平方转移函数（频域转移函数模的平方）为

$$|H(\mathrm{j}\omega)|^2=\frac{P_{max}}{P_2}=\frac{R_2}{4R_1}\left(\frac{U_{o1}}{U_2}\right)^2 \tag{5.4.3}$$

复频域转移函数定义为

$$H(s)=\sqrt{\frac{R_2}{4R_1}}\cdot\frac{U_{o1}(s)}{U_2(s)} \tag{5.4.4}$$

由于仅当电源输出最大功率时，$P_2=P_{max}$，而在其他情况下，均有 $P_2<P_{max}$，因而有

$$|H(\mathrm{j}\omega)|^2\geqslant 1 \tag{5.4.5}$$

且仅在理想传输时 $|H(\mathrm{j}\omega)|^2=1$。此外，从式（5.4.4）看出，$H(s)$是输入电压与输出电压之比乘以常数，具有表征信号衰减的特征，这与第 4 章中所采用的转移函数相一致。

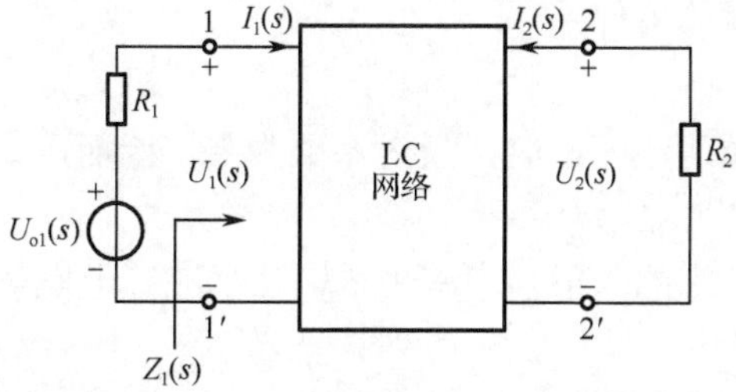

图 5.4.1　双端接载电抗双口网络

频域转移函数 $H(\mathrm{j}\omega)$ 的幅频和相频特性可用以下定义的有效传输常数 $\gamma(\mathrm{j}\omega)$ 表示：

$$\gamma(\mathrm{j}\omega)=\ln[H(\mathrm{j}\omega)]=\ln|H(\mathrm{j}\omega)|+\mathrm{j}\arg H(\mathrm{j}\omega) \tag{5.4.6}$$

$\gamma(\mathrm{j}\omega)$ 的实、虚部分别用 $\alpha(\omega)$、$\theta(\omega)$ 表示，则

$$\gamma(\mathrm{j}\omega)=\alpha(\omega)+\mathrm{j}\theta(\omega) \tag{5.4.7}$$

式中

$$\alpha(\omega)=\ln|H(\mathrm{j}\omega)| \tag{5.4.8}$$

是以奈培为单位的衰减函数，而

$$\theta(\omega)=\arg H(\mathrm{j}\omega) \tag{5.4.9}$$

是相位函数。在滤波器设计中，通常使用以分贝为单位的衰减函数：

$$A(\omega)=20\lg|H(\mathrm{j}\omega)| \tag{5.4.10}$$

两种衰减函数间的关系为

$$A(\omega)=8.68\alpha(\omega) \tag{5.4.11}$$

5.4.2　反射系数与特征函数

将端口 1 的电压分解为两个分量之和，即

$$U_1(s)=U_i(s)+U_r(s) \tag{5.4.12}$$

其中，$U_i(s)$代表入射电压；$U_r(s)$代表反射电压。端口 1 仅传送入射功率时的电压为入射电压，故入射电压等于端口 1 达成匹配时的电压：

$$U_i(s)=\frac{U_{o1}(s)}{2} \tag{5.4.13}$$

因而反射电压为

$$\begin{aligned} U_r(s)&=U_1(s)-U_i(s) \\ &=U_{o1}(s)\frac{Z_1(s)}{Z_1(s)+R_1}-\frac{U_{o1}(s)}{2} \\ &=\frac{U_{o1}(s)}{2}\cdot\frac{Z_1(s)-R_1}{Z_1(s)+R_1}=U_i(s)\cdot\rho_1(s) \end{aligned} \tag{5.4.14}$$

式中，$\rho_1(s)$称为始端反射系数，定义为

$$\rho_1(s)=\frac{U_r(s)}{U_i(s)}=\frac{Z_1(s)-R_1}{Z_1(s)+R_1} \tag{5.4.15}$$

式（5.4.14）表明，反射电压等于入射电压乘以始端反射系数。由于$Z_1(s)$是正实函数，R_1是正实数，由式（5.4.15）可知

$$0\leqslant|\rho_1(\mathrm{j}\omega)|\leqslant 1 \tag{5.4.16}$$

始端反射系数的模为零的条件是

$$Z_1(s)=R_1 \tag{5.4.17}$$

即当双口网络输入端与电源达成匹配时，反射系数为零，因而反射电压为零。在此情况下，输入端电压$U_1(s)$等于入射电压$U_i(s)$。

根据功率守恒性，端口 1 的入射功率减去传输功率应等于反射功率，即

$$P_r=P_{max}-P_2 \tag{5.4.18}$$

式中，P_{max}见式（5.4.1），P_2可表示为

$$P_2=I_1^2\cdot\mathrm{Re}[Z_1] \tag{5.4.19}$$

其中，I_1为$I_1(s)$对应的频域变量的有效值；$\mathrm{Re}[Z_1]$表示对端口 1 的频域阻抗取实部。注意到

$$I_1=\frac{U_{o1}}{|Z_1+R_1|} \tag{5.4.20}$$

故由式（5.4.18）得

$$\begin{aligned} P_r&=\frac{U_{o1}^2}{4R_1}-\frac{U_{o1}^2}{|Z_1+R_1|^2}\cdot\mathrm{Re}[Z_1] \\ &=\frac{U_{o1}^2}{4R_1}\cdot\frac{|Z_1+R_1|^2-4R_1\cdot\mathrm{Re}[Z_1]}{|Z_1+R_1|^2} \\ &=\frac{U_{o1}^2}{4R_1}\cdot\frac{|Z_1-R_1|^2}{|Z_1+R_1|^2} \end{aligned} \tag{5.4.21}$$

由式（5.4.15）可以看出，上式中

$$\frac{|Z_1-R_1|^2}{|Z_1+R_1|^2}=|\rho_1(\mathrm{j}\omega)|^2$$

因此

$$P_r=P_{max}|\rho_1(\mathrm{j}\omega)|^2 \tag{5.4.22}$$

上式表明，反射功率等于入射功率乘以始端反射系数的模的平方（平方反射系数）。

因为转移函数 $H(s)$是根据入射功率和传输功率来定义的，所以通过功率守恒关系的分析可以得到转移函数、始端反射系数等参数间的关系，现讨论如下。

由式（5.4.18）有

$$P_2 + P_\mathrm{r} = P_{\max} \tag{5.4.23}$$

上式等号两端同除以 $P_{\max}$，得

$$\frac{P_2}{P_{\max}} + \frac{P_\mathrm{r}}{P_{\max}} = 1$$

即

$$\frac{1}{|H(\mathrm{j}\omega)|^2} + |\rho_1(\mathrm{j}\omega)|^2 = 1$$

定义平方传输系数为

$$|t(\mathrm{j}\omega)|^2 = \frac{1}{|H(\mathrm{j}\omega)|^2} \tag{5.4.24}$$

则平方传输系数与平方反射系数之和为 1，即

$$|t(\mathrm{j}\omega)|^2 + |\rho_1(\mathrm{j}\omega)|^2 = 1 \tag{5.4.25}$$

将式（5.4.23）等号两端同除以 P_2，得

$$1 + \frac{P_\mathrm{r}}{P_2} = |H(\mathrm{j}\omega)|^2$$

转移函数和特征函数的关系如下：

$$1 + |K(\mathrm{j}\omega)|^2 = |H(\mathrm{j}\omega)|^2 \tag{5.4.26}$$

对比以上两式可知，P_r/P_2 正是逼近中的平方特征函数，即

$$|K(\mathrm{j}\omega)|^2 = \frac{P_\mathrm{r}}{P_2} \tag{5.4.27}$$

由式（5.4.22）和式（5.4.1），上式中的反射功率可表示为

$$P_\mathrm{r} = \frac{\left(\dfrac{U_{\mathrm{o}1}}{2}\right)^2}{R_1} \cdot |\rho_1(\mathrm{j}\omega)|^2 = \frac{U_\mathrm{r}^2}{R_1} \tag{5.4.28}$$

将式（5.4.28）、式（5.4.2）代入式（5.4.27），得

$$|K(\mathrm{j}\omega)|^2 = \frac{U_\mathrm{r}^2/R_1}{U_2^2/R_2} = \frac{R_2}{R_1} \cdot \left(\frac{U_\mathrm{r}}{U_2}\right)^2 \tag{5.4.29}$$

又将式（5.4.22）代入式（5.4.27），则有

$$|K(\mathrm{j}\omega)|^2 = \frac{P_{\max}}{P_2} |\rho_1(\mathrm{j}\omega)|^2$$

即

$$|K(\mathrm{j}\omega)|^2 = |\rho_1(\mathrm{j}\omega)|^2 |H(\mathrm{j}\omega)|^2 \tag{5.4.30}$$

平方特征函数$|K(\mathrm{j}\omega)|^2$是特征函数$K(s)$对应的频域参数$K(\mathrm{j}\omega)$的模的平方。在第 4 章中曾指出，由于特征函数和衰减函数的零点相同、极点相同，对特征函数逼近较对转移函数$H(s)$逼近更方便，因而在滤波器逼近中，常通过$K(s)$来求$H(s)$。对于双端接载电抗双口网络，转移函数和平方转移函数由式（5.4.4）、式（5.4.3）定义。在此情况下，平方特征函数等于反射

功率与传输功率之比，并正比于反射电压与负载电压比的平方，如式（5.4.27）、式（5.4.29）所示。而平方特征函数与平方转移函数之间，除第 4 章讨论的特征函数 $K(s)$与滤波器转移函数 $H(s)$之间的关系外，还存在式（5.4.30）所示的关系，即平方特征函数等于平方反射系数乘以平方转移函数。

5.4.3 多项式 $P(s)$、$E(s)$和 $F(s)$

在第 4 章研究滤波器逼近时，将转移函数 $H(s)$ 和特征函数 $K(s)$ 均表示为两个多项式之比，即

$$H(s)=\frac{E(s)}{P(s)} \tag{5.4.31}$$

$$K(s)=\frac{F(s)}{P(s)} \tag{5.4.32}$$

式中，$P(s)$、$E(s)$ 和 $F(s)$ 分别称为衰减极点多项式、自然模多项式和反射零点多项式。由式（5.4.24）、式（5.4.30）看出，本章介绍的传输系数 $t(s)$ 和始端反射系数 $\rho_1(s)$ 也可用以上三个多项式分别表示为

$$t(s)=\frac{1}{H(s)}=\frac{P(s)}{E(s)} \tag{5.4.33}$$

$$\rho_1(s)=\pm\frac{K(s)}{H(s)}=\pm\frac{F(s)}{E(s)} \tag{5.4.34}$$

式中，正、负号可任取一种，习惯上取负号。由此可知，多项式 $P(s)$、$E(s)$、$F(s)$ 完全决定了有理函数 $H(s)$、$K(s)$、$t(s)$ 和 $\rho_1(s)$，式（5.4.33）、式（5.4.34）表明，以上 4 个有理函数中的后两个可由前两个决定，反之亦如此。在滤波器设计中，实际上只需用 $H(s)$ 与 $K(s)$ 或 $t(s)$ 与 $\rho_1(s)$，它们中的任一对函数均完全反映了一个滤波器的特性。

多项式 $P(s)$、$E(s)$ 和 $F(s)$ 间的关系，由以下费尔德-凯勒方程描述：

$$E(s)E(-s)=P(s)P(-s)+F(s)F(-s) \tag{5.4.35}$$

上式两端同时除以 $E(s)E(-s)$，得

$$t(s)t(-s)+\rho_1(s)\rho_1(-s)=1 \tag{5.4.36}$$

令上式中 $s=\mathrm{j}\omega$，有

$$|t(\mathrm{j}\omega)|^2+|\rho_1(\mathrm{j}\omega)|^2=1$$

上式与由功率守恒关系导出的式（5.4.25）相同。

对所考察的双端接载 LC 梯形滤波器，研究其 $P(s)$、$E(s)$、$F(s)$ 三个多项式的根在 s 平面上的位置，有助于正确地确定三个多项式。自然模多项式 $E(s)$ 必须是严格赫尔维茨多项式，这基于电路稳定性的考虑，因此 $E(s)$ 的全部根应位于左半 s 平面。在设计中，得到 $H(s)H(-s)$ 后，我们仅取其左半 s 平面的零点，即 $E(s)E(-s)$ 左半 s 平面的根作为 $E(s)$ 的根。由于 LC 梯形双口网络的衰减极点（传输零点）是由串联臂上 LC 并联电路的阻抗极点和分流臂上 LC 串联电路的导纳极点所形成的，故衰减极点多项式 $P(s)$ 的根可能共轭成对地出现在虚轴上，也可能出现在原点。因此，$P(s)$ 一般有以下形式：

$$P(s)=s^{n_0}\prod_{k=1}^{n_\mathrm{f}}(s^2+\omega_{lk}^2) \tag{5.4.37}$$

式中，n_0 为在原点的衰减极点数；n_f 为在虚轴上的非零有限衰减极点共轭对数。由式（5.4.37）

看出，$P(s)$ 为纯偶次或纯奇次多项式，其奇偶性与 n_0 的奇偶性相同。在设计中，当由 $H(s)H(-s)$ 的分母得到 $P(s)P(-s)$ 后，仅需指定其一半的根（非零根应共轭成对）作为 $P(s)$ 的根，而不需要做什么选择。衰减极点多项式的次数 $\deg(P)$ 为

$$\deg(P) = n_0 + 2n_{\mathrm{f}} \tag{5.4.38}$$

设无穷远处衰减极点数为 n_{i}，则等于自然模多项式次数 $\deg(E)$ 的网络阶数 N 应为

$$N = \deg(E) = n_0 + n_{\mathrm{i}} + 2n_{\mathrm{f}} \tag{5.4.39}$$

且有

$$\deg(P) \leqslant \deg(E) \tag{5.4.40}$$

根据费尔德-凯勒方程，有

$$H(s)H(-s) = 1 + K(s)K(-s) \tag{5.4.41}$$

$$K(s)K(-s) = \frac{F(s)F(-s)}{P(s)P(-s)} \tag{5.4.42}$$

当已求得 $H(s)H(-s)$，因而 $K(s)K(-s)$ 为已知时，如果能确定反射零点多项式 $F(s)$，则特征函数 $K(s)$ 可确定，因为 $K(s)$ 的分母 $P(s)$ 已经确定。在许多情况下，所有的反射零点均位于虚轴上，即 $F(s)F(-s)$ 的根均位于虚轴上，这时仅需将其中一半作为 $F(s)$ 的根即可，不会有不同的选择方案，只是在 $F(s)$ 前要注以正、负号。然而，在另外一些情况下，$F(s)F(-s)$ 的零点位于 s 平面的其他位置，我们可以指定左半 s 平面或右半 s 平面的根为 $F(s)$ 的根（非实根需共轭成对出现）。对 $F(s)$ 根的不同选取导致特征函数有不同的相角，但其频域函数的模 $|K(\mathrm{j}\omega)|$ 是相同的。换言之，在给定 $F(s)F(-s)$ 的情况下，$F(s)$ 的不同选取虽然产生不同的 $K(s)$，却不会影响转移函数 $H(s)$，因为 $H(s)$ 和 $K(s)$ 之间是由式（5.4.41）所示的关系相联系的。在此尚需指出，由式（5.4.34）、式（5.4.15）可知，$F(s)$ 的不同选取将影响始端反射系数 $\rho_1(s)$，从而影响输入阻抗 $Z_1(s)$，这就意味着有不同的网络实现。

5.5　电抗双口网络的设计参数

在 5.4 节中，我们已经定义了双端接载 LC 梯形滤波器的转移函数 $H(s)$，并讨论了特征函数 $K(s)$、始端反射系数 $\rho_1(s)$ 及有关的多项式 $E(s)$、$F(s)$、$P(s)$。在此基础上，本节将导出用这些函数表示的电抗双口网络的开路电抗 $X_{1\mathrm{O}}$、$X_{2\mathrm{O}}$ 和短路电抗 $X_{1\mathrm{S}}$、$X_{2\mathrm{S}}$ 的关系式。以上这些端口参数是直接用以进行 LC 梯形网络综合的设计参数。

本节首先讨论终端接电阻负载的电抗双口网络的转移参数（转移电压比、转移电流比）与电抗双口网络的开路阻抗参数、短路导纳参数之间的关系。

首先考察图 5.5.1（a）中的无源双口网络，端口 2 接电阻负载 R_2、端口 1 接电源，双口电压、电流（复频变量）如图所示。用开路阻抗参数表示的双口网络方程为

$$U_1(s) = z_{11}(s)I_1(s) + z_{12}(s)I_2(s) \tag{5.5.1a}$$

$$U_2(s) = z_{21}(s)I_1(s) + z_{22}(s)I_2(s) \tag{5.5.1b}$$

用短路导纳参数表示的双口网络方程为

$$I_1(s) = y_{11}(s)U_1(s) + y_{12}(s)U_2(s) \tag{5.5.2a}$$

$$I_2(s) = y_{21}(s)U_1(s) + y_{22}(s)U_2(s) \tag{5.5.2b}$$

由于端口 2 接 R_2，因此输出电压、输出电流的关系为

$$U_2(s) = -R_2 I_2(s) \tag{5.5.3}$$

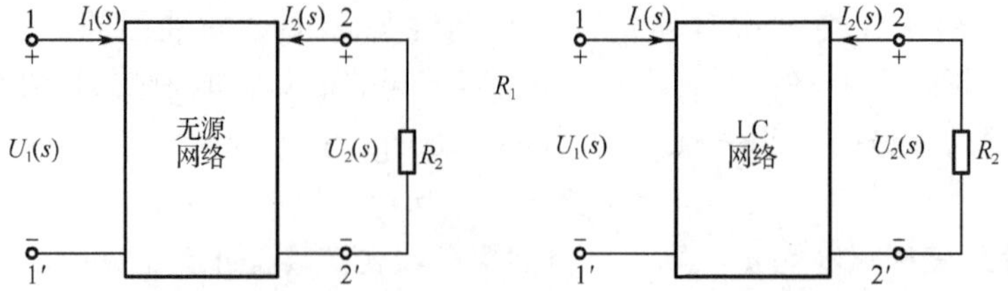

(a) 无源双口网络　　　　(b) 电抗双口网络

图 5.5.1　双口网络

按滤波器设计的习惯，定义输入电压与输出电压之比为转移电压比 $N(s)$，输入电流与输出电流之比为转移电流比 $M(s)$。将式（5.5.3）代入式（5.5.1b），得转移电流比：

$$M(s)=\frac{I_1(s)}{-I_2(s)}=\frac{R_2+z_{22}(s)}{z_{12}(s)} \tag{5.5.4}$$

同理，由式（5.5.3）和式（5.5.2b）可得转移电压比：

$$N(s)=\frac{U_1(s)}{U_2(s)}=\frac{\dfrac{1}{R_2}+y_{22}(s)}{-y_{12}(s)} \tag{5.5.5}$$

式（5.5.4）、式（5.5.5）中已引用了一般无源双口网络应满足的关系：$z_{12}(s)=z_{21}(s)$，$y_{12}(s)=y_{21}(s)$。对于图 5.5.1（b）所示的电抗双口网络，由于纯电抗网络的任何频域网络函数的实部必定为零，且频域网络函数的实部等于其偶部、虚部等于其奇部，因此，电抗双口网络的全部开路阻抗参数和短路导纳参数必均为奇有理函数。故由式（5.5.4）得

$$M(-s)=\frac{R_2-z_{22}(s)}{-z_{12}(s)} \tag{5.5.6}$$

式（5.5.4）和式（5.5.6）可改写为

$$M(s)z_{12}(s)-z_{22}(s)=R_2 \tag{5.5.7}$$

$$-M(-s)z_{12}(s)+z_{22}(s)=R_2 \tag{5.5.8}$$

由以上两式解得

$$z_{12}(s)=\frac{2R_2}{M(s)-M(-s)} \tag{5.5.9}$$

$$z_{22}(s)=R_2\frac{M(s)+M(-s)}{M(s)-M(-s)} \tag{5.5.10}$$

同理，根据式（5.5.5），可得

$$y_{12}(s)=\frac{-2/R_2}{N(s)-N(-s)} \tag{5.5.11}$$

$$y_{22}(s)=\frac{1}{R_2}\frac{N(s)+N(-s)}{N(s)-N(-s)} \tag{5.5.12}$$

应用双口网络开路阻抗参数与短路导纳参数之间的转换关系，有

$$z_{11}(s)=-z_{12}(s)\frac{y_{22}(s)}{y_{12}(s)} \tag{5.5.13}$$

$$y_{11}(s)=-y_{12}(s)\frac{z_{22}(s)}{z_{12}(s)} \tag{5.5.14}$$

将式（5.5.9）～式（5.5.12）代入式（5.5.13）和式（5.5.14），整理后得到

$$z_{11}(s)=R_2\frac{N(s)+N(-s)}{M(s)-M(-s)} \tag{5.5.15}$$

$$y_{11}(s)=\frac{1}{R_2}\frac{M(s)+M(-s)}{N(s)-N(-s)} \tag{5.5.16}$$

至此，我们已经导出了用有载电抗双口网络的转移电压比 $N(s)$ 和转移电流比 $M(s)$ 表示电抗双口网络的全部开路阻抗参数和短路导纳参数的表达式。下面，把开路策动点阻抗 $z_{11}(s)$、$z_{22}(s)$ 称为开路电抗，用 $X_{1\mathrm{O}}$、$X_{2\mathrm{O}}$ 表示；把短路策动点导纳的倒数 $1/y_{11}(s)$、$1/y_{22}(s)$ 称为短路电抗，用 $X_{1\mathrm{S}}$、$X_{2\mathrm{S}}$ 表示，则

$$X_{1\mathrm{O}}=z_{11}(s)=R_2\frac{N(s)+N(-s)}{M(s)-M(-s)} \tag{5.5.17}$$

$$X_{2\mathrm{O}}=z_{22}(s)=R_2\frac{M(s)+M(-s)}{M(s)-M(-s)} \tag{5.5.18}$$

$$X_{1\mathrm{S}}=\frac{1}{y_{11}(s)}=R_2\frac{N(s)-N(-s)}{M(s)+M(-s)} \tag{5.5.19}$$

$$X_{2\mathrm{S}}=\frac{1}{y_{22}(s)}=R_2\frac{N(s)-N(-s)}{N(s)+N(-s)} \tag{5.5.20}$$

以上四式是将电抗双口网络的开路电抗 $X_{1\mathrm{O}}$、$X_{2\mathrm{O}}$ 及短路电抗 $X_{1\mathrm{S}}$、$X_{2\mathrm{S}}$ 用终端接电阻 R_2 的电抗双口网络的转移电流比和转移电压比表示的方程。接下来将进一步讨论如何利用转移函数 $H(s)$和特征函数 $K(s)$中的多项式 $E(s)$、$F(s)$、$P(s)$来表示这四个电抗双口网络的设计参数。

对于图 5.4.1 所示双端接载电抗双口网络，其转移函数为

$$H(s)=\sqrt{\frac{R_2}{4R_1}}\cdot\frac{U_{\mathrm{o}1}(s)}{U_2(s)}$$

其中电源电压和负载电压可分别表示为

$$U_{\mathrm{o}1}(s)=U_1(s)+R_1I_1(s)$$
$$U_2(s)=-R_2I_2(s)$$

由此可得

$$H(s)=\frac{1}{2}\sqrt{\frac{R_2}{R_1}}\left[\frac{U_1(s)}{U_2(s)}+\frac{R_1}{R_2}\cdot\frac{I_1(s)}{-I_2(s)}\right]$$

式中，$U_1(s)/U_2(s)=N(s)$、$I_1(s)/[-I_2(s)]=M(s)$ 分别定义为转移电压比和转移电流比。于是有

$$H(s)=\frac{1}{2}\left[\sqrt{\frac{R_2}{R_1}}\cdot N(s)+\sqrt{\frac{R_1}{R_2}}\cdot M(s)\right] \tag{5.5.21}$$

由始端反射系数的定义式（5.4.15）可得

$$\rho_1(s)=\frac{\dfrac{U_1(s)}{I_1(s)}-R_1}{\dfrac{U_1(s)}{I_1(s)}+R_1}$$

式中

$$\frac{U_1(s)}{I_1(s)}=\frac{U_1(s)}{U_2(s)}\cdot\left[\frac{-R_2I_2(s)}{I_1(s)}\right]=\frac{N(s)}{M(s)}\cdot R_2$$

故得

$$\rho_1(s)=\frac{\dfrac{N(s)}{M(s)}R_2-R_1}{\dfrac{N(s)}{M(s)}R_2+R_1}=\frac{\sqrt{\dfrac{R_2}{R_1}}N(s)-\sqrt{\dfrac{R_1}{R_2}}M(s)}{\sqrt{\dfrac{R_2}{R_1}}N(s)+\sqrt{\dfrac{R_1}{R_2}}M(s)} \tag{5.5.22}$$

根据式（5.4.34），特征函数可表示为

$$K(s)=-\rho_1(s)H(s) \tag{5.5.23}$$

将式（5.5.21）、式（5.5.22）代入式（5.5.23），得

$$K(s)=\frac{1}{2}\left[\sqrt{\frac{R_1}{R_2}}M(s)-\sqrt{\frac{R_2}{R_1}}N(s)\right] \tag{5.5.24}$$

式（5.5.21）和式（5.5.24）给出了用 $N(s)$、$M(s)$表示 $H(s)$、$K(s)$的关系式。对以上两式联立解 $N(s)$和 $M(s)$，得到用 $H(s)$、$K(s)$表示的 $N(s)$、$M(s)$的方程：

$$N(s)=\sqrt{\frac{R_1}{R_2}}[H(s)-K(s)] \tag{5.5.25}$$

$$M(s)=\sqrt{\frac{R_2}{R_1}}[H(s)+K(s)] \tag{5.5.26}$$

式（5.5.17）～式（5.5.20）是用 $N(s)$、$M(s)$表示电抗双口网络端口参数 X_{1O}、X_{2O}、X_{1S}、X_{2S} 的方程。这些方程的分子、分母分别可用两个函数的偶部 $N_{ev}(s)$、$M_{ev}(s)$或奇部 $N_{od}(s)$、$M_{od}(s)$表示，例如，

$$N(s)+N(-s)=2N_{ev}(s) \tag{5.5.27}$$

$$N(s)-N(-s)=2N_{od}(s) \tag{5.5.28}$$

于是

$$X_{1O}=R_2\frac{N_{ev}(s)}{M_{od}(s)} \tag{5.5.29}$$

$$X_{2O}=R_2\frac{M_{ev}(s)}{M_{od}(s)} \tag{5.5.30}$$

$$X_{1S}=R_2\frac{N_{od}(s)}{M_{ev}(s)} \tag{5.5.31}$$

$$X_{2S}=R_2\frac{N_{od}(s)}{N_{ev}(s)} \tag{5.5.32}$$

式中，$N(s)$与 $M(s)$的奇、偶部可以根据式（5.5.25）、式（5.5.26）用 $H(s)$与 $K(s)$的奇、偶部表示，即

$$N_{od}(s)=\sqrt{\frac{R_1}{R_2}}[H_{od}(s)-K_{od}(s)] \tag{5.5.33}$$

$$N_{ev}(s)=\sqrt{\frac{R_1}{R_2}}[H_{ev}(s)-K_{ev}(s)] \tag{5.5.34}$$

$$M_{od}(s)=\sqrt{\frac{R_2}{R_1}}[H_{od}(s)+K_{od}(s)] \tag{5.5.35}$$

$$M_{ev}(s)=\sqrt{\frac{R_2}{R_1}}[H_{ev}(s)+K_{ev}(s)] \tag{5.5.36}$$

将式（5.5.33）～式（5.5.36）代入式（5.5.29）～式（5.5.32），得到用 $H(s)$、$K(s)$表示端口电抗的公式：

$$X_{1O}=R_1\left[\frac{H_{ev}(s)-K_{ev}(s)}{H_{od}(s)+K_{od}(s)}\right] \tag{5.5.37}$$

$$X_{2O}=R_2\left[\frac{H_{ev}(s)+K_{ev}(s)}{H_{od}(s)+K_{od}(s)}\right] \tag{5.5.38}$$

$$X_{1S}=R_1\left[\frac{H_{od}(s)-K_{od}(s)}{H_{ev}(s)+K_{ev}(s)}\right] \tag{5.5.39}$$

$$X_{2S}=R_2\left[\frac{H_{od}(s)-K_{od}(s)}{H_{ev}(s)-K_{ev}(s)}\right] \tag{5.5.40}$$

以上四个公式中，$H(s)$和 $K(s)$的奇、偶部都是有理函数，由式（5.4.31）、式（5.4.32）可知，它们的分母都是 $P(s)$，代入式（5.5.37）～式（5.5.40）后则消去 $P(s)$，仅需将四个端口电抗公式中的 $H(s)$换为 $E(s)$、$K(s)$换为 $F(s)$即可。但是应当注意，在用 $E(s)$和 $F(s)$表示四个端口电抗的公式时，它们是奇部还是偶部要受 $P(s)$的奇偶性的影响。前面曾经指出，衰减极点多项式 $P(s)$为纯奇次或纯偶次多项式。一个有理函数，如果其分子、分母多项式的奇偶性相同，则该有理函数为偶函数，反之则为奇函数。因此，这里有两种可能的情况。当 $P(s)$为偶次多项式时，$H(s)$与 $E(s)$的奇偶性相同，$K(s)$与 $F(s)$的奇偶性相同；当 $P(s)$为奇次多项式时，$H(s)$与 $E(s)$的奇偶性相反，$K(s)$与 $F(s)$的奇偶性相反。这样，由 $P(s)$的奇偶性不同而得到两组不同的公式，由表 5.5.1 给出。

当由滤波器逼近得到转移函数 $H(s)$及相应的多项式 $E(s)$、$F(s)$和 $P(s)$后，根据表 5.5.1 中的公式便可计算出一个 LC 双口网络两端口的开路电抗和短路电抗，这个 LC 双口网络工作于端接电阻 R_1、R_2之间时，将产生所需要的转移函数 $H(s)$。应用这四个端口电抗作为设计参数，可以综合出满足技术要求的 LC 梯形滤波器。

表 5.5.1　双端接载 LC 梯形滤波器的设计电抗公式

$P(s)$为偶函数	$P(s)$为奇函数
$X_{1O}=R_1\left[\frac{E_{ev}(s)-F_{ev}(s)}{E_{od}(s)+F_{od}(s)}\right]$	$X_{1O}=R_1\left[\frac{E_{od}(s)-F_{od}(s)}{E_{ev}(s)+F_{ev}(s)}\right]$
$X_{2O}=R_2\left[\frac{E_{ev}(s)+F_{ev}(s)}{E_{od}(s)+F_{od}(s)}\right]$	$X_{2O}=R_2\left[\frac{E_{od}(s)+F_{od}(s)}{E_{ev}(s)+F_{ev}(s)}\right]$
$X_{1S}=R_1\left[\frac{E_{od}(s)-F_{od}(s)}{E_{ev}(s)+F_{ev}(s)}\right]$	$X_{1S}=R_1\left[\frac{E_{ev}(s)-F_{ev}(s)}{E_{od}(s)+F_{od}(s)}\right]$
$X_{2S}=R_2\left[\frac{E_{od}(s)-F_{od}(s)}{E_{ev}(s)-F_{ev}(s)}\right]$	$X_{2S}=R_2\left[\frac{E_{ev}(s)-F_{ev}(s)}{E_{od}(s)-F_{od}(s)}\right]$

5.6　电抗函数的极点移出综合法

通常，我们将电抗网络的策动点函数称为电抗函数，因此，在 5.5 节中介绍的开路电抗、短路电抗都是电抗函数。电抗函数的实现是进行双口电抗网络综合的基础。5.2 节介绍了单口网络电抗函数的福斯特实现和考尔实现方法，本节将进一步研究用极点移出和部分极点移出的方法实现电抗函数。

5.6.1 电抗函数的分类

5.2 节指出，电抗函数为奇函数，是奇次多项式与偶次多项式之比，或偶次多项式与奇次多项式之比，分子多项式与分母多项式最高次数之差必等于 1。根据上述性质，可将电抗函数分为四类。下面用 O 和 E 分别表示分子、分母多项式是奇次和偶次，用 H 和 L 分别表示分子、分母多项式次数的高和低，并用编号为 I、II、III、IV 的符号表示电抗函数的类型。电抗函数的类型决定了它在 $s=0$ 处和 $s=\infty$ 处是否存在极点或零点，进而决定了将该函数展开为部分分式后所含的项，这些也将在下面的分类中一并给出。此外，与 5.2 节符号的对应关系是：$X(s)=Z_{\mathrm{LC}}(s)$，$B(s)=Y_{\mathrm{LC}}(s)$。以下对 $X(s)$ 的分类，同样适用于 $B(s)$。

类型 I： $\left(\dfrac{\mathrm{O,L}}{\mathrm{E,H}}\right)$。

$$X_{(\mathrm{I})}(s)=k\frac{s\prod_{m=1}^{N-1}(s^2+\omega_{zm}^2)}{\prod_{n=1}^{N}(s^2+\omega_{pn}^2)} \tag{5.6.1a}$$

$$X_{(\mathrm{I})}(s)=\sum_n\frac{1}{C_n^s+\dfrac{1}{L_n^s}} \tag{5.6.1b}$$

类型 I 在 $s=0$ 处和 $s=\infty$ 处各有一个一阶零点，即 $X_{(\mathrm{I})}(0)=0$，$X_{(\mathrm{I})}(\infty)=0$，因而在 0 和 ∞ 处均无极点。

类型 II： $\left(\dfrac{\mathrm{E,L}}{\mathrm{O,H}}\right)$。

$$X_{(\mathrm{II})}(s)=k\frac{\prod_{m=1}^{N}(s^2+\omega_{zm}^2)}{s\prod_{n=1}^{N}(s^2+\omega_{pn}^2)} \tag{5.6.2a}$$

$$X_{(\mathrm{II})}(s)=\frac{1}{C_0^s}+\sum_n\frac{1}{C_n^s+\dfrac{1}{L_n^s}} \tag{5.6.2b}$$

类型 II 在 $s=0$ 处有一阶极点，在 $s=\infty$ 处有一阶零点，即 $X_{(\mathrm{II})}(0)=\infty$，$X_{(\mathrm{II})}(\infty)=0$。

类型 III： $\left(\dfrac{\mathrm{O,H}}{\mathrm{E,L}}\right)$。

$$X_{(\mathrm{III})}(s)=k\frac{s\prod_{m=1}^{N}(s^2+\omega_{zm}^2)}{\prod_{n=1}^{N}(s^2+\omega_{pn}^2)} \tag{5.6.3a}$$

$$X_{(\mathrm{III})}(s)=L_\infty s+\sum_n\frac{1}{C_n^s+\dfrac{1}{L_n^s}} \tag{5.6.3b}$$

类型 III 在 $s=0$ 处有一阶零点，在 $s=\infty$ 处有一阶极点，即 $X_{(\text{III})}(0)=0$， $X_{(\text{III})}(\infty)=\infty$ 。

类型 IV： $\left(\dfrac{\text{E,H}}{\text{O,L}}\right)$。

$$X_{(\text{IV})}(s)=k\frac{\prod_{m=1}^{N}(s^2+\omega_{zm}^2)}{s\prod_{n=1}^{N-1}(s^2+\omega_{pn}^2)} \tag{5.6.4a}$$

$$X_{(\text{IV})}(s)=L_{\infty}s+\frac{1}{C_0^s}+\sum_n\frac{1}{C_n^s+\dfrac{1}{L_n^s}} \tag{5.6.4b}$$

类型 IV 在 $s=0$ 处和 $s=\infty$ 处分别有一个一阶极点，即 $X_{(\text{IV})}(0)=\infty$， $X_{(\text{IV})}(\infty)=\infty$ 。

总之，分子、分母的奇偶性，决定了在 $s=0$ 处是极点还是零点。若为 $\left(\dfrac{\text{E}}{\text{O}}\right)$ 类型，则 $s=0$ 处为极点，反之是零点。分子、分母的次数高低，决定了在 $s=\infty$ 处是极点还是零点。若为 $\left(\dfrac{\text{H}}{\text{L}}\right)$ 类型，则在 $s=\infty$ 处为极点，反之是零点。在以下的极点移出运算中，我们将主要关注何处存在极点。此外还应指出，类型 I 与类型 IV 互为倒数；类型 II 与类型 III 互为倒数。

5.6.2 极点移出法

极点移出是无源网络综合的一种基本运算。这种运算是，将给定的策动点函数 $F_1(s)$ 表示为

$$F_1(s)=E(s)+F_2(s) \tag{5.6.5}$$

式中， $E(s)$ 是 $F_1(s)$ 的部分分式展开式中的一项，称为单元函数， $F_2(s)$ 称为剩余函数。如果 $F_1(s)$ 是阻抗，则式（5.6.5）可解释为，具有阻抗 $E(s)$ 和 $F_2(s)$ 的两个子网络串联得到阻抗 $F_1(s)$ 。如果 $F_1(s)$ 是导纳，则式（5.6.5）可解释为，具有导纳 $E(s)$ 和 $F_2(s)$ 的两个子网络并联得到导纳 $F_1(s)$ 。这里， $E(s)$ 代表单个元件或少数元件的简单组合的参数（阻抗或导纳），而 $F_2(s)$ 则通常是较 $F_1(s)$ 次数低的函数，在确定了 $E(s)$ 后，可求出

$$F_2(s)=F_1(s)-E(s)$$

单元函数 $E(s)$ 的极点必定是 $F_1(s)$ 的一个极点，将 $E(s)$ 从 $F_1(s)$ 中析出后，剩余函数 $F_2(s)$ 中一般不再含此极点，故称这种运算为极点移出。在对 $F_1(s)$ 做极点移出后，又可对 $F_2(s)$ 或 $1/F_2(s)$ 做极点移出……此过程一直进行到不再存在剩余函数，由此便可得到对 $F_1(s)$ 的网络实现。一次极点移出运算所对应的网络实现如图 5.6.1 所示，图（a）中 $F_1(s)$ 是阻抗函数，图（b）中 $F_1(s)$ 是导纳函数。

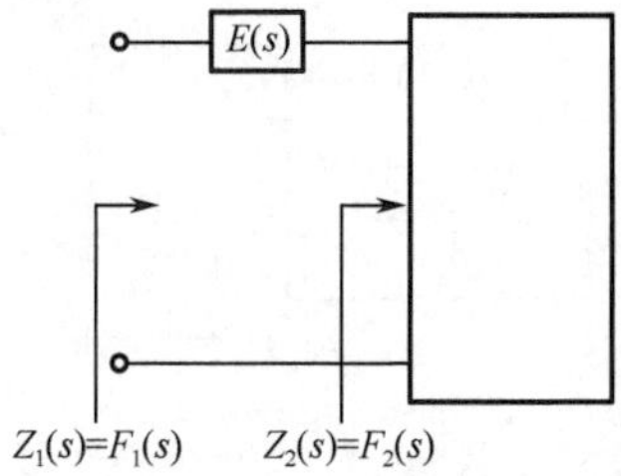

（a） $F_1(s)$为阻抗函数的一次极点移出运算网络图

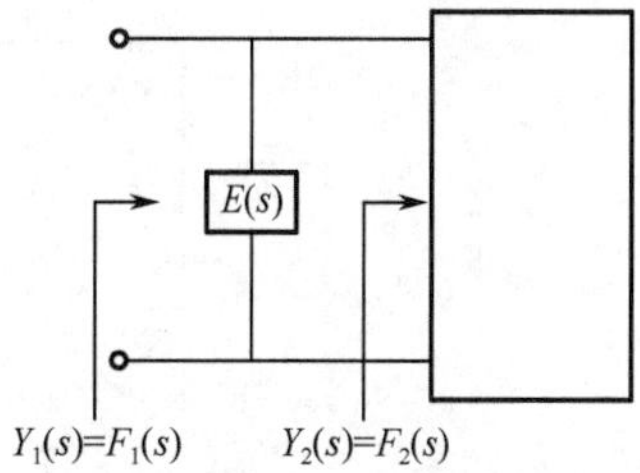

（b） $F_1(s)$为导纳函数的一次极点移出运算网络图

图 5.6.1　一次极点移出运算所对应的网络实现

以下将介绍根据电抗函数综合 LC 梯形网络的 6 种极点移出运算。

1. 移出阻抗在 s=0 处的极点

移出运算式如下：

$$X_1(s)=\frac{1}{sC}+X_2(s) \tag{5.6.6}$$

$$C=\lim_{s\to 0}\left(\frac{1}{sX_1(s)}\right) \tag{5.6.7}$$

其电路实现是，对于给定的阻抗 $X_1(s)$，移出一个串联的电容 C，如图 5.6.2 所示。电容 C 的值等于 $X_1(s)$ 在 s=0 处极点的留数的倒数。剩余函数为

$$X_2(s)=X_1(s)-\frac{1}{sC}$$

能够进行这种移出运算的是电抗函数的类型 II 和类型 IV，相应的剩余函数分别属于类型 I 和类型 III。

2. 移出导纳在 s=0 处的极点

移出运算式如下：

$$B_1(s)=\frac{1}{sL}+B_2(s) \tag{5.6.8}$$

$$L=\lim_{s\to 0}\left(\frac{1}{sB_1(s)}\right)=\lim_{s\to 0}\left(\frac{X_1(s)}{s}\right) \tag{5.6.9}$$

式中

$$X_1(s)=\frac{1}{B_1(s)}$$

其电路实现是，对于给定的导纳 $B_1(s)=1/X_1(s)$，移出一个分流的电感 L，如图 5.6.3 所示。电感 L 的值等于 $B_1(s)$ 在 s=0 处极点的留数的倒数。剩余函数为

$$B_2(s)=B_1(s)-\frac{1}{sL}$$

或写为

$$\frac{1}{X_2(s)}=\frac{1}{X_1(s)}-\frac{1}{sL}$$

式中

$$X_2(s)=\frac{1}{B_2(s)}$$

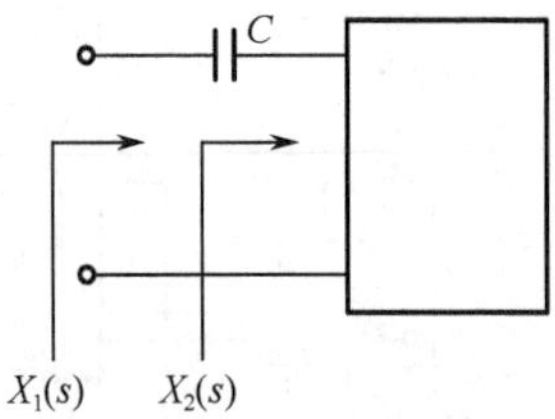

图 5.6.2 移出串联电容原理图

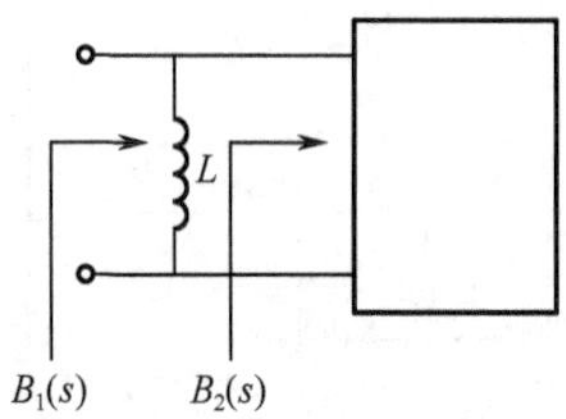

图 5.6.3 移出分流电感原理图

能够进行这种移出运算的电抗函数，以导纳 $B_1(s)$ 表示时属于类型 II 和类型 IV，剩余函数分别属于类型 I 和类型 III。注意到电抗函数的类型 I 和类型 IV 互为倒数；类型 II 和类型 III 互为倒数，因此，能够做此种移出运算的阻抗 $X_1(s)$ 应属于类型 III 和类型 I，剩余函数以阻抗 $X_2(s)$ 表示时，则分别属于类型 IV 和类型 II。

3．移出阻抗在 s=∞处的极点

移出运算式如下：

$$X_1(s) = sL + X_2(s) \tag{5.6.10}$$

$$L = \lim_{s\to\infty}\left(\frac{X_1(s)}{s}\right) \tag{5.6.11}$$

其电路实现是，对于给定的阻抗 $X_1(s)$，移出一个串联的电感 L，如图 5.6.4 所示。电感 L 的值等于 $X_1(s)$ 在 $s=\infty$ 处极点的留数。剩余函数为

$$X_2(s) = X_1(s) - sL$$

能够进行此种移出运算的电抗函数属于类型 III 和类型 IV，相应的剩余函数属于类型 I 和类型 II。

4．移出导纳在 s=∞处的极点

移出运算式如下：

$$B_1(s) = sC + B_2(s) \tag{5.6.12}$$

$$C = \lim_{s\to\infty}\left(\frac{B_1(s)}{s}\right) = \lim_{s\to\infty}\left(\frac{1}{sX_1(s)}\right) \tag{5.6.13}$$

其电路实现是，对于给定的导纳 $B_1(s)=1/X_1(s)$，移出一个分流的电容 C，如图 5.6.5 所示。电容 C 的值等于 $B_1(s)$ 在 $s=\infty$ 处极点的留数。剩余函数为

$$B_2(s) = B_1(s) - sC$$

或写为

$$\frac{1}{X_2(s)} = \frac{1}{X_1(s)} = -sC$$

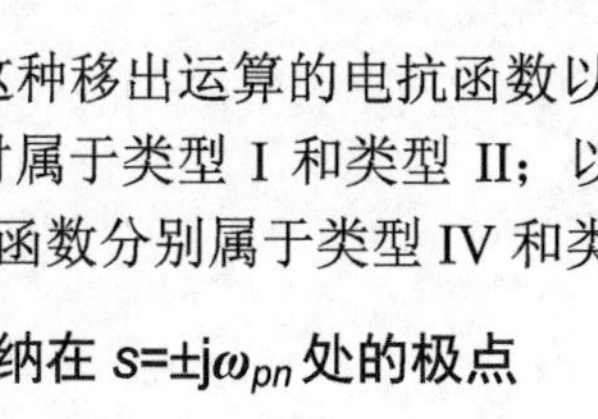

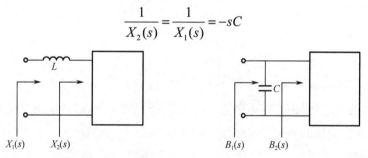

图 5.6.4　移出串联电感原理图

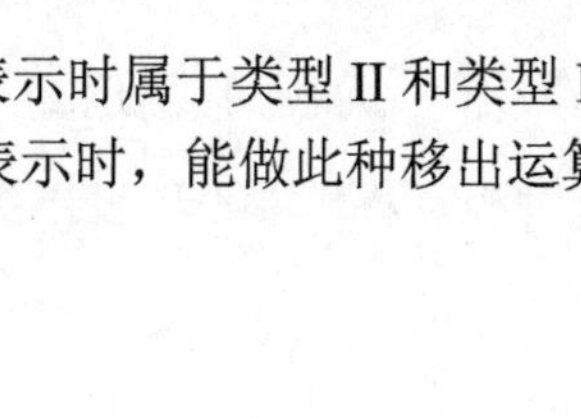

图 5.6.5　移出分流电容原理图

能够进行这种移出运算的电抗函数以导纳参数表示时属于类型 II 和类型 III，剩余函数以导纳参数表示时属于类型 I 和类型 II；以阻抗参数表示时，能做此种移出运算的属于类型 II 和类型 I，剩余函数分别属于类型 IV 和类型 III。

5．移出导纳在 s=±jω_{pn} 处的极点

移出运算式如下：

$$B_1(s)=\frac{K_n s}{s^2+\omega_{pn}^2}+B_2(s)=\frac{1}{\dfrac{1}{K_n}s+\dfrac{\omega_{pn}^2}{K_n}\cdot\dfrac{1}{s}}+B_2(s) \tag{5.6.14}$$

$$K_n=\lim_{s^2\to\omega_{pn}^2}\left[B_1(s)\cdot\frac{s^2+\omega_{pn}^2}{s}\right]=\lim_{s^2\to\omega_{pn}^2}\left[\frac{s^2+\omega_{pn}^2}{sX_1(s)}\right] \tag{5.6.15}$$

令

$$L_n=\frac{1}{K_n},\ C_n=\frac{K_n}{\omega_{pn}^2} \tag{5.6.16}$$

对于给定导纳 $B_1(s)=1/X_1(s)$，移出其在有限频率 $s=\pm \mathrm{j}\omega_{pn}$ 处的共轭极点，其电路实现是移出一个由电感 L_n 和电容 C_n 串联构成的分流支路，如图 5.6.6 所示。剩余函数为

$$B_2(s)=B_1(s)-\frac{K_n s}{s^2+\omega_{pn}^2}$$

当以导纳参数表示的电抗函数具有极点 $s=\pm \mathrm{j}\omega_{pn}$，即其分母多项式含因子 $s^2+\omega_{pn}^2$ 时，可以进行这种移出运算。四类电抗函数中的任一类均可能含此因子，故四类电抗函数都可做这种移出运算。此外，剩余函数 $B_2(s)$ 将不再含 $s=\pm \mathrm{j}\omega_n$ 处的极点，其次数较 $B_1(s)$ 低 2 次。但因为移出这种极点并不影响 $s=0$ 处和 $s=\infty$ 处的极点，所以第 5 种极点移出不改变电抗函数的类型号。

6．移出阻抗在 $s=\pm \mathrm{j}\omega_{pn}$ 处的极点

移出运算式如下：

$$X_1(s)=\frac{K_n s}{s^2+\omega_{pn}^2}+X_2(s)=\frac{1}{\dfrac{1}{K_n}s+\dfrac{\omega_{pn}^2}{K_n}\cdot\dfrac{1}{s}}+X_2(s) \tag{5.6.17}$$

$$K_n=\lim_{s^2\to\omega_{pn}^2}\left[X_1(s)\cdot\frac{s^2+\omega_{pn}^2}{s}\right] \tag{5.6.18}$$

令

$$C_n=\frac{1}{K_n},\ L_n=\frac{K_n}{\omega_{pn}^2} \tag{5.6.19}$$

对于给定阻抗 $X_1(s)$ 移出在有限频率 $s=\pm \mathrm{j}\omega_{pn}$ 处的共轭极点，其电路实现是移出一个由电感 L_n 和电容 C_n 并联构成的与剩余电路相串联的支路部分，如图 5.6.7 所示。剩余函数为

$$X_2(s)=X_1(s)-\frac{K_n s}{s^2+\omega_{pn}^2}$$

四类电抗函数均可做此种移出运算，只要阻抗函数的分母含因子 $s^2+\omega_{pn}^2$。与第 5 种极点移出一样，第 6 种极点移出并不改变电抗函数的类型号。

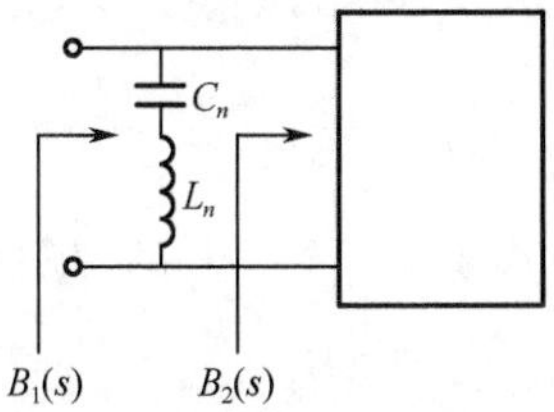

图 5.6.6　移出电感、电容串联分流支路原理图

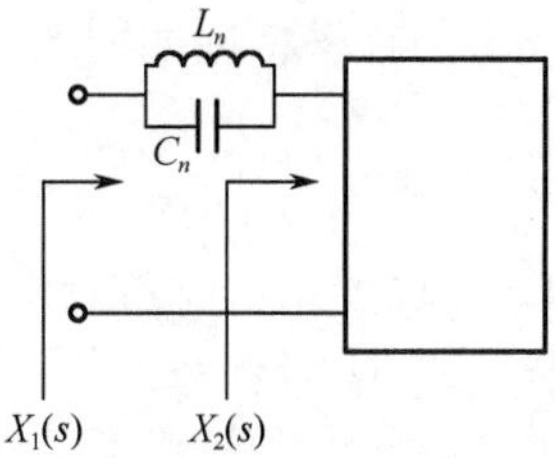

图 5.6.7　移出电感、电容并联分压支路原理图

5.6.3　部分极点移出法

根据以上极点移出运算，可以由给定的电抗函数综合出 LC 单口网络。在 LC 梯形滤波器综合中，用 5.6.2 节中的第 1～4 种极点移出方法可以进行全极点滤波器综合。但是，当滤波器存在有限、非零值的衰减极点（传输零点）时，还需要应用本节介绍的部分极点移出法。

在一般梯形滤波器设计中，转移函数的传输零点可由串联臂开路或分流臂短路实现。在图 5.6.8（a）中，串联臂上的 LC 并联谐振电路于频率 $f_0 = 1/2\pi\sqrt{LC}$ 时阻抗为∞，相当于串联臂开路；图 5.6.8（b）中，分流臂上的 LC 串联谐振电路于频率 $f_0 = 1/2\pi\sqrt{LC}$ 时阻抗为零，相当于分流臂短路，因此图 5.6.8 所示为实现梯形滤波器传输零点的基本结构。

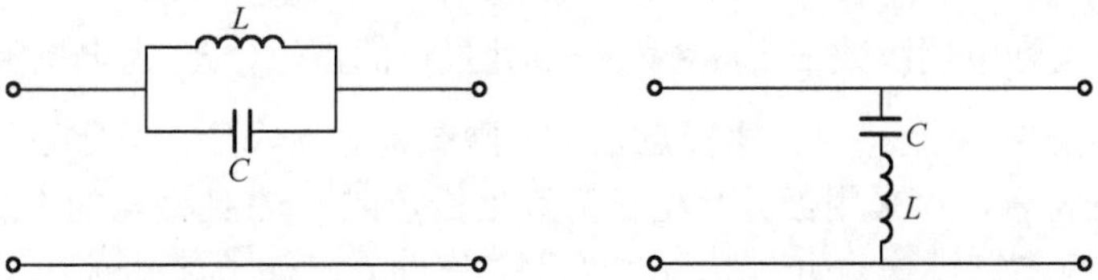

（a）串联臂开路　　（b）分流臂短路

图 5.6.8　实现梯形滤波器传输零点的基本结构

将图 5.6.8（a）、（b）分别与图 5.6.7、图 5.6.6 相比较，可以看出，转移函数传输零点的电路实现与移出 LC 网络策动点阻抗、策动点导纳在有限频率处极点的电路实现结构相同。然而，滤波器技术条件中给定的有限频率传输零点一般并不等于直接用以进行 LC 梯形双口网络综合的设计参数在有限频率处的极点。因此，对于存在有限传输零点的情形，在通过极点移出形成梯形网络时，需要对设计参数做某种处理，使串联臂阻抗极点和分流臂导纳极点正好出现在给定的有限传输零点的位置上。

一个有理函数的极点即其倒数的零点。控制某一阻抗函数的极点位置，可通过控制其倒数的零点位置来实现。用 5.6.2 节介绍的极点移出运算移出一个极点后，剩余函数的极点除此极点外，其余极点不变，而剩余函数的零点则与原函数的零点不同。例如，第 3 种移出对阻抗函数 $X_1(s)$ 移出其在 $s=\infty$ 处的极点，相应的电路如图 5.6.4 所示。移出串联电感 L 的值等于 $X_1(s)$ 在 $s=\infty$ 处极点的留数：

$$L = \lim_{s\to\infty}\left(\frac{X_1(s)}{s}\right) \tag{5.6.20}$$

剩余函数为

$$X_2(s) = X_1(s) - sL \tag{5.6.21}$$

上式的频域形式为

$$X_2(\omega) = X_1(\omega) - \omega L \tag{5.6.22}$$

$X_1(\omega)$ 与 ωL 的频率特性如图 5.6.9 所示。图中用 • 表示 $X_1(\omega)$ 的零点，用 ∘ 表示 $X_2(\omega)$ 的零点，即

$$X_1(\omega) - \omega L = 0 \tag{5.6.23}$$

时的 ω。从图中可以看出，极点移出使零点发生位移，由式（5.6.23）可知，零点发生位移后的位置与移出电感 L 的值有关。

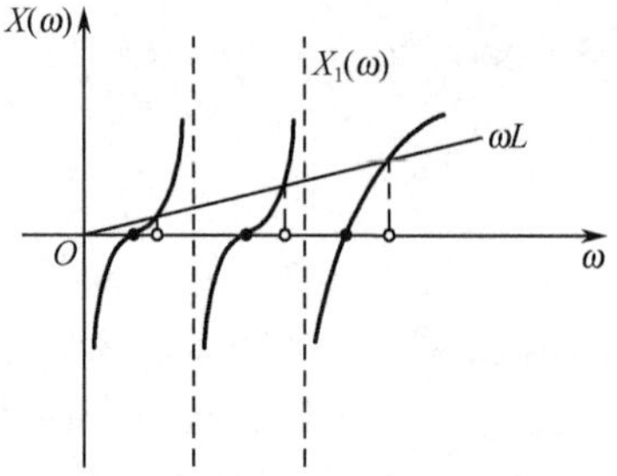

图 5.6.9　$X_1(\omega)$ 与 ωL 的频率特性

一般而言，电抗函数的部分分式展开式具有如下形式：

$$F_{\mathrm{LC}}(s) = K_\infty s + \frac{K_0}{s} + \sum_n \frac{K_n s}{s^2 + \omega_{pn}^2} \tag{5.6.24}$$

式中，K_∞、K_0 分别为电抗函数在 $s=\infty$ 和 $s=0$ 处极点的留数，K_n 为电抗函数在 $s=\pm \mathrm{j}\omega_{pn}$ 处极点留数的 2 倍。如果完全移出上述极点之一，则剩余函数降阶，且零点发生位移。为控制零点发生位移后的位置，可采用部分移出无穷远处极点或 $s=0$ 处极点的方法。以部分移出阻抗在 $s=\infty$ 处的极点为例进行分析，则式（5.6.24）中的 $F_{\mathrm{LC}}(s)$ 代表阻抗函数 $X_1(s)$。设滤波器技术条件中给定的传输零点位于 $s=\pm \mathrm{j}\omega_1$ 处，则我们希望部分移出 $X_1(s)$ 在 $s=\infty$ 处的极点后的剩余函数的零点为 ω_1，即

$$X_2(s) = X_1(s) - sL$$

由于在 $s=\pm \mathrm{j}\omega_1$（$s^2=-\omega_1^2$）处为零值，于是令

$$[X_1(s) - sL]\big|_{s^2=-\omega_1^2} = 0 \tag{5.6.25}$$

则

$$L = \left.\frac{X_1(s)}{s}\right|_{s^2=-\omega_1^2} \tag{5.6.26}$$

将用式（5.6.26）计算的电感值作为移出的串联臂电感参数，剩余函数 $X_2(s)$ 便具有 ω_1 处的零点，因而 $X_2(s)$ 的倒数，即导纳

$$B_2(s) = \frac{1}{X_2(s)} \tag{5.6.27}$$

必定在 $s=\pm \mathrm{j}\omega_1$ 处有极点，可写为

$$B_2(s) = \frac{K_1 s}{s^2 + \omega_1^2} + B_3(s) \tag{5.6.28}$$

于是可进行第 5 种移出运算，对于导纳函数 $B_2(s)$ 移出其在有限频率 ω_1 处的极点，相应的电路实现是，移出一个由电感 L_1 和电容 C_1 串联而成的分流支路。由式（5.6.15）和式（5.6.16）可知，

$$L_1 = \left[\frac{sX_2(s)}{s^2+\omega_1^2}\right]_{s^2=-\omega_1^2}, C_1 = \frac{1}{\omega_1^2 L_1} \tag{5.6.29}$$

L_1 和 C_1 串联谐振于频率 ω_1，因而形成一个 ω_1 处的传输零点。以上极点移出的电路实现如图 5.6.10 所示。首先对阻抗函数，部分移出其在 $s=\infty$ 处的极点，即移出一个串联臂电感 L，然后对剩余函数的倒数，移出其在 ω_1 处的极点，即移出分流臂的 L_1C_1 串联电路，这样便形成了 ω_1 处的传输零点。

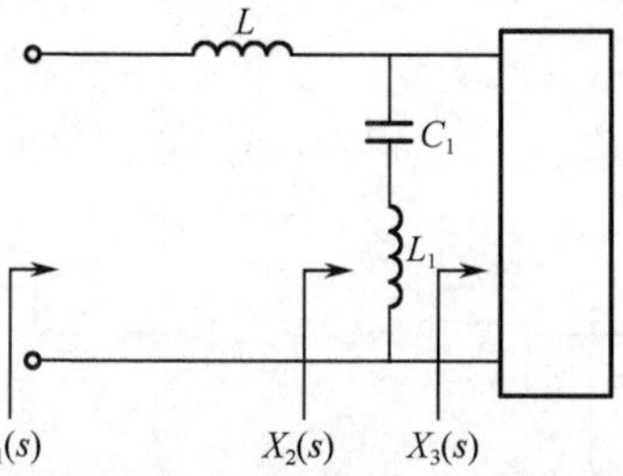

图 5.6.10　极点移出的电路实现

应当注意，这里移出的串联臂电感 L 的值并不等于阻抗函数 $X_1(s)$ 在 $s=\infty$ 处极点的留数：

$$K_\infty = \lim_{s\to\infty}\left(\frac{X_1(s)}{s}\right) \tag{5.6.30}$$

电感 L 的移出虽能引起所需要的零点位移，但剩余函数并不降阶。换言之，剩余函数仍保留了 $s=\infty$ 处的极点，故称为极点的部分移出。在以后形成 LC 梯形网络的过程中，还要移出阻抗函数在 $s=\infty$ 处的极点，所以这是一种非最少元件实现的移出运算，它以多移出一个串联臂电感为代价而形成一个满足技术要求的传输零点。由于这种部分移出运算首先移出一个串联臂电感，要求 LC 阻抗函数具有 $s=\infty$ 处的极点，因此，能够进行这种部分移出的是类型Ⅱ和类型Ⅲ的电抗函数。显然，部分移出后的剩余函数类型号不变。

按照上述分析方法，还可以论证通过对 LC 阻抗函数在 $s=0$ 处极点的部分移出、对 LC 导纳函数在 $s=\infty$ 处和 $s=0$ 处极点的部分移出来实现给定的传输零点的步骤。总之，极点的部分移出存在以下四种可能的情形：

（1）在部分移出一个串联臂电容之后完全移出分流臂的 LC 串联电路；

（2）在部分移出一个分流臂电感之后完全移出串联臂上的 LC 并联电路；

（3）在部分移出一个串联臂电感之后完全移出分流臂的 LC 串联电路；

（4）在部分移出一个分流臂电容之后完全移出串联臂上的 LC 并联电路。

这四种部分极点移出分别与 5.6.2 节中第 1、2、3、4 种极点移出相对应。例如，当电抗函数属于类型Ⅰ或类型Ⅲ时，可进行第 1 种极点移出，相应地，也可进行这里介绍的第 1 种部分极点移出。

除以上四种部分极点移出外，还可以接着移出一个串联臂电感和一个串联臂电容，此后接着两次完全移出分流臂上的 LC 串联支路，形成两个不同频率的传输零点。也可以接着移出一个分流臂电感和一个分流臂电容，其后接着两次完全移出串联臂上的 LC 并联电路，形成两个不同频率的传输零点。

5.6.4　基于极点移出法的双端接载电抗网络的综合

本节讨论如何根据设计阻抗应用 10 种极点移出运算综合出满足技术要求的双端接载 LC

梯形滤波器网络。

根据开路电抗X_{1O}、X_{2O}、短路电抗X_{1S}、X_{2S}四个参数中的任一个，都可以应用5.6.2节介绍的极点移出运算和5.6.3节介绍的部分极点移出运算综合出一个LC单口网络，使之具有给定的衰减极点（传输零点）。从表5.5.1所列出的设计电抗公式可以看出，对于同一个LC双口网络，四个端口电抗的分子、分母多项式次数不相等，这就意味着综合出来的LC网络阶数不同。为了综合出完全的LC梯形网络，应首先选取四个电抗中次数最高的来设计。例如，考察图5.6.11中的两种梯形网络，图中每个元件为一个电感或一个电容，不难看出，对于图5.6.11（a），X_{1O}的次数低于X_{1S}的次数，如果首先用X_{1O}来进行梯形网络综合，便会丢失串联臂元件5，故应首先用X_{1S}来综合。而对于图5.6.11（b），则X_{1O}的次数高于X_{1S}的次数，应首先用X_{1O}来综合。

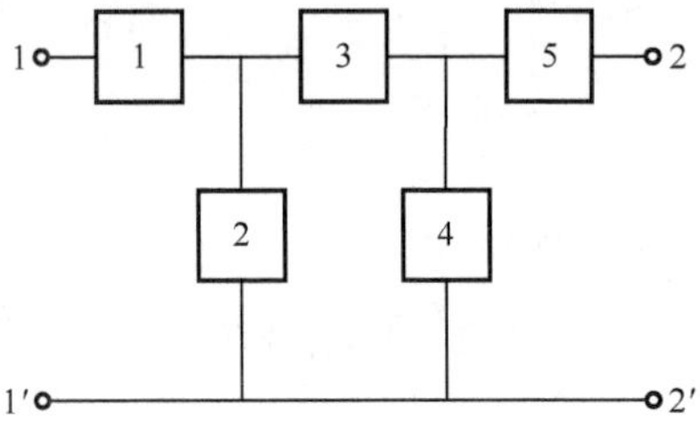

（a）X_{1O}的次数低于X_{1S}的次数

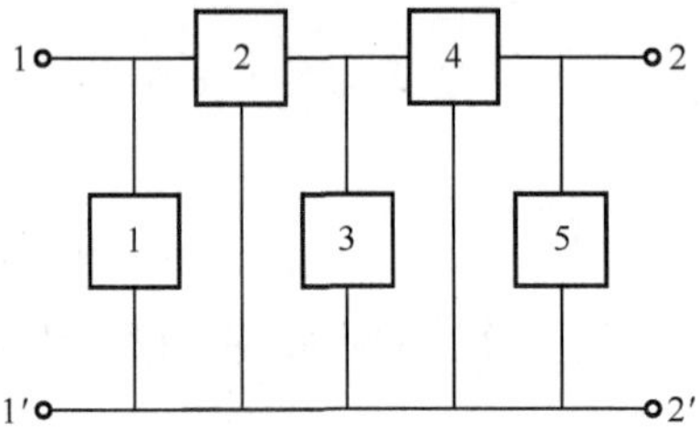

（b）X_{1O}的次数高于X_{1S}的次数

图5.6.11　两种梯形网络示意图

在滤波器设计中需要综合的是双口网络，如何应用5.6.2节、5.6.3节中综合LC单口网络的极点移出法和部分极点移出法综合LC梯形双口网络，使之从左、右两端口看去的开路电抗、短路电抗分别为X_{1O}、X_{1S}和X_{2O}、X_{2S}，且具有给定的传输零点，这是下面将要研究的问题。表5.5.1中的电抗公式表明，在$E(s)$、$F(s)$和$P(s)$一定时，$X_{1O} \propto R_1$，$X_{1S} \propto R_1$，$X_{2O} \propto R_2$，$X_{2S} \propto R_2$，结合5.6.2节和5.6.3节讨论的L、C参数计算式可知，如果用端口1电抗X_{1O}或X_{1S}从左端开始进行LC梯形网络综合，得到的LC梯形网络中任一电感正比于R_1，任一电容反比于R_1，即

$$L_1 = R_1 l_1,\ \ C_1 = \frac{1}{R_1} c_1$$

式中，下标1表示从左端开始综合得到的参数。当端接电阻为1时的电感、电容的值用小写l、c表示。同理，如果用端口2电抗X_{2O}或X_{2S}从右端开始进行LC梯形网络综合，则LC梯形网络中任一电感正比于R_2，任一电容反比于R_2，即

$$L_{\mathrm{r}} = R_2 l_{\mathrm{r}},\ \ C_{\mathrm{r}} = \frac{1}{R_2} c_{\mathrm{r}}$$

式中，下标r表示从右端开始综合得到的参数。根据以上分析，我们可以用下面的方法综合LC梯形双口网络。例如，设X_{1O}是四个端口电抗中次数最高的一个，则按设计需要给定R_1，网络用X_{1O}从左端开始综合一个完全的LC梯形网络，然后取X_{2O}或X_{2S}，并初选负载端电阻为R_2'，从右端开始进行LC梯形网络综合。选LC梯形网络中电感L_k作为校验元件，则从左、右两端综合得到的参数应相等，即应有$L_{k\mathrm{r}} = L_{k\mathrm{l}} = L_k$，故

$$R_2 l_{k\mathrm{r}} = R_1 l_{k\mathrm{l}} \tag{5.6.31}$$

但事先指定的R_2'一般不会正好等于上式中的R_2，因此，用R_2'从右端综合得到的$L_{k\mathrm{r}}' = R_2' l_{k\mathrm{r}} \neq L_{k\mathrm{l}}$，应当改变终端电阻的值，使之等于

$$R_2 = R_1 \frac{l_{k1}}{l_{kr}} = R_2' \frac{L_{k1}}{L_{kr}'} \tag{5.6.32}$$

为简单起见，可初选 $R_2' = 1$，则 $R_2 = \frac{L_{k1}}{L_{kr}'}$。也可以选电容 C_k 为校验元件，则根据 $C_{kr} = C_{k1}$，同理可证，负载端电阻的值应调整为

$$R_2 = R_1 \frac{c_{kr}}{c_{k1}} = R_2' \frac{C_{kr}'}{C_{k1}'} \tag{5.6.33}$$

若初选 $R_2' = 1$，则 $R_2 = \frac{C_{kr}'}{C_{k1}}$。式中，$C_{kr}'$ 为初选终端电阻等于 R_2' 时从右端开始综合得到的第 k 电容的值。由以上综合双口 LC 梯形网络的方法可以看出，当完成了从左端开始的 LC 梯形网络综合以后，再从右端开始综合来校正 R_2 的取值时，只需要进行至所考察的 L_k（或 C_k）即可，而不必综合一个完全的 LC 梯形网络。

用 10 种移出运算综合 LC 梯形滤波器时，首先应确定移出运算次数和得到的 LC 梯形网络中的元件数。由 5.6.2 节、5.6.3 节的介绍可知，通常，LC 梯形滤波器的阶数为

$$N = n_0 + n_{\mathrm{i}} + 2n_{\mathrm{f}} \tag{5.6.34}$$

式中，n_0 为在原点的衰减极点数；n_{f} 在虚轴上的非零有限共轭衰减极点对数；n_{i} 为在无穷远处的衰减极点数。极点移出运算的步数（以第 1 至第 8 种移出计）应为

$$N_{\mathrm{rem}} = n_0 + n_{\mathrm{i}} + n_{\mathrm{f}} \leqslant N \tag{5.6.35}$$

得到的 LC 梯形网络中的元件数为

$$N_{\mathrm{el}} = n_0 + n_{\mathrm{i}} + 3n_{\mathrm{f}} \geqslant N \tag{5.6.36}$$

由于对于每一对有限非零衰减极点均需要进行一次部分极点移出运算，对应地产生一个多余的元件，故在式（5.6.36）中出现 $3n_{\mathrm{f}}$。

选用哪些类型的移出运算及移出步骤的次序是在进行 LC 梯形网络综合计算之前应当确定的。对于一个给定的电抗函数，根据 5.6.2 节、5.6.3 节的内容可定性地描绘出若干种不同的电路方案来实现该电抗函数。但是应当注意，在无源网络综合中，任何一种方案必须保证所有元件参数为正值，所以并非由状态图得出的所有方案都是可无源实现的。前人对此问题的理论研究已取得部分成果。例如，用衰减极点与策动点阻抗 Z_1 奇偶部的根的相对位置给出一组很复杂的充分必要条件，以保证至少存在一种极点移出顺序使网络元件参数均为正值。然而，它并不能指出可无源实现的移出顺序，而且实际上在大多数情况下，滤波器的技术条件均能满足上述充要条件。因此，在滤波器设计中一般并不用这些条件来检验，而是通过将定性分析与经验相结合来确定适当的极点移出步骤。在选取极点移出顺序时应考虑的问题如下。

5.6.2 节、5.6.3 节介绍的 10 种极点移出运算中，根据滤波器功能的类型，可首先排除一部分不应选用的极点移出运算种类。例如，设计低通滤波器时，不应采用第 1、2 种极点移出及相应的第 5、6 种部分极点移出；而设计高通滤波器时，则不应采用第 3、4 种极点移出及相应的第 7、8 种部分极点移出。观察移出电路结构，分析其对信号传输的作用，便可得出以上结论。对于带通滤波器设计，第 5、6 种部分极点移出应当仅用以移出下阻带的有限衰减极点，因为其中部分移出串联臂电容或分流臂电感会产生阻止低频信号通过的作用，符合衰减极点在低频段的特性。同理，第 7、8 种部分极点移出应当仅用以移出上阻带的有限衰减极点，因为其中部分移出串联臂电感或分流臂电容会产生阻止高频信号通过的作用，符合衰减极点在高频段的特性。通常，部分极点移出的电路实现宜放在梯形网络的中部。因为对 $s = 0$ 或 $s =$

∞处极点的一次部分移出，意味着该处极点还应有一次完全的移出。故无论以什么顺序进行极点移出，最后一次移出均应为第 1～4 种极点移出。通常，把最接近通带的衰减极点移出的电路实现置于梯形网络中心。

例 5.6.1 已知某两端接载（$R_1=R_2=1\Omega$）低通原型滤波器的技术参数如下，

（1）通带截止频率为 1rad/s；

（2）阻带衰减频率为 1.5rad/s；

（3）通带最大衰减为 3dB；

（4）阻带最小衰减为 10dB。

试综合该滤波器。

解：根据题意，绘出低通原型滤波器的技术参数示意图，如图 5.6.12 所示。滤波器的逼近函数选择巴特沃斯原型。

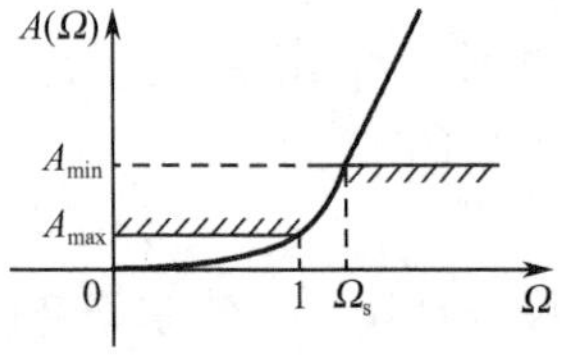

图 5.6.12 两端接载低通原型滤波器的技术参数示意图

（1）计算通带内的纹波系数ε，其中 $A_{\max}=3\text{dB}$，故

$$\varepsilon=\sqrt{10^{\frac{A_{\max}}{10}}-1}=\sqrt{10^{\frac{3}{10}}-1}\approx 1$$

（2）计算滤波器阶数 N，其中阻带截止频率 $\Omega_s=1.5\text{rad/s}$ 处的最小衰减 $A_{\min}=10\text{dB}$，故

$$N=\lg\frac{\sqrt{10^{\frac{A_{\min}}{10}}-1}}{\sqrt{10^{\frac{A_{\min}}{10}}-1}}/\log_{10}\Omega_s$$

$$N=\lg\frac{3}{1}/\lg 1.5\approx 2.7$$

$$N=3$$

最后根据实际情况选取滤波器的阶数 N=3。

（3）由 N=3，查表 4.2.1，得该原型滤波器的转移函数为

$$H(s)=(s+1)(s^2+s+1)$$

又因为ε=1，所以特征函数为

$$K(s)=s^3$$

由 $K(s)=\dfrac{F(s)}{P(s)}$，$H(s)=\dfrac{E(s)}{P(s)}$，令

$$P(s)=1$$

$$H(s)=s^3+2s^2+2s+1$$

得

$$F(s)=s^3$$

$$E(s)=s^3+2s^2+2s+1$$

由于 $P(s)=1$ 是偶函数，所以查表 5.5.1 得，

$$X_{1\text{O}}=R_1\left[\frac{E_{\text{ev}}(s)-F_{\text{ev}}(s)}{E_{\text{od}}(s)+F_{\text{od}}(s)}\right]\quad X_{1\text{S}}=R_1\left[\frac{E_{\text{od}}(s)-F_{\text{od}}(s)}{E_{\text{ev}}(s)+F_{\text{ev}}(s)}\right]$$

$$X_{2\text{O}}=R_2\left[\frac{E_{\text{ev}}(s)+F_{\text{ev}}(s)}{E_{\text{od}}(s)+F_{\text{od}}(s)}\right]\quad X_{2\text{S}}=R_2\left[\frac{E_{\text{od}}(s)-F_{\text{od}}(s)}{E_{\text{ev}}(s)-F_{\text{ev}}(s)}\right]$$

所以

$$X_{1O}=\left[\frac{E_{ev}(s)-F_{ev}(s)}{E_{od}(s)+F_{od}(s)}\right]=\frac{2s^2+1}{2s^3+2s} \quad X_{1S}=\left[\frac{E_{od}(s)-F_{od}(s)}{E_{ev}(s)+F_{ev}(s)}\right]=\frac{2s}{2s^2+1}$$

$$X_{2O}=\left[\frac{E_{ev}(s)+F_{ev}(s)}{E_{od}(s)+F_{od}(s)}\right]=\frac{2s^2+1}{2s^3+2s} \quad X_{2S}=\left[\frac{E_{od}(s)-F_{od}(s)}{E_{ev}(s)-F_{ev}(s)}\right]=\frac{2s}{2s^2+1}$$

下面分别针对上述开路形式的电抗函数进行综合。

当 $X_{1O}=\dfrac{2s^2+1}{2s^3+2s}$ 时，利用考尔 I 型进行综合：

$$X_{1O}=\frac{1}{s+\dfrac{s}{2s^2+1}}$$

进一步分解为

$$X_{1O}=\frac{1}{s+\dfrac{1}{2s+\dfrac{1}{s}}}$$

得到图 5.6.13 所示电路。

同理，利用对称性可得电抗函数 X_{2O} 综合的结果，如图 5.6.14 所示。

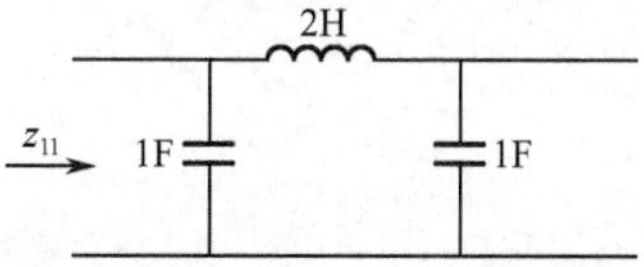

图 5.6.13　电抗函数 X_{1O} 综合得到的电路

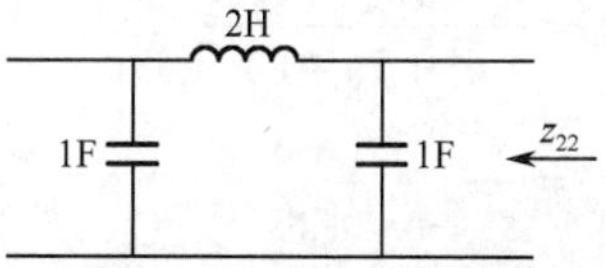

图 5.6.14　电抗函数 X_{2O} 综合得到的电路

因此，对于如图 5.6.15（a）所示两端接载的双口网络，利用开路电抗函数 X_{1O}、X_{2O} 综合得到的电路如图 5.6.15（b）所示。

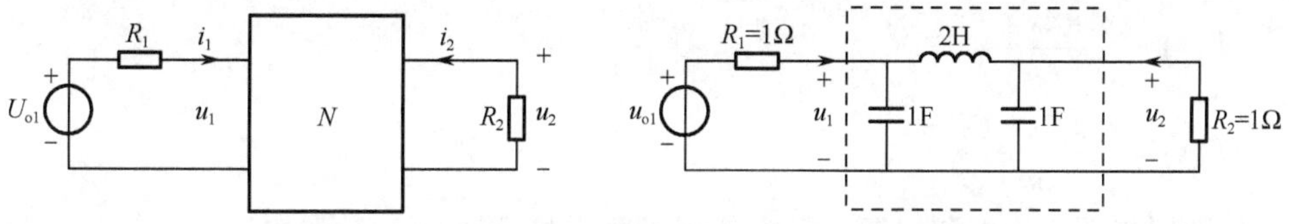

（a）双口网络模型　　（b）综合结果

图 5.6.15　两端接载电抗函数综合得到的滤波器

5.7　习题

1．检验下列多项式，判断其是否为赫尔维茨多项式，是否为严格赫尔维茨多项式。

（1）$P(s)=s^5+12s^4+45s^3+60s^2+44s+48$

（2）$P(s)=s^6+s^5+4s^4+2s^3+5s^2+s+2$

（3）$P(s)=s^4+16s^3+86s^2+176s+105$

（4）$P(s)=s^4+6s^3+9s^2+24s+20$

（5）$P(s)=s^4+s^3+5s^2+3s+4$

2．判断下列函数是否为正实函数，并说明理由。

（1）$F(s)=\dfrac{s^2+4s+3}{s^2+6s+8}$

（2）$F(s)=\dfrac{s+4}{s^2+s+15}$

（3）$F(s)=\dfrac{s^2+1}{s^4+2s^2+4}$

（4）$F(s)=\dfrac{s^2-4s+3}{s^2+6s+8}$

（5）$F(s)=\dfrac{s^4+2s^3+3s^2+s+1}{2s^5+10s^4+12s^3+2s^2+10s+12}$

（6）$F(s)=\dfrac{s^2+4s}{s^2+7s+6}$

（7）$F(s)=\dfrac{s^3+2s}{s^2+1}$

3．对下列函数进行分类，判断其属于以下四类中的哪一类（并说明理由）：（a）电抗函数；（b）RC 阻抗函数；（c）RC 导纳函数；（d）其他。

（1）$F(s)=\dfrac{s^3+10s^2+24s}{s^2+7s+10}$

（2）$F(s)=\dfrac{s^4+4s^2+3}{s^5+6s^3+8s}$

（3）$F(s)=\dfrac{s^2+7s+10}{s^2+4s+3}$

（4）$F(s)=\dfrac{s^5+5s^3+4s}{s^4+5s^2+6}$

（5）$F(s)=\dfrac{s^2+4s+3}{s^2+6s+8}$

（6）$F(s)=\dfrac{s^2+7s+12}{s^2+3s+2}$

4．分别用福斯特Ⅰ型和福斯特Ⅱ型实现下列电抗函数。

（1）$F(s)=\dfrac{(s^2+0.5)(s^2+1.5)(s^2+3)}{s(s^2+1)(s^2+2)}$

（2）$Z(s)=\dfrac{2s^3+8s}{s^2+1}$

5．分别用考尔Ⅰ型和考尔Ⅱ型实现下列电抗函数。

（1）$F(s)=\dfrac{2s^4+20s^2+18}{s^3+4s}$

（2）$Z(s)=\dfrac{2s^3+8s}{(s^2+1)}$

6．分别用福斯特Ⅰ型和福斯特Ⅱ型实现下列 RC 函数。

（1）$F(s)=\dfrac{s^2+6s+8}{s^2+3s}$

（2）$Y(s)=\dfrac{s^3+\dfrac{23}{6}s^2+\dfrac{10}{3}s}{s^2+3s+2}$

7．分别用考尔Ⅰ型和考尔Ⅱ型实现下列 RC 函数。

（1）$F(s)=\dfrac{2s^2+14s+20}{s^2+10s+24}$

（2）$Y(s)=\dfrac{s^3+\dfrac{23}{6}s^2+\dfrac{10}{3}s}{s^2+3s+2}$

8．一个低通滤波器的归一化技术条件为：通带边界频率 $\Omega_p=1$ rad/s，阻带边界频率 $\Omega_s=1.5\text{rad/s}$，通带最大衰减 $A_{max}=0.5\text{dB}$，阻带最小衰减 $A_{min}=20\text{dB}$。用切比雪夫逼近确定转移函数 $H(s)$，据此求设计阻抗 X_{1O}、X_{2O}、X_{1S}、X_{2S}。

9．根据上一题得到的设计阻抗，用 5.6.4 节介绍的方法综合一个双端接载 LC 梯形滤波器。

10．滤波器技术条件与第 8 题相同。用椭圆逼近确定转移函数 $H(s)$，据此求设计阻抗 X_{1O}、X_{2O}、X_{1S}、X_{2S}。

11．根据上一题得到的阻抗设计参数，用 5.6.4 节介绍的方法综合一个双端接载 LC 梯形滤波器。

12．在例 5.6.1 中，利用两个短路电抗函数 X_{1S} 和 X_{2S} 进行滤波器综合，并给出电路结构及其元器件参数。与开路电抗函数综合得到的双口网络相比，有没有区别？为什么？

13．用相关软件验证例 5.6.1 综合得到的滤波器是否满足技术指标要求。

5.8 “特别培养计划”系列之课程设计

1．设计一个满足如下条件和要求的带通滤波器

（1）任务条件。

中心频率：0.5～5GHz（自定）。

带宽：5%～20%（自定）。

通带最大衰减：小于 1～3dB（自定）。

逼近函数类型（任选一种）。

过渡带选择（Ω_s）：1.5～2（自定）。

阻带最小衰减：大于 20～30dB（自定）。

匹配阻抗：50Ω。

（2）任务要求。

分析，确定 N 阶，$K(s)$ 和 $H(s)$（归一化即可）。

综合出电路图（用现有软件）。

仿真确认达到自己的要求（用现有软件）。

撰写分析与设计报告。

2．利用计算机语言编写无源单口网络的综合程序

基本要求：在 LC 单口网络和 RC 单口网络中任选一个，利用 MATLAB（或其他语言）分别实现福斯特型和考尔型网络的综合程序。

主要工作：

（1）公式推导、算法分析及制定合理的流程图等；

（2）设计编制综合程序的界面，方便用户使用，相关要求自己拟定；

（3）对特定的实例进行仿真与验证；

（4）提交相关报告，包括源代码、仿真结果及相应的分析。

3．利用计算机语言编写无源双口网络的综合程序

基本要求：通过极点移出法，利用 MATLAB（或其他语言）实现梯形双口网络的综合程序。

主要工作：

（1）公式推导、算法分析及制定合理的流程图等；

（2）设计编制综合程序的界面，方便用户使用，相关要求自己拟定；

（3）对特定的实例进行仿真与验证；

（4）提交相关报告，包括源代码、仿真结果及相应的分析。

第 6 章　有源网络综合

前面的章节主要讨论的是无源网络及其分析与综合。事实上，在现代电路理论及应用中，有源网络的综合也是非常重要的。在由电阻、电感、电容组成的无源网络中，由于存在电感不易集成的问题，因此此类滤波器难以实现小型化，尤其在低频情况下，因电感体积大、品质低而不适合使用。但是，如果采用有源网络取代电感，则不仅能使滤波器体积减小，还能降低成本。

本章将简单讨论一下有源滤波器的基本理论及其综合方法。主要内容涉及 RC 运算放大器（简称运放）构成的有源滤波器（简称有源 RC 滤波器），并在对有源滤波器及双二次型电路做一般介绍的基础上，讨论高阶有源 RC 滤波器的综合方法。

6.1　反馈型单运放二阶有源网络

将 RC 等无源器件集成到运放中可以构成有源网络，有源网络按照网络中所含运放个数的不同，可分为单运放和多运放两种类型。其中，由运放、电阻及电容等元件构成的 RC 二阶有源电路是组成高阶有源滤波器的基本部件。通常，双二次转移函数的一般形式为

$$T(s)=\frac{a_1s^2+a_2s+a_0}{s^2+b_1s+b_0}=\frac{a_2s^2+a_1s+a_0}{s^2+\left(\dfrac{\omega_0}{Q}\right)s+\omega_0^2} \tag{6.1.1}$$

实现双二次转移函数的有源滤波器称为双二次型有源滤波器，它是用级联法实现高阶转移函数的基本组成环节，通常简称二阶节或双二次节。二阶节有源网络可由一个运放或多个运放与电阻、电容元件构成。其中，由一个运放和电阻、电容元件构成的二阶节，称为单运放双二次节（Single Amplifier Bi-quad，SAB）。如果按 RC 网络对运放的反馈类型来划分，有源网络又可分为负反馈型和正反馈型两种，下面依次介绍。

6.1.1　负反馈二阶网络

如图 6.1.1 所示，将作为反馈路径的 RC 网络接至运放的反相输入端，便构成负反馈型 SAB 电路。如图 6.1.1 所示，RC 网络的②端接信号源，①、③端分别接运放的反相输入端和输出端，而运放的同相输入端直接接地。

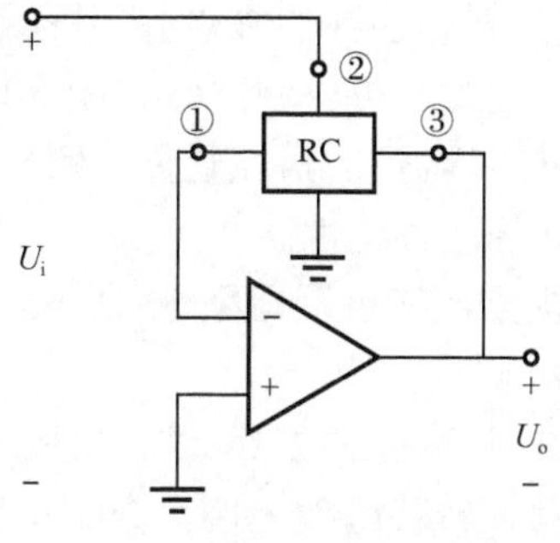

图 6.1.1　负反馈型 SAB 电路的基本结构

在图 6.1.1 中，负反馈型 SAB 电路的转移函数可以用无源 RC 网络的前馈转移函数和反馈转移函数来描述。这两个转移函数分别定义如下。

（1）前馈转移函数：

$$T_{\mathrm{FF}}=T_{12}=\left.\frac{U_1(s)}{U_2(s)}\right|_{U_3(s)=0} \tag{6.1.2}$$

（2）反馈转移函数：

$$T_{\mathrm{FB}}=T_{13}=\left.\frac{U_1(s)}{U_3(s)}\right|_{U_2(s)=0} \tag{6.1.3}$$

式中，$U_1(s)$、$U_2(s)$和$U_3(s)$分别为①、②和③端对地的电压。由叠加定理可知

$$U_1(s)=T_{\mathrm{FF}}U_2(s)+T_{\mathrm{FB}}U_3(s)=T_{\mathrm{FF}}U_{\mathrm{i}}(s)+T_{\mathrm{FB}}U_{\mathrm{o}}(s)$$

根据运放的特性，有

$$U_{\mathrm{o}}(s)=A(U^+(s)-U^-(s))=-AU_1(s)=-A[T_{\mathrm{FF}}U_{\mathrm{i}}(s)+T_{\mathrm{FB}}U_{\mathrm{o}}(s)]$$

故负反馈型 SAB 电路的转移函数为

$$T=\frac{U_{\mathrm{o}}(s)}{U_{\mathrm{i}}(s)}=\frac{AT_{\mathrm{FF}}}{AT_{\mathrm{FB}}+1}=-\frac{T_{\mathrm{FF}}}{T_{\mathrm{FB}}+\dfrac{1}{A}} \tag{6.1.4}$$

对于理想运放而言，增益 $A\to\infty$，因此有

$$T=-\frac{T_{\mathrm{FF}}}{T_{\mathrm{FB}}} \tag{6.1.5}$$

如果将 RC 网络的前馈转移函数和反馈转移函数分别写为两个多项式之比，则

$$T_{\mathrm{FF}}=-\frac{N_{\mathrm{FF}}}{D_{\mathrm{FF}}},\quad T_{\mathrm{FB}}=\frac{N_{\mathrm{FB}}}{D_{\mathrm{FB}}} \tag{6.1.6}$$

通常，同一网络的不同转移函数的极点是相同的，即分母多项式是相同的，故

$$D_{\mathrm{FF}}=D_{\mathrm{FB}}=D$$

因此，式（6.1.5）可改写为

$$T=-\frac{N_{\mathrm{FF}}}{N_{\mathrm{FB}}} \tag{6.1.7}$$

上式给出了负反馈型 SAB 电路的转移函数与 RC 网络的前馈转移函数、反馈转移函数之间的关系。式（6.1.7）表明，RC 网络前馈转移函数的零点即负反馈型 SAB 电路转移函数的零点；RC 网络反馈转移函数的零点即负反馈型 SAB 电路转移函数的极点。RC 网络转移函数的负实数极点对负反馈型 SAB 电路转移函数的极点并无影响。由于无源 RC 网络转移函数的零点可以位于 s 平面的任何位置，因此，可以通过设置图 6.1.1 中 RC 网络反馈转移函数零点的位置来控制负反馈型 SAB 电路转移函数的极点位置。例如，使之共轭成对地出现在靠近虚轴的左半 s 平面上，则可得到很好的选频特性。

为实现转移函数的共轭复数极点，在负反馈型 SAB 电路中常用的 RC 网络是桥形（BT）网络，其一般电路结构如图 6.1.2（a）所示。

利用第 3 章介绍的网络分析法及拓扑公式，可以求出图 6.1.2（a）所示网络的前馈转移函数和反馈转移函数。下面以推导前馈转移函数为例，介绍这种方法的应用。

首先，需要找出代数余子式Δ_{22}的相关树，满足其条件的网络拓扑图如图 6.1.2（b）所示，

其对应的树为 12、13、23、24 和 34。然后，找出代数余子式Δ_{12}的 2-树，其结果为 24。因此，最终可以直接写出前馈转移函数的结果，即前馈转移函数为

$$T_{\mathrm{FF}}=\left.\frac{U_1(s)}{U_2(s)}\right|_{U_3(s)=0}=\frac{\Delta_{12}}{\Delta_{22}}=\frac{Y_2Y_4}{Y_1Y_2+Y_1Y_3+Y_2Y_3+Y_2Y_4+Y_3Y_4} \tag{6.1.8}$$

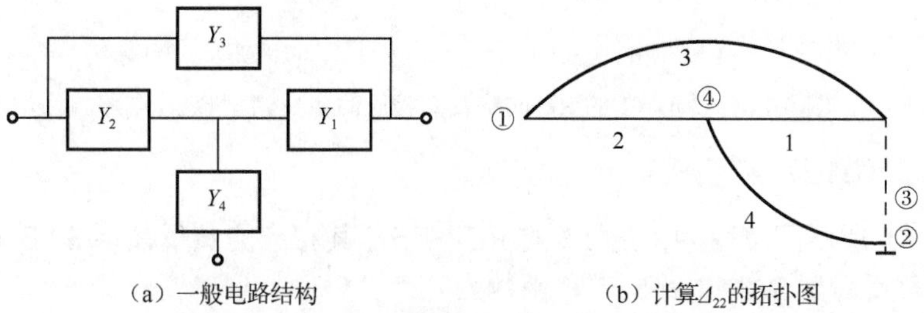

图 6.1.2　桥形网络及其拓扑图

同理，可以直接写出反馈转移函数的结果，即反馈转移函数为

$$T_{\mathrm{FB}}=\left.\frac{U_1(s)}{U_3(s)}\right|_{U_2(s)=0}=\frac{\Delta_{13}}{\Delta_{33}}=\frac{Y_1Y_2+Y_1Y_3+Y_2Y_3+Y_3Y_4}{Y_1Y_2+Y_1Y_3+Y_2Y_3+Y_2Y_4+Y_3Y_4} \tag{6.1.9}$$

所以，负反馈型 SAB 电路的转移函数为

$$T=-\frac{N_{\mathrm{FF}}}{N_{\mathrm{FB}}}=\frac{Y_2Y_4}{Y_1Y_2+Y_1Y_3+Y_2Y_3+Y_3Y_4} \tag{6.1.10}$$

1. 桥形 T1（BT1）带通网络

图 6.1.3（a）所示网络称为桥形 T1 的 RC 网络，其相应的负反馈型 SAB 电路如图 6.1.3（b）所示。由式（6.1.10）可知，此负反馈型 SAB 电路的转移函数为

$$\begin{aligned}T&=\frac{sG_2C_4}{G_1G_2+sG_1C_3+sG_2C_3+s^2C_3C_4}\\&=-\frac{\dfrac{1}{R_2C_3}s}{s^2+\left(\dfrac{1}{R_1C_4}+\dfrac{1}{R_2C_4}\right)s+\dfrac{1}{R_1R_2C_3C_4}}\end{aligned} \tag{6.1.11}$$

上式分子为仅含 s 的一次项，故为二阶带通转移函数。对比式（6.1.1），可得其极点频率 ω_0 和极点 Q：

$$\omega_0=\frac{1}{\sqrt{R_1R_2C_3C_4}} \tag{6.1.12}$$

$$Q=\frac{\dfrac{1}{\sqrt{R_1R_2C_3C_4}}}{\dfrac{1}{R_1C_4}+\dfrac{1}{R_2C_4}}=\frac{\sqrt{\dfrac{C_4}{C_3}}}{\sqrt{\dfrac{R_2}{R_1}}+\sqrt{\dfrac{R_1}{R_2}}} \tag{6.1.13}$$

当 $Q>0.5$，即 $\sqrt{\dfrac{C_4}{C_3}}>\dfrac{1}{2}\left(\sqrt{\dfrac{R_2}{R_1}}+\sqrt{\dfrac{R_1}{R_2}}\right)$ 时，转移函数 T 具有共轭复数极点。

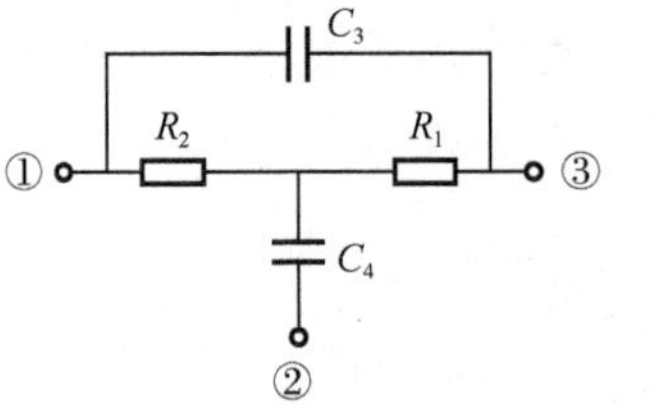

（a）RC网络

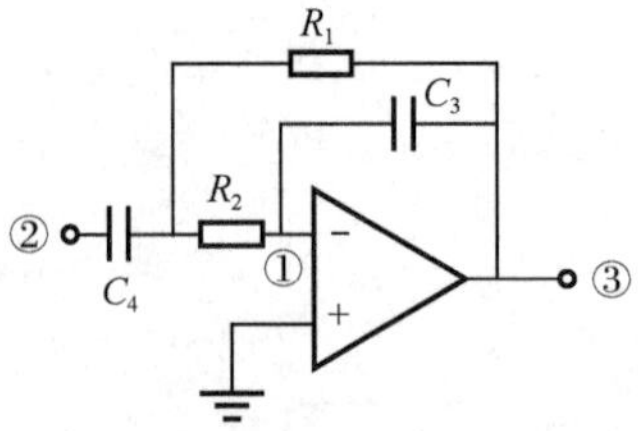

（b）负反馈型SAB电路

图 6.1.3　桥形 T1 的 RC 网络及其相应的负反馈型 SAB 电路

2．桥形 T2（BT2）带通网络

图 6.1.4（a）所示网络称为桥形 T2 的 RC 网络，其相应的负反馈型 SAB 电路如图 6.1.4（b）所示。此负反馈型 SAB 电路的转移函数为

$$T=-\frac{sG_4C_2}{s^2C_1C_2+sG_3C_1+sG_3C_2+G_3G_4}$$

$$=-\frac{\frac{1}{R_4C_1}s}{s^2+\left(\frac{1}{R_3C_2}+\frac{1}{R_3C_1}\right)s+\frac{1}{C_1C_2R_3R_4}} \tag{6.1.14}$$

上式表明，T 仍为二阶带通转移函数。其极点频率 ω_0 和极点 Q 分别为

$$\omega_0=\frac{1}{\sqrt{C_1C_2R_3R_4}} \tag{6.1.15}$$

$$Q=\frac{\frac{1}{\sqrt{C_1C_2R_3R_4}}}{\frac{1}{R_3C_2}+\frac{1}{R_3C_1}}=\frac{\sqrt{\frac{R_3}{R_4}}}{\sqrt{\frac{C_1}{C_2}}+\sqrt{\frac{C_2}{C_1}}} \tag{6.1.16}$$

当 Q>0.5，即 $\sqrt{\frac{R_3}{R_4}}>\frac{1}{2}\left(\sqrt{\frac{C_1}{C_2}}+\sqrt{\frac{C_2}{C_1}}\right)$ 时，转移函数 T 具有共轭复数极点。

在设计带通滤波器时，一般希望能有较高的极点 Q 值。对于图 6.1.4（b）所示的二阶带通滤波器电路，通常选 $C_1=C_2$，这不仅使电容元件值分散范围最小，而且在此情况下，式（6.1.16）的分母为极小值，即在一定电阻比 R_3/R_4 的条件下，Q 为最大可能值：

$$Q=\frac{1}{2}\sqrt{\frac{R_3}{R_4}} \tag{6.1.17}$$

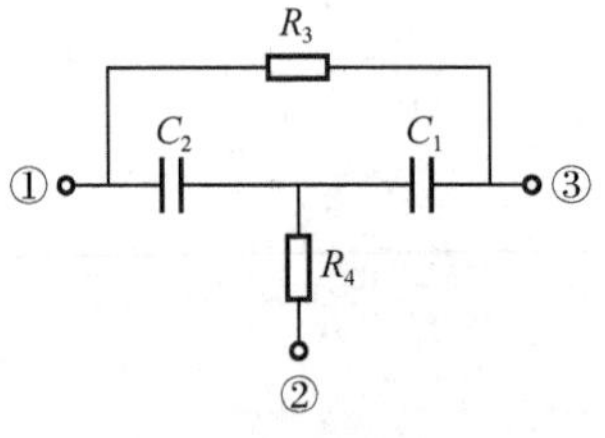

（a）RC网络

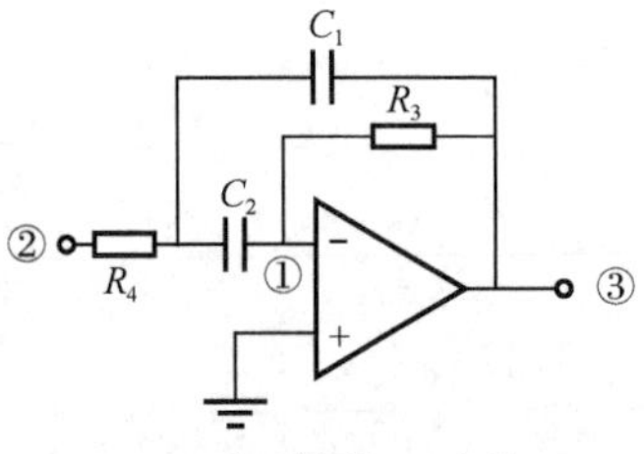

（b）负反馈型SAB电路

图 6.1.4　桥形 T2 的 RC 网络及其相应的负反馈型 SAB 电路

所以，极点 Q 值便取决于电阻比 R_3/R_4。例如，设 $R_3/R_4=100$，则 $Q=\frac{1}{2}\sqrt{100}=5$。由于电路制作应考虑实际因素，即电阻元件值的分散范围不宜过大，因而这种结构的极点 Q 值不可能很高。

例 6.1.1 设计一个满足如下技术指标的二阶有源带通滤波器，如图 6.1.4（b）所示：

（1）中心频率=1000rad/s；

（2）带宽=100rad/s。

假设 $C_1=C_2=10\mu F$，试计算图中的两个电阻分别是多少？

解：

如图 6.1.4（b）所示，该滤波器的中心频率满足如下公式：

$$\omega_0=\frac{1}{\sqrt{C_1C_2R_3R_4}}=1000$$

且极点 Q 满足如下公式：

$$Q=\frac{\sqrt{\frac{R_3}{R_4}}}{\sqrt{\frac{C_1}{C_2}}+\sqrt{\frac{C_2}{C_1}}}$$

所以，当 $C_1=C_2=10\mu F$ 时，可进一步简化为

$$Q=\frac{1}{2}\sqrt{\frac{R_3}{R_4}}$$

又因为该滤波器还满足如下带宽-频率特性：

$$BW=\frac{\omega_0}{Q}$$

所以

$$Q=\frac{1000}{100}=10$$

联立求解上述几个方程，最后得到该电路中的两个电阻参数如下：$R_3=20k\Omega$，$R_4=50\Omega$。

6.1.2 正反馈二阶网络

将作为反馈路径的 RC 网络接至运放的同相输入端，便构成了正反馈型 SAB 电路，其基本结构如图 6.1.5 所示。图中，RC 网络的②端接信号源，①、③端分别接运放的同相输入端和输出端，而运放的反相输入端通过电阻接地。

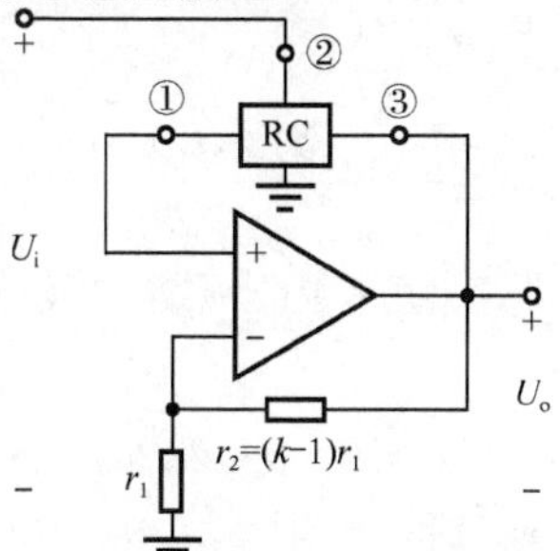

图 6.1.5 正反馈型 SAB 电路的基本结构

用与 6.1.1 节类似的分析方法，可以求得图 6.1.5 所示电路的转移函数与其中 RC 网络的前馈转移函数、反馈转移函数（定义同前）间的关系，即

$$U^+(s)=U_1(s)=T_{FB}U_3(s)+T_{FF}U_2(s)$$
$$=T_{FB}U_o(s)+T_{FF}U_i(s)$$

$$U^-(s)=\frac{r_1}{r_1+r_2}U_o(s)=\frac{1}{k}U_o(s)$$

$$U_o(s)=A(U^+(s)-U^-(s))$$
$$=A\left[T_{FB}U_o(s)+T_{FF}U_i(s)-\frac{U_o(s)}{k}\right]$$

由上式解得

$$T=\frac{U_o(s)}{U_i(s)}=\frac{AT_{FF}}{\frac{A}{k}-AT_{FB}+1}=\frac{kT_{FF}}{1-kT_{FB}+\frac{k}{A}} \tag{6.1.18}$$

因 $k \ll A$，故可忽略上式分母中的 k/A，则

$$T=\frac{kT_{FF}}{1-kT_{FB}} \tag{6.1.19}$$

注意到上式中

$$T_{FF}=\frac{N_{FF}}{D},\quad T_{FB}=\frac{N_{FB}}{D}$$

则转移函数 T 又可表示为

$$T=\frac{kN_{FF}}{D-kN_{FB}} \tag{6.1.20}$$

式（6.1.20）表明，RC 网络前馈转移函数的零点即正反馈型 SAB 电路转移函数的零点；RC 网络的极点、反馈转移函数的零点及因子 k 共同决定正反馈型 SAB 电路转移函数的极点。由于分母中有相减项，因此便于调整系数，实现所需共轭复数极点。

例 6.1.2 假设 RC 网络的反馈转移函数满足二阶带通特性，即

$$T_{FB}=\frac{N_{FB}}{D}=\frac{s}{s^2+as+b} \tag{6.1.21}$$

则式（6.1.20）的分母多项式为

$$D-kN_{FB}=(s^2+as+b)-ks=s^2+(a-k)s+b$$

试讨论 k 的取值范围。

解：题目中所示方程

$$s^2+(a-k)s+b=0$$

的根为

$$s_1,s_2=\frac{-(a-b)\pm\sqrt{(a-k)^2-4b}}{2} \tag{6.1.22}$$

所以，当 k=0 时，以上两根实际上就是 RC 网络的极点，它们必定位于负实轴上。

若 k 值满足以下关系：

$$a>k>a-2\sqrt{b}$$

则 s_1,s_2 为位于左半 s 平面的一对共轭复根。

在正反馈型 SAB 电路中，常用的 RC 网络是梯形 LD 网络，其一般结构如图 6.1.6 所示。

利用第 3 章介绍的相关拓扑公式可写出该网络的前馈转移函数和反馈转移函数，即

$$T_{\mathrm{FF}}=\left.\frac{U_1(s)}{U_2(s)}\right|_{U_3(s)=0}=\frac{Y_2Y_3}{Y_1Y_3+Y_1Y_4+Y_2Y_3+Y_2Y_4+Y_3Y_4} \tag{6.1.23}$$

$$T_{\mathrm{FB}}=\left.\frac{U_1(s)}{U_3(s)}\right|_{U_2(s)=0}=\frac{Y_1Y_3}{Y_1Y_3+Y_1Y_4+Y_2Y_3+Y_2Y_4+Y_3Y_4} \tag{6.1.24}$$

根据式（6.1.20），图 6.1.6 中网络的正反馈型 SAB 电路的转移函数为

$$T=\frac{kY_2Y_3}{(1-k)Y_1Y_3+Y_1Y_4+Y_2Y_3+Y_2Y_4+Y_3Y_4} \tag{6.1.25}$$

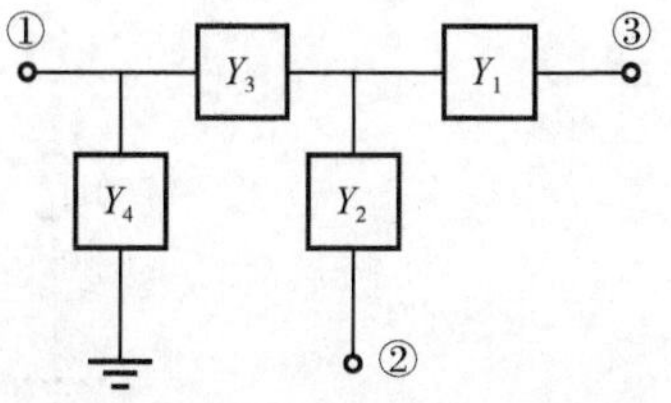

图 6.1.6　梯形 LD 网络结构

1. 正反馈低通网络

由 R、C 构成的图 6.1.7（a）所示电路，称为 LD2 型梯形网络，再由它构成的正反馈型 SAB 电路如图 6.1.7（b）所示。由式（6.1.25）可知，此正反馈型 SAB 电路的转移函数为

$$\begin{aligned}T&=\frac{kG_2G_3}{(1-k)sC_1G_3+s^2C_1C_4+G_2G_3+sG_2C_4+sG_3C_4}\\&=\frac{\dfrac{k}{R_2R_3C_1C_4}}{s^2+s\left(\dfrac{1-k}{R_3C_4}+\dfrac{1}{R_2C_1}+\dfrac{1}{R_3C_1}\right)+\dfrac{1}{R_2R_3C_1C_4}}\end{aligned} \tag{6.1.26}$$

上式为二阶低通函数。通常，将图 6.1.7（b）所示的正反馈型 SAB 电路称为 Sallen-Key 低通滤波器。

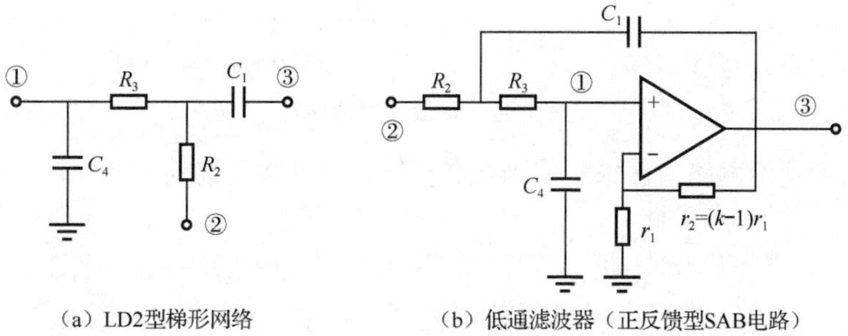

图 6.1.7　正反馈低通结构

2. 正反馈高通网络

图 6.1.8（a）所示的梯形网络称为 LD1 型梯形网络，由它所构成的正反馈型 SAB 电路如图 6.1.8（b）所示。同理，此电路的转移函数为

$$T = \frac{ks^2C_2C_3}{(1-k)sG_1C_3 + G_1G_4 + s^2C_2C_3 + sC_2G_4 + sC_3G_4} = \frac{ks^2}{s^2 + s\left(\frac{1-k}{R_1C_2} + \frac{1}{R_4C_2} + \frac{1}{R_4C_3}\right) + \frac{1}{R_1R_4C_2C_3}} \tag{6.1.27}$$

上式为二阶高通函数。通常，将图 6.1.8（b）所示的正反馈型 SAB 电路称为 Sallen-Key 高通滤波器。

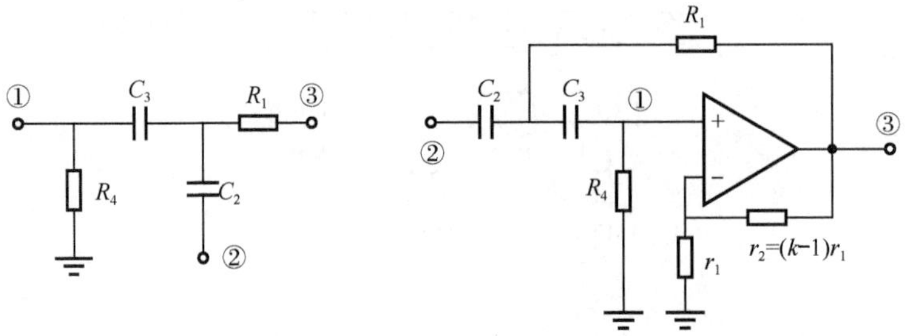

（a）LD1型梯形网络　　（b）高通滤波器（正反馈型SAB电路）

图 6.1.8　正反馈高通结构

3. 正反馈带通网络

利用图 6.1.9（a）所示梯形网络可以构成图 6.1.9（b）所示的 Sallen-Key 带通滤波器。将图 6.1.9（a）与图 6.1.6 相比较，可以看出，图 6.1.9（a）仍然是梯形结构的网络，区别仅在于，在原②号支路 R_2 旁边通过一个分流支路 C_5 接地。

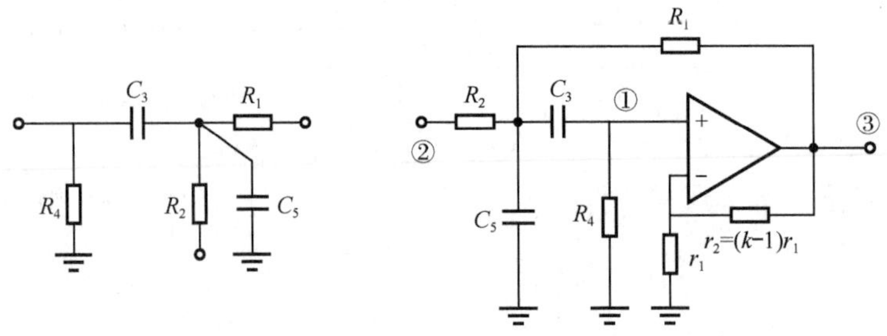

（a）梯形网络　　（b）带通滤波器（SAB电路）

图 6.1.9　正反馈带通结构

图 6.1.9（a）所示网络的前馈转移函数和反馈转移函数分别为

$$T_{FF} = \left.\frac{U_1(s)}{U_2(s)}\right|_{U_3(s)=0} = \frac{Y_2Y_3}{Y_1Y_3 + Y_1Y_4 + Y_2Y_3 + Y_2Y_4 + Y_3Y_4 + Y_3Y_5 + Y_4Y_5} \tag{6.1.28}$$

$$T_{FB} = \left.\frac{U_1(s)}{U_3(s)}\right|_{U_2(s)=0} = \frac{Y_1Y_3}{Y_1Y_3 + Y_1Y_4 + Y_2Y_3 + Y_2Y_4 + Y_3Y_4 + Y_3Y_5 + Y_4Y_5} \tag{6.1.29}$$

根据式（6.1.20）可得图 6.1.9（b）所示电路的转移函数为

$$T=\frac{ksG_2C_3}{sG_1C_3+G_1G_4+sG_2C_3+G_2G_4+sC_3G_4+s^2C_3C_5+sG_4C_5-ksG_1C_3}$$
$$=\frac{ks/R_2C_5}{s^2+s\left(\frac{1-k}{R_1C_5}+\frac{1}{R_2C_5}+\frac{1}{R_4C_5}+\frac{1}{R_4C_3}\right)+\frac{R_1+R_2}{R_1R_2R_4C_3C_5}} \tag{6.1.30}$$

式（6.1.30）表明，图 6.1.9（b）所示电路为二阶带通滤波器。

6.2 高阶有源网络的直接综合法

通常，我们将阶数 $N>2$ 的滤波器称为高阶滤波器。对于高阶有源滤波器的综合应用，主要有两种途径。一种是，对无源 LC 梯形原型滤波器进行模拟，包括对其中部分元件的模拟（元件模拟法），以及对 LC 梯形网络数学方法的模拟（运算模拟法）。另一种是，直接实现由滤波器逼近得到的转移函数，包括用一定数量的运放按特定电路结构直接实现整个转移函数（直接综合法），以及先将转移函数分解为几个二次（或还有一个一次）转移函数之积，用双二次节和一阶环节分别实现各部分转移函数再进行级联（级联实现法）。

限于篇幅，本章仅讨论直接综合法和元件模拟法。本节介绍直接综合法。

通常，我们将图 6.2.1 所示的电路称为洛夫林（Lovering）电路。该结构使用了 2 个运放和 6 个 RC 一端口网络，策动点导纳分别为 $Y_1,Y_2,\cdots,Y_6$。对图中 2 个运放的同相输入端 3 和端 5 列写节点 KCL 方程：

$$\begin{cases}Y_3U_4(s)+Y_4U_2(s)+Y_1U_1(s)=0\\Y_5U_4(s)+Y_6U_2(s)+Y_2U_1(s)=0\end{cases} \tag{6.2.1}$$

由于 $U_1(s)=U_i(s)$ 为输入电压，以及 $U_2(s)=U_o(s)$ 为输出电压，所以，对上述方程组（6.2.1）求解 $U_2(s)$，可得

$$U_o(s)=U_2(s)=\frac{Y_1Y_5-Y_2Y_3}{Y_3Y_6-Y_4Y_5}U_i(s)$$

则转移函数为

$$T=\frac{U_o(s)}{U_i(s)}=\frac{Y_1Y_5-Y_2Y_3}{Y_3Y_6-Y_4Y_5} \tag{6.2.2}$$

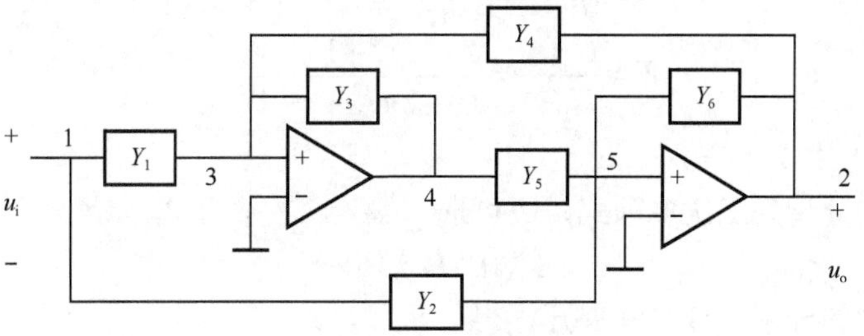

图 6.2.1 洛夫林（Lovering）电路

为便于设计，令上式中 $Y_3=Y_5=1$，即选定 Y_3 和 Y_5 是归一化为 1 的电导。于是，上式简化为

$$T=\frac{Y_1-Y_2}{Y_6-Y_4} \tag{6.2.3}$$

对于给定的高阶转移函数，应首先将其改写为式（6.2.3）的形式，并要求其中 Y_1、Y_2、Y_4 和 Y_6 都必须是 RC 导纳函数。设转移函数为

$$T(s)=\frac{N(s)}{D(s)}=\frac{a_m s^m+a_{m-1}s^{m-1}+\ldots+a_1 s+a_0}{s^n+b_{n-1}s^{n-1}+\ldots+b_1 s+b_0} \tag{6.2.4}$$

式中，$m\leqslant n$。引入一个多项式 $Q(s)$，其所有的根均为负实数，且无重根，即

$$Q(s)=\prod_{i=1}^{l}(s+\sigma_i) \tag{6.2.5}$$

$Q(s)$的幂次 $l\geqslant n-1$。将转移函数的分子、分母同除以 $Q(s)$：

$$T(s)=\frac{N(s)/Q(s)}{D(s)/Q(s)} \tag{6.2.6}$$

由式（6.2.6）和式（6.2.3），得

$$N(s)/Q(s)=Y_1-Y_2 \tag{6.2.7}$$

$$D(s)/Q(s)=Y_6-Y_4 \tag{6.2.8}$$

下面简单说明以上两式左端为什么可以表示为两个 RC 导纳函数之差。

由于多项式 $Q(s)$的最低可能幂次较 $D(s)$低一次，故多项式 $sQ(s)$的最低可能幂次与 $D(s)$ 同次，同时注意到 $Q(s)$的全部根为互不相同的负实根，因此，$D(s)/sQ(s)$ 一般可展开为以下部分分式：

$$\frac{D(s)}{sQ(s)}=\left(K_\infty^+ +\frac{K_0^+}{s}+\sum_i\frac{K_i^+}{s+\sigma_i}\right)-\left(K_\infty^- +\frac{K_0^-}{s}+\sum_i\frac{K_i^-}{s+\sigma_i}\right) \tag{6.2.9}$$

式中，σ_i 及各系数 K 均为正实常数。于是

$$\frac{D(s)}{Q(s)}=\left(K_\infty^+ s+K_0^+ +\sum_i\frac{K_i s}{s+\sigma_i}\right)-\left(K_\infty^- s+K_0^- +\sum_i\frac{K_i^- s}{s+\sigma_i}\right) \tag{6.2.10}$$

将上式与第 5 章中相关公式进行对比，可以看出，式（6.2.10）每个括号内为一个 RC 导纳函数，我们用 Y_{RC}^A 和 Y_{RC}^B 表示（左边为 Y_{RC}^A，右边为 Y_{RC}^B）。同理可知，$N(s)/Q(s)$ 也可展开为两个 RC 导纳函数之差。应当指出，对于最少元件实现的网络，式（6.2.10）中的 Y_{RC}^A 和 Y_{RC}^B 是没有公共极点的。

在推导出式（6.2.3）中 4 个参数 Y_1、Y_2、Y_4 和 Y_6 后，可用第 5 章中介绍的方法实现。

例 6.2.1　利用图 6.2.1 所示的洛夫林电路，综合一个有源滤波器以实现如下转移函数：

$$T=\frac{U_{\mathrm{o}}(s)}{U_{\mathrm{i}}(s)}=\frac{s^2+1}{(s+2)(s^2+s+1)} \tag{6.2.11}$$

解：令图 6.2.1 中 $Y_3=Y_5=1$。

因转移函数的分母为三次多项式，故可选 $Q(s)$为二次多项式，设

$$Q(s)=(s+1)(s+3) \tag{6.2.12}$$

用 $Q(s)$除转移函数的分子、分母并展开，得

$$\frac{N(s)}{Q(s)}=\frac{s^2+1}{(s+1)(s+3)}=\left(\frac{1}{3}+\frac{\frac{5}{3}s}{s+3}\right)-\frac{s}{s+1} \tag{6.2.13}$$

$$\frac{D(s)}{Q(s)}=\frac{(s+2)(s^2+s+1)}{(s+1)(s+3)}=\left(s+\frac{2}{3}\right)-\left(\frac{\frac{1}{2}s}{s+1}+\frac{\frac{7}{6}s}{s+3}\right) \tag{6.2.14}$$

将以上两式与式（6.2.7）、式（6.2.8）相比较，有

$$Y_1=\frac{1}{3}+\frac{\frac{5}{3}s}{s+3},\quad Y_2=\frac{s}{s+1}$$

$$Y_6=s+\frac{2}{3},\quad Y_4=\frac{\frac{1}{2}s}{s+1}+\frac{\frac{7}{6}s}{s+3} \tag{6.2.15}$$

借助表 5.3.2 可得实现以上 4 个 RC 导纳函数的福斯特Ⅱ型电路，如图 6.2.2 所示。

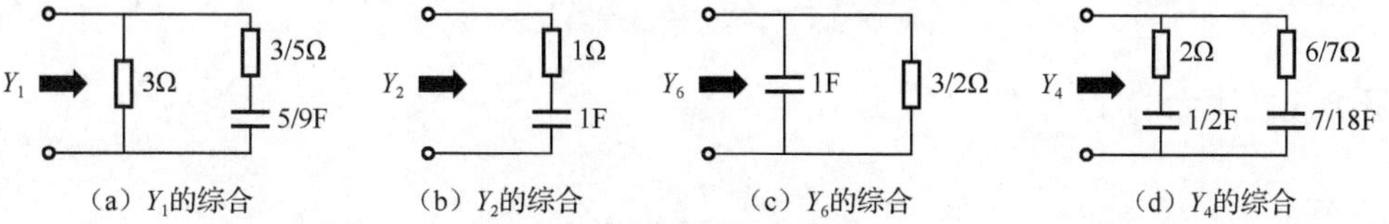

图 6.2.2　福斯特Ⅱ型电路

将以上 4 个 RC 一端口网络及 $Y_3=Y_5=1\text{S}$ 接入图 6.2.1 所示电路中，便得到实现式(6.2.11)所示转移函数的有源滤波器，如图 6.2.3 所示。

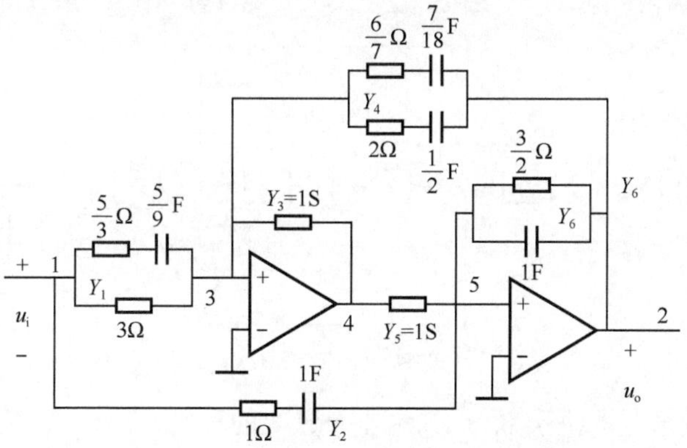

图 6.2.3　例 6.2.1 综合得到的有源滤波器

直接综合法的特点是可用很少的（1 个或 2 个）运放去实现有源高阶滤波器。但是，这种方法存在不少缺点。可以看出，从式（6.2.2）到式（6.2.3）的化简即转移函数分子、分母间相同项的对消，会导致滤波器无源元件的灵敏度增大。因此，较差的灵敏度性能使之在许多场合不适用。而且，直接综合法中转移函数的系数由电路中各元件值共同决定，其间关系非常复杂，不便于调整。此外，在一般情况下，当滤波器阶数增大时，元件值分散率也随之增大，因而在混合集成电路的实现方面，很少采用直接综合法。

6.3　电抗梯形网络的元件模拟法

实现有源高阶滤波器除采用 6.2 节介绍的直接综合法外，还可以利用基本二阶节进行级联。但是，理论分析表明，满足相同技术条件的级联有源滤波器与无源 LC 梯形滤波器相比较，前者的灵敏度远不如后者。因此，有必要寻求基于模拟 LC 梯形原型的有源滤波器设计方法。本节讨论的 LC 梯形网络元件模拟法是用有源 RC 结构来等效代替无源 LC 梯形滤波器中某些元件的方法。

6.3.1 广义导抗变换器和频变负阻元件

在图 6.3.1 中，端子 1、2 之间的有源网络称为广义导抗变换器（Generalized Immittance Converter，GIC）。图中，左、右两边的 Z_{L1} 和 Z_{L2} 是外接阻抗元件，且其对应方向的端口分别称为第 1 端口和第 2 端口。

设图 6.3.1 中两个运放是理想的，并将阻抗 Z_{L2} 连接到第 2 端口。容易证明，第 1 端口的输入阻抗为

$$Z_{i1}=\frac{Z_1Z_3}{Z_2Z_4}\cdot Z_{L2}=K(s)Z_{L2} \tag{6.3.1}$$

阻抗变换比为

$$K(s)=\frac{Z_1Z_3}{Z_2Z_4} \tag{6.3.2}$$

通常，$K(s)$ 是复频域变量 s 的实有理函数。

如果将阻抗 Z_{L1} 连接到第 1 端口，则第 2 端口的输入阻抗为

$$Z_{i2}=\frac{Z_2Z_4}{Z_1Z_3}\cdot Z_{L1}=\frac{1}{K(s)}Z_{L1} \tag{6.3.3}$$

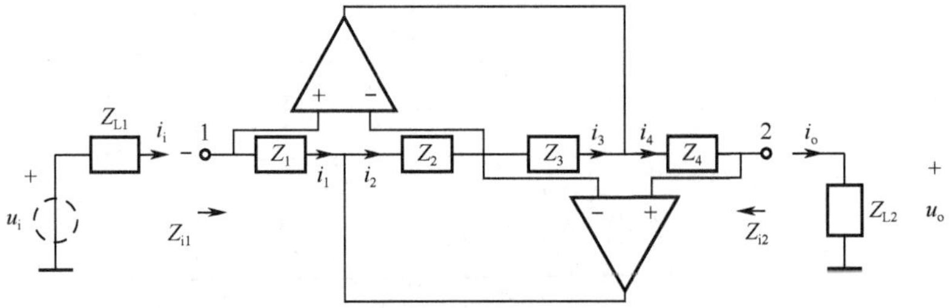

图 6.3.1　广义导抗变换器（GIC）原理图

由于 $K(s)$ 的函数形式取决于 $Z_1 \sim Z_4$ 这 4 个参数的种类，故 $Z_1 \sim Z_4$ 的不同元件组合将导致 $K(s)$ 呈现不同的阻抗变换关系。例如，设 Z_1~Z_4 均为电阻，则变换比

$$K(s)=\frac{R_1R_3}{R_2R_4}$$

为正实常数，这表明 GIC 起正阻抗变换作用。如果选取 $Z_2=\dfrac{1}{sC_2}$，$Z_1=Z_3=Z_4=R$，则

$$K(s)=RCs$$

在第 2 端口外接电阻 $Z_{L2}=R_L$，则第 1 端口的输入阻抗为

$$Z_{i1}=K(s)Z_{L2}=RCR_Ls$$

即从第 1 端口看去，电路等效于一个电感元件，在此情况下，GIC 实现了由电阻元件到电感元件的阻抗变换。从 Z_2 两端到第 1 端口的阻抗变换关系，则是阻抗逆变，电路相当于一个回转器。在网络分析与综合中，通常将广义导抗变换器视为一个元件，其符号如图 6.3.2 所示。

由式（6.3.1）可知，图 6.3.1 所示的 GIC 电路在第 2 端口接负载时，第 1 端口的输入阻抗为

$$Z_{i1}=\frac{Z_1Z_3Z_{L2}}{Z_2Z_4} \tag{6.3.4}$$

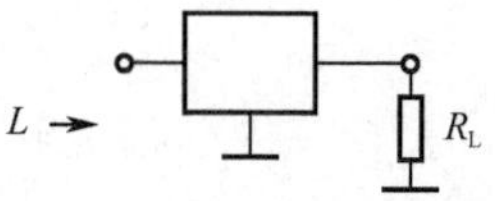

图 6.3.2　广义导抗变换器符号

上式分子中任意两个为电容参数，例如，选第 1、3 元件为电容，则其余三个元件为电阻，即 $Z_1 = Z_3 = \dfrac{1}{sC_D}$，$Z_2 = Z_4 = Z_{L2} = R_D$，如图 6.3.3 所示，则第 1 端口的输入阻抗（复频域）为

$$Z_{i1}(s) = \frac{1}{R_D C_D^2 s^2} = \frac{1}{Ds^2} \tag{6.3.5}$$

式中

$$D = R_D C_D^2 \tag{6.3.6}$$

令 $s = j\omega$，得 Z_{i1} 的频域形式：

$$Z_{i1}(j\omega) = -\frac{1}{D\omega^2} \tag{6.3.7}$$

可以看出，$Z_{i1}(j\omega)$ 是随频率改变的负实数。也就是说，图 6.3.3 中的第 1 端口的输入阻抗等效为一个负电阻，其阻值与 ω^2 成反比，故称为频变负阻（Frequency Dependent Negative Resistance，FDNR）。FDNR 作为一个网络元件，其电路符号如图 6.3.4 所示，参数用 D 表示。

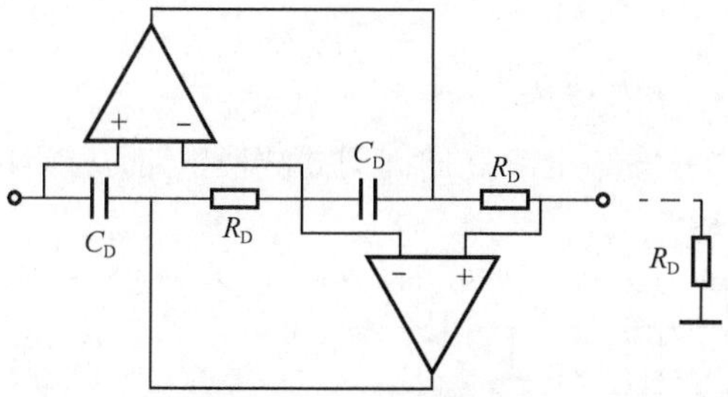

图 6.3.3　频变负阻的电路

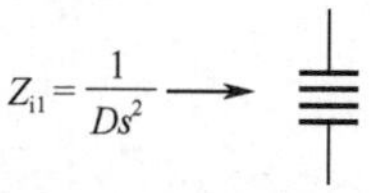

图 6.3.4　频变负阻（FDNR）的电路符号

6.3.2　电感模拟法

如前所述，LC 滤波器的主要缺点皆因电感而起，于是，我们自然会想到一种既保留 LC 梯形滤波器的优点，又能去掉电感的有效方法，即采用有源仿真电感直接替换 LC 梯形结构中的电感元件，这就是本节要介绍的电感模拟法。

为替代 LC 梯形结构中的电感 L_j，参考 6.3.1 节中图 6.3.1 所示的 GIC 电路，各参数选取为：$Z_1 = R_j$，$Z_2 = Z_3 = r$，$Z_4 = \dfrac{1}{sC_j}$，第 2 端口接电阻负载 $Z_{L2} = R$，如图 6.3.5 所示。

根据式（6.3.1），第 1 端口与地之间的等效阻抗为

$$Z_j = \frac{R_j r}{r \cdot \dfrac{1}{sC_j}} \cdot R = R_j C_j \cdot s \cdot R = K_j(s) R \tag{6.3.8}$$

式中，变换比为

$$K_j(s) = R_j C_j s = k_j s \tag{6.3.9}$$

$$k_j = R_j C_j \tag{6.3.10}$$

等效电感如图 6.3.6 所示，图中

$$L_j = R_j C_j R = k_j R \tag{6.3.11}$$

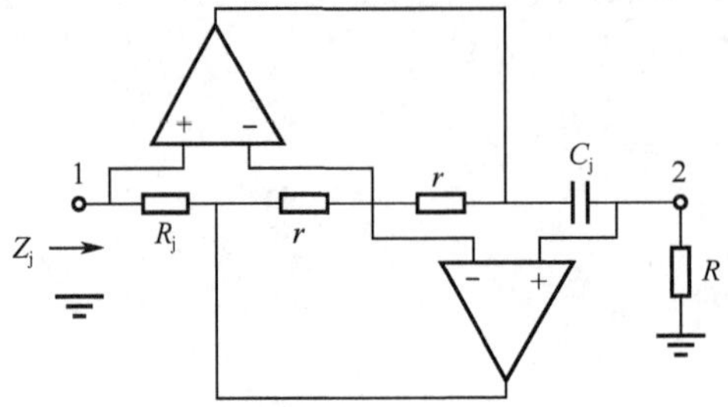

图 6.3.5　GIC 电路实例

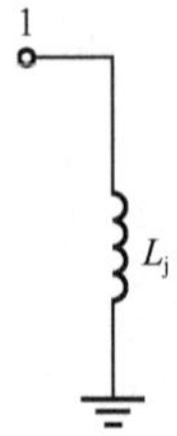

图 6.3.6　等效电感

为了简化电路图，可将图 6.3.5 中端子 1、2 之间的有源电路用图 6.3.7 所示的符号表示。

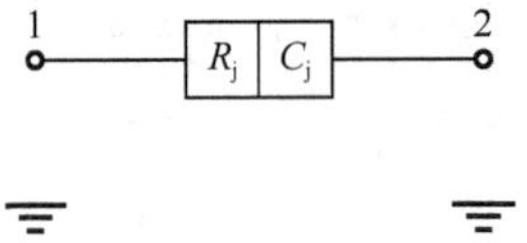

图 6.3.7　GIC 简化后的电路符号

例 6.3.1　如图 6.3.8 所示，LC 梯形结构是一个七阶高通椭圆滤波器电路，试用电感模拟法将此无源网络变换为相应的有源 RC 滤波器。

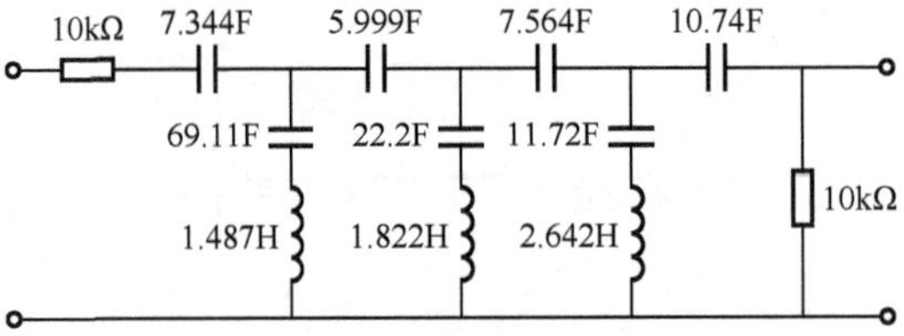

图 6.3.8　七阶高通椭圆滤波器电路

解：用一端接电阻的 GIC 电路（参考图 6.3.5）替代各个电感。设各电感为 $L_1 = 1.487\text{H}$，$L_2 = 1.822\text{H}$，$L_3 = 2.642\text{H}$，根据式（6.3.11），选取 $R_1 = R_2 = R_3 = R = 10\text{k}\Omega$，可计算出各电容的值：

$$C_1 = \frac{L_1}{R^2} = \frac{1.487}{10^8} = 14.87\text{nF}$$

$$C_2 = \frac{L_2}{R^2} = \frac{1.822}{10^8} = 18.22\text{nF}$$

$$C_3 = \frac{L_3}{R^2} = \frac{2.642}{10^8} = 26.42\text{nF}$$

由此绘出等效的有源 RC 滤波器，如图 6.3.9 所示。

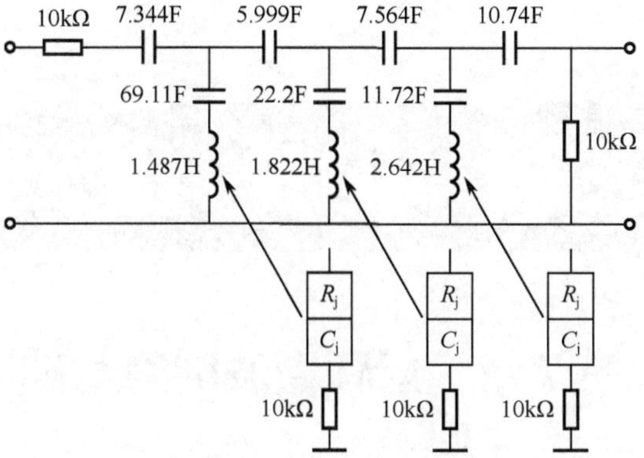

图 6.3.9　有源 RC 滤波器

6.4　习题

1．结合具体实例说明，在滤波器设计中，为什么要尽量避免使用电感。

2．结合具体实例，通过对比分析有源滤波器与无源滤波器，简单陈述有源网络与无源网络的优缺点，并描述各自主要的应用领域。

3．利用第 3 章介绍的网络拓扑公式法及其相关公式，推导图 6.1.2（a）所示桥形网络的反馈转移函数 T_{FB} 的表达式（6.1.9）。

4．用 Sallen-Key 带通滤波器电路［参考图 6.1.9（b）］综合一个有源二阶带通滤波器，其技术指标如下：中心频率为 2000rad/s，极点 Q 等于 20，中心频率处增益为 3dB。假设 $C_3 = C_5 = 1$，且三个电阻相同。

6.5　“特别培养计划”系列之课程设计

利用计算机语言编写有源网络综合的程序。

基本要求：以图 6.1.3（a）所示的桥形 T1（BT1）带通网络为例，利用 MATLAB（或其他语言）编写转移函数分解为二阶节的子程序，并在此基础上实现有源网络的综合程序。

主要工作：

（1）公式推导、算法分析及绘制合理的流程图等；

（2）利用 MATLAB（或其他语言）编写程序，并运行结果以验证算法；

（3）提交相关报告，包括源代码、仿真结果及相应的分析。

第三篇　射频微波网络

第 7 章　射频微波网络基础

前面章节主要介绍了集总元件网络的理论及其应用，阐述了低频模拟电路的分析与设计。随着通信、雷达及遥感遥测等无线系统的迅猛发展，应用的频段正逐渐向高频段拓展。由于射频微波频段电路的特性与之前的低频模拟电路有很大差别，因此之前的低频网络理论不能简单地套用在射频微波等高频段的电路网络中。本书接下来将主要介绍射频微波网络的理论及其应用，主要内容包括线性射频微波网络，以及对应的散射参数的基本理论与应用。

在射频微波频段，如果仍然使用构成低频电路的普通集总元件（如电感 L、电容 C 和电阻 R 等）来设计并实际制作射频微波电路，则会产生非常明显的寄生效应并严重影响电路的电气性能，因此，传统的集总元件（L、C、R）构造射频微波电路将受到严峻挑战。通常，在射频特别是微波频段，广泛采用分布式传输线构造各种电路，因而基本电路方程如根据基尔霍夫电压定律（KVL）和基尔霍夫电流定律（KCL）列写的方程将不再适用，取而代之的是基于麦克斯韦方程组的分布式传输线理论和方程。同时，基于开路或短路终端条件的阻抗 Z 和导纳 Y 等网络参数测量起来并不方便和实用，因此将采用基于功率波概念的射频微波网络参数，如散射矩阵 $\boldsymbol{S}$。众所周知，微波网络是分析高频电路的重要方法和手段，特别是散射参数应用于各种射频微波电路的分析与设计中，因此，本章首先对这部分内容进行简要介绍。特别地，为了帮助读者对微波网络及其参数的理解与掌握，本章简单列举了将几个网络参数应用到射频微波电路进行分析的实例，以加深读者对微波网络及其相关概念的理解与应用。

7.1　线性网络参数简介

在射频微波频段，传统的电路分析方法已经不再适用，通常采用网络参数进行描述，如阻抗矩阵 $\boldsymbol{Z}$、导纳矩阵 $\boldsymbol{Y}$、ABCD 矩阵（级联矩阵），特别是散射矩阵 $\boldsymbol{S}$。大家知道，线性多端口网络的电气特性一般是由矩阵方程来描述的，$\boldsymbol{Z}$ 或 $\boldsymbol{Y}$ 等是常用的矩阵。同时，不同网络终端的电压和电流则由线性系统方程来联系。

在射频微波频率范围内，用得更多的是 $\boldsymbol{S}$，它与上述阻抗矩阵和导纳矩阵等稍微有些不同。在更高的频率，网络端口通常连接到传输线，以沟通多端口网络与其他电路。比如，在方向性耦合器中，前向、后向传播的电压波与电流波能够存在于这些传输线上。通过合适的归一化电压波，最终能够得到功率波。这样一来，散射参数就与终端的入射波和反射波相关联。

应用散射参数的优点体现在如下分析中：为了确定散射矩阵 $\boldsymbol{S}$ 的分量，需要连接网络端口到传输线并测量输入功率波和反射功率波，矢量网络分析仪能够在很高的频率下完成这个任务。因此，通过连接多端口网络到传输线，能够在实际的工作条件下对散射矩阵直接进行测量。而对阻抗、导纳等参数，随着频率的增加，在网络终端直接测量电压和电流变得越来越困难。而且，对于非 TEM 波，电压的定义并不是唯一的。另外，对阻抗、导纳参数的测量还需要使用开路或短路的终端条件，这对于有源电路来讲，可能会带来一些意想不到的问题或麻烦。综上所述，在射频微波频率范围内，使用散射矩阵 $\boldsymbol{S}$ 来分析、设计并测量高频电路是更加合理和方便的。

7.1.1　*N* 端口网络的阻抗/导纳参数

在射频微波电路分析与设计中，网络参数发挥了重要作用。按照网络的端口数量，射频微波电路可以分为一端口网络、二端口网络及多端口网络，分别如图 7.1.1（a）、（b）、（c）所示。其中，一端口网络应用的典型电路实例是振荡器，这种电路只有一个输出端口，将振荡器产生的信号输出，以便系统进行下一步处理。二端口网络应用的电路实例非常多，如滤波器、放大器等。端口数大于或等于 3 的多端口网络应用的电路实例也很多，如功率分配器、耦合器等。

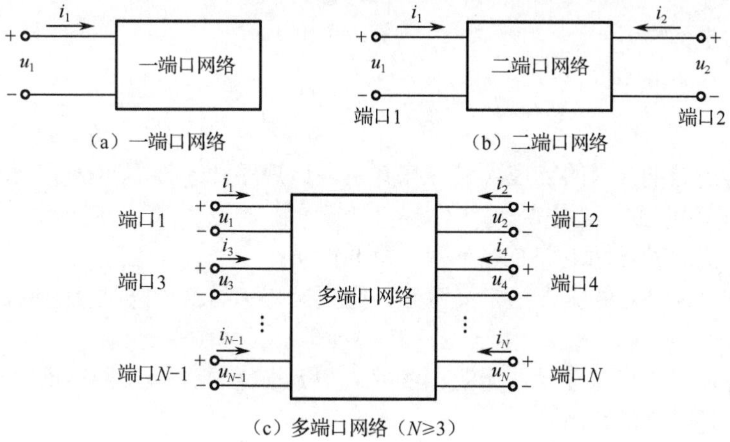

图 7.1.1　一端口、二端口、多端口网络的基本电压和电流定义

基于图 7.1.1(c)所示的多端口电压、电流参数的网络定义，可以写出每一个端口(n=1,2,⋯, N）的电压方程：

对端口 1，有

$$u_1 = Z_{11}i_1 + Z_{12}i_2 + \cdots + Z_{1N}i_N \qquad (7.1.1a)$$

对端口 2，有

$$u_2 = Z_{21}i_1 + Z_{22}i_2 + \cdots + Z_{2N}i_N \qquad (7.1.1b)$$

以此类推，对端口 N，有

$$u_N = Z_{N1}i_1 + Z_{N2}i_2 + \cdots + Z_{NN}i_N \qquad (7.1.1c)$$

式中，Z_{nm} 是阻抗系数，n=1,2,⋯, N，m=1,2,⋯, N。其阻抗矩阵形式如下：

$$\begin{bmatrix} u_1 \\ u_2 \\ \vdots \\ u_N \end{bmatrix} = \begin{bmatrix} z_{11} & z_{12} & \cdots & z_{1N} \\ z_{21} & z_{22} & \cdots & z_{2N} \\ \vdots & \vdots & & \vdots \\ z_{N1} & z_{N2} & \cdots & z_{NN} \end{bmatrix} \begin{bmatrix} i_1 \\ i_2 \\ \vdots \\ i_N \end{bmatrix} \qquad (7.1.2)$$

其矢量记法如下：

$$\boldsymbol{U}=\boldsymbol{Z}\boldsymbol{I} \tag{7.1.3}$$

式中，$\boldsymbol{U}$ 是电压 $u_1,u_2,\cdots,u_N$ 的矢量；$\boldsymbol{I}$ 是电流 $i_1,i_2,\cdots,i_N$ 的矢量；$\boldsymbol{Z}$ 是阻抗矩阵。

下面来定义上述阻抗矩阵中的阻抗分量：

$$Z_{nm}=\left.\frac{u_n}{i_m}\right|_{i_k=0(k\neq m)} \tag{7.1.4}$$

该分量的物理含义为：在其余端口开路（i_k=0 且 $k\neq m$）条件下，第 n 端口电压 u_n 与第 m 端口电流 i_m 之比。

同理，可得导纳矩阵形式：

$$\begin{bmatrix} i_1 \\ i_2 \\ \vdots \\ i_N \end{bmatrix}=\begin{bmatrix} Y_{11} & Y_{12} & \cdots & Y_{1N} \\ Y_{21} & Y_{22} & \cdots & Y_{2N} \\ \vdots & \vdots & & \vdots \\ Y_{N1} & Y_{N2} & \cdots & Y_{NN} \end{bmatrix}\begin{bmatrix} u_1 \\ u_2 \\ \vdots \\ u_N \end{bmatrix} \tag{7.1.5}$$

其矢量记法如下：

$$\boldsymbol{I}=\boldsymbol{Y}\boldsymbol{U} \tag{7.1.6}$$

导纳分量的定义如下：

$$Y_{nm}=\left.\frac{i_n}{u_m}\right|_{u_k=0(k\neq m)} \tag{7.1.7}$$

同样可以得出导纳分量的物理含义：在其余端口短路（u_k=0 且 $k\neq m$）条件下，第 n 端口电流 i_n 与第 m 端口电压 u_m 之比。

通常，阻抗矩阵和导纳矩阵有如下两个重要性质：

（1）矩阵的互逆性。根据上述定义可知，阻抗矩阵和导纳矩阵是互逆的，即

$$\boldsymbol{Z}=\boldsymbol{Y}^{-1} \tag{7.1.8}$$

（2）对称性。对于任意互易（无源、线性）和无损耗的 N 端口网络而言，N 阶阻抗矩阵和导纳矩阵通常是对称的，因此，

$$Z_{nm}=Z_{mn} \tag{7.1.9a}$$

$$Y_{nm}=Y_{mn} \tag{7.1.9b}$$

上述特性称为网络的对称性。

7.1.2 二端口网络的 ABCD 矩阵参数

如前所述，在电路理论中，通常使用矩阵方程去描述 N 端口网络的输入/输出电气特性（黑匣子描述），其中 N 是端口数。端口处电压 U_i 和电流 I_i 的相位通过一个系统的线性方程来关联。由于二端口网络在射频微波电路中得到了广泛应用，因此这里单独对二端口网络参数的定义进行讨论。

图 7.1.2 给出了二端口网络的电压和电流定义［注意，与图 7.1.1（b）相比，尽管其形式上略有不同，但本质上是一致的］。在每个端口，电流之和为零，即 $I_i=I_i'$。在通用电路理论中，通常使用阻抗矩阵 $\boldsymbol{Z}$，导纳矩阵 $\boldsymbol{Y}$，链式或 ABCD 矩阵 $\boldsymbol{A}$ 及混合矩阵 $\boldsymbol{H}$。

图 7.1.2　二端口网络的电压和电流定义

对于阻抗矩阵 $\boldsymbol{Z}$ 有如下形式：

$$\begin{aligned}U_1&=Z_{11}I_1+Z_{12}I_2\\U_2&=Z_{21}I_1+Z_{22}I_2\end{aligned}\text{ 或 }\begin{pmatrix}U_1\\U_2\end{pmatrix}=\begin{pmatrix}Z_{11}&Z_{12}\\Z_{21}&Z_{22}\end{pmatrix}\begin{pmatrix}I_1\\I_2\end{pmatrix}\text{ 或 }\boldsymbol{U}=\boldsymbol{ZI}\tag{7.1.10}$$

导纳矩阵 $\boldsymbol{Y}$ 由下式给出：

$$\begin{aligned}I_1&=Y_{11}U_1+Y_{12}U_2\\I_2&=Y_{21}U_1+Y_{22}U_2\end{aligned}\text{ 或 }\begin{pmatrix}I_1\\I_2\end{pmatrix}=\begin{pmatrix}Y_{11}&Y_{12}\\Y_{21}&Y_{22}\end{pmatrix}\begin{pmatrix}U_1\\U_2\end{pmatrix}\text{ 或 }\boldsymbol{I}=\boldsymbol{YU}\tag{7.1.11}$$

ABCD 矩阵 $\boldsymbol{A}$ 由下式定义：

$$\begin{aligned}U_1&=AU_2+B(-I_2)\\I_1&=CU_2+D(-I_2)\end{aligned}\text{ 或 }\begin{pmatrix}U_1\\I_1\end{pmatrix}=\begin{pmatrix}A&B\\C&D\end{pmatrix}\begin{pmatrix}U_2\\-I_2\end{pmatrix}\tag{7.1.12}$$

混合矩阵 $\boldsymbol{H}$ 由下式定义：

$$\begin{aligned}U_1&=h_{11}I_1+h_{12}U_2\\I_2&=h_{21}I_1+h_{22}U_2\end{aligned}\text{ 或 }\begin{pmatrix}U_1\\I_2\end{pmatrix}=\begin{pmatrix}h_{11}&h_{12}\\h_{21}&h_{22}\end{pmatrix}\begin{pmatrix}I_1\\U_2\end{pmatrix}\tag{7.1.13}$$

根据网络的串、并联理论可知，阻抗矩阵最适合二端口网络的串联连接，而导纳矩阵则适合并联连接。在射频微波应用中，通常看到由信号源、混频器、放大器、天线、传输线及接收机等组成的级联结构，因此，对于这样一个级联的二端口网络使用链式或 ABCD 矩阵是有优势的，而晶体管通常由混合矩阵描述。为了便于今后分析和讨论各种级联电路与器件的设计，这里给出了几种常见二端口电路的 A、B、C、D 参数，如表 7.1.1 所示。同时，给出了几种常用支节加载电路的 ABCD 矩阵，如表 7.1.2 所示。

表 7.1.1　常用二端口电路的 A、B、C、D 参数

电路拓扑	A、B、C、D 参数	
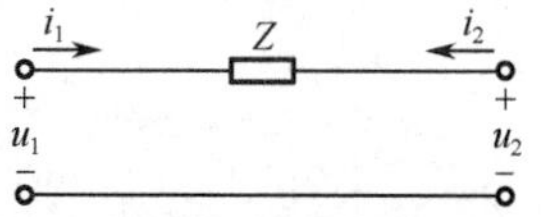	$A=1$	$B=Z$
	$C=0$	$D=1$
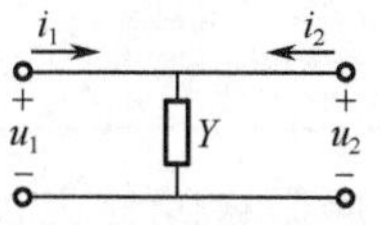	$A=1$	$B=0$
	$C=Y$	$D=1$
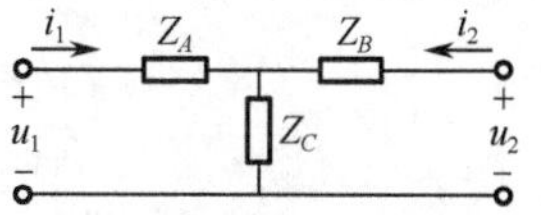	$A=1+\dfrac{Z_A}{Z_C}$	$B=Z_A+Z_B+\dfrac{Z_AZ_B}{Z_C}$
	$C=\dfrac{1}{Z_C}$	$D=1+\dfrac{Z_B}{Z_C}$
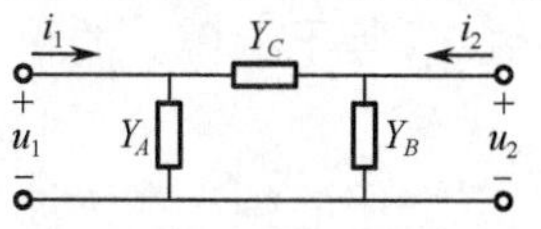	$A=1+\dfrac{Y_B}{Y_C}$	$B=\dfrac{1}{Y_C}$
	$C=Y_A+Y_B+\dfrac{Y_AY_B}{Y_C}$	$D=1+\dfrac{Y_A}{Y_C}$
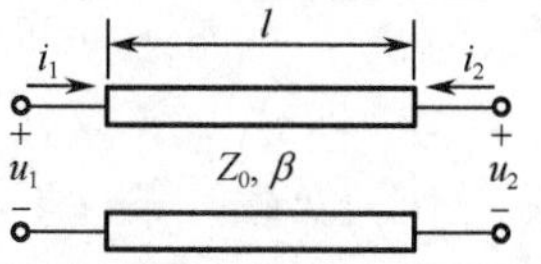	$A=\cos(\beta I)$	$B=\mathrm{j}Z_0\sin(\beta I)$
	$C=\dfrac{\mathrm{j}\sin(\beta I)}{Z_0}$	$D=\cos(\beta I)$

续表

电 路 拓 扑	***A***、***B***、***C***、***D*** 参数	
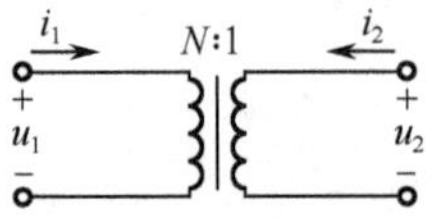	$A=N$	$B=0$
	$C=0$	$D=\dfrac{1}{N}$

表 7.1.2 常用支节加载电路的 ABCD 矩阵

名 称	电 路 拓 扑	ABCD 矩阵
并联开路支节	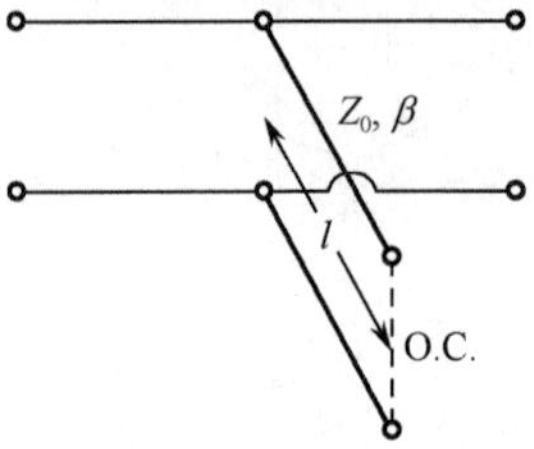	$\begin{bmatrix} 1 & 0 \\ \dfrac{\mathrm{j}\tan\beta l}{Z_0} & 1 \end{bmatrix}$
并联短路支节	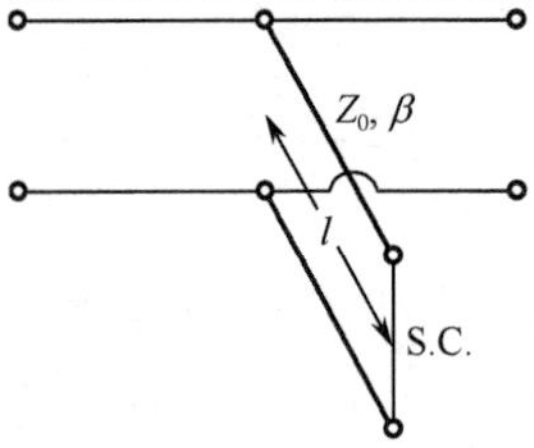	$\begin{bmatrix} 1 & 0 \\ -\dfrac{\mathrm{j}\cot\beta l}{Z_0} & 1 \end{bmatrix}$
串联开路支节	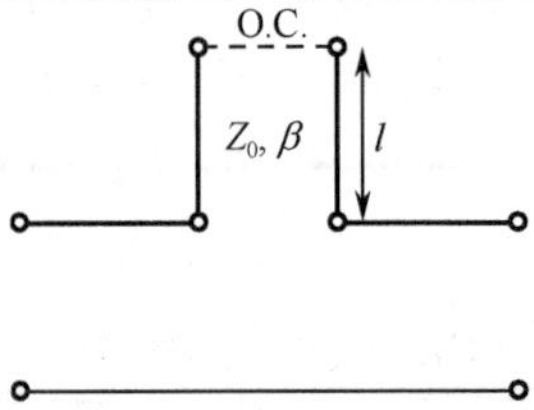	$\begin{bmatrix} 1 & -\mathrm{j}Z_0\cot\beta l \\ 0 & 1 \end{bmatrix}$
串联短路支节	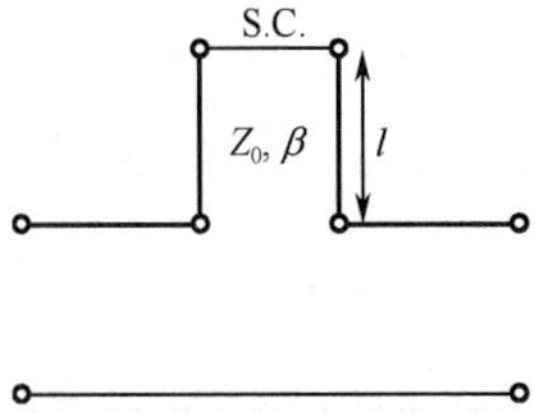	$\begin{bmatrix} 1 & \mathrm{j}Z_0\tan\beta l \\ 0 & 1 \end{bmatrix}$

为了计算或测量单个矩阵元件，终端需要开路或短路。先来考虑阻抗元件 Z_{11}。由方程（7.1.10），得到如下关系：

$$Z_{11}=\frac{U_1}{I_1}\bigg|_{I_2=0} \tag{7.1.14}$$

由此方程可知：在端口 2 的电流 I_2 为零的约束条件下，阻抗参数 Z_{11} 等于端口 1 的输入阻抗。若端口 2 的终端不连接负载（开路），则可满足条件 I_2=0。

使用阻抗矩阵或导纳矩阵会带来以下问题：如果考虑有源电路或采用的频率在微波频率范围内，则可能会出现大量的基于这类电压和电流的网络参数问题。其中，如下三种问题是比较常见的。

（1）如果终端开路或短路，则有源电路可能不稳定。故在实际工作（负载）条件下测量这些元件，才是合理的。

（2）由于微波电路工作在高频下，因此理想开路（或短路）条件是难以实现的。由于终端连接产生电场效应，因此开路（Y=0）终端表现出寄生电容，即开路终端充当了天线。而短路（Z=0）终端将传输电流，并产生磁场。也就是说，高频感性分量不可忽略（$Z = \mathrm{j}\omega L \neq 0$）。

（3）对非 TEM 波而言，电压和电流的定义不唯一，也不再精确表征电路的电磁特性。比如，对于矩形波导而言，它实际上是不可能测量其传输线上的电压的。

为了避免上述基于电压和电流的矩阵描述的限制，7.1.3 节讨论基于功率波定义的散射参数。

7.1.3 散射参数

在低频情况下，$\boldsymbol{Z}$、$\boldsymbol{Y}$、$\boldsymbol{H}$ 及 ABCD 矩阵等参数是基于电压和电流定义的，且都需要满足终端开路或短路条件，这在高频应用中会在器件终端产生附加的电感和电容等寄生效应。同时，在研究波传播现象时，反射系数为 1 不是大家希望看到的情况。例如，终端不连续将引起不希望的电压或电流波反射，产生振荡而使器件产生损耗。而如果使用散射参数（也称为 S 参数），则射频工程师不需要满足不可实现的开路或短路终端条件，就可以测量射频器件的所有端口参数。

散射参数广泛应用于射频微波频段的器件建模、器件指标及电路设计。散射参数能够由网络分析仪测量，并直接与用于电路分析的 ABCD 矩阵、$\boldsymbol{Z}$ 及 $\boldsymbol{Y}$ 相关联。对如图 7.1.3 所示的 N 端口网络，其散射矩阵可由如下方程给出：

$$\begin{bmatrix} b_1 \\ b_2 \\ b_3 \\ \vdots \\ b_N \end{bmatrix} = \begin{bmatrix} S_{11} & S_{12} & S_{13} & \cdots & S_{1N} \\ S_{21} & S_{22} & S_{23} & \cdots & S_{2N} \\ \vdots & \vdots & \vdots & & \vdots \\ S_{N1} & S_{N2} & S_{N3} & \cdots & S_{NN} \end{bmatrix} \begin{bmatrix} a_1 \\ a_2 \\ a_3 \\ \vdots \\ a_N \end{bmatrix} \tag{7.1.15}$$

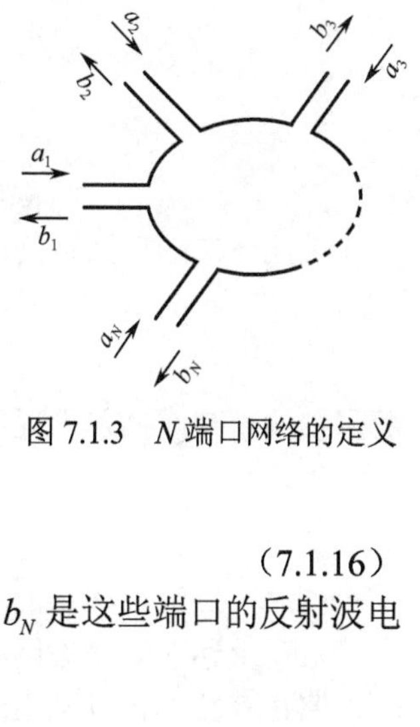

图 7.1.3 N 端口网络的定义

或者写成矢量形式：

$$\boldsymbol{b} = \boldsymbol{S}\boldsymbol{a} \tag{7.1.16}$$

式中，$a_1, a_2, \cdots, a_N$ 分别是端口 $1,2,\cdots,N$ 的入射波电压，而 $b_1, b_2, \cdots, b_N$ 是这些端口的反射波电压。散射参数是有关反射波与入射波相互关联的复变量。

散射参数的主要特性表现在如下几个方面。

（1）对任何匹配端口 i，有 $S_{ii} = 0$；

（2）对互易网络，$S_{nm} = S_{mn}$；

（3）对无源电路，总有 $|S_{mn}| \leqslant 1$；

（4）对无损和互易网络，在第 i 个端口存在如下关系

$$\sum_{n=1}^{N} |S_{ni}|^2 = \sum_{n=1}^{N} S_{ni} S_{ni}^* = 1 \tag{7.1.17}$$

或

$$|S_{1i}|^2 + |S_{2i}|^2 + |S_{3i}|^2 + \cdots + |S_{ii}|^2 + \cdots + |S_{Ni}|^2 = 1 \tag{7.1.18}$$

方程（7.1.17）表明散射矩阵的任意列与该列对应共轭元素的积等于 1，该方程是由无损网络的功率守恒定律得到的。在方程（7.1.17）中，端口 i 的入射总功率被归一化并等于 1，

即等于该端口的反射功率与传输到其他端口的功率之和。

由于二端口网络是常用的，因此，对如图 7.1.4 所示的网络来讲，散射矩阵定义如下：

$$b_1 = S_{11}a_1 + S_{12}a_2 \quad (7.1.19)$$

$$b_2 = S_{21}a_1 + S_{22}a_2 \quad (7.1.20)$$

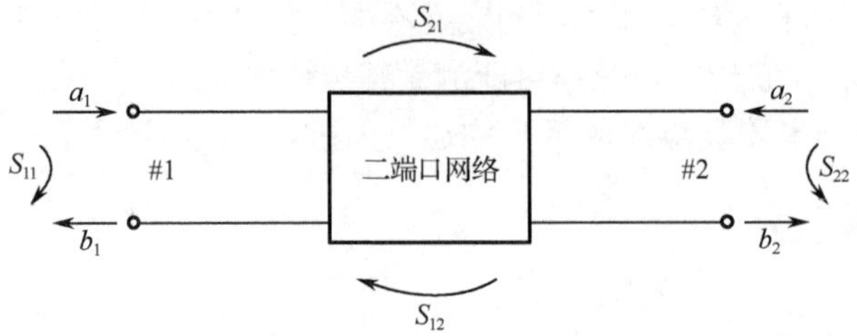

图 7.1.4　二端口网络及其散射参数

二端口网络散射参数的物理含义如下：

$$S_{11} = \frac{b_1}{a_1}\Big|_{a_2=0} = \varGamma_1 = \text{端口1的反射系数（当}a_2 = 0\text{时）}$$

$$S_{21} = \frac{b_2}{a_1}\Big|_{a_2=0} = T_{21} = \text{端口1到2的传输系数（当}a_2 = 0\text{时）}$$

$$S_{22} = \frac{b_2}{a_2}\Big|_{a_1=0} = \varGamma_2 = \text{端口2的反射系数（当}a_1 = 0\text{时）}$$

$$S_{12} = \frac{b_1}{a_2}\Big|_{a_1=0} = T_{12} = \text{端口2到1的传输系数（当}a_1 = 0\text{时）}$$

因此，二端口网络的回波损耗（RL）能够由下面的公式求得：

$$\text{RL} = 20\lg\left|\frac{a_1}{b_1}\right| = 20\lg\left|\frac{1}{S_{11}}\right| \text{（dB）} \quad (7.1.21)$$

而网络的衰减或插入损耗由下式给出：

$$\text{IL} = \alpha = 20\lg\left|\frac{a_1}{b_2}\right| = 20\lg\left|\frac{1}{S_{21}}\right| \text{（dB）} \quad (7.1.22)$$

同时，二端口网络的相位移ϕ等于 S_{21} 的相位。

对于上述射频微波网络的散射参数，通常采用的分析和仿真工具是 ADS 和 Multisim 等高频电路仿真软件，以及 HFSS 等场仿真工具和 MATLAB 等数学软件。

7.2　射频微波网络应用实例

由于 ABCD 矩阵的特殊性能，加之上述各个网络矩阵（***Z***、***Y***、***H***、ABCD 矩阵及 ***S*** 等）可以相互转换，因此下面以此矩阵为桥梁，讨论三种常见电路的网络应用。

7.2.1　小信号放大器级联的网络分析

图 7.2.1 所示的两个晶体管级联放大器电路，其传输特性可由 *A*、*B*、*C*、*D* 参数进行描述。由此图关于电压、电流的定义，即 u_2=u_1，i_2=$-i_1$，可得如下关系式：

$$
\begin{aligned}
\begin{Bmatrix} u_1 \\ i_1 \end{Bmatrix} = \begin{Bmatrix} u_1' \\ i_1' \end{Bmatrix} = \begin{bmatrix} A' & B' \\ C' & D' \end{bmatrix} \begin{Bmatrix} u_2' \\ -i_2' \end{Bmatrix} = \begin{bmatrix} A' & B' \\ C' & D' \end{bmatrix} \begin{Bmatrix} u_1'' \\ i_1'' \end{Bmatrix} \\
= \begin{bmatrix} A' & B' \\ C' & D' \end{bmatrix} \begin{bmatrix} A'' & B'' \\ C'' & D'' \end{bmatrix} \begin{Bmatrix} u_2'' \\ -i_2'' \end{Bmatrix}
\end{aligned} \tag{7.2.1}
$$

因此，两级放大器总的级联矩阵为

$$
\begin{bmatrix} A & B \\ C & D \end{bmatrix} = \begin{bmatrix} A' & B' \\ C' & D' \end{bmatrix} \begin{bmatrix} A'' & B'' \\ C'' & D'' \end{bmatrix} \tag{7.2.2}
$$

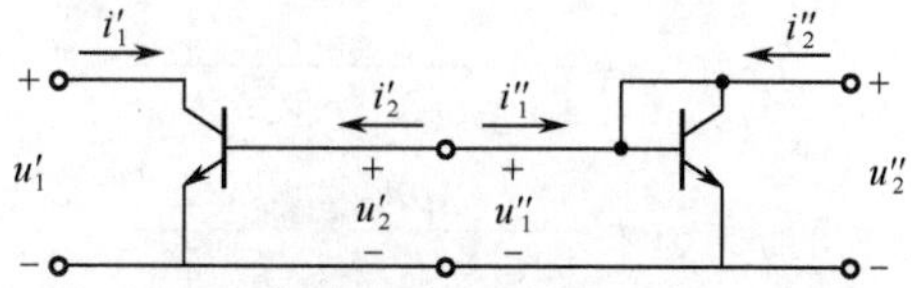

（a）电路连接及其端口电压和电流定义

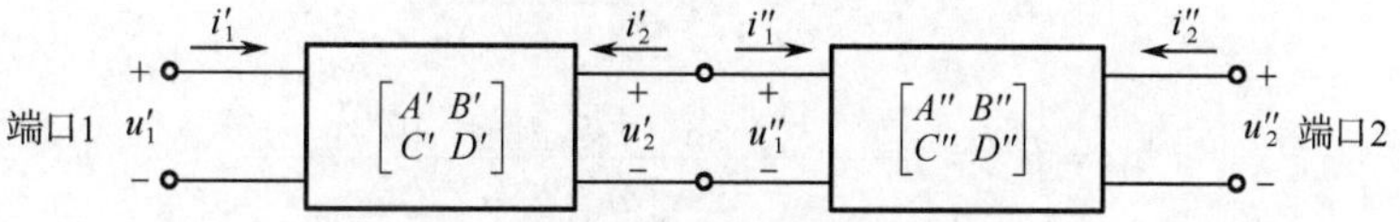

（b）网络描述

图 7.2.1　两个晶体管级联放大器电路

由此级联放大器总的链式矩阵，可以推导出该放大器总的散射矩阵，从而得到该放大器电路的传输特性。

7.2.2　微波匹配放大器网络分析

微波匹配放大器是网络应用的一个实例，这里分析一下微波匹配放大器，其电路如图 7.2.2 所示。首先，将该电路网络划分为更小的子网络，以便用最简单的网络进行描述，如图 7.2.3 所示。

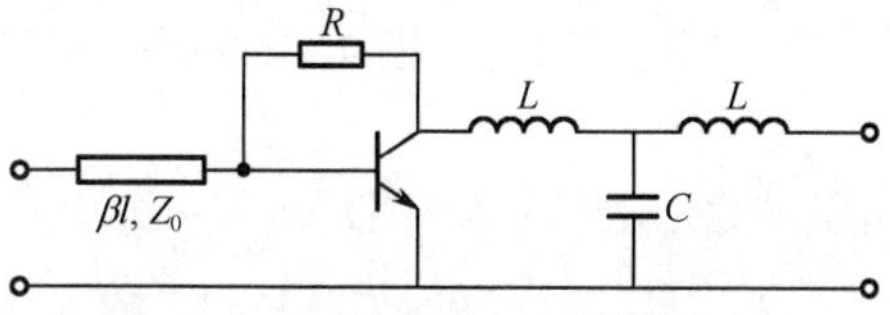

图 7.2.2　微波匹配放大器电路

由图 7.2.3 可见，该复杂放大器电路网络可以分成四个较小的子网络：输入匹配网络、晶体管、反馈环路及输出匹配网络。

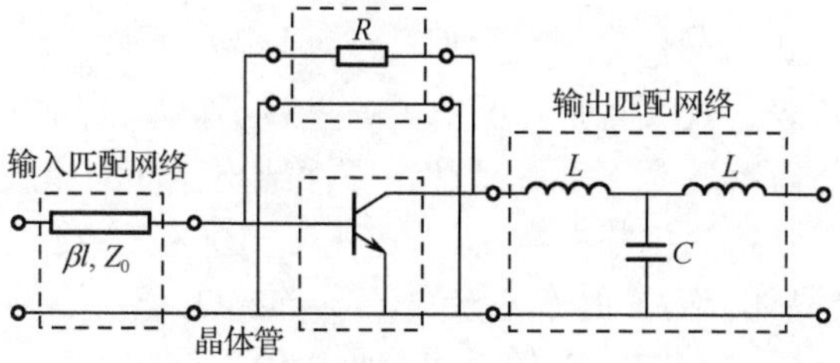

图 7.2.3　微波匹配放大器的网络划分

首先，利用如图 7.2.4 所示的高频混合晶体管模型，求出其矩阵 $\boldsymbol{H}$ 的各个分量。

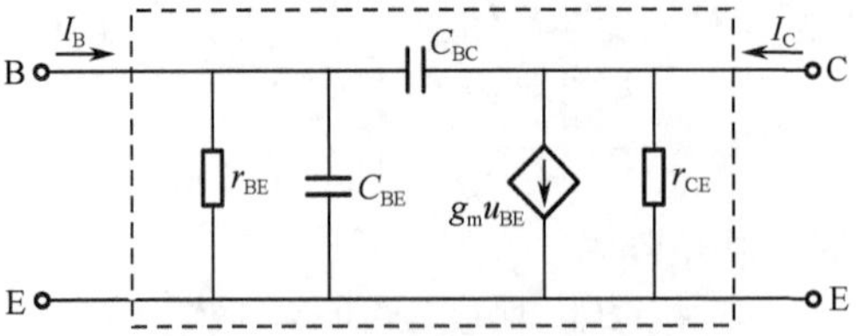

图 7.2.4　高频混合晶体管模型

$$h_{11}=h_{ie}=\frac{r_{BE}}{1+j\omega(C_{BE}+C_{BC})r_{BE}} \tag{7.2.3a}$$

$$h_{12}=h_{re}=\frac{j\omega C_{BC}r_{BE}}{1+j\omega(C_{BE}+C_{BC})r_{BE}} \tag{7.2.3b}$$

$$h_{21}=h_{fe}=\frac{r_{BE}(g_m-j\omega C_{BC})}{1+j\omega(C_{BE}+C_{BC})r_{BE}} \tag{7.2.3c}$$

$$h_{22}=h_{oe}=\frac{1}{r_{CE}}+\frac{j\omega C_{BC}(1+g_m r_{BE}+j\omega C_{BE}r_{BE})}{1+j\omega(C_{BE}+C_{BC})r_{BE}} \tag{7.2.3d}$$

然后变换成矩阵 $\boldsymbol{Y}$，以便和并联的反馈电阻网络导纳相加。这里，反馈电阻 R 的导纳矩阵为

$$\begin{bmatrix} Y_{11} & Y_{12} \\ Y_{21} & Y_{22} \end{bmatrix}_R=\begin{bmatrix} R^{-1} & -R^{-1} \\ -R^{-1} & R^{-1} \end{bmatrix} \tag{7.2.4}$$

因此，微波匹配放大器的最终级联矩阵$[ABCD]_{amp}$由如下方程给出：

$$\begin{bmatrix} A & B \\ C & D \end{bmatrix}_{amp}=\begin{bmatrix} A & B \\ C & D \end{bmatrix}_{IMN}\begin{bmatrix} A & B \\ C & D \end{bmatrix}_{tr+R}\begin{bmatrix} A & B \\ C & D \end{bmatrix}_{OMN} \tag{7.2.5}$$

由方程（7.2.5）可知，放大器的 ABCD 矩阵包括三个部分：一是由传输线构成的输入匹配网络（IMN），其级联矩阵由$[ABCD]_{IMN}$给出；二是由晶体管和反馈电阻构成的并联网络的级联矩阵$[ABCD]_{tr+R}$；三是由传输线构成的输出匹配网络（OMN），其级联矩阵由$[ABCD]_{OMN}$给出。

如图 7.2.3 所示，输入匹配网络 IMN 的 ABCD 矩阵由如下方程描述：

$$\begin{bmatrix} A & B \\ C & D \end{bmatrix}_{IMN}=\begin{bmatrix} \cos\beta l & jZ_0\sin\beta l \\ \dfrac{j\sin\beta l}{Z_0} & \cos\beta l \end{bmatrix} \tag{7.2.6}$$

输出匹配网络 OMN 的 ABCD 矩阵由如下方程描述：

$$\begin{bmatrix} A & B \\ C & D \end{bmatrix}_{OMN}=\begin{bmatrix} 1-\omega^2LC & 2j\omega L-j\omega^3L^2C \\ j\omega C & 1-\omega^2LC \end{bmatrix} \tag{7.2.7}$$

考虑到总的级联矩阵表达式太冗长，因此，这里就不再单独给出最终结果。

为了使读者对上述方程有一个直观的理解，下面给出器件的相关参数，进行定量分析。比如，当给定放大器外部连接的拓扑参数（L=1nH，C=10pF，传输线长度 l=5cm，相位速度等于光速的 65%），以及晶体管内部的本征参数（r_{BE}=520Ω，r_{CE}=80kΩ，C_{BE}=10pF，C_{BC}=1pF 及 g_m=0.192S），则可以利用 MATLAB 软件来编程以绘出该放大器小信号电流增益在不同反馈电阻 R 作用下的频率响应曲线，如图 7.2.5 所示。

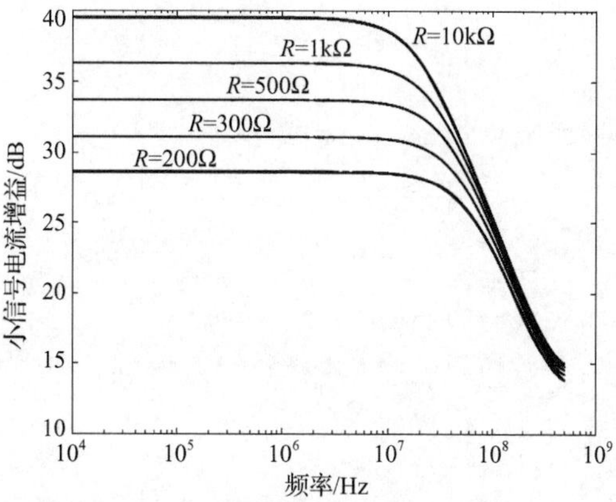

图 7.2.5　放大器小信号电流增益在不同反馈电阻 R 作用下的频率响应曲线

下面给出绘制放大器小信号电流增益在不同反馈电阻 R 作用下的频率响应曲线的 MATLAB 程序，以方便大家学习。

```
%    本程序用于产生晶体管在不同反馈电阻作用下的
%    电流增益随工作频率变化的曲线
clear all;          % 清除各种变量
close all;          % 关闭所有打开的图形文件
figure;             % 打开一个新的图形文件

% 定义晶体管的各种等效电路参数
C_be=10e-12;
C_bc=1e-12;
r_be=520;
r_ce=80000;
g_m=0.192;

% 定义一组反馈电阻值，单位为Ω
R_feedback=[10000 1000 500 300 200];

% 定义输出匹配网络参数
L=1e-9;
C=10e-12;

% 选择输入传输线参数
l=0.05;             % 传输线长度，单位为m
vp=0.65*3e8;        % 电磁波沿传输线的相位速度
Z0=50;              % 传输线特征阻抗

% 以对数标度定义频率
N=100;
fmin=1e4;
fmax=0.5e9;
f=fmin*((fmax/fmin).^((0:N)/N));
```

```
    w=2*pi*f;

    temp=1+j*w*(C_be+C_bc)*r_be;
    % 计算晶体管的 h 参数
    h11=r_be./temp;
    h12=j*w*C_bc*r_be./temp;
    h21=r_be*(g_m+j*w*C_bc)./temp;
    h22=1/r_ce+j*w.*C_bc.*(1+g_m*r_be+j*w*C_be*r_be)./temp;

    det_h=h11.*h22-h12.*h21;

    for k=1:length(R_feedback)
      % 取反馈电阻
      R=R_feedback(k);

      % 将 h 参数变换成 y 参数，并考虑了反馈电阻
      y11=1./h11+1/R;
      y12=-h12./h11-1/R;
      y21=h21./h11-1/R;
      y22=det_h./h11+1/R;

      det_y=y11.*y22-y12.*y21;

      % 将计算得到的 y 参数变换成 ABCD 参数
      ABCD_tr=[-y22./y21;-1./y21;-det_y./y21;-y11./y21];

      % 计算输入匹配网络的 ABCD 矩阵
      betta=w/vp;
      ABCD_imn=[cos(betta*l);j*Z0*sin(betta*l);j*sin(betta*l)/Z0;
cos(betta*l)];

     % 计算输出匹配网络的 ABCD 矩阵
      Z_L=j*w*L;
      Z_C=1./(j*w*C);
      ABCD_omn=[1+Z_L./Z_C;2*Z_L+Z_L.*Z_L./Z_C;1./Z_C;1+Z_L./Z_C];

      % 将三个级联矩阵相乘
      [ABCD_temp11,ABCD_temp12,ABCD_temp21,ABCD_temp22]=special_multiply
(ABCD_imn,ABCD_tr);
       ABCD_temp=[ABCD_temp11;ABCD_temp12;ABCD_temp21;ABCD_temp22];
      [ABCD_11,ABCD_12,ABCD_21,ABCD_22]=special_multiply(ABCD_temp,
ABCD_omn);

   % 画出电流增益，即(1/D)曲线，单位为 dB
```

```
    semilogx(f,-20*log10(abs(ABCD_22)));
    hold on;
end;

xlabel('频率 {\itf}, Hz');
ylabel('小信号电流增益/dB');
legend('R=10 Kohm','R=1 Kohm','R=500 ohm','R=300 ohm','R=200 ohm');
```

7.2.3 射频滤波器的网络分析

除上述两种有源电路的应用外，射频微波网络在无源电路特别是滤波器中也有广泛应用。下面以集总一阶 RC 低通滤波器为例，介绍网络分析方法。

如图 7.2.6 所示，集总 RC 一阶低通滤波器（LPF）两端接电源和负载，其阻抗分别为 Z_G 和 Z_L。这里假定阻抗是电阻性的，即 $Z_G=R_G$ 和 $Z_L=R_L$。为了便于进行网络分析，将此电路网络分割为四个子网络。因此，总的 ABCD 矩阵由下式给出：

$$\begin{bmatrix} A & B \\ C & D \end{bmatrix} = \begin{bmatrix} 1 & R_G \\ 0 & 1 \end{bmatrix} \begin{bmatrix} 1 & R \\ 0 & 1 \end{bmatrix} \begin{bmatrix} 1 & 0 \\ \mathrm{j}\omega C & 1 \end{bmatrix} \begin{bmatrix} 1 & 0 \\ 1/R_L & 1 \end{bmatrix} = \begin{bmatrix} 1+(R+R_G)\left(\mathrm{j}\omega C+\dfrac{1}{R_L}\right) & R_G+R_L \\ \mathrm{j}\omega C+\dfrac{1}{R_L} & 1 \end{bmatrix} \tag{7.2.8}$$

由此 ABCD 矩阵，可以求得该滤波器的传输函数 $H(\omega)$:

$$H(\omega)=\frac{U_2}{U_G}=\frac{1}{A}=\frac{1}{1+(R+R_G)\left(\mathrm{j}\omega C+\dfrac{1}{R_L}\right)} \tag{7.2.9}$$

以 dB 为单位的滤波器衰减响应由下式给出：

$$\alpha(\omega)=-20\log|H(\omega)|=-10\log|H(\omega)|^2 \tag{7.2.10}$$

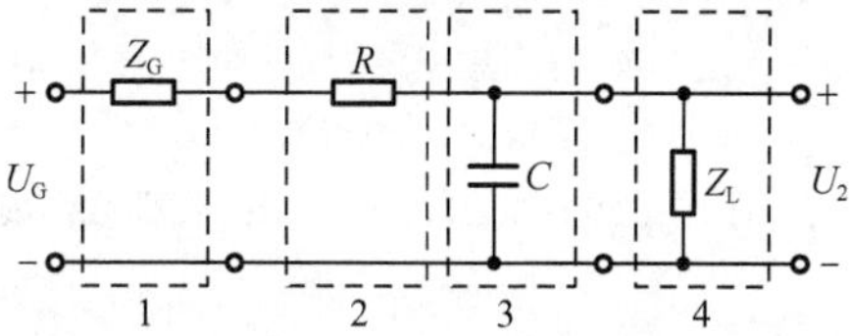

图 7.2.6　集总 RC 一阶低通滤波器网络级联描述

如果已知电路参数：C=10pF，$R_G=R_L=Z_0=50\Omega$，则在不同电阻 R 作用下一阶低通滤波器的幅度响应和相位响应如图 7.2.7 所示。

其中，相位响应由下式给出：

$$\phi(\omega)=\tan^{-1}\left(\frac{\mathrm{Im}\{H(\omega)\}}{\mathrm{Re}\{H(\omega)\}}\right) \tag{7.2.11}$$

由此得到该集总 RC 一阶低通滤波器网络的群延时响应：

$$t_g=\frac{\mathrm{d}\phi(\omega)}{\mathrm{d}\omega} \tag{7.2.12}$$

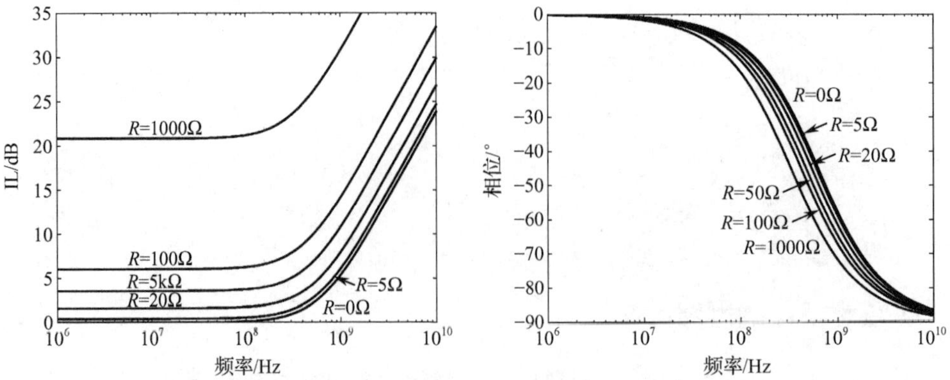

（a）幅度（或衰减）响应　　（b）相位响应

图 7.2.7　在不同电阻 R 作用下一阶低通滤波器的幅度响应和相位响应

绘制上述滤波器响应的 MATLAB 代码如下：

```
%   本程序用于绘制一阶 RC 滤波器在各种寄生电阻作用下的衰减曲线
close all;      % 关闭所有打开的图形文件
clear all;      % 清除所有变量
f1=figure;      % 打开一个用于绘制衰减响应的新图形文件
f2=figure;      % 打开一个用于绘制相位响应的新图形文件

% 定义问题参数
C=10e-12;                   % 滤波器电容值
R=[0 5 20 50 100 1e3];      % 寄生电阻值
Z0=50;                      % 特征阻抗（-电源和负载阻抗）

% 定义频率范围
f_min=1e6;                  % 最低频率
f_max=10e9;                 % 最高频率
N=200;                      % 图形绘制的点数
f=f_min*((f_max/f_min).^((0:N)/N));      % 按对数标度计算频点
w=2*pi*f;

colormap(lines);
color_map=colormap;
colormap('default');

for n=1:length(R)
   S21=2./(1+(R(n)+Z0)*(j*w*C+1/Z0));
   figure(f1);
   semilogx(f,-20*log10(abs(S21)),'color',color_map(n,:));
   hold on;
   phase=angle(S21);
   figure(f2);
   semilogx(f,phase/pi*180,'color',color_map(n,:));
   hold on;
```

```
end;

figure(f1);
xlabel('频率/Hz');
ylabel('IL/dB');

figure(f2);
xlabel('频率/Hz');
ylabel('相位/°');
```

7.3 多端口射频微波网络的 *S* 参数及其应用

前面我们主要讨论了二端口网络的 *S* 参数及其应用，比如，小信号放大器及滤波器等。本节将介绍多端口网络的 *S* 参数及其应用，比如，三端口功率分配与合成网络、三端口环行器、三端口巴伦及四端口耦合器。

7.3.1 功率分配与合成网络

在频率较高时，有源器件的放大能力下降，为弥补功率不足，常常需要将几路功率合成，这就需要一些特殊类型的功率合成与分配网络。由于工作频率高、波长短，因此必须考虑合成与分配网络的分布参数及相位移的影响，还要考虑端口本身的匹配及端口之间的隔离。功率合成器和分配器的构成方法依赖工作频率、频带宽度、输出功率和尺寸要求。高功率器件的输出阻抗一般很小，所以必须使用特殊的阻抗变比、标准 50Ω 的同轴线变换器来匹配这个阻抗。对于窄带应用，广泛使用 *N* 路 Wilkinson 合成器，它们简单而且易于实现。但是在微波频率下，合成器的尺寸太小，因此混合型微带合成器（包含不同类型的微波混合桥和定向耦合器）被普遍用于微波功率放大器的输出功率的合成。本节主要介绍三端口网络的基本特性及应用。

对上述两路功率分配器/合成器的严格电磁分析较为困难，但无论如何，它们属于线性网络，下面首先从线性网络角度进行分析。

1. 功率分配及合成网络的基本特性

基本的三端口、四端口等 *N* 端口网络用于分配单一功率源的输出功率或组合两个甚至更多个功率放大器的输出功率。一般而言，需组合 *N* 个相同功率放大器的输出功率的多口网络的基础就是这些基本网络。在这种情况下，非常重要的是，所有这些放大器应与负载匹配，总的输出功率是 *N* 倍单个功率放大器的输出功率。改变一个功率放大器的工作条件不应该影响其余功率放大器的工作，为了满足这个要求，功率合成器的所有输入口应该是去耦合（相互独立）的。当功率放大器中的一个被去除时，总的输出功率必须尽可能地减小。另外，功率合成器要既能用于窄带，又能用于宽带、发射机，在后者的情况下，它们的电特性要满足宽频带要求。

2. 三端口功率分配与合成网络

用于功率分配与合成的最简单的器件是有 1 个输入、2 个功率分配的输出的三端口网络，如图 7.3.1（a）所示，图 7.3.1（b）所示为用于功率合成的 2 个输入、1 个输出的三端口网络。

任意三端口网络的散射矩阵可以写为

$$\boldsymbol{S}=\begin{bmatrix} S_{11} & S_{12} & S_{13} \\ S_{21} & S_{22} & S_{23} \\ S_{31} & S_{32} & S_{33} \end{bmatrix} \tag{7.3.1}$$

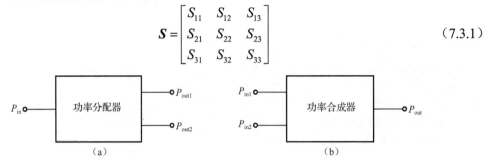

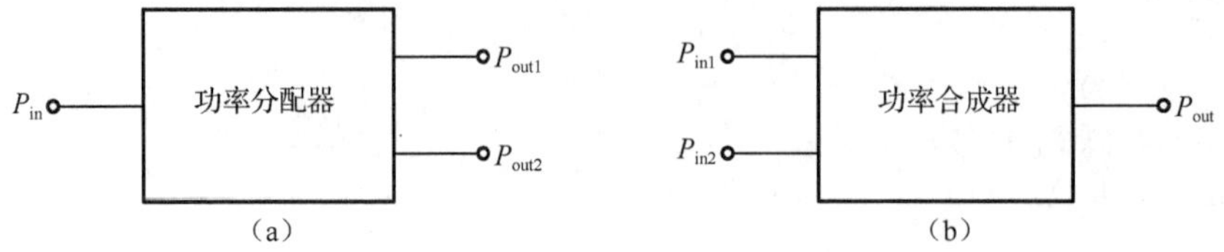

图 7.3.1　功率分配与合成网络框图

当所有元件是无源和互易的时，得到的散射矩阵称为对称散射矩阵，式中的 $S_{ij}=S_{ji}$。在此情况下，如果所有的端口给予理想匹配（$S_{ii}=0$），散射矩阵简化为

$$\boldsymbol{S}=\begin{bmatrix} 0 & S_{12} & S_{13} \\ S_{21} & 0 & S_{23} \\ S_{31} & S_{32} & 0 \end{bmatrix} \tag{7.3.2}$$

将无损耗条件应用于方程（7.3.2），给出的是全匹配散射矩阵，即要求是单位矩阵：

$$\boldsymbol{S}^{*}\boldsymbol{S}=\boldsymbol{E} \tag{7.3.3}$$

式中，$\boldsymbol{S}^{*}$ 是原矩阵 $\boldsymbol{S}$ 的复共轭值。由 2 个矩阵相乘的结果，有

$$|S_{12}|^2+|S_{13}|^2=|S_{12}|^2+|S_{23}|^2=|S_{13}|^2+|S_{23}|^2=1 \tag{7.3.4}$$

$$S_{13}^{*}S_{23}=S_{23}^{*}S_{12}=S_{12}^{*}S_{13}=0 \tag{7.3.5}$$

从式（7.3.5）可得到如下结果：S_{12}、S_{13} 和 S_{23} 3 个可用参数中至少有 2 个应该为 0，这与式（7.3.4）给出的结果是不相容的。这意味着一个三端口网络不能是所有端口无损耗、互易的且所有端口都匹配的。可是，在实际的三端口网络实现中就是这种情况，即这三个条件中至少有一个条件是不满足的。互易三端口网络能实现的条件是三端口中的两个是匹配的。在使用阻性功率分配器情况下，三端口网络是互易的，所有三端口网络是匹配的，但是有损耗。

如果一个互易三端口网络描述一个 3dB 功率分配器，当给定端口 1 是功率输入口时，则端口 2 和端口 3 的功率输出是相等的，这样，根据式（7.3.4）可得

$$|S_{12}|=|S_{13}|=\frac{1}{\sqrt{2}} \tag{7.3.6}$$

7.3.2　三端口环行器

散射矩阵的单一性质对无损、无源三端口有显著影响。对于这样的器件，散射矩阵将具有如下特性：

$$\begin{bmatrix} S_{11} & S_{12} & S_{13} \\ S_{21} & S_{22} & S_{23} \\ S_{31} & S_{32} & S_{33} \end{bmatrix}\begin{bmatrix} S_{11}^{*} & S_{21}^{*} & S_{31}^{*} \\ S_{12}^{*} & S_{22}^{*} & S_{32}^{*} \\ S_{13}^{*} & S_{23}^{*} & S_{33}^{*} \end{bmatrix}=\begin{bmatrix} 1 & 0 & 0 \\ 0 & 1 & 0 \\ 0 & 0 & 1 \end{bmatrix} \tag{7.3.7}$$

从工程的角度来看，希望所有三个端口都匹配，即 $S_{11}=S_{22}=S_{33}=0$。然而，这通常很难满足。假设所有 $S_{ii}=0$，由式（7.3.7）可得

$$|S_{12}|^2+|S_{13}|^2=1$$
$$|S_{21}|^2+|S_{23}|^2=1 \tag{7.3.8}$$
$$|S_{31}|^2+|S_{32}|^2=1$$

和

$$S_{13}S_{23}^*=0$$
$$S_{12}S_{32}^*=0 \tag{7.3.9}$$
$$S_{21}S_{31}^*=0$$

进一步研究表明，式（7.3.8）和式（7.3.9）只有两组解：

$$S_{13}=S_{32}=S_{21}=1$$
$$S_{31}=S_{23}=S_{12}=0 \tag{7.3.10}$$

或

$$S_{31}=S_{23}=S_{12}=1$$
$$S_{13}=S_{32}=S_{21}=0 \tag{7.3.11}$$

上述等式描述了一个无损三端口的环行器，其所有端口都匹配。根据式（7.3.10），端口1上发生的信号在端口2出现，端口2上发生的信号在端口3出现，端口3上发生的信号在端口1出现。式（7.3.11）简单地描述了与式（7.3.11）所代表的器件按相反方向循环的三端口信号。也就是说，端口3上发生的信号在端口2出现，依此类推。环行器显然是一个非互易的组成部分。图7.3.2所示为环行器的符号，它可以简单又直观地描述环行器的工作原理。

下面简单讨论一下环行器的等效电路。

如果将端口3接地，则环行器的S参数可以转换为Z参数，即

$$\begin{bmatrix}V_1\\V_2\end{bmatrix}=\begin{bmatrix}0 & -Z_0\\Z_0 & I\end{bmatrix}\begin{bmatrix}I_1\\I_2\end{bmatrix} \tag{7.3.12}$$

这是环行器的Z矩阵。这意味着环行器可以通过回转器以图7.3.3所示的方式实现，只要所有端口具有相同的归一化阻抗即可。虽然这对于实现环行器来说并不是一种非常实用的方法，但由于环行器非常难以设计，因此这种变换对于建模和电路分析非常有用。

图7.3.2给出的循环方向与式（7.3.10）相符合，而符合式（7.3.11）的环行器则将沿相反方向循环。

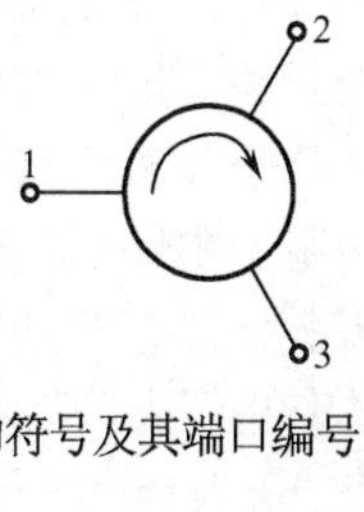

图7.3.2　环行器的符号及其端口编号（箭头表示循环方向）

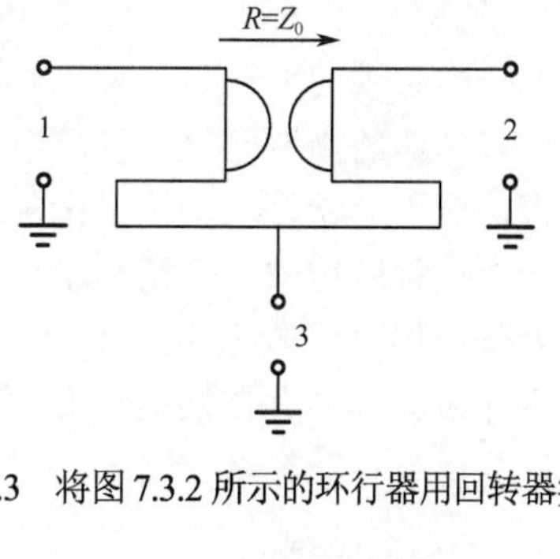

图7.3.3　将图7.3.2所示的环行器用回转器实现

在图7.3.3中，回转电阻等于端口归一化阻抗Z_0。

假设三个端口是互易的，很快就会发现因公式相互矛盾而导致这类器件无法实现。例如，用式（7.3.8）中第一个式子减去第二个式子将得到

$$|S_{13}|^2-|S_{23}|^2=0 \tag{7.3.13}$$

且由于上述网络互易，即 $S_{12}=S_{21}$，得到

$$|S_{13}|=|S_{23}| \tag{7.3.14}$$

但是，从式（7.3.9）开始，这些参数中至少有一个必须为零，因此由式（7.3.14）得到如下结论：$|S_{13}|$和$|S_{23}|$必须为零。进一步分析发现，所有的非对角线项必须为零。由于最初假设对角线项为零，则将得到零矩阵。这样的器件不仅不实用，还与最初的单一性假设相矛盾，因此有如下结论：

（1）匹配的、无源的、无损的三端口网络必须是一个环行器；

（2）无法同时匹配无损、无源、互易三端口网络的所有三个端口。

上述第二个结论尤为重要。例如，这意味着不可能匹配平衡-不平衡转换器的所有三个端口。在平衡-不平衡转换器中，最好设计具有指定负载阻抗的输入匹配，并选择具有适合使用它的电路类型的偶模和奇模输出阻抗的结构。

同样重要的是，要认识到许多看似无损、匹配和无源的三端口网络并非真正无损。在其隔离端口上加载了耦合器的网络不是无损的，即使终端在一般工作中不吸收功率。同样，Wilkinson 功率分配器是许多三端口功率分配器的一种，它不是无损耗的，因为它包括一个电阻器。

7.3.3　三端口巴伦

除两路功率分配器及合成器属于三端口器件外，还有混频器及巴伦等也是常见的三端口器件。下面我们将讨论用于平衡到不平衡过渡的器件——巴伦。

1. 巴伦简介

巴伦，又称为平衡-不平衡转换器，是平衡和不平衡传输介质之间的过渡。不平衡传输线使用地表作为导体，如微带结构的地面是金属平面，又如同轴线的屏蔽层，或一些与未接地导体非常不同的类似结构。平衡线由两个相同横截面的导体组成，被自由空间包围。平衡线不需要地面，但如果想象存在地，则平衡线可以被视为一对耦合的、对称的结构，而不平衡的线，仅承载奇模。平衡线的特征阻抗是两个导体的奇模阻抗的两倍，因此平衡线被视为耦合的不平衡线。其偶模阻抗是无限的。

在许多情况下，理想的巴伦可被视为在不平衡模式下激发并仅将其转换为奇模的器件。根据其模态特征来观察巴伦的工作是描述和理解巴伦的最有用和富有成效的方式，我们将在以下部分中大量使用它。

许多经典的微波巴伦设计可以追溯到 20 世纪 40 年代的麻省理工学院辐射实验室。在那个年代，应用通常是一个不平衡的同轴线路，馈送平衡的偶极天线一般是大型反射器天线的馈源。在这种应用中，平衡输出没有相邻的地面，偶模的概念几乎没有意义。因此，巴伦被描述为普通传输线的互连。然而，在现代应用中，巴伦更可能用于电路中，通常是微带或悬浮基板介质，其中存在接地平面并且非常靠近条带。在这种情况下，有存在偶模的可能性，并且在分析中不能忽略。因此，旧的天线巴伦分析对于平面巴伦并不十分有用。

2. 巴伦的特性

虽然严格来说巴伦是一个二端口器件，但是出于设计目的，可将其视为具有一个输入和两个输出的三端口器件。它由电磁结构来实现，理想情况是无源、无损和互易的。

在如图 7.3.4 所示的巴伦中，描述了从平衡传输介质到不平衡传输介质的理想无损转换。因此，输入必须匹配，且 $U_2=-U_3$。

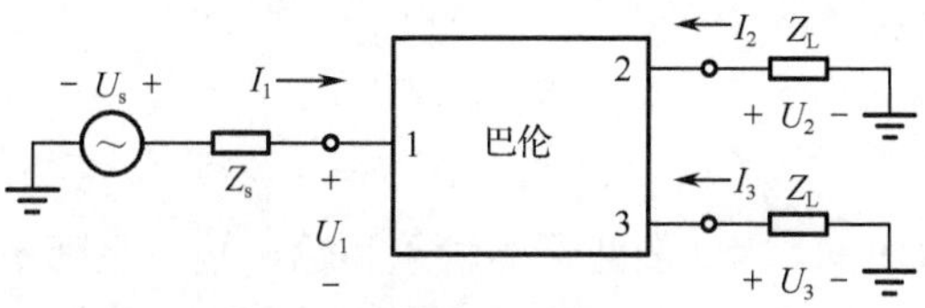

图 7.3.4　巴伦

在图 7.3.4 中，接地负载 Z_L 可能令人费解，因为在理想的平衡传输介质中地面没有意义（超出简单的互连节点）。对这种非理想情况有一种解释，就是其中可能存在弱均衡模式。如果输出端不存在偶模，则输出电压 U_2 和 U_3 相等且相位相反。但偶模的存在使输出失衡。

巴伦有如下特性：

（1）最重要的是，巴伦不是功率分配器。虽然偶尔可以使用巴伦来实现功率分配，但巴伦的特性与功率分配器的特性不同。如果用巴伦来实现功率分配器则会产生很差的效果。

（2）巴伦也不是混合结构，尽管有时可以使用 180° 混合来代替巴伦。

（3）源阻抗 Z_s 不必等于负载阻抗 Z_L。但是，负载阻抗之间必须相等，并且输入匹配。

（4）巴伦与混合环或功率分配器之间最重要的区别是输出匹配。巴伦结构不可能同时对无源、无损器件的所有端口实现匹配，因此负载 Z_L 与它们各自的端口不匹配。但是，如果去掉地，则巴伦可以匹配由图 7.3.4 中端口 2 和端口 3 的未接地端子组成的单个输出端口，因为该结构只是一个二端口器件。

（5）偶模和奇模输出特性是非常重要的。如果平衡模式的输出在奇模下被激发，则巴伦看起来是匹配的，也就是说，如果激励巴伦，我们就会发现匹配是存在的。大多数巴伦表现出偶模激励的输出开路，但是，有几种类型会出现短路现象。相反，在混合环或功率分配器中，偶模和奇模输出阻抗始终为 Z_0。在电路应用中选择巴伦或混合电路时，由于上述端口输出的等效特性不同，因此，这些不同在电路设计中是一个重要的考虑因素，因为某些类型的电路利用了元件的偶模或奇模输出阻抗特性。

在如图 7.3.4 所示的巴伦中，输出平衡告诉我们如何有效地抑制偶数模式。相位平衡是 U_3 和 U_2 的相位差，不包括必要的 180°。在诸如混频器、倍频器或放大器的平衡器件中，偶模的存在提供了一个路径，通过该路径，一个端口的信号可以耦合到另一个端口，因此巴伦中不完美的偶模抑制导致端口隔离的性能受限。隔离是这些器件极其重要的特性。

这里，将 S 参数（散射参数）应用于巴伦结构。很显然，巴伦可视为一个无损、无源的三端口网络。不难发现，巴伦的所有三个端口是不可能同时匹配的。基于前面的分析和讨论，其原因应该是非常清楚的。但是，如果将单一属性应用于巴伦的散射矩阵，则有可能得到一些有价值的结论。

假设巴伦的输出端口不要求一定是匹配的，但要求保持其他条件是理想的，则可以写出图 7.3.4 所示巴伦的散射矩阵：

$$\boldsymbol{S}=\begin{bmatrix}0 & S & -S\\ S & \Gamma & 0\\ -S & 0 & \Gamma\end{bmatrix} \tag{7.3.15}$$

稍微简化一下符号，其中 S 代表传递量，Γ 代表输出反射系数。如果 $SS^*=1$，则得到如下结论：

$$\begin{aligned} 2|S|^2&=1\\ |S|^2+|\Gamma|^2&=1\\ S\Gamma^*=S^*\Gamma&=0 \end{aligned} \tag{7.3.16}$$

这些结果显然是不兼容的，因此在匹配的输入和输出端口之间不可能有完美隔离的巴伦。问题在于完全隔离的假设，即 $S_{23}=S_{32}=0$。如果我们放弃该要求，则散射矩阵变为

$$\boldsymbol{S}=\begin{bmatrix} 0 & S & -S \\ S & \Gamma & I \\ -S & I & \Gamma \end{bmatrix} \tag{7.3.17}$$

式中，$I=S_{23}=S_{32}$，表示输出端口之间的耦合。应用单一属性可以得到如下结论：

$$\begin{aligned} 2|S|^2&=1\\ |S|^2+|\Gamma|^2+|I|^2&=1\\ S(\Gamma-I)^*&=0\\ -|S|^2+2\,\mathrm{Re}\{\Gamma I^*\}&=0 \end{aligned} \tag{7.3.18}$$

这些都很容易满足。第一个式子说明满足 3dB 功率分配的要求。其余三个式子表示 $\Gamma=1$。因此，具有匹配输入的无损巴伦要求输出回波损耗和输出端口隔离为 6dB。

巴伦可用于平衡电路，如混频器和倍频器。其中，偶模和奇模特性比输出端口匹配和隔离更重要。

7.3.4 四端口耦合器

四端口网络中当端口 1 输入信号，输出信号分配到端口 2 和端口 3，端口 4 无功率传输（理想情况下）时，四端口网络作为定向耦合器使用，如图 7.3.5 所示。互易四端口网络在所有端口都匹配的情况下的散射矩阵如下：

$$\boldsymbol{S}=\begin{bmatrix} 0 & S_{12} & S_{13} & S_{14} \\ S_{21} & 0 & S_{23} & S_{24} \\ S_{31} & S_{32} & 0 & S_{34} \\ S_{41} & S_{42} & S_{43} & 0 \end{bmatrix} \tag{7.3.19}$$

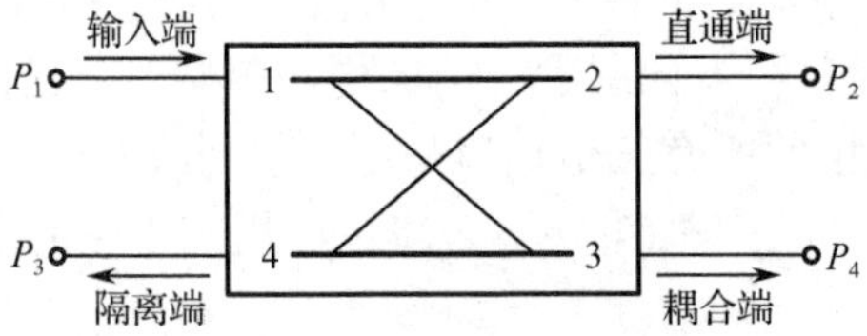

图 7.3.5 定向耦合器示意图

当所有元件是无源的和互易的时，对于一个对称散射矩阵，上式中的 $S_{ij}=S_{ji}$。在这种情况下，提供给端口 1 的功率耦合到端口 3，具有耦合因子 $|S_{13}|^2$，而输入功率的其余部分直接传递到端口 2，具有系数 $|S_{12}|^2$。

对于无损耗四端口网络，由式（7.3.19）给出的全匹配散射矩阵的唯一条件，可得结果：

$$|S_{12}|^2+|S_{13}|^2=|S_{12}|^2+|S_{24}|^2=|S_{13}|^2+|S_{34}|^2=|S_{24}|^2+|S_{34}|^2=1 \tag{7.3.20}$$

这意味着，端口 2 和端口 3 之间，端口 1 与端口 4 之间为全隔离，即满足

$$S_{14}=S_{41}=S_{23}=S_{32}=0 \tag{7.3.21}$$

和

$$|S_{13}|=|S_{24}| \qquad |S_{12}|=|S_{34}| \tag{7.3.22}$$

这样，一个定向耦合器具有 2 个去耦合双口网络，在所有的端口都匹配的散射矩阵可简化为

$$\boldsymbol{S}=\begin{bmatrix} 0 & S_{12} & S_{13} & 0 \\ S_{21} & 0 & 0 & S_{24} \\ S_{31} & 0 & 0 & S_{34} \\ 0 & S_{42} & S_{43} & 0 \end{bmatrix} \tag{7.3.23}$$

定向耦合器可根据端口 2 和端口 3 之间的相位移 ϕ 来分类，$\phi=0$ 称为同相耦合器；$\phi=\dfrac{\pi}{2}$ 称为正交耦合器；$\phi=\pi$ 称为反相耦合器。

微带后向波平行耦合线耦合器的结构如图 7.3.6 所示。

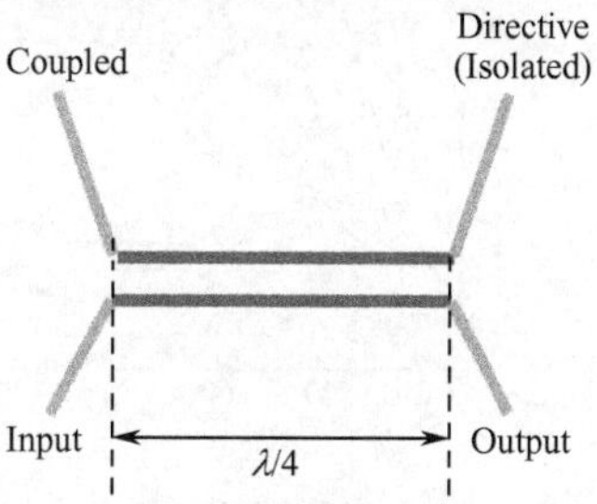

Input—输入端；Output—输出端；Coupled—耦合端；Directive（Isolated）—方向端（隔离端）

图 7.3.6　微带后向波平行耦合线耦合器的结构

这类耦合器的设计需要在给定耦合系数的情况下，计算奇模和偶模线路阻抗：

$$C=10^{\frac{K_{cc}}{20}}$$

$$Z_{0e}=Z_0\sqrt{\frac{1+C}{1-C}} \tag{7.3.24}$$

$$Z_{0o}=Z_0\sqrt{\frac{1-C}{1+C}}$$

说明：K_{cc}（Coupling Coefficient）表示耦合系数。

一旦我们找到线路阻抗，就可以从边缘耦合带状线图的归一化偶模和奇模特征阻抗设计图中读出 W 和 S 的值。

注意：这种类型的耦合器只能用于松耦合，因为在制造低耦合系数的耦合器时，耦合导体之间的距离会变得很窄，给 PCB 的加工增加了难度。

例 7.3.1　使用 0.508mm 厚的氧化铝基板（介电常数为 8.8）设计用于 7.5GHz 的 15dB 微带定向耦合器。

$$C = 10^{\frac{-15}{20}} = 0.1778$$

$$Z_{0e} = 50 \times \sqrt{\frac{1+0.1778}{1-0.1778}} \approx 59.8\Omega \qquad (7.3.25)$$

$$Z_{0o} = 50 \times \sqrt{\frac{1-0.1778}{1+0.1778}} \approx 41.8\Omega$$

根据图 7.3.7 所示的微带耦合线奇模、偶模阻抗与电路尺寸的关系曲线，可以直接读出 S 和 W 的值。

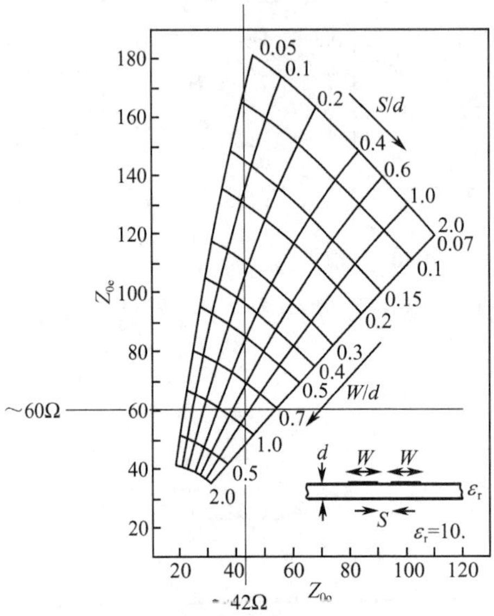

图 7.3.7　微带耦合线奇偶模阻抗与电路尺寸的关系曲线

从图 7.3.7 中可以直接读出 $S/d = 0.85$，因此 $S = 0.508 \times 0.85 \approx 0.43$mm。并且 $W/d = 0.9$，因此 $W = 0.508 \times 0.9 \approx 0.46$mm。而 3GHz 频率对应的 $\lambda/4$ 耦合长度的几何尺寸为 10.5mm。将这些值输入 ADS 软件中，即可得到平行耦合线耦合器的电路原理图，如图 7.3.8 所示。

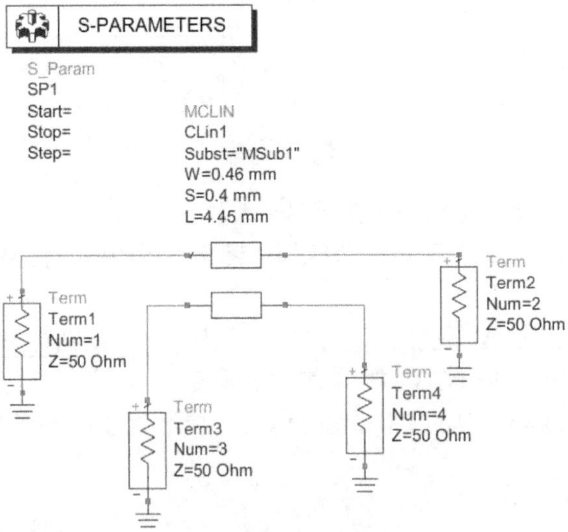

图 7.3.8　平行耦合线耦合器的电路原理图

最终实现的仿真结果如图 7.3.9 所示。

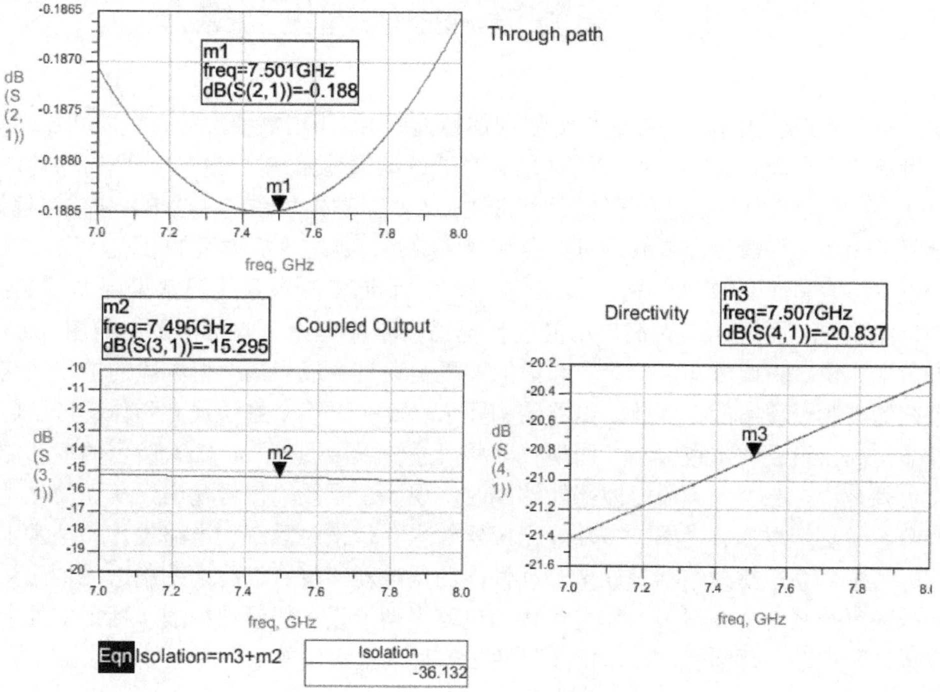

图 7.3.9　仿真结果

7.4　习题

1．给出图 7.2.5 所示放大器小信号电流增益的实现算法，并写出对应程序的流程图。

2．给出图 7.2.7 所示 RC 低通滤波器响应的实现算法，并写出对应程序的流程图。

3．设计一个多端口功率分配器，如微带八路功率分配器，并利用多端口网络的 S 参数定义对其性能进行分析。

4．利用三端口网络的 S 参数定义，设计一个三端口环行器，并分析其性能。

5．利用三端口网络的 S 参数定义，设计一个三端口巴伦，并分析其性能。

6．利用四端口网络的 S 参数定义，设计一个四端口耦合器，并分析其性能。

第 8 章　多频段网络的理论与综合

现代电子系统要为不同的高速率无线通信标准服务，不仅需要进行自适应和低功耗设计，还需要考虑跨多个频段和多个标准的问题。全球移动通信系统（GSM）、通用移动电信系统（UMTS）、蓝牙、802.11a/b/g 无线局域网（WLAN）、全球定位系统（GPS）和数字视频广播-手持设备（DVB-H）等标准或系统可能会涉及多模式，这些多标准可能会应用到未来的模式和多频段（多功能）的移动终端。传统的多模/多标准/多频段系统通常采用如图 8.0.1（a）所示的方案实现，而近年来人们提出的现代电路多频段理论与方法则采用如图 8.0.1（b）所示的方案来实现。由此可知，传统多频段的实现是通过合成了多个单频段的电路网络来实现整个系统的多频段覆盖的，因此，电路结构冗余、庞杂，整个系统尺寸和体积过于庞大，而且功耗非常高，设备成本也很高。而现代多频段系统采用图 8.0.1（b）所示的多功能部件来实现，也就是说，一个多频段滤波器能够同时实现多个频段的信号输出，从而简化了电路结构，并节省了制造成本。当然，多功能无线器件也会带来对系统、电路设计和技术水平的各种挑战。其中，系统挑战包括设计单个高性能的低功耗终端，该终端的制造成本比只由单模终端构成的复杂系统要低很多。完全集成的电路多功能设备的设计挑战包括提供片上镜像抑制、宽频带和大动态范围等。技术挑战包括在芯片上集成低成本、高性能的硅器件等。

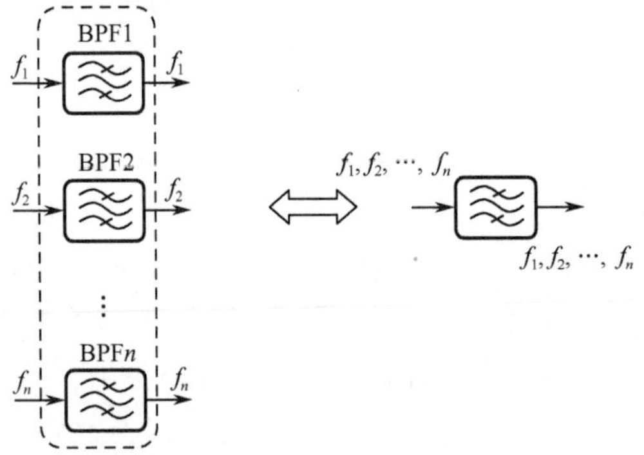

（a）传统的多频段实现方案　　　（b）现代多频段实现方案

图 8.0.1　多频段实现方案

为了在多模终端中接入不同的服务，需要双频段或多频段前端电路，而双频段和多频段滤波器则是其关键部件之一。传统的单频电路网络分析与综合方法都已经非常成熟，但是，双频段或多频段电路网络的理论虽然近年来已经取得了一些进展，但仍然不成熟，并没有形成完整的体系。因此，本章仅介绍和讨论目前学术界已经达成共识的一些多频段电路网络的综合理论与设计方法。

8.1　多频段电路网络理论基础

本节首先对多频段滤波器综合理论进行简单回顾和总结，然后在 8.2 节重点讨论基于传输函数的多频段电路网络综合方法。截至目前，多频段滤波器的理论和方法已经取得显著进展。比如，基于多模谐振器的多频段滤波器综合方法、基于通带内引入传输零点的综合方法及基于带通结构级联陷带单元的综合方法等。下面对这些综合理论和方法进行简单介绍。

8.1.1 基于经典滤波器理论的设计方法

滤波器设计理论实际上是一种解析方法，在单频段滤波器设计中已经证明是非常有效的，所以被大家广泛采用，而且该理论是非常强大的。滤波器综合的理论被广泛研究，人们已经提出了许多滤波器传输函数和拓扑结构。一般来说，这种设计技术包括三个主要步骤：

（1）根据项目给定的设计指标确定滤波器的阶数和传输函数；

（2）选择电路网络拓扑结构，并进行耦合矩阵的综合；

（3）滤波器的设计和物理实现。

可以使用如下传输函数和特征函数的表达式来定义每个滤波网络的特性：

$$H(s)=\frac{E(s)}{P(s)} \tag{8.1.1}$$

$$K(s)=\frac{F(s)}{P(s)} \tag{8.1.2}$$

式中，s 表示复频率。而 $F(s)$、$P(s)$和 $E(s)$为电路网络的特征多项式。在低通原型滤波器中，$F(s)$是具有实系数的多项式，其根位于虚轴上，表示在这些频率处没有反射。$P(s)$是具有实系数的偶次多项式，其根表示在这些频率处是没有传输的。此外，这里的 $E(s)$是赫尔维茨（Hurwitz）多项式。

我们知道，最有名的滤波器函数是巴特沃斯函数（Butterworth）、切比雪夫（Chebyshev）函数、贝塞尔函数和椭圆函数。耦合矩阵是 $N\times N$ 矩阵，其元素表示谐振滤波器之间的耦合系数。位于主对角线上的矩阵分量代表自耦合，$M_{i,i+1}$ 元件是相邻谐振器之间的耦合，而所有其他元件则是交叉耦合，即非相邻谐振器之间的耦合。根据耦合矩阵综合出滤波器的物理布线，即由耦合矩阵确定滤波器阶数及谐振器之间的距离，并最终确定滤波器的布局布线。

经典滤波器设计理论目前已成功应用于多频段滤波器的设计。到目前为止，人们已经提出了几种用于双频段和多频段滤波器的设计过程，每种滤波器的特征在于传输函数合成和耦合矩阵的不同设计方法。一些设计流程是完全基于分析方法的，这仅适用于某些滤波器类型和拓扑结构，而其他设计过程则需要苛刻的优化方法。但是，这种优化方法在滤波器拓扑方面更为通用。通常提出的设计流程的共同特征是从单频段宽带滤波器的合成开始。然后，在滤波器响应中引入传输零点，并形成多个通带。因此，这类方法的不足之处在于不能独立地形成各个通带。此外，使用这种方法设计的滤波器具有非常大的尺寸。

下面简单回顾多频段滤波器的设计过程及对其性能的分析。

2005 年在国际微波会议上，G. Macchiarella 和 S. Tamiazzo 首次提出了双频段滤波器，并使用经典滤波器的设计理论来实现。所提出的过程允许设计对称的双频段滤波器，即其通带对称地位于频率附近并具有相等的插入损耗、回波损耗和带宽。

根据与带内和带外特性相关的双频段滤波器规范，获得低通原型滤波器，如图 8.1.1 所示，即确定归一化频率 Ω_a 和 Ω_s。首先，这些频率与带通和带阻区域内的零极点数目共同形成特征多项式 $P(s)$、$F(s)$和 $E(s)$。在合成特征多项式之后，可以得到耦合矩阵，并最终确定滤波器的几何参数。

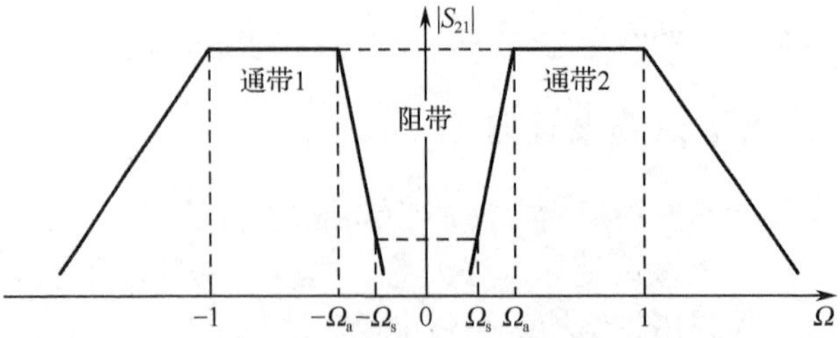

图 8.1.1　对称双通带滤波器的低通原型

虽然 G. Macchiarella 和 S. Tamiazzo 的论文提出的是在波导结构中实现的滤波器，但不会降低该过程的适用性，因为经典理论方法是一种可应用于任何滤波器架构的通用方法。

该方法的一个优点是，它代表了一种分析方法，即一种有效和精确的方法，且该方法提供了一种独特的耦合矩阵解决方案。然而，其主要缺点是，它仅适用于具有对称性通带响应的双频段滤波器。此外，该方法只能应用于一部分滤波器拓扑结构。

基于这一过程，A. G. Lamperez 提出了一种完全解析的但更简单的方法，该方法能够设计具有不对称通带响应的双频段滤波器。然而，两个通带不能独立地处理，这是它的主要缺点。此外，该流程也不能应用于所有的滤波器拓扑结构。

P. Lenoir 等人提出了另一种综合和设计不对称通带响应的双频段滤波器的方法，该方法是使用两个单通带滤波器的传输函数，再通过优化过程获得耦合矩阵以形成最初的传输函数。该方法在第一步中采用精确的和详尽的综合，并产生等效的耦合矩阵列表。在第二步中，利用第一步所提出的方法，通过提供用于选择耦合矩阵的一些规则来实现多个解决方案，该耦合矩阵将用作近似合成过程的初值。然后，通过消除谐振器之间的一个或多个弱耦合，这种近似合成的方法允许初始耦合拓扑得到一定程度的简化，这最终使得硬件实现更容易。

该方法的主要缺点是依赖于优化程序，因为这些过程的收敛时间对初始估计值非常敏感。此外，由于该方法适用于各种滤波器拓扑结构，所以，优化方法不能为耦合矩阵提供唯一的解决方案。

上述三个方法只能用于双频段滤波器设计，这限制了它们的应用范围。接下来，我们将给出可用于设计理论上具有任意数量的通带的多频段滤波器的过程。

M. Mokhtaar 等人提出了可以应用于所有滤波器拓扑结构的双频段和三频段滤波器设计方法。该方法的第一步是设计宽带响应，包括双频段或三频段滤波器的所有通带。频率响应是通过标准的切比雪夫函数实现的。然后，选择传输零点数，并在宽带响应中引入它们，以获得双频段或三频段的频率响应。

为了形成耦合矩阵，需要合成传输函数，这通常使用预定义的极点和零点来实现。在该过程中，可使用不同的方法形成传输函数。即使用两个或三个单频段滤波器的传输函数形成多频段的传输函数，滤波器通带对应于期望的双频段/三频段滤波器的通带。然后，形成初始耦合矩阵，给出其非零元素，使得耦合矩阵对应于最终的滤波器拓扑结构。但是，需要优化矩阵以获得与滤波器指标相对应的最终值。该方法的主要缺点是，在优化条件下滤波器对最初的估计值非常敏感。更严重的问题是，优化可能无法在滤波器零点和极点方面产生最佳的频率响应。

Z. Yunchi 等人首次提出了用于综合具有任意通带和阻带数量的对称和非对称多频段响应的解析方法。该方法允许综合具有实数和虚数零点的传输函数。

根据这种方法，频率响应中的每个通带由两个频率定义。即第一个通带的两个频率 ω_1

和 ω_2，第二个通带的两个频率 ω_3 和 ω_4 等，以此类推。而滤波器的每个阻带由一个频率定义，如图 8.1.2 所示。

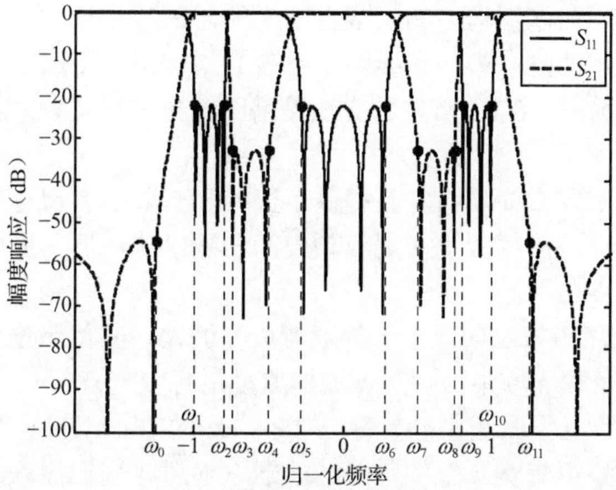

图 8.1.2　多频段滤波器的归一化原型

形成传输函数使得滤波器在通带中具有相等的纹波，并且滤波器综合的第一步是根据通带和阻带指标形成初始特征函数。换句话说，初始估计值被分配给通带和阻带中的零点和极点。

图 8.1.3 给出了一个带有两个通带和一个阻带的实例，分别用 p_i 和 z_i 表示。每个零点和每个极点位于两个传输函数的极值之间。例如，极点 p_2 位于 α_1 和 α_2 之间。基于极点（零点）的初始估计值，检查极点附近的两个极点（零点）是否具有相等的值。如果不是，则假定新的初始估计值，否则确定下一个极点（零点）。

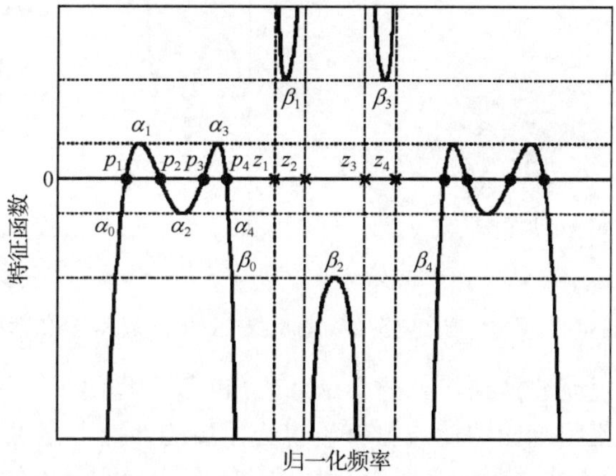

图 8.1.3　具有临界频率的典型滤波器函数

需要几十次迭代才能得出最终的传输函数，这意味着该方法还需要一定程度的优化。然而，优化程序的要求并没有 A. G. Lamperez 等人和 P. Lenoir 等人提出的方法的要求高。

获得传输函数之后，可由传输函数得到耦合矩阵，再确定滤波器的几何参数。

8.1.2　引入传输零点进行设计

将传输零点引入单频段滤波器的传输函数中，可以实现多频段滤波器，该方法是获得多频段响应的最简单途径。8.1.1 节介绍了使用经典滤波器理论来设计多频段滤波器，该方法是通过将传输零点引入之前综合得到的宽带响应中实现的。换句话说，本节介绍的方法与 8.1.1 节描述的方法有很多共同的地方。但是，这两种方法之间存在明显的差异。在 8.1.1 节的方法中，传输零点是由于非相邻谐振器之间的耦合产生的，即这类结构既能形成宽通带，也能形成传输零点。在本节介绍的方法中，需要两个单独的结构来获得通带和阻带，即分别设计带通和带阻两个滤波器。另外，8.1.1 节中的方法是基于分析和优化程序实现的，本节介绍的方法则非常简单。

虽然这里介绍的方法非常简单，并且提供了直接和有效的实现途径，但是这种方法很少用于多频段滤波器的设计，而仅限于实现双频段和三频段滤波器。原因在于，与其他途径相比，该方法在很多方面存在不足。

L. Tsai 等人首先利用该方法实现了一种双频段滤波器，其由带通滤波器和带阻滤波器级联而成。两个滤波器均使用 z 域中的理想滤波器原型进行设计。

首先，L. Tsai 等人设计了一个中心频率在 3.8 GHz 的 Chebyshev II 型带通滤波器。然后，实现了具有相同中心频率但带宽更窄的带阻滤波器。最后将它们级联组合在一起，形成双频段滤波器。最终实现电路实物图如图 8.1.4 所示。图中，我们可以看到带通和带阻滤波器的级联连接。带通和带阻滤波器分别使用开路和短路短截线实现。该滤波器的频率响应展示了在 2.4GHz 和 5.2GHz 处有两个通带，其特点是性能良好，如图 8.1.5 所示。然而，由于级联连接，该滤波器的最终尺寸等于 $2.15\lambda_g \times 0.35\lambda_g$，这对于小型化通信设备来说是不可接受的。

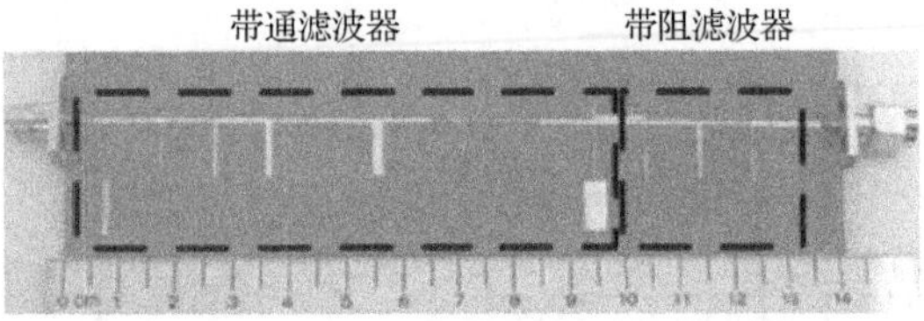

图 8.1.4 L. Tsai 等人制作的双频段滤波器实物图

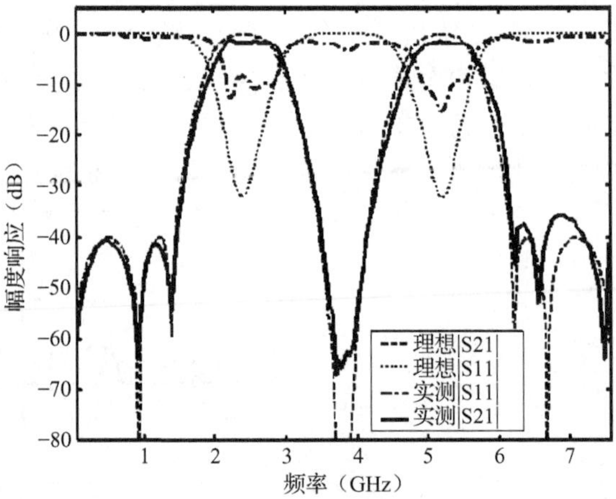

图 8.1.5 L. Tsai 等人提出的双频段滤波器实现的频率响应

为了改善上述多频段滤波器结构上的不足，Y. Liu 等人提出了一种与它稍微不同的结构。它是由一个具有带通和带阻响应的滤波器有机组合而成的，而不是像上述滤波器那样单独使用两个不同的滤波器。该结构是由 $\lambda/4$ 的并联短路支节线与间隔 $\lambda/4$ 的主传输线构成的，其电路原理图如图 8.1.6 所示。在两个 $\lambda/4$ 短截线之间并入串联的 LC 谐振单元，形成具有相同中心频率但带宽较窄的带阻响应，LC 电路使用短截线和电容器实现，它们的元件值可用于控制阻带的带宽。非常遗憾的是，这种结构虽然没有采用两个独立的带通和带阻滤波器进行级联，但是，由于该电路中使用了若干长度为 $\lambda/4$ 的级联传输线，因此总体尺寸仍然很庞大，不利于系统的小型化。

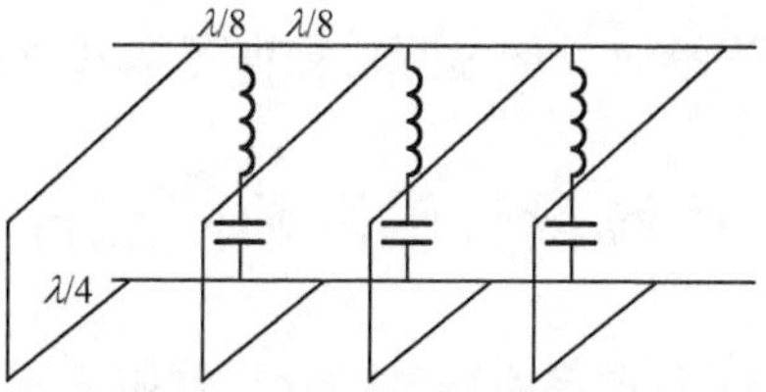

图 8.1.6 Y. Liu 等人提出的双频段滤波器电路原理图

8.1.3 使用多模谐振器进行设计

在 8.1.1 和 8.1.2 节中，通过经典滤波器理论和引入传输零点，提出了两种滤波器的设计方法，它们都具有多频段响应特性，但其通带都不能独立控制，且几何尺寸非常大。在本节中，我们将介绍一种允许更多设计自由度和滤波器尺寸减小的设计方法，这种方法就是基于多模谐振器工作原理的设计方法。多模谐振器是同时支持两个或更多个谐振模式的结构，其谐振频率与谐波频率不是呈谐波相关的。因此，这种理论和方法已被广泛用于单频段和多频段滤波器的设计中。

在单频段滤波器中的谐振器通常是双模式的，这样带来的优点是减少了实现指定滤波器功能所需的谐振器数量。即滤波器中的每个双模谐振器能够提供两个相邻的模式，并对应两个传输极点。因此，通过这种多模的工作方式，滤波器所需谐振器的数量将会减少一半。

对于多频段滤波器，也可以使用多模谐振器实现，因为多模谐振器可以在非谐波相关的频率上提供通带或阻带。换句话说，当涉及通带的独立控制时，多模谐振器提供更多的设计自由度。此外，由于多模谐振器支持多种模式，因此可以显著减小多频段滤波器的几何尺寸。

双模谐振器已广泛用于双频段滤波器。至于三频段滤波器，其设计中使用最多的结构是三模谐振器。多模谐振器的主要类型：具有扰动的谐振器、阶梯阻抗谐振器和短截线谐振器等。此外，人们还提出了用于四频段滤波器设计的四模谐振器。然而，也有将双模谐振器应用于三频段和四频段滤波器的设计。限于篇幅，请读者自行查阅本书的参考文献。

8.1.4 通过级联独立的单频段或双频段滤波器进行设计

通过两个单频段滤波器的组合以获得双频段响应，以及通过单频段和双频段滤波器以获得具有三个或更多频段响应的滤波器，是设计并实现多频段电路网络的又一种方法。由于这种滤波器包括几个独立的结构，因此该方法在通带的独立控制方面给出了最大的设计自由度。

尽管由几个结构组成的配置可能意味着滤波器的尺寸较大，但是通过这种方法设计了一些具有优良性能的紧凑的多频段滤波器电路。

双频段滤波器的设计步骤：先进行两个单频段滤波器的单独设计，然后将它们放在一起形成双频段滤波器。虽然两个滤波器是独立的，但它们会影响彼此的性能，因此设计的最后一步是优化两个单频段滤波器的几何参数，以便获得所需的滤波器响应。

用于双频段滤波器设计的谐振器包括传统的 $\lambda/2$ 和 $\lambda/4$ 谐振器，以及更复杂的结构。例如，具有扰动的双模谐振器、SIR 和 SLR 结构。

通过这种方法设计的双频段滤波器可分为两类。第一类是采用相同类型但具有不同谐振频率的谐振器构成的双频段滤波器。第二类是用不同类型的谐振器实现的双频段滤波器。由此可见，尽管这里介绍的多频段滤波器是通过几种几何结构组合而成的，但是，由于这些结构是独立存在的，而且可以独立调控其谐振频率或者通带，因此，这里讨论的多频段滤波器的若干通带是独立可调的。限于篇幅，请读者自行查阅本书的参考文献。

8.2 多频段传输函数的综合技术

在 8.1 节中已经简单论述了目前多频段滤波器的常用分析与设计技术。我们不难发现，尽管有许多研究人员已经提出了解决该问题的不同方法，但是，到目前为止，还没有发现有什么标准的技术或者方法可用于设计这些滤波器。总而言之，目前提出的各种设计理论与综合方法大多数可归纳为如下三种设计方法，即单频段滤波器的互连、多模谐振器的使用，以及多频段近似函数的构造与综合等。很显然，单频段滤波器的互连是迄今为止最简单的综合方法，但是，由于若干单个电路之间的组合和分解，导致综合后得到的整个电路在空间和质量方面有大量开销，并且最终的频率响应还会受到这些附加电路的影响，因此，第一种方法并没有得到广泛应用。相比之下，第二种方法使用具有多个谐振频率的谐振器构造多频段滤波器，该方法提供了更紧凑的解决方案，但是更难以设计，并且对于高阶的滤波器，实际实施起来更加困难。但是，由多模谐振器综合的滤波器确实具有这样的优点，即滤波器的通带可以定位在彼此相距很远的频率上。

在上述三种方法中，多频段传输函数的构造和综合提供了最通用的解决方案。在实践中，用频率变换子电路替换滤波器中的元件，通常可以绕过传输函数本身，但这会限制可能的拓扑结构，而且，我们知道，完全经典的网络综合方法仍然是最普遍应用的。寻找这种传输函数的常用方法包括直接优化多频段频域中的极点和零点，以及将单频段函数的极点和零点映射到使用数学函数的多频段平面上。

2007 年，Tamiazzo 等人提出使用二次多项式获得双频段传输函数，然后将其用于综合单结构多频段滤波器。Lee 和 Sarabandi 提出滤波器的映射函数最多只能应用于三个通带，而且通带之间的隔离度也是很有限的。上述问题是映射函数普遍存在的问题，因为可用函数通常不会将单频段滤波器的阻带完整地映射到多频段滤波器的所有阻带上去。Mohan 提出了一种连续使用经典的低通到带通转换的 N 波段滤波器的综合方法，并将综合过程中涉及的所有极点和零点集中到一个函数中，再进行优化。最近，Brand 等人提出了一种非常普遍的、并不严格要求优化的技术，这种技术可应用于耦合谐振器滤波器的设计。该技术由经典电抗构建映射函数的功能，并且可以构造的滤波器通带数是完全不受限制的。另外，每个频带的中心频率和带宽可以任意选择，而且实现的是多频段滤波器的功能，其中，每个频带能够再次利用最初低通原型的实际带宽比例和频率变换。该方法非常适合于耦合谐振器实现的电路拓扑结构，因为每个谐振器可简单地扩展到独立的耦合谐振器链。

本节概述了两种用于构造多频段传输函数的技术，并通过具体实例进行阐述与说明。其中一种技术是基于极点和零点优化的，而另一种技术则是基于电抗变换的。

在传统的单频段滤波器的分析与综合中，传输函数发挥了重要的作用。因此，在对多频段滤波器的综合理论与方法进行研究的过程中，容易想到可以借用单频段传输函数综合滤波器的思路，以完成对多频段滤波器的设计。

8.2.1 基本的低通传输函数

为了便于对映射函数做理论上的分析与讨论，首先简要回顾滤波器传输函数的基本理论，特别是低通传输函数。大多数现代滤波器的实现都基于插入损耗的方法，因此，这种方法是构成所有滤波器实现的基础。使用插入损耗方法进行滤波器的设计包括三个阶段，第一阶段需要获得近似函数，第二阶段是滤波器的综合，第三阶段是滤波器的实现。第一阶段涉及如何获得合适的数学传输函数去逼近理想的滤波器响应。为了达到这个目的，传输函数必须是关于变量 s 的有理函数，而且典型情况下是关于功率或电压比的函数。

理想的滤波器幅频传输函数在通带中是恒定的，并在通带边缘具有无限选择性，在通带中具有线性相位响应。但是，这种类型的响应在物理上是不可实现的。因此，实际的传输函数必须接近所需的响应，同时线性相位和高选择性很难同时实现，通常只能采取折中的方法来解决。

滤波器原型的概念通常用于简化电路的设计过程。这里的原型是指频率和阻抗归一化处理后的一种滤波器。设计指标通常使用适当的归一化函数从实际频域映射到原型频域。有很多关于滤波器的书籍都讨论过归一化函数，例如，低通到高通、低通到带通及低通到带阻的变换。通常，滤波器设计可采用的频域多达三种，即低通原型域 Ω_{s}、中间原型域 Ω_{m}、多频段频域 ω。关于频率变换，后面会专门介绍。

原型滤波器的传输零点或衰减极点是指电路出现理想衰减时的频率，而反射零点是滤波器没有产生反射时的频率。因此，传输零点位于通带的外部，而反射零点则位于通带的内部。反射零点和传输零点的确切位置取决于滤波器响应的类型，例如，切比雪夫函数、巴特沃斯函数、椭圆函数、准椭圆函数等。

全极点滤波器指的是所有滤波器的传输零点都位于无穷远处。这种类型的频率响应可以通过 LC 梯形网络的综合来实现。可以将无穷远处的一些传输零点移动到有限频率处，称为有限（频率）传输零点。然而，传输零点的总数始终保持与滤波器的阶数相同。

网络近似，实际上就是去寻找逼近滤波器理想指标的网络函数的过程。通常，滤波器是无源的和互易二端口的电路。因此，它们可由三个网络函数来描述，即两个策动点函数和一个变换函数。在经典电路的理论分析与综合设计中，根据特征多项式 $P(s)$、$F(s)$和 $E(s)$来定义所有的网络函数是常见的做法，通常在低通原型域中完成，这意味着需要对电路进行归一化处理。由多项式 $F(s)$的根可得到传输函数的反射零点，而由多项式 $P(s)$的根可以获得该函数的传输零点。R. J. Cameron 等人对 s 平面中传输零点可能的位置进行了详细的描述。特别地，如果 $P(s)=1$，则所有原型电路的传输零点都位于无穷远处。

根据 R. J. Cameron 等人的研究成果，网络函数和多项式都从无损耗的和无源的二端口网络的散射矩阵出发，并利用它们的统一性质推导出具体的表达形式。这些性质基本上是与能量守恒原理一致的。因此，传输系数和反射系数与特征多项式存在如下关系：

$$\begin{aligned} S_{21}(s) &= \frac{P(s)}{\epsilon E(s)} \\ S_{11}(s) &= \frac{F(s)}{\epsilon_r E(s)} \end{aligned} \tag{8.2.1}$$

传输系数 S_{21} 的幅度应在通带内接近 1，而在阻带内接近零。在原型域中，S_{11} 的根是反射零点，而 S_{21} 的根是其传输零点。这些分别是与理想传输和抑制相关联的归一化频率。

特征多项式反过来又与滤波函数有关。而滤波函数，也就是我们通常所说的滤波器特征函数，定义为

$$C(\Omega_{\mathrm{s}}) = \frac{F(\Omega_{\mathrm{s}})}{P(\Omega_{\mathrm{s}})} \tag{8.2.2}$$

滤波函数定义了滤波器响应的形状。它在通带内是较小的实函数，而在通带外是较大的实函数。$C(\Omega_s)$的极点是滤波器的传输零点，而 $C(\Omega_s)$的零点则是原型滤波器的反射零点。对于全极点滤波器而言，通带中具有切比雪夫等纹波响应的特征函数为

$$C_N(\Omega_s) = \cosh[N\cosh^{-1}(\Omega_s)] \tag{8.2.3}$$

为了在通带中表示具有有限传输零点的滤波器的等纹波响应，一般的切比雪夫响应由如下公式描述：

$$C_N(\Omega_s) = \cosh\left[\sum_{n=1}^{N}\cosh^{-1}(x_n(\Omega_s))\right] \tag{8.2.4}$$

式中，N 是滤波器的阶数。如果Ω_{sn}是无限或有限频率处的传输零点，则

$$x_n(\Omega_s) = \frac{\Omega_s - 1/\Omega_{sn}}{1-\dfrac{\Omega_s}{\Omega_{sn}}} \tag{8.2.5}$$

近似过程通常从构造 $C(\Omega_s)$开始，然后计算特征多项式 $F(s)$和 $P(s)$，再通过使用费尔德-凯勒方程计算 $E(s)$：

$$\frac{F(s)F(s)^*}{\epsilon_r^2} + \frac{P(s)P(s)^*}{\epsilon^2} = E(s)E(s)^* \tag{8.2.6}$$

传输系数和滤波函数之间的关系可以表示为

$$\left|S_{21}(\Omega_s)\right|^2 = \frac{1}{1+\dfrac{\epsilon^2}{\epsilon_r^2}\left|\dfrac{F(\Omega_s)}{P(\Omega_s)}\right|^2} \tag{8.2.7}$$

多项式 $F(s)$和 $P(s)$分别使用实常数 ε_r 和 ε 对 monic 格式进行归一化。使用如下形式的滤波函数可以得到特征多项式 $P(s)$和 $F(s)$：

$$s = \mathrm{j}\Omega_s \tag{8.2.8}$$

因此，构建满足原型域设计要求的滤波函数是滤波器设计过程的基本步骤。一旦知道了特征多项式，就可以利用与滤波器相关的三个网络函数来综合电路。

在本节中，归一化（低通）单频段滤波器的设计是传统滤波器综合的基础。我们专注于耦合谐振滤波器，因此采用 R. J. Cameron 等人提出的耦合矩阵综合方法。然后，由这些综合过程产生的耦合矩阵来描述原型电路。为了获得最终设计，必须使用初始归一化函数对电路进行去归一化处理。在设计过程中，滤波器由 LC 网络描述。除专门的多层技术之外，不可能直接在微波频率上构建 LC 网络。因此，对微波滤波器使用插入损耗方法进行综合而言，还需要最后一个阶段，即滤波器的实现。在此阶段，人们需要找到在合成过程中采用的电路模型相对应的微波结构。否则，综合得到的微波滤波器就很难实现。

8.2.2 基于变换技术的多频段滤波器的传输函数综合

经典的低通到带通变换是大多数单频段滤波器的基础。此外，它还广泛用于多频段滤波器的设计，其中得到多频段原型函数变成了滤波器综合的最后一步。因此，本节我们从这个大家熟知的变换式（8.2.9）出发。注意，对于单频段滤波器而言，$\Omega=\Omega_s$，但在多频段滤波器的情况下，$\Omega=\Omega_{sm}$。

$$\Omega=\frac{1}{\Delta}\left(\frac{\omega}{\omega_0}-\frac{\omega_0}{\omega}\right)$$
$$\omega_0=\sqrt{\omega_2\omega_1} \tag{8.2.9}$$
$$\Delta=\frac{\omega_2-\omega_1}{\omega_0}$$

通常，ω_2 和 ω_1 是变换滤波器的上、下通带频率，但是在多频段滤波器的情况下，ω_2 是最高通带的最高频率，ω_1 是最低通带的最低频率。中心频率定义为 ω_0，分数带宽定义为 Δ。这种变换是非线性的。对于单频段滤波器，这对执行变换后滤波器的实现带宽没有影响，如图 8.2.1 所示。正如预期的那样，两个通带边缘只是简单地映射到

$$\Omega=\pm 1 \tag{8.2.10}$$

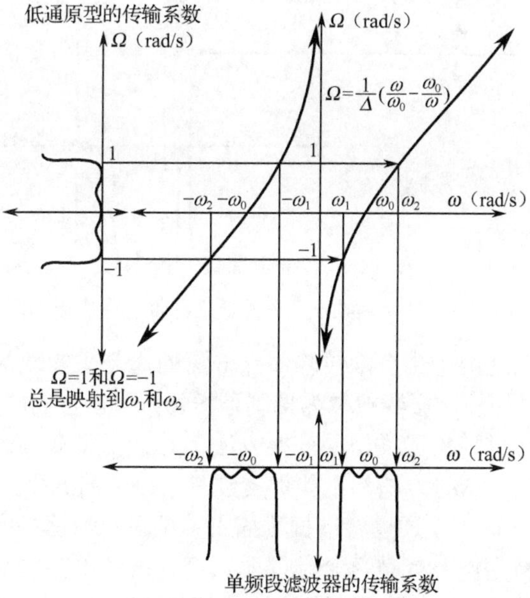

图 8.2.1　用于单频段滤波器的低通到带通基本变换的原理图

然而，当变换多频段原型滤波器时，该影响是非常大的。由于变换是非线性的，因此，变换后不再保留带宽比一致特性，如图 8.2.2 所示。用作原型的带通滤波器，可使用式（8.2.9）进行变换。对于具有带宽较大或通带间距较大的多个通带的滤波器，这种非线性变换后不再保留带宽比一致的特性尤其明显，因为非线性的严重程度是分数带宽的函数。在这种情况下，式（8.2.9）的映射同样适用于外通带边缘，而内部通带限制受非线性映射的影响。因此，相对于Ω=0 在幅度上对称的原型滤波器并不会映射为以 ω_0 为中心的相等带宽的幅度响应。接下来的解决方案是通过使用不对称原型来补偿。可以通过下面两个方法来实现，即具有复系数的传输函数以及耦合谐振器电路采用异步调谐谐振器。

G. Macchiarella 等人首先提出了这种改进的低通变换方法，也就是增加一些谐振器到原型电路中以创建更多的通带。

$$\Omega=b_1\left(\frac{\omega}{\omega_{01}}-\frac{\omega_{01}}{\omega}\right)-\frac{1}{b_2\left(\frac{\omega}{\omega_{02}}-\frac{\omega_{02}}{\omega}\right)} \tag{8.2.11}$$

式中，变量 ω_{01} 和 ω_{02} 分别代表原型谐振器和附加谐振器的自谐振频率；而 b_1 和 b_2 分别代表每个谐振器的电纳斜率参数。该变换利用双频段谐振器有效地替换原型中的每个单频段谐振器，双频段谐振器是与串联谐振器并联的谐振器，或者等效为两个由倒置器耦合的并联谐振器。

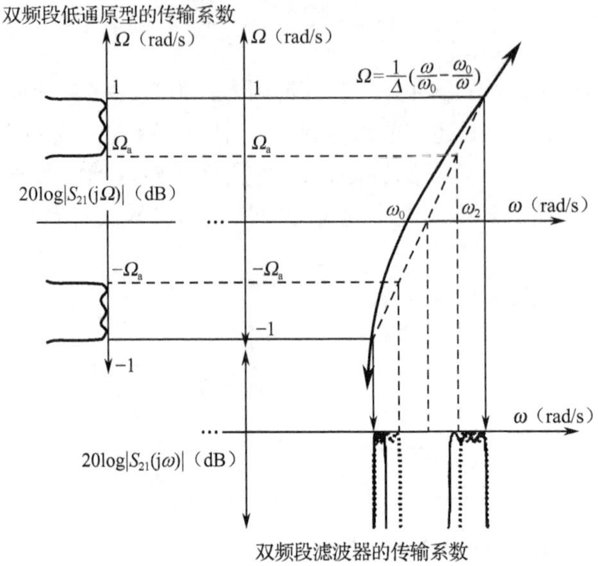

图 8.2.2　用于多频段原型的低通到带通变换原理图

双频段变换是通过构造两个由有限传输零点分隔的通带来实现的，而所有这些通带都放在相同的频率上。这些附加的谐振器被称为抑制谐振器，因为它们产生传输零点以分离通带。有不少学者和研究人员相继提出了类似的变换方法，并证明了多频段响应，最多可达三个通带。但是，令人遗憾的是，这些方法都不能扩展到三个以上的通带。

此外，García-Lampérez 等人通过将谐振器插入单频段滤波器来实现一般多频段响应的频率变换。该技术用福斯特型电路代替每个谐振器，而且这种电路能实现频率变换。虽然这种方法没有其他技术的诸多缺点，但仍然不是完全通用的理论，并且映射函数的计算并不简单。

8.2.3　基于优化技术的多频段滤波器的传输函数综合

通常情况下，8.2.2 节提出的转换方法不能提供滤波器所需的精确响应。在许多情况下，可能需要调整带宽或反射损耗的大小。这需要优化步骤来精细调节滤波器的反射和传输零点的位置。在这些情况下，通过变换方法可以将传输零点近似地放置到相应的地方，然后进一步优化零点以提供滤波器所需的通带宽度和等纹波响应。

X.Shang 等人提出了一种完全依赖优化以提供所需的多频段响应的替代方案。其中，基于纯优化技术获得了高达十六阶的四频带滤波器，即近似和综合步骤都基于优化的方法。首先，在近似步骤中，使用迭代过程可获得用于多频段滤波器的滤波器多项式，尽管也可以在该步骤中使用频率变换的方法。在综合过程中，优化所需耦合拓扑的耦合矩阵描述，即仅在指定位置有输入，以匹配所需的传输函数响应。优化代价函数是每个滤波器反射和传输零点关于频率变量的偏差的平方和。

该方法的优点在于，在已知条件下的耦合拓扑可以通过耦合矩阵来描述，并且其允许的非零输入项可以直接从近似函数中获得。在该方法中，所选择的耦合拓扑必须与所需的响应类型兼容。

在 8.3 节中，我们将再介绍一种用于多频段滤波器设计的优化方法。该方法是直接在多频段频域中构建多频段滤波函数，并且在阻带中随机放置传输零点，在通带中随机放置反射零点。该方法的优点在于避免使用单波段原型、频率变换或中间原型域。然后通过优化零点的位置来满足设计指标。

8.3 基于零极点优化技术的传输函数综合

在本节中，我们将介绍一种由 Y. Zhang 等人提出来的综合方法，即基于优化的方法来设计多频段滤波器。该技术首先使用迭代近似算法找到多频段滤波函数的表达式，然后通过经典的方法进行综合。限于篇幅，本节仅对近似算法做简单的定性描述，需要进一步深入了解或研究的读者，可以参考书末的相关文献。

从 8.2 节的讨论中，我们可以得出结论，滤波函数是关于实频变量的有理函数，因此，可以由传输函数中的零点和极点（该滤波函数中理想的传输零点和衰减点）来定义。因此，可以从其极点和零点完全构造这种滤波函数。这里给出的算法如下：首先，通过在频率轴上将极点和零点放置在适当的起始位置来构建初始滤波函数；然后，以收敛的方式迭代地优化所选择的极点和零点集，直到找到最佳的滤波函数为止。

需要指出的是，通过把理想传输点（滤波函数的零点）限制在滤波器的通带中，可以识别出极点和零点适当的起始位置。同样，传输零点（滤波函数的极点）也必须限制在滤波器的阻带上。零点的数量对应于滤波器响应的阶数，因此也对应于滤波函数的阶数。极点总数等于零点总数。一些极点可以位于有限频率处，其余极点则位于无穷远处。

图 8.3.1 给出了一个九阶双频段滤波器的传输和反射系数曲线。由此可见，双频段滤波器的第一通带包含四个反射零点，第二通带包含五个反射零点，而两个通带之间的阻带包含四个传输零点。此外，剩余的传输零点位于无穷远处。图 8.3.2 给出了与图 8.3.1 中绘制的传输和反射系数相关的滤波函数。其中，$\Omega=\Omega_m$。滤波函数为九阶，其反射零点记为 $p_1,p_2,\cdots,p_9$，而传输零点则记为 $z_1,z_2,\cdots,z_4$。

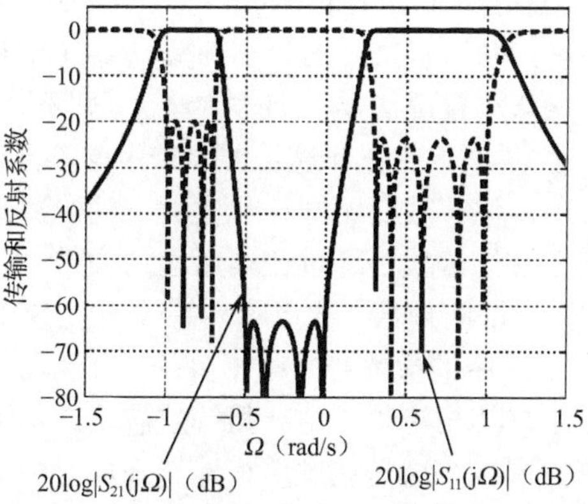

图 8.3.1　双频段滤波器的传输和反射系数曲线

注意：通常情况下，两个通带内的纹波电平是不同的。

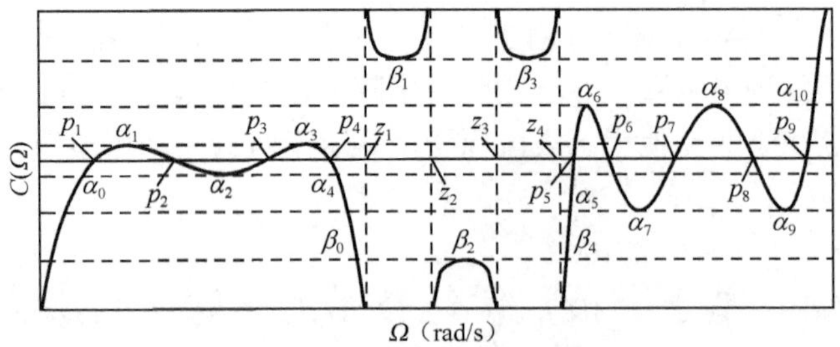

图 8.3.2　由图 8.3.1 给出的双频段滤波器的滤波函数 $C(\Omega)$

图 8.3.2 中的滤波函数在其通带和内部阻带中都是恒定的，不一定具有相等的纹波。具有等纹波阻带和通带的滤波器是非常理想的，因为它们的通带中具有恒定的最小回波损耗，而且在它们的阻带中具有恒定的最小衰减。具有等纹波通带和阻带的滤波函数代表一类称为椭圆函数响应的椭圆滤波器。图 8.3.1 和 8.3.2 中的滤波器在其三个频带中都表现出这种特性，因此称为准椭圆响应。滤波器的外阻带特性取决于有限频率传输零点的数量。如果有限频率传输零点的数量等于滤波器的阶数，则外阻带将具有有限的最小衰减。如果有限频率传输零点的数量小于滤波器的阶数，则外阻带将单调增加到无穷大。

为了实现这样的响应，应该清楚的是，滤波函数的零点必须在通带中，函数的极点必须在阻带中，并且极点和零点必须以下述方式定位：在每个通带和阻带中强制产生等纹波。通过将通带和阻带的指标映射到原型域，可以很容易地获得通带和阻带的界限。对于图 8.3.2 中给出的通带边缘 α_0、α_5 和 α_{10} 及阻带边缘 β_0 和 β_4，可以通过在适当的频带中任意地放置所需数量的极点和零点来构造初始的非最佳滤波函数。接下来，各个幅度、通带和阻带的变化由频带内函数的转折点来表征。其中，通带的转折点记为 α_n，而阻带的转折点则记为 β_n。这些转折点在一些文献中又称为关键点。

任何通带内的最小回波损耗与在通带边缘滤波函数的最大纹波直接相关。如果 $|C_N(\Omega)|$ 在通带边缘和通带内的所有转折点处具有相同的值，则该通带中的最小回波损耗将是恒定的。请注意，图 8.3.2 中的不同通带具有不同的纹波电平，因此具有不同的最小回波损耗。对于从 β_0 到 β_4 的内阻带，阻带内 $C_N(\Omega)$ 的转折点标记为 β_1、β_2、β_3。如果 $|C_N(\Omega)|$ 在阻带边缘和阻带内的所有转折点处具有相同的值，则该阻带中的最小衰减也将保持不变。

如果在多频段原型域中任意放置反射零点和传输零点，则不会产生如图 8.3.2 所示的滤波函数。对于实际的滤波函数，纹波电平在任何通带或阻带中都不是恒定的，如图 8.3.3 中的“第 1 次迭代”所示。该图给出了近似算法在不同迭代次数下的滤波函数的绝对值。其中，第 1 次迭代给出了最初的滤波函数，该函数是通过在其适当的频带中任意放置传输零点和反射零点而获得的。对于显示等纹波特征的频带（此后称为等纹波状态），与该频带相关的所有临界点必须是共线的。因此，图 8.3.3 中的虚线必须是平直的，并且与 Ω 轴平行。因此，通过移动每个频带中的所有零点，可以在其相应频带中获得等纹波状态，因此，所有的临界点都变为共线，而且每个频段可以单独调整。这是通过迭代地选择成对的关键点并以系统的方式来实现的。简单地说，如果两个零点之间的距离增加，则在两个零点之间的临界点处评估的函数 $|C_N(\Omega)|$ 变大，反之亦然。因此，可以利用该特性来预测如何调整反射零点（或传输零点）以获得各个频段的等纹波响应。请注意，每个频段中的第一个和最后一个临界点必须保持静止，以使带宽保持不变。图 8.3.3 显示了前几次迭代的算法执行情况。

在近似算法中，当两个临界点不共线时，它们之间的传输零点或反射零点以这样的方式移动，以迫使它们变为共线。对每个频带中的每对临界点执行该处理，其中一个周期调整所有传输零点和反射零点，称为一次近似迭代。在单次迭代期间，假设它不受其他零点调整的影响，并且不同的通带和阻带不相互影响，则调整每个零点。实际上，这些假设显然不正确，并且算法需要多次迭代才能收敛到有效的等纹波滤波函数。在实践中，如果强制它不将零点调整到其相关频带之外的位置，则算法总是收敛的。

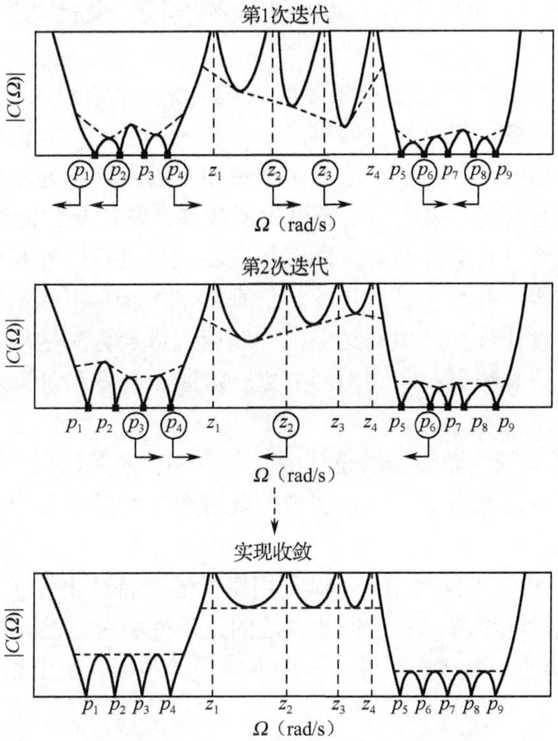

图 8.3.3　近似算法不同迭代次数下的滤波函数的绝对值

在本章中，我们介绍了构建多频段传输函数方法的最新进展。实现多频段的方法主要有两种：一种是优化方法。其中，滤波函数的零极点是系统性分布的，并且使用微调方法来实现等纹波的通带和/或阻带。本章我们讨论了它们的数学理论，并给出了部分实例。另一种是严格的综合方法，但限于篇幅和学时，我们没有展开介绍。

优化方法在通带特性方面的应用是非常普遍的，并且允许在不同带宽和不同反射系数的各种不对称通带情况下使用，但是仅限于等纹波滤波响应。此外，这种优化方法还受到多项式映射函数的限制，特别是阻带映射。在某些情况下，这种方法还受到反射系数的限制。而且，基于电抗映射技术是严格的综合方法，它具有如下优点：

（1）不需要任何优化措施；

（2）允许综合任意数量的频带、带宽和中心频率的多频段滤波器；

（3）产生具有完全相同幅度和相位响应的通带。

当然，这两种技术都被证明可以产生很好的多频段滤波响应。然而，在优化方法和严格的数学手段方面，频率映射函数的构建仍然是一个具有挑战性的研究领域。

8.4　习题

1．举例说明具有多频段响应特性的单个器件在多频段系统中的优势及其设计挑战。

2．多频段滤波器的设计方法有很多种，其中，多模谐振器也是可以产生多频段响应的，因此，通常也用于多频段滤波器的综合。结合具体的实例，试讨论多模多频段滤波器的理论与设计方法。

8.5 “特别培养计划”系列之课程设计

1．最初多频段滤波器主要利用多通带谐振器来实现各个通带，这种方法实际上就是并联多个滤波器来实现多个通带，每个滤波器对应一个相应的通带，其优点是步骤简单，完全可以采用与单频滤波器一样的设计方法，故每个通带相互独立，各通带中心频率和带宽均可独立调节。但目前多通带谐振器多采用半波长谐振器实现，从而导致滤波器尺寸过大。

因此，读者可以从如下几个方面对并联多频段滤波器进行研究和讨论：①试利用半波长谐振器设计双频段滤波器，并给出设计步骤及仿真结果；②利用端耦合为容性耦合进行多频段滤波器设计，并给出设计步骤及仿真结果；③利用端耦合为感性耦合进行多频段滤波器设计，并给出设计步骤及仿真结果；④利用四分之一波长谐振器设计双频段滤波器，并给出设计步骤及仿真结果。

2．SIR 可以运用到多频段滤波器的设计中，利用 SIR 的多谐振特性，在研究 SIR 频率特性的基础上设计一种双频段滤波器，试举例说明其综合的步骤，给出相应的设计理论、设计步骤和仿真结果。

3．多频段滤波器的设计方法有很多，试利用寄生通带特性来综合一类微带双频段通滤波器，给出必要的理论及设计步骤，并验证此方法的正确性和有效性。

4．利用谐振器之间的相互耦合，设计一种多频段滤波器，给出相关理论、设计步骤及仿真结果。

参考文献

[1] 吴宁. 电网络分析与综合[M]. 北京：科学出版社，2003.

[2] 陈会. 现代无线系统射频微波平面电路[M]. 北京：电子工业出版社，2016.

[3] 邱关源. 现代电路理论[M]. 北京：高等教育出版社，2001.

[4] 胡俊翔. 电路分析（下册）[M]. 北京：高等教育出版社，2006.

[5] 路德维格，波格丹诺夫. 射频电路设计：理论与应用[M]. 2 版. 王子宇，等译. 北京：电子工业出版社，2021.

[6] 陈惠开. 无源与有源滤波器理论与应用[M]. 北京：人民邮电出版社，1989.

[7] 陈会，张玉兴. 射频微波电路设计[M]. 北京：机械工业出版社，2015.

[8] 黄香馥等. 网络分析与综合导论[M]. 北京：铁道工业出版社，1990.

[9] 陈会. 射频与微波工程：无线通信基础[M]. 北京：电子工业出版社，2015.

[10] 陈会，张玉兴. 微波电路设计：ADS 的使用方法与途径[M]. 北京：机械工业出版社，2018.

[11] 陈会. 现代通信与雷达原理基础教程[M]. 北京：电子工业出版社，2023.

[12] 张玉兴. 射频模拟电路与系统[M]. 成都：电子科技大学出版社，2008.

[13] CAMERON R, KUDSIA C, MANSOUR R. Microwave filters for communication systems: fundamentals, design, and applications[M].Hoboken: John Wiley & Sons, New Jersey, 2007.

[14] LENOIR P, BILA S, SEYFERT F, et al. Synthesis and design of asymmetrical dual-band bandpass filters based on equivalent network simplification[J]. IEEE Transactions on Microwave Theory and Techniques, 2006, 3090-3097.

[15] CRNOJEVI-BENGIN V. Advances in multi-band microstrip filters[M]. Cambridge: Cambridge University Press, 2015.

[16] HERCULES G. Dimopoulos, analog electronic filters-theory, design and synthesis[M]. Berlin: Springer Press, 2012.

反侵权盗版声明

举报电话：（010）88254396；（010）88258888
传　　真：（010）88254397
E-mail：　dbqq@phei.com.cn
通信地址：北京市海淀区万寿路 173 信箱
　　　　　电子工业出版社总编办公室
邮　　编：100036